Mathematische Methoden anhand von Problemlösungen

Paul Wenk

Mathematische Methoden anhand von Problemlösungen

Die Werkzeuge des Physikers

 Springer Spektrum

Paul Wenk
Institut für Physikalische Chemie,
Universität Münster
Münster, NRW, Deutschland

ISBN 978-3-662-66425-4   ISBN 978-3-662-66426-1   (eBook)
https://doi.org/10.1007/978-3-662-66426-1

Die Deutsche Nationalbibliothek verzeichnet diese Publikation in der Deutschen Nationalbibliografie;
detaillierte bibliografische Daten sind im Internet über http://dnb.d-nb.de abrufbar.

Planung/Lektorat: Caroline Strunz
Springer Spektrum ist ein Imprint der eingetragenen Gesellschaft Springer-Verlag GmbH, DE und ist
ein Teil von Springer Nature.
Die Anschrift der Gesellschaft ist: Heidelberger Platz 3, 14197 Berlin, Germany

Für meine Eltern

Vorwort

Viele Studenten der naturwissenschaftlichen Fächer kennen die folgende Situation: Ihnen wird ein neues mathematisches Verfahren in der Vorlesung präsentiert, oder es wird z. B. eine *geschickte Wahl* für einen Term/Operator etc. getroffen. Dabei werden die Aussagen natürlich stringent bewiesen. Man sieht (im Idealfall), dass der Beweis korrekt ist oder der eingeführte Term, das neue Verfahren, seinen Zweck erfüllt, jedoch hat man selten den ursprünglichen Weg, die Entwicklung des Verfahrens oder des Beweises wirklich nachempfunden. Diese Problembewältigung ist jedoch von zentraler Bedeutung, wenn man später in der Wissenschaft oder Industrie vor eigenen Problemen steht. Erst wenn man selbst mehrfach durch eigene Ansätze gescheitert ist, kann man bestimmte Lösungsmethoden wertschätzen. Ein tiefes Verständnis für diese Methoden, die man zu Beginn des Studiums in den Vorlesungen zu „Mathematischen Methoden" und der Analysis sowie der Linearen Algebra kennenlernt, kann man nur entwickeln, wenn man sich selbst vielen Problemen stellt und versucht, sie zu lösen. Dieses Buch soll genau darin unterstützen.

Mein Dank gilt vor allem Prof. Dr. Klaus Richter, dem ich viel Hilfe bei der Erstellung meiner ersten Vorlesung verdanke.

Münster   Paul Wenk
Dezember 2022

Inhaltsverzeichnis

Symbole und Akronyme

●○○	Leichte Aufgaben, die schnell bearbeitet werden können.
●●○	Diese Aufgaben gehen über das bloße Abfragen hinaus, erfordern mehr Arbeit, bleiben aber in einem engeren Themenbereich.
●●●	Schwierige Aufgaben, hier werden oft mehrere Themen verknüpft.
☞	Hinweis für das Lösen der Aufgabe.
⇨	Hier wird auf Aufgaben verwiesen, die thematisch an die gerade zu bearbeitende anknüpfen.
⇨ Aufg.□	Hinweis auf exemplarische Aufgaben, in denen der Satz/die Definition wichtig ist. Wenn bearbeitet, einfach abhaken: ☑
☜	Die Aufgaben, auf die hier verwiesen wird, werden für die Lösung verwendet.
⇒ ⇐	Widerspruch
Ⓜ	Weiterführende, die Mathematik betreffende, Information.
Ⓘ	Hier wird das Erlernte in einen physikalischen Kontext gesetzt.

Vorbereitung

1

Im ersten Kapitel decken wir grundlegendes Wissen ab, das vielleicht schon aus der Schulzeit bekannt ist. Dabei ist ein zentrales Thema die komplexen Zahlen [1]. Sie erscheinen zunächst als zusätzliche Schwierigkeit, werden uns später jedoch bei vielen Problemen das Leben erleichtern und über die Eulersche Formel eine fundamentale Beziehung zwischen der Exponentialfunktion und trigonometrischen Funktionen aufzeigen. Im zweiten Teil dieses Kapitels betrachten wir Funktionen, mit denen wir in der Physik häufig zu tun haben werden. Je besser wir ihre Eigenschaften kennen, desto sicherer können wir sie später bei der Analyse physikalischer Aufgaben einsetzen.

1.1 Komplexe Zahlen

Definition 1.1. Komplexe Zahlen

Für i, genannt *imaginäre Einheit*, gelte

$$i^2 = -1. \tag{1.1}$$

Dies erlaubt die Definition der *komplexen Zahlen* $a + i\,b$ mit $a, b \in \mathbb{R}$. Die Menge der komplexen Zahlen wird mit $\mathbb{C} := \{a + i\,b \,|\, a, b \in \mathbb{R}\}$ bezeichnet. Dabei wird $\mathrm{Re}(z) = a$ *Realteil* und $\mathrm{Im}(z) = b$ *Imaginärteil* der komplexen Zahl $z = a + i\,b$ genannt.

© Springer-Verlag GmbH Deutschland, ein Teil von Springer Nature 2023
P. Wenk, *Mathematische Methoden anhand von Problemlösungen*,
https://doi.org/10.1007/978-3-662-66426-1_1

Beachte!

Die Definition mit $i = \sqrt{-1}$ hat das Problem, dass wir die Wurzelfunktion für komplexe Zahlen noch definieren müssen. Eine naive Übertragung aller Eigenschaften führt sonst zu Problemen wie dem Widerspruch

$$-1 = i^2 = \sqrt{-1}\sqrt{-1} = \sqrt{(-1)(-1)} = \sqrt{1} = 1, \Rightarrow\Leftarrow. \qquad (1.2)$$

Definition 1.2. Betragsfunktion für komplexe Zahlen

Der Betrag einer komplexen Zahl $z = a + ib$, $a, b \in \mathbb{R}$, ist definiert durch

$$|z| := \sqrt{z\bar{z}} = \sqrt{a^2 + b^2} \in \mathbb{R}^+. \qquad (1.3)$$

Dabei bezeichnet $\bar{z} := a - ib$ die komplexe Konjugation der Zahl z und $\mathbb{R}^+$ die Menge der positiven reellen Zahlen mit Null. In der Physik wir oft auch $z^* \equiv \bar{z}$ benutzt.

Beachte!

Die Betragsfunktion erlaubt im Raum der komplexen Zahlen eine Längemessung. Genauer: Die Betragsfunktion liefert eine *Norm* auf $\mathbb{C}$, d.h., sie erfüllt mit $\|.\| : \mathbb{C} \to \mathbb{R}^+$, $z \mapsto \|z\|$,

- $\|z\| = 0 \Rightarrow z = 0$ [Definitheit],
- $\|\lambda z\| = |\lambda| \cdot \|z\|$ mit $\lambda \in \mathbb{R}$ [absolute Homogenität],
- $\|v + w\| \leq \|v\| + \|w\|$ mit $v, w \in \mathbb{C}$ [Dreiecksungleichung].

⇨   Aufg. 1.5□

Theorem 1.1. *Eulersche Formel*

$$e^{ix} = \cos(x) + i\sin(x), \quad x \in \mathbb{R}. \qquad (1.4)$$

⇨   *Aufg. 1.7*□

Definition 1.3. Die *n*-ten Einheitswurzeln
Die Lösungen zu $z^n = 1$ mit $z \in \mathbb{C}$ und $n \geq 1$ eine natürliche Zahl werden
n-te Einheitswurzeln genannt und sind paarweise verschieden:

$$\sqrt[n]{1} = z_k = (\exp(2\pi i k))^{\frac{1}{n}} = \exp\left(i\frac{2\pi k}{n}\right), \ k = \underbrace{0, 1, \ldots n - 1}_{n \text{ Elemente}}. \qquad (1.5)$$

⇨   Aufg. 1.9□

Definition 1.4. Argument einer komplexen Zahl
Das Argument $\arg(z)$ einer komplexen Zahl z ist der Winkel zwischen positiver
reeller Achse in der Gaußschen Zahlenebene und dem Vektor, der z repräsen-
tiert. Gemessen wird der Winkel entgegen dem Uhrzeigersinn. Numerisch wird
er mittels

$$\arg(z) = \arctan2(\text{Re}(z), \text{Im}(z)) \qquad (1.6)$$

berechnet.[1]

Theorem 1.2. *Komplexer Logarithmus*
Die Menge der Lösungen von $z = \exp(v)$ *mit* $z, v \in \mathbb{C}$ *ist gegeben durch*

$$v = \ln(z) = \ln(|z|) + i \arg(z), \qquad (1.7)$$

wobei jedes Argument von z möglich ist.
    Die Beschränkung auf $-\pi < \arg(z) < \pi$ *wird* **Hauptwert des Logarith-
mus** *genannt.*

Beachte!
Das eindeutige Berechnen von Potenzen und Wurzeln in $\mathbb{C}$ *kann mit dem Hauptwert des Logarithmus definiert werden als*

$$a^b = \exp[b(\ln(|a|) + i \arg(a))], \quad mit \quad \arg(a) \in (-\pi, \pi), \qquad (1.8)$$

wobei $a, b \in \mathbb{C}$.

---

[1]Die Implementierung kann durch $\arctan2(x, y) = \arctan(y/x)\text{sgn}(x)^2 + (1 - \text{sgn}(x))(\mp\text{sgn}(y)^2 + \text{sgn}(y) \pm 1)\pi/2$ realisiert werden (siehe z. B. de.wikipedia.org/wiki/Arctan2). Die Vorzeichenfunktion sgn ist in Def. A.3 im Anhang definiert.

Definition 1.5. Geometrische Reihe
Bei der geometrischen Reihe handelt es sich um eine wichtige Summe mit unendlich vielen Summanden. Für $x \in \mathbb{R}$, $|x| < 1$ gilt

$$\sum_{n=0}^{\infty} c_0 x^n = \frac{c_0}{1-x}. \qquad (1.9)$$

⇨   Aufg. 1.7□

Aufgabe 1.1. Real- und Imaginärteil

Anspruch: ● ○ ○
Geben Sie jeweils Real- und Imaginärteil von z an:

(a) $z = 2 + 3i - (7 - 2i)$,   (b) $z = (2 + 3i)(7 - 2i)$,   (c) $z = \overline{(1 + 4i)}$,

(d) $z = \dfrac{2 + 3i}{1 - 2i}$,   (e) $z = |1 + i|^2$.

Aufgabe 1.2. Fundamentale Operationen auf komplexen Zahlen

Anspruch: ● ○ ○
(a) Zeigen Sie, dass sich das Inverse einer komplexen Zahl $a + ib$, $a, b \in \mathbb{C}$, schreiben lässt als

$$(a + ib)^{-1} = \frac{a - ib}{a^2 + b^2}. \qquad (1.10)$$

(b) Zeigen Sie folgende Relationen

$$\operatorname{Re}(z) = \frac{1}{2}(z + \overline{z}), \quad \operatorname{Im}(z) = \frac{1}{2i}(z - \overline{z}), \quad \text{mit } z \in \mathbb{C}. \qquad (1.11)$$

(c) Zeigen Sie, dass gilt

$$z = \overline{z} \Leftrightarrow z \in \mathbb{R}. \qquad (1.12)$$

Aufgabe 1.3. *Anspruch:* ● ● ○
Wie lauten Real- und Imaginärteil der folgenden Ausdrücke?

(a) $z = \frac{i}{1 - i\sqrt{5}}$,

(b) $z = \left((1 + i)/\sqrt{2}\right)^{20} + \left((1 - i)/\sqrt{2}\right)^{20}$.

(c) Bestimmen Sie Betrag, Real- und Imaginärteil von $z = \exp(a + ib)$, mit $a, b \in \mathbb{R}$.

Aufgabe 1.4. *Anspruch:* ● ● ○

(a) Ausgehend von der Eulerschen Formel, Gl. 1.1, wie lassen sich sin und cos mittels *e*-Funktion schreiben?

(b) Berechnen Sie für $z = \sin(i)$ die Werte $\mathrm{Re}(z)$, $\mathrm{Im}(z)$ und $\arg(z)$.

(c) Geben Sie das Argument und den Betrag von $z = |i| - i$ an.

Aufgabe 1.5. *Anspruch:* ● ○ ○ – ● ● ○
Vereinfachen Sie so weit wie möglich die folgenden Ausdrücke.

$$(a)\ \left(\frac{-2-3i}{2\exp(i\frac{3}{4}\pi)}\right)^2 \quad (b)\ \left|(-2-3i)2\exp\left(i\frac{3}{4}\pi\right)\right| \quad (c)\ \left|\frac{\sqrt{3}+3i}{2-i}\right|,$$

$$(d)\ (1+i)^{40}, \quad (e)\ i^i.$$

Geben Sie bei (e) nicht nur die Lösung für den Hauptwert an.

Aufgabe 1.6. *Anspruch:* ● ○ ○
Stellen Sie die Punktmenge $A = \{z \in \mathbb{C} \mid 2\mathrm{Re}(z) - \mathrm{Im}(z) = 0\}$ graphisch dar.

Aufgabe 1.7. Wichtige Reihen
Anspruch: ● ● ○

(a) Bevor wir uns die Reihendarstellung der sin- und der cos- Funktion anschauen, nutzen wir eine wichtige Reihe, um die Gleichheit von $1 = 0.\bar{9}$ zu sehen. Wenden Sie hierzu die Formel für die geometrische Reihe, Def. 1.5, an. Schreiben Sie dazu zunächst $0.\bar{9}$ als unendliche Summe.

(b) Ausgehend von der Eulerschen Formel, Th. 1.1, und der Reihendarstellung der Exponentialfunktion,

$$\exp(x) = \sum_{n=0}^{\infty} \frac{x^n}{n!}, \tag{1.13}$$

schreiben Sie sin und cos als unendliche Reihe.

↪ Aufg. 1.8□

Aufgabe 1.8. *Anspruch:* ● ○ ○
Zeigen Sie, dass

$$\cos^4(\phi) = \frac{3}{8} + \frac{1}{2}\cos(2\phi) + \frac{1}{8}\cos(4\phi) \tag{1.14}$$

mithilfe der Eulerschen Formel, Th. 1.1.

↪ Aufg. 3.14 □

Aufgabe 1.9. Komplexe Wurzeln: Allgemeiner Fall

Anspruch: ● ● ○

Ausgehend von dem Ergebnis für die Gleichung $z^n = 1$, Def. 1.3, zeigen Sie, dass
für $z^n = a, a \in \mathbb{C}$, die Wurzeln durch

$$z_m = \sqrt[n]{|a|}\exp\left(i\left(\frac{2\pi m}{n} + \frac{\phi_a}{n}\right)\right), \quad \text{mit} \quad m = 0, \ldots, n-1, \quad a = |a|e^{i\phi_a}.$$

(1.15)

angegeben werden können.

Aufgabe 1.10. Komplexe Wurzeln: Anwendung

Anspruch: ● ○ ○

Gegeben sei

(a) $z^3 = i$.
(b) $z^{-2} = 1 + i$.

Geben Sie alle Lösungen für $z \in \mathbb{C}$ an und ermitteln Sie jeweils $\text{Re}(z)$, $\text{Im}(z)$, $\arg(z)$
und $|z|$.

☜ Aufg. 1.9.

Aufgabe 1.11. Geometrie der Inversionsabbildung

Anspruch: ● ● ○

In dieser Aufgabe wollen wir die Inversionsabbildung,

$$w : \mathbb{C} \to \mathbb{C}, \quad z \mapsto w(z) = \frac{1}{z}$$

(1.16)

genauer betrachten. Damit wir ein besseres Gefühl für diese Abbildung bekommen,
analysieren wir, wie durch sie Kreise und Geraden in der Gaußschen Zahlenebene
abgebildet werden. Dafür legen wir fest, dass in der Definitionsmenge die komplexen
Zahlen durch $z = x + \text{i}\,y$ (z-Ebene) und im Wertebereich durch $w = u + \text{i}\,v$ (w-
Ebene) dargestellt werden.

Zeigen Sie, dass durch die Inversionsabbildung Kreise auf Kreise oder Geraden
abgebildet werden. Folgend aus dieser allgemeinen Betrachtung: Was passiert also
mit einer Geraden $\{z \in \mathbb{C} | \text{Im}(z) = C\}$, wobei C eine Konstante ist?

✏ (a) Machen Sie sich klar, dass die allgemeinste Darstellung eines Kreises in
der z-Ebene gegeben ist durch

$$a(x^2 + y^2) + bx + cy + d = 0, \quad a, b, c, d \in \mathbb{R}.$$

(1.17)

(b) Finden Sie die Beziehungen $x(u, v)$, $y(u, v)$ und setzen Sie diese in Gl. 1.17
ein. Was beschreibt die entstehende Gleichung?
(c) Die Gerade steckt in Gl. 1.17!

1.2   Elementare Funktionen

Definition 1.6. Heaviside-Funktion
Die Heaviside-Funktion[2] ist definiert als

$$\theta : \mathbb{R} \to \{0, 1\}$$

$$x \mapsto \begin{cases} 0 : & x < 0 \\ 1 : & x \geq 0 \end{cases}.$$

(1.18)

➪   Aufg. 1.18 □

Definition 1.7. Hyperbelfunktionen
Mit $x \in \mathbb{R}$ definiert man

- den *Sinus hyperbolicus* durch

$$\sinh(x) := -\,\mathrm{i}\sin(\mathrm{i}\,x) = \frac{1}{2}(e^x - e^{-x}),$$

(1.19)

- den *Cosinus hyperbolicus* durch

$$\cosh(x) := \cos(\mathrm{i}\,x) = \frac{1}{2}(e^x + e^{-x}),$$

(1.20)

- den *Tangens hyperbolicus* durch

$$\tanh(x) := \frac{\sinh(x)}{\cosh(x)},$$

(1.21)

- sowie den *Cotangens hyperbolicus* durch

$$\coth(x) := \frac{\cosh(x)}{\sinh(x)}.$$

(1.22)

➪   Aufg. 3.8 □

---

[2]Oliver Heaviside (1850–1925). Es gibt auch die Möglichkeit den Wert $\theta(0)$ auf eine beliebige Zahl zu setzen. Diese muss je nach Problem angepasst werden.

① Eine im homogenen Gravitationsfeld an zwei Punkten aufgehängte Kette kann durch den Graphen der cosh-Funktion, der Katenoide, beschrieben werden. [2]

Definition 1.8. Areatangens hyperbolicus
Die *Areatangens hyperbolicus*-Funktion ist die Umkehrfunktion des Tangens hyperbolicus, $y = \operatorname{artanh}(x) := \tanh^{-1}(x)$, und damit

$$\operatorname{artanh}(x) = \frac{1}{2}\ln\left(\frac{1+x}{1-x}\right) \quad \text{für} \quad |x| < 1,\, x \in \mathbb{R}. \tag{1.23}$$

⇨ Aufg. 1.20 □

Aufgabe 1.12. Funktionseigenschaften
Anspruch: ● ○ ○

(a) Sei die Funktion $f : \mathbb{R} \to \mathbb{R}^+$, mit $f(x) = x^2$ gegeben. Besitzt f eine Umkehrfunktion? Begründen Sie!
(b) Gegeben sei die Funktion

$$f : \mathbb{R} \to \mathbb{R}, \quad x \mapsto \frac{x}{x^2 - 2}. \tag{1.24}$$

(i) Welche Symmetrie besitzt $f(x)$?
(ii) Skizzieren Sie $f(x)$. Wo gibt es Polstellen?

Aufgabe 1.13. Quadratische Funktion
Anspruch: ● ○ ○

(a) Sei $f : \mathbb{R} \to \mathbb{R}$, $f(x) = 3x^2 + 2x - 1$. Geben Sie die Schnittpunkte mit der x- und der y-Achse an sowie den Scheitelpunkt.
(b) Sei $f : \mathbb{R} \to \mathbb{R}$, $f(x) = 3x^2 + 2x + a$. Wie muss $a \in \mathbb{R}$ gewählt werden, sodass f eine doppelte Nullstelle hat? Wie lautet dann der Scheitelpunkt?
(c) Sei $f : \mathbb{R} \to \mathbb{R}$, $f(x) = a_2 x^2 + a_1 x + a_0$, wobei $a_i \neq 0$. Bringen Sie $f(x)$ in die Form $f(x) = m_1(x + m_2)^2 + m_3$, geben Sie die m_i an. Welche Nullstellen hat $f(x)$?
(d) Finden Sie die Schnittpunkte zwischen der Geraden $g(x) = 1 - x$ und der Parabel $p(x) = x(3x + 1)$.

Aufgabe 1.14. Potenzen

Anspruch: ● ○ ○

Vereinfachen Sie so weit wie möglich

(a) $\left(\dfrac{a}{2}\right)^{10} \cdot \left(\left(\dfrac{a}{4}\right)^5\right)^{-2}$ (b) $\dfrac{a^{1000}}{\left(a^{111}\right)^9}$ (c) $\dfrac{a^7 + a^6}{a^{13}}$

Aufgabe 1.15. Binomischer Lehrsatz

Anspruch: ● ○ ○

(a) Berechnen Sie

$$(i): \binom{13}{4} \ , \quad (ii): \binom{n}{n} \ , \quad (iii): \sum_{k=0}^{n} \binom{n}{k}$$

(b) Bestimmen Sie den Koeffizienten der Potenz x^6 in $\left(x + \tfrac{1}{2}c\right)^{12}$.

Aufgabe 1.16. Logarithmus

Anspruch: ● ○ ○

(a) Wie berechnet man $\log_3(81/27)$? Zeigen Sie mindestens zwei Wege!
(b) Vereinfachen Sie so weit wie möglich: $\log_a(a^7 + a^{10})$, $a > 0$.
(c) Warum ist $\log_{\frac{1}{e}}(x)$ als Graph gerade die Spiegelung von $\ln(x)$ an der x-Achse?
(d) Eine Bakterienansammlung mit $N(t = 0) = 10$ Bakterien zu Beginn ($t = 0d$, d = Tage) verdoppelt sich jeden Tag. Das Wachstum ist exponentiell. Nach wie vielen Tagen (auf die Sekunde genau) ist die Ansammlung auf eine Million angewachsen? Diskutieren sie die auftretenden Parameter und ihre Dimension.

Aufgabe 1.17. Log-Plot und Log-Log-Plot

Anspruch: ● ○ ○

Sehr häufig wird eine logarithmische Darstellung für Daten gewählt, wie in Abb. 1.1a dargestellt: Äquidistant sind die Potenzen der Basis 10 auf der y-Achse aufgetragen.

(a) Angenommen, der Graph der Funktion $g(x)$ ist in der logarithmischen Darstellung eine Gerade. Wir ersetzen nun auf der y-Achse die Beschriftung 10^k durch k. Nun schneide der Graph die y-Achse bei n, $n \in \mathbb{R}$ und habe eine Steigung von $m \in \mathbb{R}$. Welche Funktion stellt $g(x)$ dar?
(b) Nun wird auch die x-Achse logarithmisch dargestellt. Welcher Typ von Funktion liegt vor, wenn hier Geraden zu sehen sind wie in Abb. 1.1b?

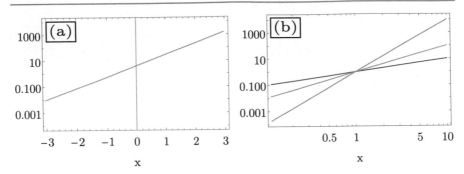

Abb. 1.1 Zu Aufg. 1.17: Log-Plot (a) und Log-Log-Plot (b)

Aufgabe 1.18. Heaviside-Funktion

Anspruch: ● ○ ○

Die Heaviside-Funktion, Def. 1.6, ist wichtig bei zeitabhängigen Vorgängen, vornehmlich, wenn es darum geht einen Ein- oder Ausschaltvorgang zu beschreiben.

Wie müssen die Heaviside-Funktionen miteinander kombiniert werden, um die Abb. 1.2 zu realisieren?

Aufgabe 1.19. Hyperbelfunktionen

Anspruch: ● ○ ○

Berechnen Sie den Real- und den Imaginärteil von $z = \sin(a + \mathrm{i}\,b)$, mit $a, b \in \mathbb{R}$. Vereinfachen Sie mit den Hyperbelfunktionen.

Aufgabe 1.20. Tangens hyperbolicus I

Anspruch: ● ● ○

Bestimmen Sie die Umkehrfunktion des Tangens hyperbolicus (Def. 1.7). Sie wird *Areatangens hyperbolicus* genannt. Finden Sie dabei die richtige Einschränkung der Definitions- und Zielmenge, sodass die Funktion bijektiv ist. Zeigen Sie hierfür, dass $\tanh(x)$ streng monoton ist durch den Vergleich von $\tanh(x)$ mit $\tanh(y)$ für $y > x$.

Abb. 1.2 Zu Aufg. 1.18: Zeitabhängiger Prozess mit Start bei $t = -2$ und Ende bei $t = 2$

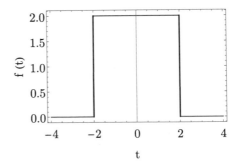

☞   *Die Stetigkeit der Funktion muss nicht gezeigt werden.*

⇨   *In Aufg. 3.8 wird das Monotonieverhalten mittels der Ableitung gezeigt.*

⇨   *In Aufg. 3.18 gehen wir auf die geometrische Bedeutung des Areatangens hyperbolicus ein.*

Aufgabe 1.21. Symmetrie der arccos-Funktion
Anspruch: ● ● ○

Zeigen Sie den folgenden Zusammenhang zwischen der arcsin- und der arccos-Funktion:

$$\arccos(x) - \arccos(-x) = -2\arcsin(x), \quad x \in \mathbb{R}. \tag{1.25}$$

Aufgabe 1.22. Additionstheoreme für Sinus und Cosinus
Anspruch: ● ○ ○

Zeigen Sie mithilfe der Eulerschen Formel 1.1, dass folgende Additionstheoreme gelten mit $\alpha, \beta \in \mathbb{R}$

(a) $\sin^2(\alpha) + \cos^2(\alpha) = 1$,

(b) $\sin(\alpha \pm \beta) = \sin(\alpha)\cos(\beta) \pm \cos(\alpha)\sin(\beta)$,

(c) $\cos(\alpha \pm \beta) = \cos(\alpha)\cos(\beta) \mp \sin(\alpha)\sin(\beta)$,

(d) $\sin(\alpha) - \sin(\beta) = 2\cos\left(\dfrac{\alpha + \beta}{2}\right)\sin\left(\dfrac{\alpha - \beta}{2}\right)$,

(e) $\cot(2\alpha) = \dfrac{1}{2\tan(\alpha)} - \dfrac{\tan(\alpha)}{2}$.

Aufgabe 1.23. Produkt von Winkelfunktionen
Anspruch: ● ○ ○

Zeigen Sie, dass die folgenden Relationen gelten:

(a) $\sin(x)\cos(x) = \dfrac{1}{2}\sin(2x)$,

(b) $\sin^2(x) = \dfrac{1}{2}(1 - \cos(2x))$,

(c) $\sin(x)\cos^3(x) = \dfrac{1}{4}\sin(2x) + \dfrac{1}{8}\sin(4x)$.

☞   Aufg. 1.4

Aufgabe 1.24. Additionstheorem für die Tangens- und die Arkustangensfunktion
Anspruch: ● ○ ○ — ● ● ●

(a) Schreiben Sie $\tan(\alpha + \beta)$, mit $\alpha, \beta \in \mathbb{R}$, als Funktion von $\tan(\alpha)$ und $\tan(\beta)$.

(b) Benutzen Sie (a), um zu zeigen, dass

$$\arctan(x) + \arctan(y) = \begin{cases} \arctan\left(\frac{x+y}{1-xy}\right): & \text{für } xy < 1, \\ \frac{\pi}{2}\text{sgn}(x): & \text{für } xy = 1, \\ \arctan\left(\frac{x+y}{1-xy}\right) + \text{sgn}(x)\pi: & \text{für } xy > 1. \end{cases}$$
(1.26)

Was ist sgn für eine Funktion? Damit gilt insbesondere die Beziehung

$$\arctan(x) + \arctan\left(\frac{1}{x}\right) = \text{sgn}(x)\frac{\pi}{2}.$$
(1.27)

✎ *Welchen Wertebereich kann die* arctan-*Funktion haben? Davon ausgehend: Welche Werte können in* $\arctan(x) + \arctan(y)$ *auftreten? Mithilfe von Gl. 1.27, betrachten Sie die Fälle, die zu* $xy > 1$ *führen. Nutzen Sie dabei aus, dass* arctan *streng monoton ist.*

Aufgabe 1.25. Nichtlineare Gleichungen
Anspruch: ● ● ○
Lösen Sie folgende Gleichungen im $\mathbb{R}$ mit $x \in \mathbb{R}$:

(a) $2^{x+5}2^{x-2}8^{2x+2}16^{3-x} = 2^{-2}$.
(b) $2^{6x+5} + 4^{3x-2} + 8^{2x+2} = 1537$.
(c) $\sqrt{1-x} = 5 + x$.
(d) $\sqrt{x^2+9} - x^2 = 1$.
(e) $4^x + 16^x = 1$.
(f) $6 + 11x + 6x^2 + x^3 = 0$. Zusätzlich wissen wir, dass eine der Nullstellen $x = -1$ ist.

1.3   Lösungen zu Kap. 1

Lösung zu Aufgabe 1.1

(a)

$$z = 2 + 3i - (7 - 2i)$$
(1.28)
$$= (2 - 7) + (3 + 2)i = -5 + 5i$$
(1.29)

Damit ist $\text{Re}(z) = -5$, $\text{Im}(z) = 5$.

(b)

$$z = (2 + 3i)(7 - 2i) \tag{1.30}$$

$$= 2 \cdot 7 + (-4 + 21)i + \underbrace{i \cdot i}_{-1}(3 \cdot (-2)) = 20 + 17i \tag{1.31}$$

Damit ist $\mathrm{Re}(z) = 20$, $\mathrm{Im}(z) = 17$.

(c)

$$z = \overline{(1 + 4i)} = 1 - 4i \tag{1.32}$$

Damit ist $\mathrm{Re}(z) = 1$, $\mathrm{Im}(z) = -4$.

(d)

$$z = \frac{2 + 3i}{1 - 2i} = \frac{(2 + 3i)(1 + 2i)}{(1 - 2i)(1 + 2i)} = \frac{-4 + 7i}{1 + 2^2} = -\frac{4}{5} + \frac{7}{5}i \tag{1.33}$$

Damit ist $\mathrm{Re}(z) = -4/5$, $\mathrm{Im}(z) = 7/5$.

(e)

$$|1 + i|^2 = (1 + i)(1 - i) = 1 - i^2 = 2. \tag{1.34}$$

Wir haben nur einen reellen Teil, $z = \mathrm{Re}(z) = 2$.

◀

Lösung zu Aufgabe 1.2

(a) Die zu zeigende Aussage folgt direkt aus der Definition der Betragsfunktion, Gl. 1.2,

$$|z| = \sqrt{z\bar{z}} \tag{1.35}$$

$$|z|^2 = z\bar{z} \tag{1.36}$$

$$z^{-1} = \frac{\bar{z}}{|z|^2}. \tag{1.37}$$

Für $z = a + \mathrm{i}\,b$ mit $|z| = \sqrt{(a + \mathrm{i}\,b)(a - \mathrm{i}\,b)} = \sqrt{a^2 + b^2}$ folgt damit direkt die Aussage

$$(a + \mathrm{i}\,b)^{-1} = \frac{a - \mathrm{i}\,b}{a^2 + b^2}. \tag{1.38}$$

Das ist nichts anderes als eine Rechnung, mit der man den Nenner reell bekommen möchte und hierzu mit dem komplex Konjugierten erweitert,

$$\frac{1}{a + \mathrm{i}\,b}\frac{a - \mathrm{i}\,b}{a - \mathrm{i}\,b} = \frac{a - \mathrm{i}\,b}{a^2 + b^2}. \tag{1.39}$$

(b) Sei $z = a + \mathrm{i}\,b$ mit $a, b \in \mathbb{R}$. Wir überprüfen die Aussagen durch direktes Einsetzen,

$$\mathrm{Re}(a + \mathrm{i}\,b) \overset{?}{=} \frac{1}{2}(a + \mathrm{i}\,b + \overline{a + \mathrm{i}\,b}) \tag{1.40}$$

$$a \overset{?}{=} \frac{1}{2}(a + \mathrm{i}\,b + a - \mathrm{i}\,b) \tag{1.41}$$

$$a = a.$$

■

Für den Imaginärteil erhalten wir

$$\mathrm{Im}(a + \mathrm{i}\,b) \overset{?}{=} \frac{1}{2\mathrm{i}}(a + \mathrm{i}\,b - (\overline{a + \mathrm{i}\,b})) \tag{1.42}$$

$$b \overset{?}{=} \frac{1}{2\mathrm{i}}(a + \mathrm{i}\,b - a + \mathrm{i}\,b) \tag{1.43}$$

$$b = b.$$

■

(c) Die Aussage folgt direkt aus der Darstellung des Imaginärteils in (b). Da $z = \overline{z}$, haben wir $\mathrm{Im}(z) = (z - \overline{z})/(2\mathrm{i}) = 0$ und z ist rein reell, $\mathrm{Re}(z) = z$. Wir sehen das auch direkt durch Setzen von $z = a + \mathrm{i}\,b$ mit $a, b \in \mathbb{R}$,

$$a + \mathrm{i}\,b = a - \mathrm{i}\,b \tag{1.44}$$

$$b = -b \tag{1.45}$$

$$b = 0. \tag{1.46}$$

◀

Lösung zu Aufgabe 1.3

(a) Der Bruch wird mit dem komplex konjugierten Nenner erweitert, sodass der neue Nenner rein reell ist,

$$z = \frac{\mathrm{i}}{1 - \mathrm{i}\,\sqrt{5}} = \frac{\mathrm{i}\,(1 + \mathrm{i}\,\sqrt{5})}{(1 - \mathrm{i}\,\sqrt{5})(1 + \mathrm{i}\,\sqrt{5})} = \frac{-\sqrt{5} + \mathrm{i}}{1 + 5} = \underbrace{-\frac{\sqrt{5}}{6}}_{\mathrm{Re}} + \mathrm{i}\,\underbrace{\frac{\sqrt{1}}{6}}_{\mathrm{Im}}. \tag{1.47}$$

(b) Der große Exponent deutet schon darauf hin, dass es keine gute Idee ist, das Produkt auszumultiplizieren. Es bleibt, die zu potenzierende komplexe Zahl als Exponentialfunktion zu schreiben, indem die *Eulersche Formel* angewendet wird. Dazu mache man sich klar, dass das *Argument* $\arg(z_1) = \phi$ von $z_1 = 1/\sqrt{2} + \mathrm{i}/\sqrt{2}$ gerade $\phi = \pi/4$ ist: In der komplexen Ebene bilden der Ursprung und die Punkte $(1/\sqrt{2}, 0)$, $(0, 1/\sqrt{2})$ ein gleichschenkliges rechtwinkliges

Dreieck. Damit ist $\tan(\pi/4) = 1$. Die Gerade vom Ursprung zu z_1 stellt die Winkelhalbierende dar. Somit haben wir

$$\frac{1}{\sqrt{2}} + i\frac{1}{\sqrt{2}} = \cos\left(\frac{\pi}{4}\right) + i\sin\left(\frac{\pi}{4}\right). \qquad (1.48)$$

Für $z_2 = 1/\sqrt{2} - i/\sqrt{2}$, also der komplex Konjugierten $\bar{z}_1 = z_2$, gilt $\arg(z) = -\arg(\bar{z})$. Damit ergibt sich

$$z = \left(\frac{1+i}{\sqrt{2}}\right)^{20} + \left(\frac{1-i}{\sqrt{2}}\right)^{20} \qquad (1.49)$$

$$= \left(e^{i\frac{\pi}{4}}\right)^{20} + \left(e^{-i\frac{\pi}{4}}\right)^{20} \qquad (1.50)$$

$$= e^{i5\pi} + e^{-i5\pi}. \qquad (1.51)$$

Mit $e^{i(2n+1)\pi} = -1$ und $e^{i2n\pi} = 1$, $n \in \mathbb{Z}$, erhalten wir schließlich $z = -2$.

(c) Mit der *Eulerschen Formel* können wir schreiben

$$\exp(a + ib) = \exp(a)\exp(ib) \qquad (1.52)$$

$$= \exp(a)(\cos(b) + i\sin(b)). \qquad (1.53)$$

Damit ist

$$\mathrm{Re}(\exp(a + ib)) = \exp(a)\cos(b), \qquad (1.54)$$

$$\text{und} \quad \mathrm{Im}(\exp(a + ib)) = \exp(a)\sin(b). \qquad (1.55)$$

◀

Lösung zu Aufgabe 1.4

(a) Hier ist die Eulersche Formel,

$$\exp(ix) = a(x) + ib(x) \qquad (1.56)$$

eine Gleichung mit zwei Unbekannten, $a(x)$ und $b(x)$. Wir lösen nach einer auf,

$$\exp(ix) - ib(x) = a(x). \qquad (1.57)$$

Wir benötigen eine weitere Gleichung. Der einfachste Weg, die zweite zu erhalten, ist, die Gleichung für $\exp(-ix)$ zu betrachten und die Symmetrieeigenschaften von cos und sin auszunutzen,

$$\exp(-ix) = \cos(x) - i\sin(x) \qquad (1.58)$$

$$= a(x) - ib(x) \qquad (1.59)$$

Gl. 1.57 in Gl. 1.59 eingesetzt, liefert schließlich

$$a(x) = \sin(x) = \frac{1}{2i}(e^{ix} - e^{-ix}). \tag{1.60}$$

Letzteres in Gl. 1.56 eingesetzt, liefert dann auch

$$\cos(x) = \frac{1}{2}(e^{ix} + e^{-ix}). \tag{1.61}$$

Wir hätten auch gleich die Eigenschaft $\text{Re}(z) = (z + \bar{z})/2$ und $\text{Im}(z) = (z - \bar{z})/(2i)$ aus Aufg. 1.2 (b) nutzen können mit $z = e^{ix}$ und $\bar{z} = e^{-ix}$.

(b) Wir nutzen die in (a) gewonnene Darstellung der sin-Funktion aus,

$$z = \sin(i) = \frac{1}{2i}(e^{ii} - e^{-ii}) = i\frac{1}{2}\left(e - \frac{1}{e}\right) = i\sinh(1). \tag{1.62}$$

Da $\sinh(1) \in \mathbb{R}$, haben wir $\text{Re}(z) = 0$ und $\text{Im}(z) = \sinh(1) \approx -1.18$. Damit gilt für das Argument $\arg(z) = \pi/2$

(c) Zunächst können wir vereinfachen:

$$z = |i| - i = 1 - i = re^{i\varphi}. \tag{1.63}$$

Wir können ablesen, dass $\text{Re}(z) = 1$ und $\text{Im}(z) = -1$, die Zahl liegt somit im vierten Quadranten und schließt den Winkel $-\pi/4$ zur reellen Achse ein. Damit ist der Betrag $r = \sqrt{\text{Re}(z)^2 + \text{Im}(z)^2} = \sqrt{2}$ und $\arg(z) = -\pi/4$, wenn wir das Argument auf das Intervall $(-\pi, \pi]$ einschränken.

◄

Lösung zu Aufgabe 1.5

(a) Zuerst quadrieren wir Zähler und Nenner,

$$\left(\frac{-2 - 3i}{2\exp(i\frac{3}{4}\pi)}\right)^2 = \frac{4 + 12i - 9}{4e^{i\frac{3}{2}\pi}}. \tag{1.64}$$

Wir wissen, dass wir uns mit dem Winkel ϕ in $e^{i\phi}$ auf dem Einheitskreis in der Gaußschen Ebene bewegen, wobei die wichtigen Werte $e^{i\cdot 0} = 1$, $e^{i\frac{\pi}{2}} = i$, $e^{i\pi} = -1$, $e^{i\frac{3\pi}{2}} = -i$ sind. Damit haben wir

$$\frac{-5 + 12i}{-4i} = -3 - \frac{5}{4}i. \tag{1.65}$$

(b) Mit Def. 1.2 und $|\exp(i\phi)| = 1$ für $\phi \in \mathbb{R}$ haben wir

$$\left|(-2 - 3i)(2e^{i\frac{3}{4}\pi})\right| = 2\sqrt{2^2 + 3^2} = 2\sqrt{13}. \tag{1.66}$$

(c) Wir erweitern den Bruch mit der komplex Konjugierten des Nenners und wenden die Definition des Betrags $|z| = \sqrt{z\bar{z}}$ an,

$$\left| \frac{\sqrt{3} + 3i}{2 - i} \right| = \left| \frac{(\sqrt{3} + 3i)(2 + i)}{(2 - i)(2 + i)} \right| \tag{1.67}$$

$$= \left| \frac{2\sqrt{3} - 3}{5} + i\frac{6 + \sqrt{3}}{5} \right| \tag{1.68}$$

$$= \sqrt{\left(\frac{2\sqrt{3} - 3}{5} \right)^2 + \left(\frac{6 + \sqrt{3}}{5} \right)^2} = 2\sqrt{\frac{3}{5}}. \tag{1.69}$$

(d) Mithilfe der Eulerschen Formel, Th. 1.1, schreiben wir zunächst $(1 + i)$ um. Mit

$$|1 + i| = \sqrt{2} \quad \text{und} \quad \arg(1 + i) = \frac{\pi}{4} \tag{1.70}$$

haben wir

$$1 + i = \sqrt{2}\left(\cos\left(\frac{\pi}{4}\right) + i\sin\left(\frac{\pi}{4}\right) \right) = \sqrt{2}e^{i\frac{\pi}{4}}. \tag{1.71}$$

Damit erhalten wir

$$(1 + i)^{40} = \left(\sqrt{2}e^{i\frac{\pi}{4}} \right)^{40} = 2^{20}e^{i\,10\pi} = 2^{20}\underbrace{\left(e^{i\pi} \right)}_{-1}^{10} = 2^{20}. \tag{1.72}$$

(e) Wir benutzen ein weiteres Mal die Eulersche Formel und schreiben i um, nämlich

$$i = \exp\left(i\frac{\pi}{2} + 2\pi i\,n \right), \quad \text{mit} \quad n \in \mathbb{Z}. \tag{1.73}$$

Damit haben wir

$$i^i = \exp\left(i\left(\frac{i\pi}{2} + 2\pi i\,n \right) \right) = \exp\left(-\frac{\pi}{2} - 2\pi n \right). \tag{1.74}$$

Jetzt ist auch klar, warum wir in Gl. 1.73 den oft redundanten Faktor $\exp(2\pi i\,n)$ mitgenommen haben. Ohne die Beschränkung auf den Hauptzweig, d. h. $n = 0$, haben wir eine Schar an Lösungen, $n = 0$: $i^i = 0.208$, $n = 1$: $i^i = 3.88 \cdot 10^{-4}$, $n = -1$: $i^i = 111.32$.

Wollten wir nur die Lösung des Hauptzweiges, so können wir direkt Gl. 1.8 nutzen, d. h.,

$$i^i = \exp\left(i\ln(i)\right) \tag{1.75}$$

$$= \exp\left(i\left(\ln(|i|) + i\arg(i)\right)\right) \tag{1.76}$$

$$= \exp\left(i\left(\ln(1) + i\frac{\pi}{2}\right)\right) \tag{1.77}$$

$$= \exp\left(-\frac{\pi}{2}\right). \tag{1.78}$$

◀

Lösung zu Aufgabe 1.6

Identifizieren wir die reelle Achse mit x und die imaginäre mit y, können wir jede Zahl $z \in \mathbb{C}$ als $z = x + iy$ darstellen. Die Bedingung $2\mathrm{Re}(z) - \mathrm{Im}(z) = 0$ wird mit dieser Identifikation zu

$$2x - y = 0 \tag{1.79}$$

$$y = 2x. \tag{1.80}$$

Damit stellt die Punktmenge A eine Gerade durch den Ursprung mit Steigung 2 dar. ◀

Lösung zu Aufgabe 1.7

(a) Zunächst schreiben wir $0.\bar{9}$ als Reihe,

$$0.\bar{9} = 9 \cdot 0.\bar{1} \tag{1.81}$$

$$= 9\left(\frac{1}{10} + \frac{1}{100} + \frac{1}{1000} + \dots\right) \tag{1.82}$$

$$= 9\left(\frac{1}{10^1} + \frac{1}{10^2} + \frac{1}{10^3} + \dots\right) \tag{1.83}$$

$$= 9\left(\left(\frac{1}{10}\right)^1 + \left(\frac{1}{10}\right)^2 + \left(\frac{1}{10}\right)^3 + \dots\right) \tag{1.84}$$

$$= 9\sum_{k=1}^{\infty}\left(\frac{1}{10}\right)^k. \tag{1.85}$$

Nun kennen wir die geometrische Reihe, Def. 1.5,

$$\sum_{k=0}^{\infty} x^k = \frac{1}{1-x} \quad \text{für} \quad |x| < 1 \tag{1.86}$$

die wir bzgl. des Start-Index in Gl. 1.85 anpassen,

$$\underbrace{x^0}_{1} + \sum_{k=1}^{\infty} x^k = \tag{1.87}$$

$$\sum_{k=1}^{\infty} x^k = \frac{1}{1-x} - 1. \tag{1.88}$$

Letztere Gleichung nutzen wir nun in Gl. 1.85,

$$0.\bar{9} = \frac{9}{1 - \frac{1}{10}} - 9 \tag{1.89}$$

$$= 10 - 9 = 1. \tag{1.90}$$

Ein nicht besonders intuitives Ergebnis, das uns zeigt, dass $0.\bar{9}$ nicht etwa sehr nahe an 1 ist, sondern *identisch* mit 1!

(b) Nach der Eulerschen Formel, Th. 1.1, haben wir $e^{\mathrm{i}x} = \cos(x) + \mathrm{i}\sin(x)$, $x \subset \mathbb{R}$. Daher bietet es sich an, mit der Reihendarstellung der Exponentialfunktion zu beginnen, wobei das Argument nun imaginär ist, also

$$\exp(\mathrm{i}x) = \sum_{n=0}^{\infty} \frac{(\mathrm{i}x)^n}{n!} = \cos(x) + \mathrm{i}\sin(x). \tag{1.91}$$

Diese Summe wollen wir nun in einen reellen und imaginären Teil aufspalten, da wir dann die Summe, die den reellen Anteil darstellt, mit cos und die Summe, die den imaginären Anteil darstellt, mit sin identifizieren können. Dazu erinnern wir uns, dass

$$\mathrm{i}^{2k} = (\mathrm{i}^2)^k = (-1)^k, \quad \mathrm{i}^{2k+1} = \mathrm{i}\,\mathrm{i}^{2k} = \mathrm{i}(-1)^k \quad \text{mit } k \in \mathbb{Z}. \tag{1.92}$$

Wir teilen also die Summe in Gl. 1.91 in eine Summe über gerade und eine Summe ungerade Indizes n auf,

$$\sum_{n=0}^{\infty} \frac{(\mathrm{i}x)^n}{n!} = \underbrace{\sum_{k=0}^{\infty} \frac{(\mathrm{i}x)^{2k}}{(2k)!}}_{\text{nur gerade } n} + \underbrace{\sum_{k=0}^{\infty} \frac{(\mathrm{i}x)^{2k+1}}{(2k+1)!}}_{\text{nur ungerade } n} \tag{1.93}$$

$$\overset{[1.92]}{=} \sum_{k=0}^{\infty} \frac{(-1)^k x^{2k}}{(2k)!} + \mathrm{i} \sum_{k=0}^{\infty} \frac{(-1)^k x^{2k+1}}{(2k+1)!}. \tag{1.94}$$

Der Vergleich mit Gl. 1.91 liefert uns somit

$$\cos(x) = \sum_{k=0}^{\infty} \frac{(-1)^k x^{2k}}{(2k)!}, \quad \sin(x) = \sum_{k=0}^{\infty} \frac{(-1)^k x^{2k+1}}{(2k+1)!}. \tag{1.95}$$

Auf das gleiche Ergebnis kommen wir, wenn wir Aufg. 1.4 benutzen und die Exponentialfunktionen durch die entsprechende Reihendarstellung ersetzen, also z. B. für den cos

$$\cos(\phi) = \frac{1}{2}\left(e^{i\phi} + e^{-i\phi}\right) \tag{1.96}$$

$$= \frac{1}{2}\left(\sum_{n=0}^{\infty} \frac{(i\phi)^n}{n!} + \sum_{n=0}^{\infty} \frac{(-i\phi)^n}{n!}\right) \tag{1.97}$$

$$= \frac{1}{2}\sum_{n=0}^{\infty} \frac{(i\phi)^n + (-1)^n(i\phi)^n}{n!}. \tag{1.98}$$

Der Zähler verschwindet, wenn n ungerade ist. Folglich bleiben nur die Terme mit geraden Exponenten und wir kommen wieder bei Gl. 1.95 an. Entsprechend die Argumentation für sin, wo nur die Terme mit ungeraden Exponenten bleiben.

◄

Lösung zu Aufgabe 1.8

Wir nutzen die Darstellung der cos-Funktion durch Exponentialfunktionen nach Th. 1.1, $\cos(\phi) = \text{Re}(e^{i\phi})$. Damit ist zu berechnen

$$\cos^4(\phi) = \left[\frac{1}{2}\left(e^{i\phi} + e^{-i\phi}\right)\right]^4. \tag{1.99}$$

Das können wir nun stur ausmultiplizieren. Wir können aber auch die Binomialkoeffizienten $\binom{4}{k}$ bestimmen (Pascalsches Dreieck), die hier

$$\binom{4}{0} = 1, \quad \binom{4}{1} = 4, \quad \binom{4}{2} = 6, \quad \binom{4}{3} = 4, \quad \binom{4}{4} = 1$$

sind, und schreiben

$$(e^{i\phi} + e^{-i\phi})^4 = \sum_{k=0}^{4} \binom{4}{k} e^{i\phi(4-k)} e^{-i\phi k} = \sum_{k=0}^{4} \binom{4}{k} e^{i\phi2(2-k)} \tag{1.100}$$

$$= 1e^{4i\phi} + 4e^{2i\phi} + 6 + 4e^{-2i\phi} + 1e^{-4i\phi} \tag{1.101}$$

$$= 2\cos(4\phi) + 8\cos(2\phi) + 6. \tag{1.102}$$

Damit können wir Gl. 1.99 schreiben als

$$\cos^4(\phi) = \frac{1}{16}(2\cos(4\phi) + 8\cos(2\phi) + 6) \tag{1.103}$$

$$= \frac{3}{8} + \frac{1}{2}\cos(2\phi) + \frac{1}{8}\cos(4\phi).$$

■◄

Lösung zu Aufgabe 1.9

Im ersten Schritt wollen wir die Gleichung $z^n = a$, bei der wir nach den Lösungen für z suchen, auf eine Form bringen, die wir schon von den Einheitswurzeln her kennen. Dazu schreiben wir die komplexen Größen a und z in Exponentialform hin. Für a benötigen wir den Betrag $|a|$ und das Argument $\arg(a) = \phi_a$, $a = |a|\exp(\mathrm{i}\,\phi_a)$, entsprechend für z,

$$z^n = a \tag{1.104}$$

$$(|z|\exp(\mathrm{i}\,\phi))^n = |z|^n\exp(\mathrm{i}\,n\phi) = |a|\exp(\mathrm{i}\,\phi_a) \tag{1.105}$$

$$\left(\frac{|z|}{\sqrt[n]{|a|}}\right)^n \exp(\mathrm{i}\,(n\phi - \phi_a)) = 1 \tag{1.106}$$

$$\tilde{z}^n = 1. \tag{1.107}$$

Damit haben wir das Problem zurückgeführt auf das Bestimmen der Einheitswurzeln. Mit dem Unterschied, dass wir auf der linken Seite statt z eine andere komplexe Zahl, nämlich

$$\tilde{z} = |\tilde{z}|\exp\left(\mathrm{i}\,\tilde{\phi}\right) = \frac{|z|}{\sqrt[n]{|a|}}\exp\left(\mathrm{i}\left(\phi - \frac{\phi_a}{n}\right)\right) \tag{1.108}$$

vorfinden. Um Gl. 1.106 zu lösen, erinnern wir uns, dass die Eins geschrieben werden kann als

$$1 = \exp(\mathrm{i}\,2\pi m), \; m \in \mathbb{Z}. \tag{1.109}$$

Ziehen der Wurzel auf beiden Seiten von Gl. 1.107 liefert also

$$\frac{|z|}{\sqrt[n]{|a|}}\exp\left(\mathrm{i}\left(\phi - \frac{\phi_a}{n}\right)\right) = \exp\left(\mathrm{i}\,2\pi\,\frac{m}{n}\right). \tag{1.110}$$

Damit die letzte Gleichung gilt, müssen zwei Bedingungen erfüllt werden,

1. $\dfrac{|z|}{\sqrt[n]{|a|}} \overset{!}{=} 1$ (gleicher Betrag), liefert $|z| = \sqrt[n]{|a|}$.

2. $\phi - \dfrac{\phi_a}{n} \overset{!}{=} 2\pi\,\dfrac{m}{n}$ (gleiches Argument), liefert $\phi = 2\pi\,\dfrac{m}{n} + \dfrac{\phi_a}{n}$.

Da $m \in \mathbb{Z}$, liefert (wie in der Herleitung der Einheitswurzeln) 2. unendlich viele Lösungen. Es sind jedoch nur endlich viele verschieden, da wir stets ein Vielfaches von 2π zum Argument hinzuaddieren können. Dadurch unterscheidet sich die Lösung für ϕ mit $m = n$ nicht von der Lösung $m = 0$ (entsprechend $m = n + 1$ nicht von $m = 1$ usw.). Damit haben wir $m = 0, \dots, n - 1$ unterschiedliche Lösungen für z,

$$z_m = \sqrt[n]{|a|}\exp\left(\mathrm{i}\left(2\pi\,\frac{m}{n} + \frac{\phi_a}{n}\right)\right), \quad m = 0, \dots, n - 1. \tag{1.111}$$

Zu der gleichen Lösung kommen wir auch, wenn wir für Gl. 1.106 die Lösung für die Einheitswurzeln benutzen, die mit $\tilde{z} = |\tilde{z}|\exp(i\tilde{\phi})$ lauten

$$|\tilde{z}| = 1 \tag{1.112}$$

$$\tilde{\phi} = 2\pi m/n, \quad m = 0, \ldots, n-1. \tag{1.113}$$

Mit Gl. 1.108 kommen wir dann auf die Bedingungen 1. und 2. oben. ◄

Lösung zu Aufgabe 1.10

Wir werden (a) zur Übung nochmals ohne die direkte Verwendung von Gl. 1.15 lösen.

(a) Zunächst schreiben wir i mittels Eulerscher Formel, Theorem 1.1, auf. Dabei ist es wichtig, die Nicht-Eindeutigkeit des Arguments mitzunehmen, um keine Lösung zu verlieren:

$$i = 1 \cdot \exp\left(i\left(\frac{\pi}{2} + 2\pi m\right)\right) = \exp\left(i\frac{\pi}{2}(1 + 4m)\right) \tag{1.114}$$

mit $m \in \mathbb{Z}$. Ziehen wir nun die Wurzel auf beiden Seiten von $z^3 = i$ erhalten wir

$$z = \sqrt[3]{1}\exp\left(i\frac{\pi}{6}(1 + 4m)\right). \tag{1.115}$$

Wir sehen, dass für $|m| \geq 3$ sich Lösungen wiederholen, da z. B. für $m = 0$ und $m = 3$:

$$\exp\left(i\frac{\pi}{6}\right) \stackrel{!}{=} \exp\left(i\frac{\pi}{6}13\right) = \underbrace{\exp\left(2\pi i\right)}_{=1}\exp\left(i\frac{\pi}{6}\right). \tag{1.116}$$

Wir haben somit drei paarweise unterschiedliche Lösungen z_k,

$$z_k = \exp\left(i\frac{\pi}{6}(1 + 4k)\right), \quad k = 0\ldots2, \tag{1.117}$$

die in Abb. 1.3 eingezeichnet sind (P_k). Das Potenzieren von P_1 ist beispielhaft ebenfalls eingezeichnet. Der Test zeigt, dass P_1^3 wieder bei i landet.

(b) Zunächst vereinfachen wir durch Invertieren beider Seiten

$$z^{-2} = 1 + i \tag{1.118}$$

$$z^2 = \frac{1}{2} - \frac{i}{2} = \frac{1}{\sqrt{2}}e^{-\frac{i\pi}{4}} =: a. \tag{1.119}$$

Abb. 1.3 Zu Aufg. 1.10: Die drei Wurzeln von i, P_i (rot), sowie die drei Potenzen P_1^k von P_1 (grün)

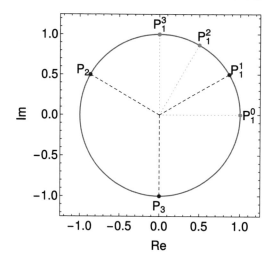

Wir wissen aus Aufg. 1.9, dass

$$z_k = \sqrt[n]{|a|}\exp\left(i\left(\frac{2\pi k}{n} + \frac{\varphi_0}{n}\right)\right), \quad k = 0, \dots, n-1. \tag{1.120}$$

Hier ist $n = 2$, $|a| = 1/\sqrt{2}$ und $\varphi_0 = -\pi/4$. Damit haben wir zwei Lösungen:

$$z_0 = \frac{1}{2^{\frac{1}{4}}}\exp\left(-i\frac{\pi}{8}\right), \tag{1.121}$$

$$z_1 = \frac{1}{2^{\frac{1}{4}}}\exp\left(i\left(\frac{2\pi}{2} - \frac{\pi}{8}\right)\right) = \frac{1}{2^{\frac{1}{4}}}\exp\left(i\frac{7\pi}{8}\right). \tag{1.122}$$

◀

Lösung zu Aufgabe 1.11

(a) Der Einheitskreis ist gegeben durch die Punktmenge $\{z \in \mathbb{C} \,|\, |z| = 1\}$. Mit $z = x + iy$ ist das $x^2 + y^2 = 1$. Um die allgemeine implizite Gleichung zu erhalten, setzen wir den Ursprung des Kreises auf $z_0 = x_0 + iy_0$ und nehmen einen Radius R an,

$$(x - x_0)^2 + (y - y_0)^2 = R^2 \tag{1.123}$$

$$(x^2 + y^2) - 2x_0x - 2y_0y + (x_0^2 + y_0^2 - R^2) = 0. \tag{1.124}$$

Liegt also die implizite Gleichung

$$a(x^2 + y^2) + bx + cy + d = 0, \quad a, b, c, d \in \mathbb{R}, \tag{1.125}$$

vor, können wir aus dem Vergleich mit Gl. 1.124 den Radius und den Kreisur-
sprung identifizieren,

$$x_0 = -\frac{b}{2a}, \quad y_0 = -\frac{c}{2a}, \quad R = \frac{1}{2a}\sqrt{b^2 + c^2 - 4ad}. \tag{1.126}$$

(b) Die Inversionsabbildung bildet die Zahl $z = x + \mathrm{i}\,y$ auf $w = u + \mathrm{i}\,v$ ab,

$$w(z) = \frac{1}{z} \tag{1.127}$$

$$u + \mathrm{i}\,v = \frac{1}{x + \mathrm{i}\,y} = \frac{x - \mathrm{i}\,y}{x^2 + y^2}. \tag{1.128}$$

Ein Vergleich von Real- und Imaginärteil beider Seiten liefert

$$u = \frac{x}{x^2 + y^2}, \quad v = -\frac{y}{x^2 + y^2}. \tag{1.129}$$

Wir wissen auch, dass $|w| = 1/|z|$ und damit

$$u^2 + v^2 = \frac{1}{x^2 + y^2}. \tag{1.130}$$

Letzteres in Gl. 1.129 eingesetzt, liefert schließlich

$$x = \frac{u}{u^2 + v^2}, \quad y = -\frac{v}{u^2 + v^2}. \tag{1.131}$$

Dies hätten wir auch gleich sehen können, denn mit $w = 1/z$ gilt auch $z = 1/w$.
Damit können wir in Gl. 1.129 einfach die Koordinaten tauschen.
Was die Inversionsabbildung nun mit einem Kreis macht, sehen wir, wenn wir
die gerade gefundenen Beziehungen $x(u, v)$ und $y(u, v)$ in Gl. 1.124 einsetzen,

$$\underbrace{\frac{u^2}{|w|^4} + \frac{v^2}{|w|^4}}_{1/|w|^2} - \frac{2x_0}{|w|^2}u + \frac{2y_0}{|w|^2}v + (x_0^2 + y_0^2 - R^2) = 0 \tag{1.132}$$

$$1 - 2x_0 u + 2y_0 v + (x_0^2 + y_0^2 - R^2)|w|^2 = 0. \tag{1.133}$$

Wir betrachten nun zwei Fälle:

1. $l := x_0^2 + y_0^2 - R^2 \neq 0$

Wir bringen Gl. 1.133 auf die gleiche Form wie in Gl. 1.124, um den neuen Ursprung $(\tilde{x}_0, \tilde{y}_0)$ sowie den entsprechenden Radius $\tilde{R}$ ablesen zu können,

$$u^2 + v^2 - 2\frac{x_0}{l}u + 2\frac{y_0}{l}v + \frac{1}{l} = 0 \tag{1.134}$$

$$(u - \tilde{x}_0)^2 + (v - \tilde{y}_0)^2 = \tilde{R}^2 \tag{1.135}$$

$$\text{mit} \quad \tilde{x}_0 = \frac{x_0}{l}, \quad \tilde{y}_0 = -\frac{y_0}{l}, \quad \tilde{R} = \frac{R}{l}. \tag{1.136}$$

Die Abbildungen sind wiederum Kreise, die jedoch in ihrer Position an der reellen Achse gespiegelt (Vorzeichen bei $\tilde{y}_0$) sowie mit einem Faktor $1/l$ skaliert wurden (in Radius und Position). Der Fall $x_0 = y_0 = \sqrt{2}, R = 0 \ldots 4$ ist in Abb. 1.4 dargestellt.

2. $l = 0$

In diesem Fall geht der Kreis in der z-Ebene durch den Ursprung. Da der quadratische Term $|w|^2$ in Gl. 1.133 wegfällt, erhalten wir eine Geradengleichung,

$$v = \frac{x_0}{y_0}u - \frac{1}{2y_0}, \quad y_0 \neq 0. \tag{1.137}$$

In Abb. 1.4, wo $x_0 = y_0 = \sqrt{2}$, sehen wir die Gerade für einen Radius $R = 2$. Ist $x_0 = 0$ oder $y_0 = 0$, so gibt es nur einen Bildpunkt. Für $y_0 = 0$ und $x_0 \neq 0$ ist es $u = 1/(2x_0)$.

Wir sehen auch, dass im Fall von $x_0 = 0$ Kreise, deren Mittelpunkte auf der imaginären Achse liegen, auf horizontale Geraden abgebildet werden. Aus Gl. 1.137 sehen wir, dass eine Gerade, die durch $\{w \in \mathbb{C}|\mathrm{Im}\{z\} = C\}$ gegeben ist, zu einem Kreis mit

$$x_0 = 0, \quad y_0 = -\frac{1}{2C}, \quad R = |y_0| \tag{1.138}$$

gehört.

Für Geraden der Umkehrabbildung $u(v)$ mit Steigung 0 sind es entsprechend Kreise mit einem Mittelpunkt auf der reellen Achse. Diese Zuordnung von Kreisen zu Geraden sieht man besonders schön anhand eines Schachbrettmusters, das in Abb. 1.5a mittels $1/w$ auf das Muster in (b) abgebildet wird.

◀

Abb. 1.4 Zu Aufg. 1.11:
Inversionsabbildung
$z \to w = 1/z$ von Kreisen.
Es werden Kreise um den
Punkt $z = \sqrt{2}(1 + i)$ mit
Radien $R = 0 \ldots 4$ (siehe
Legende) der z-Ebene auf
Objekte (Kreis, Gerade) der
w-Ebene abgebildet

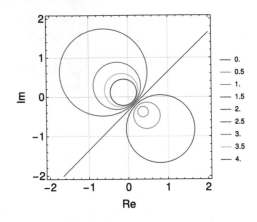

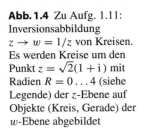

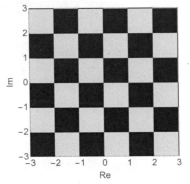

(a) Muster in der w-Ebene.

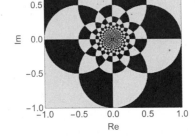

(b) Abbildung des Musters in (a)
durch die Inversionsabbildung in die
z-Ebene.

Abb. 1.5 Zu Aufg. 1.11: Kreise, deren Mittelpunkte auf der imaginären Achse liegen, werden auf
horizontale Geraden abgebildet. Entsprechend werden Kreise, deren Mittelpunkte auf der reellen
Achse liegen, auf vertikale Geraden abgebildet

Lösung zu Aufgabe 1.12

(a) Die Zuordnung der x-Werte zu den y-Werten ist nicht eineindeutig, man
sagt, die Funktion ist nicht *bijektiv*. Z. B. hat sowohl $x = 1$ als auch $x = -1$
den gleichen y-Wert $y = 1$. Dies ist ein Problem bei der Umkehrung, da
dem y-Wert nun aus dem Definitionsbereich dann zwei Werte aus dem Wertebereich zugeordnet werden würden. Für f muss der Definitionsbereich
verkleinert werden (z. B. auf $\mathbb{R}^+$)

(b.i) Die Funktion ist ungerade, da

$$-f(-x) = -\frac{(-x)}{(-x)^2 - 2} = \frac{x}{x^2 - 2} = f(x). \tag{1.139}$$

(b.ii) Die Funktion ist in Abb. 1.6 dargestellt. Für $|x| \ll 1$ ist x^2 im Nenner viel
kleiner als 2 und kann vernachlässigt werden. Daher ist der Verlauf an der

Abb. 1.6 Zu Aufg. 1.12. Rot
eingezeichnet sind die
Polstellen bei $x_{1/2} = \pm\sqrt{2}$

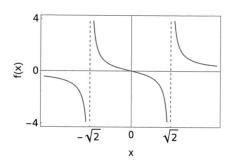

0 ähnlich zur Funktion $-x/2$. Im Limes $x \to \infty$ können wir dagegen die
-2 im Nenner vernachlässigen und es bleibt

$$\lim_{x\to\infty} \frac{x}{x^2} = \lim_{x\to\infty} \frac{1}{x} = 0. \tag{1.140}$$

Aufgrund der Symmetrie haben wir $\lim_{x\to-\infty} f(x) = 0$. Polstellen befinden sich dort, wo die Nullstellen des Nenners liegen. Der Nenner kann
direkt (Binomische Formel) faktorisiert werden. Damit ergeben sich die
Nullstellen zu

$$0 = x^2 - 2 = (x - \sqrt{2})(x + \sqrt{2}) \tag{1.141}$$

$$x_{1/2} = \pm \sqrt{2}. \tag{1.142}$$

Sie sind in Abb. 1.6 als rote Linien eingezeichnet.
Um 0 herum kann x^2 im Nenner gegenüber der 2 vernachlässigt werden,
wir können die Funktion dort mit $(-1/2)x$ approximieren (nähern).
Verlauf um die Polstellen: Aufgrund der Symmetrie genügt es, sich eine
vorzunehmen, z. B. die bei $x = \sqrt{2}$: Da der Verlauf rechts der 0 und in der
Nähe von ihr negativ ist und wir keine Nullstellen außer der bei 0 haben,
muss der Wert von $f(x)$ links der Polstelle negativ sein. Für große Werte
(genauer: größer als $x = \sqrt{2}$) ist $f(x)$ positiv. Daher ist der Verlauf wie in
Abb. 1.6 gezeigt.

◄

Lösung zu Aufgabe 1.13

(a) Das Einfachste ist der Schnittpunkt mit der y-Achse, dafür setzen wir $x = 0$:
$f(x = 0) = -1$. Der Punkt ist also $(0, -1)$.
Die Schnittpunkte mit der x-Achse sind die Nullstellen, also ist $f(x) = 0$ zu
lösen:

$$0 = 3x^2 + 2x - 1 \tag{1.143}$$

$$= x^2 + \frac{2}{3}x - \frac{1}{3} \tag{1.144}$$

Quadratische Ergänzung

$$= x^2 + \frac{2}{3}x + \left[\left(\frac{1}{3}\right)^2 - \left(\frac{1}{3}\right)^2\right] - \frac{1}{3} \tag{1.145}$$

$$= \left(x + \frac{1}{3}\right)^2 - \frac{4}{9} \tag{1.146}$$

$$\pm\sqrt{\frac{4}{9}} = \left(x_{1/2} + \frac{1}{3}\right) \tag{1.147}$$

$$-\frac{1}{3} \pm \frac{2}{3} = x_{1/2}. \tag{1.148}$$

Damit haben wir die zwei Lösungen $x_1 = 1/3$ und $x_2 = -1$ was uns die Schnittpunkte $(1/3, 0)$ und $(-1, 0)$ liefert.

Daraus lässt sich gleich die x-Koordinate x_s des Scheitelpunkts angeben, der in der Mitte der beiden Nullstellen liegen muss: $x_s = (x_1 + x_2)/2 = -1/3$. Wir sehen es auch direkt aus der Scheitelpunktform, die mit Gl. 1.146 folgende Form hat

$$f(x) = 3\left(\left(x + \frac{1}{3}\right)^2 - \frac{4}{9}\right) \tag{1.149}$$

$$= 3\left(x + \frac{1}{3}\right)^2 - \frac{4}{3}. \tag{1.150}$$

Wir haben $f(x = -1/3) = -4/3$. Der Scheitelpunkt ist somit $(-1/3, -4/3)$.

(b) Wir müssen nur obige Rechnung mit a statt -1 wiederholen, und zwar bis Gl. 1.146:

$$0 = 3x^2 + 2x + a \tag{1.151}$$

$$= x^2 + \frac{2}{3}x + \frac{a}{3} \tag{1.152}$$

Quadratische Ergänzung

$$= x^2 + \frac{2}{3}x + \left[\left(\frac{1}{3}\right)^2 - \left(\frac{1}{3}\right)^2\right] + \frac{a}{3} \tag{1.153}$$

$$= \left(x + \frac{1}{3}\right)^2 + \underbrace{\left(\frac{a}{3} - \left(\frac{1}{3}\right)^2\right)}_{C}. \tag{1.154}$$

Ist nun der Term C Null, so haben wir genau eine Nullstelle, nämlich $x_0 = -1/3$, die aufgrund der Potenz eine doppelte Nullstelle ist. Die Forderung $C \overset{!}{=} 0$ liefert uns die Bedingung für a,

$$0 = \frac{a}{3} - \left(\frac{1}{3}\right)^2 \tag{1.155}$$

$$\frac{1}{3} = a. \tag{1.156}$$

Damit ist der Scheitelpunkt $(-1/3, 0)$.

(c) Man kann hier wie in (a) die quadratische Ergänzung nutzen oder Koeffizienten vergleichen. Wir zeigen beide Wege auf:
Zunächst über die quadratische Ergänzung:

$$f(x) = a_2 x^2 + a_1 x + a_0 \tag{1.157}$$

$$= a_2(x^2 + px + q), \quad \text{mit} \quad p := \frac{a_1}{a_2}, \; q := \frac{a_0}{a_2} \tag{1.158}$$

$$= a_2\left(x^2 + px + \underbrace{\left(\frac{p}{2}\right)^2 - \left(\frac{p}{2}\right)^2}_{0} + q\right) \tag{1.159}$$

$$= a_2\left(\left(x + \frac{p}{2}\right)^2 - \left(\frac{p}{2}\right)^2 + q\right). \tag{1.160}$$

Damit sind

$$m_1 = a_2 \tag{1.161}$$

$$m_2 = \frac{p}{2} \tag{1.162}$$

$$m_3 = a_2\left(q - \left(\frac{p}{2}\right)^2\right). \tag{1.163}$$

Die Nullstellen von Gl. 1.160 können wir leicht angeben,

$$0 = a_2\left(\left(x + \frac{p}{2}\right)^2 - \left(\frac{p}{2}\right)^2 + q\right) \tag{1.164}$$

$$\left(\frac{p}{2}\right)^2 - q = \left(x + \frac{p}{2}\right)^2 \tag{1.165}$$

$$-\frac{p}{2} \pm \sqrt{\left(\frac{p}{2}\right)^2 - q} = x_{1/2}. \tag{1.166}$$

Jetzt können wir die Definitionen von p und q einsetzen:

$$-\frac{a_1}{2a_2} \pm \sqrt{\left(\frac{a_1}{2a_2}\right)^2 - \frac{a_0}{a_2}} = x_{1/2}. \tag{1.167}$$

Wir können die Koeffizienten m_i auch durch einen Vergleich finden, indem wir zunächst $f(x) = m_1(x + m_2)^2 + m_3$ ausmultiplizieren:

$$m_1(x + m_2)^2 + m_3 = m_1\left(x^2 + 2m_2 x + m_2^2\right) + m_3 \tag{1.168}$$

$$= \underbrace{m_1}_{a_2} x^2 + \underbrace{2m_1 m_2}_{a_1} x + \underbrace{m_1 m_2^2 + m_3}_{a_0}. \tag{1.169}$$

Durch den Koeffizientenvergleich mit $f(x) = a_2 x^2 + a_1 x + a_0$ erhalten wir folgende drei Gleichungen,

$$a_2 = m_1, \tag{1.170}$$

$$a_1 = 2m_1 m_2, \tag{1.171}$$

$$a_0 = m_1 m_2^2 + m_3. \tag{1.172}$$

Diese Gleichungen müssen wir nach den m_i auflösen. Die erste Gleichung ist trivial, wir setzen sie in die zweite ein und erhalten

$$a_1 = 2a_2 m_2 \tag{1.173}$$

$$\frac{a_1}{2a_2} = m_2. \tag{1.174}$$

Gl. 1.174 und 1.170 in Gl. 1.172 eingesetzt, liefert

$$a_0 = a_2 \left(\frac{a_1}{2a_2} \right)^2 + m_3 \tag{1.175}$$

$$a_0 - a_2 \left(\frac{a_1}{2a_2} \right)^2 = m_3. \tag{1.176}$$

Das sind genau die drei Gleichungen für die m_i, die wir schon oben gefunden haben.

(d) Die x-Stellen, an denen sich Gerade und Parabel schneiden, finden sich durch Gleichsetzen von $p(x)$ und $g(x)$,

$$p(x) = g(x) \tag{1.177}$$

$$3x^2 + x = 1 - x \tag{1.178}$$

$$0 = 3x^2 + 2x - 1. \tag{1.179}$$

Die rechte Seite ist gerade unsere Parabel aus (a). Die Nullstellen waren

$$-\frac{1}{3} \pm \frac{2}{3} = x_{1/2}. \tag{1.180}$$

Um die y-Stellen zu erhalten, müssen wir diese Nullstellen nur in die Gerade oder Parabel einsetzen:

$$g(x_1) = 1 - \left(-\frac{1}{3} + \frac{2}{3} \right) = \frac{2}{3}, \tag{1.181}$$

$$g(x_2) = 1 - \left(-\frac{1}{3} - \frac{2}{3} \right) = 2. \tag{1.182}$$

Damit sind die Schnittpunkte $(-\frac{1}{3} + \frac{2}{3}, \frac{2}{3})$ und $(-\frac{1}{3} - \frac{2}{3}, 2)$.

◀

Lösung zu Aufgabe 1.14

(a)

$$\left(\frac{a}{2}\right)^{10} \cdot \left(\left(\frac{a}{4}\right)^5\right)^{-2} = \frac{a^{10}}{2^{10}} \left(\frac{a}{4}\right)^{-10} \tag{1.183}$$

$$= \frac{a^{10}}{2^{10}} \frac{a^{-10}}{4^{-10}} \tag{1.184}$$

Mit $4^{-10} = \left(2^2\right)^{-10} = 2^{-20}$

$$\left(\frac{a}{2}\right)^{10} \cdot \left(\left(\frac{a}{4}\right)^5\right)^{-2} = \frac{a^{10}}{2^{10}} \frac{a^{-10}}{2^{-20}} = \frac{a^0}{2^{-10}} = 2^{10} = 1024 \tag{1.185}$$

(b)

$$\frac{a^{1000}}{(a^{111})^9} = \frac{a^{1000}}{a^{999}} = a^{1000-999} = a^1 = a \tag{1.186}$$

(c)

$$\frac{a^7 + a^6}{a^{13}} = \frac{a^6}{a^{13}}(a+1) = \frac{1}{a^7}(a+1) \tag{1.187}$$

◄

Lösung zu Aufgabe 1.15

(a:i)

$$\binom{13}{4} = \frac{13!}{4!(13-4)!} = \frac{13 \cdot 12 \cdot 11 \cdot 10 \cdot 9!}{4! \cdot 9!} = \frac{13 \cdot 12 \cdot 11 \cdot 10}{4 \cdot 3 \cdot 2 \cdot 1} = 13 \cdot 11 \cdot 5. \tag{1.188}$$

(a:ii)

$$\binom{n}{n} = \frac{n!}{n!(n-n)!} = \frac{1}{0!} = 1. \tag{1.189}$$

(a:iii) Der Trick bei dieser Teilaufgabe ist es, den Binomischen Lehrsatz für $a = b = 1$ anzuwenden. Was hier „fehlt", sind die Terme $a^n b^{n-k}$. Wir können sie jedoch aus der 1 generieren, denn es gilt immer $1 = 1^n$, $n \in \mathbb{Z}$, also auch $1 = 1^n 1^{n-k}$. Damit haben wir

$$\sum_{k=0}^{n} \binom{n}{k} = \sum_{k=0}^{n} \binom{n}{k} 1^n 1^{n-k} \tag{1.190}$$

und nach dem Binomischen Lehrsatz

$$= (1+1)^n = 2^n. \tag{1.191}$$

(b) Der Vorfaktor des Terms mit x^6 hat vom Pascalschen Dreieck den Faktor

$$\binom{12}{6} = \frac{12!}{6!6!} = \frac{12 \cdot 11 \cdot 10 \cdot 9 \cdot 8 \cdot 7}{6 \cdot 5 \cdot 4 \cdot 3 \cdot 2} = 2 \cdot 11 \cdot 3 \cdot 2 \cdot 7 = 924. \quad (1.192)$$

Wenn x den Exponenten 6 hat, hat $c/2$ den Exponenten $12 - 6 = 6$. Zusammengesetzt hat somit der Term mit x^6 den Koeffizienten

$$924 \cdot \frac{c^6}{2^6} = \frac{231c^6}{16}. \quad (1.193)$$

◄

Lösung zu Aufgabe 1.16

(a) Das Einfachste ist, das Argument zu vereinfachen,

$$\log_3\left(\frac{81}{27}\right) = \log_3 3 = \log_a a = 1. \quad (1.194)$$

Wir können aber auch die Produktregel beim Logarithmus ausnutzen,

$$\log_3\left(\frac{81}{27}\right) = \log_3(81) - \log_3(27) \quad (1.195)$$

$$= \log_3(3^4) - \log_3(3^3) \quad (1.196)$$

$$= 4\log_3(3) - 3\log_3(3) \quad (1.197)$$

$$= 4 - 3 = 1. \quad (1.198)$$

(b)

$$\log_a(a^7 + a^{10}) = \log_a(a^7(1 + a^3)) \quad (1.199)$$

$$= \log_a(a^7) + \log_a(1 + a^3) \quad (1.200)$$

$$= 7 + \log_a(1 + a^3). \quad (1.201)$$

(c) Wir können den gegebenen Logarithmus zur Basis $1/e$ zunächst so umschreiben, dass wir ihn mit $\ln \equiv \log_e$ ausdrücken. Dazu benutzen wir $\log_a(x) = \log_b(x)/\log_b(a)$,

$$\log_{\frac{1}{e}}(x) = \frac{\ln(x)}{\ln\left(\frac{1}{e}\right)} \quad (1.202)$$

$$= \frac{\ln(x)}{\ln(1) - \ln(e)} \quad (1.203)$$

$$= \frac{\ln(x)}{0 - 1} = -\ln(x). \quad (1.204)$$

Damit sehen wir, dass sich $\log_{\frac{1}{e}}(x)$ und $\ln(x)$ nur im Vorzeichen unterscheiden, was bzgl. des Graphen einer Spiegelung an der x-Achse gleich ist. Man hätte auch

$$\ln\left(\frac{1}{e}\right) = \ln\left(e^{-1}\right) = -1\ln(e) = -1 \qquad (1.205)$$

nutzen können.

(d) Wir sollen ein exponentielles Wachstum annehmen, also $N(t) = C_0 e^{\lambda t}$. Der Parameter C_0 gibt die Anzahl zum Startzeitpunkt an, da $N(0) = C_0 e^0 = C_0$. Die Anzahl hat keine Einheit (Einheit ist 1). Das Wachstum wird durch den Parameter λ bestimmt. Der Exponent, also λt darf hier keine Einheit haben (N hat keine) und da $[t] = s$ ($[.]$ gibt die Einheit einer Größe an) muss $[\lambda] = 1/s$ sein, also eine Rate. Wir können jetzt mit der e-Funktion rechnen, günstiger ist hier aber die Basis 2, da wir eine tägliche Verdopplung haben, das bedeutet $N \propto 2^{\frac{t}{1d}}$. Mit dem korrekten Vorfaktor haben wir $N(t) = 10 \cdot 2^{\frac{t}{1d}}$. Denn nach einem Tag ($t = 1d$) haben wir $N(1d) = 10 \cdot 2^{\frac{1d}{1d}} = 10 \cdot 2$, nach zwei Tagen $N(1d) = 10 \cdot 2^{\frac{2d}{1d}} = 10 \cdot 2^2$ usw. Jetzt ist nach t in

$$10^6 = 10 \cdot 2^{\frac{t}{1d}} \qquad (1.206)$$

gesucht. Wir wenden den Logarithmus (z. B. ln) an

$$10^6 = 10 \cdot 2^{\frac{t}{1d}} \qquad (1.207)$$

$$10^5 = 2^{\frac{t}{1d}} \qquad (1.208)$$

$$\ln\left(10^5\right) = \ln\left(2^{\frac{t}{1d}}\right) \qquad (1.209)$$

$$5\ln(10) = \frac{t}{1d}\ln(2) \qquad (1.210)$$

$$5\frac{\ln(10)}{\ln(2)}(1\,d) = t \qquad (1.211)$$

$$16.6096\,d \approx t. \qquad (1.212)$$

Damit hat sich die Kolonie auf 10^6 Bakterien nach ungefähr 16.6 Tagen vergrößert. Genauer: Nach 16 Tagen

$$\left(5\frac{\ln(10)}{\ln(2)} - 16\right)24 = 14.6314 \qquad (1.213)$$

14 h,

$$\left(\left(5\frac{\ln(10)}{\ln(2)} - 16\right)24 - 14\right)60 = 37.882 \qquad (1.214)$$

37 min und

$$\left(\left(\left(5\frac{\ln(10)}{\ln(2)} - 16\right)24 - 14\right)60 - 37\right)60 = 52.937 \qquad (1.215)$$

53 s.

◀

Lösung zu Aufgabe 1.17

(a) Die y-Werte sind logarithmisch zur Basis 10 dargestellt. Da eine Gerade als
Graph vorliegt, muss

$$\lg(y) = n + mx \qquad (1.216)$$

vorliegen, da der Schnittpunkt mit der y-Achse als n vorgegeben ist und m die
Steigung sein soll. Folglich erhalten wir die Funktion $y(x)$ durch das Anwenden der Exponentialfunktion 10^x,

$$10^{\lg(y)} = 10^{n+mx} \qquad (1.217)$$

$$y = 10^n\left(10^m\right)^x = ab^x \quad \text{mit} \quad a = 10^n, \; b = 10^m. \qquad (1.218)$$

Dargestellt ist somit eine Exponentialfunktion zur Basis 10^m mit einem Koeffizienten von 10^n.

(b) Sehen wir in einem doppelt logarithmischen Plot eine Gerade, so liegt

$$\lg(y) = n + m \lg(x) \qquad (1.219)$$

vor, da nun auch die x-Werte logarithmisch aufgetragen werden. Auch hier
wenden wir die Exponentialfunktion 10^x an und erhalten

$$10^{\lg(y)} = 10^{n+m\lg(x)} \qquad (1.220)$$

$$y = 10^n 10^{\lg\left(x^m\right)} = 10^n x^m. \qquad (1.221)$$

Der Graph ist somit der einer Potenzfunktion mit Exponent m und Koeffizient
10^n.

◀

Lösung zu Aufgabe 1.18

Wir benötigen offensichtlich zwei Heaviside-Funktionen. Die eine beschreibt
das Einschalten bei $t = -2$. Um $\theta(t)$ um 2 „nach links" zu verschieben, muss
zum Argument der Funktion 2 hinzuaddiert werden, also $f_1(t) = \theta(t + 2)$. Die
andere Heaviside-Funktion sollte für alle Werte bis $t = 2$ den Wert 1 haben und
ab diesem zu 0 verschwinden. Das ist die gespiegelte Version von $f_1(t)$. Einer

Spiegelung an der y-Achse entspricht ein Vorzeichen-Wechsel von t. Damit ist $f_2(t) = f_1(-t) = \theta(2 - t)$. Das Produkt der beiden Funktionen liefert uns dann schließlich genau da die Werte $y = 0$, die wir in Abb. 1.2 gerade wollen. Damit auch der y-Wert in den Bereichen, die nicht 0 sind, stimmt, muss das Produkt noch mit einem Faktor 2 multipliziert werden. Die gesuchte Funktion ist damit

$$f(t) = 2f_1(t)f_2(t) = 2\theta(2 - t)\theta(2 + t). \tag{1.222}$$

◄

Lösung zu Aufgabe 1.19

Wir können das Problem auf mehreren Wegen lösen. Hier sind zwei:

(1) Mittels Eulerscher Formel, Gl. 1.1,

$$\sin(a + \mathrm{i}\,b) = \frac{1}{2\mathrm{i}}\left(e^{\mathrm{i}\,(a+\mathrm{i}\,b)} - e^{-\mathrm{i}\,(a+\mathrm{i}\,b)}\right) \tag{1.223}$$

$$= \frac{1}{2\mathrm{i}}\left(e^{-b+\mathrm{i}\,a} - e^{b-\mathrm{i}\,a}\right) \tag{1.224}$$

$$= \frac{1}{2\mathrm{i}}\left(e^{-b}(\cos(a) + \mathrm{i}\sin(a)) - e^{b}(\cos(a) - \mathrm{i}\sin(a))\right) \tag{1.225}$$

$$= \frac{1}{2}\left(e^{-b} + e^{b}\right)\sin(a) + \frac{\mathrm{i}}{2}\left(e^{b} - e^{-b}\right)\cos(a) \tag{1.226}$$

$$= \cosh(b)\sin(a) + \mathrm{i}\sinh(b)\cos(a). \tag{1.227}$$

(2) Mit dem Additionstheorem $\sin(x \pm y) = \sin(x)\cos(y) \pm \cos(x)\sin(y)$ lässt sich der Ausdruck vereinfachen zu

$$\sin(a + \mathrm{i}\,b) = \sin(a)\cos(\mathrm{i}\,b) + \cos(a)\sin(\mathrm{i}\,b) \tag{1.228}$$

$$= \sin(a)\cosh(b) + \mathrm{i}\cos(a)\sinh(b). \tag{1.229}$$

◄

Lösung zu Aufgabe 1.20

- Der Definitionsbereich der Exponentialfunktion e^x ist $\mathbb{R}$. Da $e^{\pm x} > 0$ für alle x, ist auch $e^x + e^{-x} > 0$ und es besteht keine Definitionslücke. Der Definitionsbereich von $\tanh(x)$ ist somit $\mathbb{R}$.
- Nun stellen wir fest, wohin die $\tanh(x)$-Funktion abbildet, d. h., was der Wertebereich der Funktion ist. Dazu analysieren wir die Grenzbereiche $x \to \pm\infty$. Mit dem Grenzwertverhalten $\lim_{x\to\infty} e^x = \infty$, $\lim_{x\to\infty} e^{-x} = 0$ liefert direktes Auswerten den unbestimmten Ausdruck ∞/∞. Gehen wir also schrittweise vor. Wir setzen jeweils im Zähler und Nenner die Terme in Relation zueinander. Dabei muss aber der Vergleich im Zähler und Nenner zur gleichen Größe vorgenommen werden. Wir können direkt sehen: Für $x \gg 1$

ist im Zähler e^{-x} vernachlässigbar klein gegenüber e^x, das gleiche im Nenner.
Daher haben wir $\tanh(x \gg 1) \approx e^x/e^x = 1$, was im Limes zu einer exakten
Aussage wird. Entsprechend für $x \ll -1$. Sauber aufgeschrieben liefert uns
das

$$\tanh(x) = \frac{e^x - e^{-x}}{e^x + e^{-x}} = \frac{e^x}{e^x} \frac{1 - e^{-2x}}{1 + e^{-2x}} = \frac{1 - e^{-2x}}{1 + e^{-2x}}, \tag{1.230}$$

und damit

$$\lim_{x \to \infty} \tanh(x) = \frac{1 - 0}{1 + 0} = 1. \tag{1.231}$$

Für $x \to -\infty$ ist der letzte Ausdruck in Gl. 1.230 jedoch wieder unbestimmt,
da $-\infty/\infty$. Wir klammern daher e^{-x} aus,

$$\tanh(x) = \frac{e^x - e^{-x}}{e^x + e^{-x}} = \frac{e^{-x}}{e^{-x}} \frac{e^{2x} - 1}{e^{2x} + 1} = \frac{e^{2x} - 1}{e^{2x} + 1} \tag{1.232}$$

und erhalten

$$\lim_{x \to -\infty} \tanh(x) = \frac{0 - 1}{0 + 1} = -1. \tag{1.233}$$

Damit haben wir als Zielmenge $(-1, 1)$.

Hinweis: Versucht man das Problem mit der *Regel von l'Hospital* (l'H) direkt
zu lösen,

$$\frac{e^x - e^{-x}}{e^x + e^{-x}} \overset{\text{l'H}}{=} \frac{e^x + e^{-x}}{e^x - e^{-x}} = \frac{1}{\tanh(x)} \tag{1.234}$$

landen wir bei dem gleichen Problem. Das Ausklammern muss auch hier vorgenommen werden.

- Eine Funktion ist bijektiv, wenn sie surjektiv und injektiv ist. Um Letzteres zu
  garantieren, also dass es zu jedem Element y der Zielmenge höchstens ein (oder
  auch gar kein) Element x der Definitionsmenge gibt, testen wir, ob $\tanh(x)$
  streng monoton ist: Für jedes Paar $y > x$ mit $x, y \in \mathbb{R}$ muss $\tanh(y) > \tanh(x)$
  gelten, falls $\tanh(x)$ streng monoton steigend ist. Ist $\tanh(x)$ streng monoton
  fallend, so gilt für jedes Paar $y > x$ die Relation $\tanh(y) < \tanh(x)$. Wir testen
  für $y > x$:

$$\tanh(y) - \tanh(x) = \frac{e^y - e^{-y}}{e^y + e^{-y}} - \frac{e^x - e^{-x}}{e^x + e^{-x}} \tag{1.235}$$

$$= \frac{(e^y - e^{-y})(e^x + e^{-x}) - (e^x - e^{-x})(e^y + e^{-y})}{(e^y + e^{-y})(e^x + e^{-x})}$$

$$\tag{1.236}$$

$$= \frac{e^{-y}(e^{2y} - 1)e^{-y}(e^{2x} + 1) - e^{-x}(e^{2x} - 1)e^{-y}(e^{2y} + 1)}{e^{-y}(e^{2y} + 1)e^{-x}(e^{2x} + 1)}$$

(1.237)

$$= \frac{(e^{2y} - 1)(e^{2x} + 1) - (e^{2x} - 1)(e^{2y} + 1)}{(e^{2y} + 1)(e^{2x} + 1)}$$

(1.238)

$$= \frac{2(e^{2y} - e^{2x})}{(e^{2y} + 1)(e^{2x} + 1)}.$$

(1.239)

Wir haben den Ausdruck zunächst auf den gleichen Nenner gebracht und dann den Faktor e^{-xy} gekürzt, um den Ausdruck zu vereinfachen. Im letzten Schritt wurde der Zähler ausmultipliziert. Der Ausdruck, den wir erhalten, lässt sich nun leicht analysieren: Der Nenner ist immer positiv, $(e^{2y} + 1)(e^{2x} + 1) > 0$, weil die Exponentialfunktion stets positiv ist. Da die Exponentialfunktion auch streng monoton steigend ist, folgt aus $2y > 2x$ – und damit auch $y > x$ – ebenfalls $(e^{2y} - e^{2x}) > 0$. Somit haben wir die Aussage

$$\tanh(y) - \tanh(x) > 0 \quad \text{für} \quad y > x.$$

(1.240)

$\tanh(x)$ ist somit streng monoton steigend. Damit ist garantiert, dass es zu jedem $x \in \mathbb{R}$ genau ein $\tanh(x)$ gibt. Mit der Einschränkung des Wertebereichs auf $(-1, 1)$ ist die Funktion bijektiv und wir können eine Umkehrfunktion finden.

- Für die Bestimmung der Umkehrfunktion lösen wir $y = \tanh(x)$ nach x auf. Dabei können wir nicht einfach direkt den Logarithmus anwenden, da wir in der Sackgasse $\log(e^x + e^{-x})$ landen. Daher substituieren wir $z = e^x$ und lösen den entstehenden Ausdruck zunächst nach z auf. Dies erlaubt uns ein anschließendes Anwenden der Logarithmusfunktion auf z und Auflösen nach z nach Rücksubstitution:

$$\tanh(x) = y = \frac{z - \frac{1}{z}}{z + \frac{1}{z}} = \frac{z^2 - 1}{z^2 + 1}$$

(1.241)

$$y(z^2 + 1) - z^2 + 1 = 0$$

(1.242)

$$z^2(y - 1) + (1 + y) = 0$$

(1.243)

$$z^2 = -\frac{1 + y}{y - 1} = \frac{1 + y}{1 - y}$$

(1.244)

$$z = \left(\frac{1 + y}{1 - y}\right)^{\frac{1}{2}}.$$

(1.245)

Hier kann nur die positive Wurzel auftauchen, da $z = e^x > 0$. Nun können wir die Substitution rückgängig machen und nach x auflösen,

$$e^x = \left(\frac{1+y}{1-y}\right)^{\frac{1}{2}} \tag{1.246}$$

$$x = \frac{1}{2}\ln\left(\frac{1+y}{1-y}\right). \tag{1.247}$$

Die gesuchte Umkehrfunktion des Tangens hyperbolicus ist somit gegeben durch

$$\text{artanh} := \tanh^{-1} : (-1, 1) \rightarrow \mathbb{R}, \quad x \mapsto \frac{1}{2}\ln\left(\frac{1+x}{1-x}\right). \tag{1.248}$$

Sie wird *Areatangens hyperbolicus* genannt.[3]

◄

Lösung zu Aufgabe 1.21

Die Lösung erhalten wir in zwei Schritten, nämlich indem wir

(1) das negative Vorzeichen aus dem arccos entfernen,
(2) die arccos-Funktion zu arcsin umschreiben.

Wichtig bei der Lösungsfindung ist das Beachten des Definitions- und Wertebereichs. Da die trigonometrischen Funktionen periodische Funktionen sind, können sie nicht ohne Einschränkung des Definitionsbereiches invertiert werden. Um trotzdem invertieren zu können, muss eine bijektive Abbildung vorliegen. Das können wir mit der Beschränkung des Definitionsbereichs erreichen. Hier sei der Definitionsbereich der Ausgangsfunktion auf $[0, \pi]$ beschränkt. Unser Startpunkt ist

$$\arccos(-x) = y \tag{1.249}$$

$$-x = \cos(y) \tag{1.250}$$

mit y aus dem Intervall $[0, \pi]$. Wir würden aber gerne das negative Vorzeichen in das Argument von cos integrieren, da wir dann auf beiden Seiten die arccos-Funktion anwenden können. Ein Ausdruck wie $\arccos(-\cos(.))$ ist jedoch nicht hilfreich. Wir wissen, dass $\cos(y + \pi) = -\cos(y)$. Das Problem dabei ist jedoch, dass $y \in [0, \pi]$ und das Argument in $\cos(y + \pi)$ nicht mehr in dem oben eingeschränkten Definitionsbereich liegt. Wir machen uns aber die Periodizität und Symmetrie der cos-Funktion zu nutze: $\cos(y + \pi) = \cos(y + \pi + 2\pi k)$, $k \in \mathbb{Z}$

---

[3] Fälschlicherweise wird die Funktion manchmal mit arctanh abgekürzt, wie z. B. als Implementation `ArcTanh[]` in der Mathematica-Software.

und $\cos(x) = \cos(-x)$. Damit unsere Einschränkung somit erfüllt wird, bleibt nur die Wahl

$$x = \cos\left(-y + \pi\right) \tag{1.251}$$

$$\arccos(x) = -y + \pi \tag{1.252}$$

$$\pi - \arccos(x) = y = \arccos(-x). \tag{1.253}$$

Damit lautet das Zwischenergebnis

$$\arccos(x) - \arccos(-x) = 2\left(\arccos(x) - \frac{\pi}{2}\right). \tag{1.254}$$

Um auch für die sin-Funktion eine Umkehrfunktion zu erhalten, müssen wir auch hier den Definitionsbereich einschränken. Es kann jedoch nicht der oben gewählte sein, da die sin-Funktion in diesem Definitionsbereich nicht streng monoton ist. Wir wählen $y \in [-\pi/2, \pi/2]$. Um nun arccos mit arcsin in Beziehung zu setzen, stellen wir erst einmal die Beziehung zwischen sin und cos für den Definitionsbereich $\mathbb{R}$ fest,

$$\cos(y) = \sin\left(y + \frac{\pi}{2} + 2\pi k\right), \quad k \in \mathbb{Z}. \tag{1.255}$$

Da wir nun die Umkehrfunktionen anwenden wollen, müssen wir den Definitionsbereich sowohl für cos als auch für sin einschränken. Mit $y \in [0, \pi]$ ist in Gl. 1.255 die Bedingung $y + \frac{\pi}{2} + 2\pi k \in [-\pi/2, \pi/2]$ für kein $k \in \mathbb{Z}$ erfüllt. Wir können aber noch die Achsensymmetrie von cos ausnutzen,

$$\cos(y) = \cos(-y) = \sin\left(-y + \frac{\pi}{2} + 2\pi k\right), \quad k \in \mathbb{Z}. \tag{1.256}$$

Jetzt sehen wir, dass $-y + \frac{\pi}{2} + 2\pi k \in [-\pi/2, \pi/2]$ mit $k = 0$ erfüllt werden kann,

$$x = \cos(y) = \sin\left(-y + \frac{\pi}{2}\right) \tag{1.257}$$

$$\arcsin(x) = -y + \frac{\pi}{2} \tag{1.258}$$

$$\frac{\pi}{2} - \arcsin(x) = y = \arccos(x). \tag{1.259}$$

Damit haben wir die Beziehung

$$\arcsin(x) + \arccos(x) = \frac{\pi}{2} \tag{1.260}$$

gefunden. Wir nutzen diese nun in Gl. 1.254 aus und erhalten, was zu zeigen war,

$$\arccos(x) - \arccos(-x) = -2\arcsin(x). \tag{1.261}$$

◄

Lösung zu Aufgabe 1.22

(a) Geometrisch wissen wir, dass im Einheitskreis mit dem Satz des Pythagoras $\sin^2(x) + \cos^2(x) = 1$ gilt. Da $e^{i\alpha}e^{-i\alpha} = 1$, erhalten wir aus der Eulerschen Formel die gleiche Beziehung

$$1 = e^{i\alpha}e^{-i\alpha} \tag{1.262}$$

$$= (\cos(\alpha) + i\sin(\alpha))(\cos(\alpha) - i\sin(\alpha)) = z\bar{z} = z^2 \tag{1.263}$$

$$= \cos^2(\alpha) + \sin^2(\alpha). \tag{1.264}$$

(b) Wir schreiben zunächst die Sinusfunktion mittels der Eulerschen Beziehung um,

$$\sin(\alpha \pm \beta) = \frac{1}{2i}\left(e^{i(\alpha\pm\beta)} - e^{-i(\alpha\pm\beta)}\right). \tag{1.265}$$

Ohne Weiteres können wir die Vorzeichenwahl $\pm$ zunächst im β verstecken und uns dem Problem $\sin(\alpha+\beta)$ widmen. Zum Schluss führen wir dann wieder $\beta \to \pm\beta$ durch. Da wir die rechte Seite des Additionstheorems schon kennen, ist es am einfachsten, diese ebenfalls in die Exponentialschreibweise zu bringen und nach Ausmultiplizieren beide Seiten zu vergleichen. Wir erhalten

$$\sin(\alpha)\cos(\beta) + \cos(\alpha)\sin(\beta)$$

$$= \frac{1}{2i}\left(e^{i\alpha} - e^{-i\alpha}\right)\frac{1}{2}\left(e^{i\beta} + e^{-i\beta}\right) + \frac{1}{2}\left(e^{i\alpha} + e^{-i\alpha}\right)\frac{1}{2i}\left(e^{i\beta} - e^{-i\beta}\right) \tag{1.266}$$

$$= \frac{1}{4i}\left(e^{i(\alpha+\beta)} + e^{i(\alpha-\beta)} - e^{-i(\alpha-\beta)} - e^{-i(\alpha+\beta)}\right)$$

$$+ \frac{1}{4i}\left(e^{i(\alpha+\beta)} - e^{i(\alpha-\beta)} + e^{-i(\alpha-\beta)} - e^{-i(\alpha+\beta)}\right) \tag{1.267}$$

$$= \frac{1}{4i}\left(2e^{i(\alpha+\beta)} - 2e^{-i(\alpha+\beta)}\right) \tag{1.268}$$

$$= \sin(\alpha + \beta). \tag{1.269}$$

Dabei nutzten wir das Additionstheorem für Exponentialfunktionen aus, das ebenfalls im Komplexen gilt: $\exp(z + w) = \exp(z)\exp(w)$, $z, w \in \mathbb{C}$. Damit haben wir

$$\sin(\alpha)\cos(\pm\beta) + \cos(\alpha)\sin(\pm\beta) = \sin(\alpha \pm \beta) \tag{1.270}$$

$$\sin(\alpha)\cos(\beta) \pm \cos(\alpha)\sin(\beta) = \sin(\alpha \pm \beta). \tag{1.271}$$

(c) Um die nächste Relation zu zeigen, können wir entweder obige Rechnung äquivalent wiederholen oder uns das Leben leichtmachen, indem wir die Beziehung zwischen sin und cos ausnutzen:

$$\cos(\alpha + \beta) = \sin\left(\alpha + \beta + \frac{\pi}{2}\right) = \sin\left(\tilde{\alpha} + \beta\right) \quad \text{mit} \quad \tilde{\alpha} := \alpha + \frac{\pi}{2}.$$
$$(1.272)$$

Damit können wir auf das Ergebnis von (a) zurückgreifen, indem wir in Gl. 1.271 einfach α durch $\tilde{\alpha}$ ersetzen (die Relation muss schließlich für jedes α gelten) und dann die Substitution rückgängig machen. Wir erhalten

$$\sin(\tilde{\alpha} \pm \beta) = \sin(\tilde{\alpha})\cos(\beta) \pm \cos(\tilde{\alpha})\sin(\beta) \tag{1.273}$$

$$\sin\left(\alpha \pm \beta + \frac{\pi}{2}\right) = \sin\left(\alpha + \frac{\pi}{2}\right)\cos(\beta) \pm \cos\left(\alpha + \frac{\pi}{2}\right)\sin(\beta) \tag{1.274}$$

$$\cos(\alpha \pm \beta) = \cos(\alpha)\cos(\beta) \mp \sin(\alpha)\sin(\beta). \tag{1.275}$$

(d) Wir schauen uns die Lösung auf zwei Wegen an.

- Auch hier können wir auf die in (a) und (b) gemachten Zusammenhänge zurückgreifen. Wir wissen nämlich, dass

$$\cos(\alpha + \beta)\sin(\alpha - \beta) = (\cos(\alpha)\cos(\beta) - \sin(\alpha)\sin(\beta))$$
$$\cdot (\sin(\alpha)\cos(\beta) - \cos(\alpha)\sin(\beta)) \tag{1.276}$$
$$= (\sin^2(\beta) + \cos^2(\beta))\sin(\alpha)\cos(\alpha)$$
$$- (\sin^2(\alpha) + \cos^2(\alpha))\sin(\beta)\cos(\beta) \tag{1.277}$$
$$= \sin(\alpha)\cos(\alpha) - \sin(\beta)\cos(\beta). \tag{1.278}$$

Jetzt benötigen wir noch einen Ausdruck, um in der letzten Gleichung die beiden Terme auf der rechten Seite zu vereinfachen. Solche Produkte aus sin und cos kommen auch in Gl. 1.271 von, nur dass wir dort $\alpha = \beta$ setzen müssen,

$$\sin(\alpha + \alpha) = \sin(\alpha)\cos(\alpha) + \cos(\alpha)\sin(\alpha) \tag{1.279}$$

$$\sin(2\alpha) = 2\sin(\alpha)\cos(\alpha). \tag{1.280}$$

Damit wird Gl. 1.278 zu

$$\cos(\alpha + \beta)\sin(\alpha - \beta) = \frac{1}{2}\sin(2\alpha) - \frac{1}{2}\sin(2\beta). \tag{1.281}$$

Nun müssen wir nur noch die Variablen α und β reskalieren, d. h. die Ersetzungen $\alpha \to \alpha/2$ und $\beta \to \beta/2$ durchführen, um den gewünschten finalen Zusammenhang zu erhalten,

$$2\cos\left(\frac{\alpha + \beta}{2}\right)\sin\left(\frac{\alpha - \beta}{2}\right) = \sin(\alpha) - \sin(\beta). \tag{1.282}$$

- Wir können direkt die Eulersche Formel benutzen. Dazu formen wir die rechte Seite der zu zeigenden Gleichung um,

$$2\cos\left(\frac{\alpha+\beta}{2}\right)\sin\left(\frac{\alpha-\beta}{2}\right)$$

$$= 2\frac{1}{2}\left(e^{\frac{i}{2}(\alpha+\beta)} + e^{-\frac{i}{2}(\alpha+\beta)}\right) \cdot \frac{1}{2i}\left(e^{\frac{i}{2}(\alpha-\beta)} - e^{-\frac{i}{2}(\alpha-\beta)}\right) \qquad (1.283)$$

$$= \frac{1}{2i}\left(e^{\frac{i}{2}(2\alpha)} - e^{\frac{i}{2}(2\beta)} + e^{\frac{i}{2}(-2\beta)} - e^{\frac{i}{2}(-2\alpha)}\right) \qquad (1.284)$$

$$= \frac{1}{2i}\left(e^{i\alpha} - e^{-i\alpha}\right) - \frac{1}{2i}\left(e^{i\beta} - e^{-i\beta}\right) \qquad (1.285)$$

$$= \sin(\alpha) - \sin(\beta). \qquad (1.286)$$

(e) Wir nutzen die Ergebnisse aus (a) und (b) aus:

$$\cot(2\alpha) = \frac{\cos(2\alpha)}{\sin(2\alpha)} \qquad (1.287)$$

$$= \frac{\cos(\alpha)\cos(\alpha) - \sin(\alpha)\sin(\alpha)}{\sin(\alpha)\cos(\alpha) + \cos(\alpha)\sin(\alpha)} = \frac{1}{2}\frac{\cos^2(\alpha) - \sin^2(\alpha)}{\sin(\alpha)\cos(\alpha)} \qquad (1.288)$$

$$= \frac{\cos(\alpha)}{2\sin(\alpha)} - \frac{\sin(\alpha)}{2\cos(\alpha)} \qquad (1.289)$$

$$= \frac{1}{2\tan(\alpha)} - \frac{\tan(\alpha)}{2}. \qquad (1.290)$$

◄

Lösung zu Aufgabe 1.23

Wir nutzen die Eulersche Formel, Th. 1.1, und schreiben sin und cos entsprechend (siehe Aufg. 1.4) um:

(a) Diese Aufgabe ist übrigens identisch mit Aufg. 1.22 (c), wenn wir dort $\beta = \alpha$ setzen.

$$\sin(x)\cos(x) = \left[\frac{1}{2i}\left(e^{ix} - e^{-ix}\right)\right]\left[\frac{1}{2}\left(e^{ix} + e^{-ix}\right)\right] \qquad (1.291)$$

$$= \frac{1}{2}\frac{1}{2i}\left(e^{2ix} + 1 - 1 - e^{-2ix}\right) \qquad (1.292)$$

$$= \frac{1}{2}\sin(2x).$$

∎

(b) Vorgehen wie in (a) beschrieben:

$$\sin^2(x) = \left[\frac{1}{2i}\left(e^{ix} - e^{-ix}\right)\right]\left[\frac{1}{2i}\left(e^{ix} - e^{-ix}\right)\right] \tag{1.293}$$

$$= -\frac{1}{4}\left(e^{2ix} - 1 - 1 + e^{-2ix}\right) \tag{1.294}$$

$$= \frac{1}{2}\left[1 - \frac{1}{2}\left(e^{2ix} + e^{-2ix}\right)\right] \tag{1.295}$$

$$= \frac{1}{2}\left(1 - \cos(2x)\right). $$

■

(c) Vorgehen wie in (a) beschrieben:

$$\sin(x)\cos^3(x) = \left[\frac{1}{2i}\left(e^{ix} - e^{-ix}\right)\right]\left[\frac{1}{2}\left(e^{ix} + e^{-ix}\right)\right]^3 \tag{1.296}$$

$$= \frac{1}{16i}\left(e^{ix} - e^{-ix}\right)\left(3e^{-ix} + 3e^{ix} + e^{-3ix} + e^{3ix}\right) \tag{1.297}$$

$$= \frac{1}{16i}\Big(\underbrace{2e^{2ix} - 2e^{-2ix}}_{4i\sin(2x)} + \underbrace{e^{4ix} - e^{-4ix}}_{2i\sin(4x)}\Big) \tag{1.298}$$

$$= \frac{1}{4}\sin(2x) + \frac{1}{8}\sin(4x). $$

■

◀

Lösung zu Aufgabe 1.24

(a) Wir greifen bei der Lösung auf Bekanntes zurück, nämlich die Additionstheoreme für sin und cos, die wir in Aufg. 1.22 hergeleitet haben:

$$\tan(\alpha + \beta) = \frac{\sin(\alpha + \beta)}{\cos(\alpha + \beta)} \tag{1.299}$$

$$= \frac{\sin(\alpha)\cos(\beta) + \cos(\alpha)\sin(\beta)}{\cos(\alpha)\cos(\beta) - \sin(\alpha)\sin(\beta)}. \tag{1.300}$$

Da wir den Ausdruck gerne als Funktion von $\tan(\alpha)$ und $\tan(\beta)$ hätten, müssen wir Terme entsprechend ausklammern. Für den Zähler haben wir

$$\sin(\alpha)\cos(\beta) + \cos(\alpha)\sin(\beta) = \cos(\alpha)\cos(\beta)(\tan(\alpha) + \tan(\beta)). \tag{1.301}$$

Für den Nenner entsprechend

$$\cos(\alpha)\cos(\beta) - \sin(\alpha)\sin(\beta) = \cos(\alpha)\cos(\beta)(1 - \tan(\alpha)\tan(\beta)). \tag{1.302}$$

Bevor wir jetzt den Faktor $\cos(\alpha)\cos(\beta)$ kürzen, sollten wir die Fälle behandeln, in denen der Faktor Null wird.[4] Das sind gerade diejenigen, in denen $\alpha = (2\,m + 1)\pi/2$, $\beta = (2n + 1)\pi/2$, mit $m, n \in \mathbb{Z}$ vorliegt. Die linke Seite von Gl. 1.299 wird

$$\tan\left((2\,m + 1 + 2n + 1)\frac{\pi}{2}\right) = \tan\left(2k\frac{\pi}{2}\right) \qquad (1.303)$$

$$= \tan\left(k\pi\right) = 0, \qquad (1.304)$$

wobei $k \in \mathbb{Z}$. Wir benötigen somit eine Fallunterscheidung:

$$\tan(\alpha + \beta) = \begin{cases} \frac{\tan(\alpha)+\tan(\beta)}{1-\tan(\alpha)\tan(\beta)} & \text{für } \alpha \neq (2\,m + 1)\frac{\pi}{2} \wedge \beta \neq (2n + 1)\frac{\pi}{2}, \\ 0 & \text{sonst,} \end{cases}$$

$$(1.305)$$

mit $m, n \in \mathbb{Z}$.

(b) Wir benutzen das Ergebnis aus (a) und definieren uns

$$x := \tan(\alpha) \quad \text{und} \quad y := \tan(\beta), \qquad (1.306)$$

da wir schließlich an dem Zusammenhang zwischen $\arctan(x)$ und $\arctan(y)$ interessiert sind. Dazu müssen wir die Umkehrfunktion des $\tan$ auf beiden Seiten von Gl. 1.305 anwenden. Die Umkehrfunktion $\arctan$ liefert uns jedoch nicht alle $\alpha + \beta$, sondern ist, um Bijektivität zu gewährleisten, auf den Wertebereich $W = [-\pi/2, \pi/2]$ beschränkt. Wir können jedoch stets die Summe als $\tilde{\alpha}+\tilde{\beta} = \alpha+\beta+n\pi$ schreiben mit $|\tilde{\alpha}+\tilde{\beta}| \leq \pi/2$ (denn für die Periodizität gilt $\tan(x + n\pi) = \tan(x)$, $n \in \mathbb{Z}$). Damit haben wir

$$\arctan(\tan(\alpha + \beta)) = \arctan(\tan(\tilde{\alpha} + \tilde{\beta} - n\pi)) = \tilde{\alpha} + \tilde{\beta}. \qquad (1.307)$$

Auf Gl. 1.305 angewendet, erhalten wir somit

$$\tilde{\alpha} + \tilde{\beta} = \arctan\left(\frac{\tan(\tilde{\alpha}) + \tan(\tilde{\beta})}{1 - \tan(\tilde{\alpha})\tan(\tilde{\beta})}\right). \qquad (1.308)$$

Setzen wir jetzt sogar *jeweils* $\tilde{\alpha}, \tilde{\beta} \in W$, können wir die Gleichung mit den oben gemachten Ersetzungen umschreiben, indem wir $\tilde{\alpha} = \arctan(x)$ und $\tilde{\beta} = \arctan(y)$ benutzen:

$$\arctan(x) + \arctan(y) = \arctan\left(\frac{x + y}{1 - xy}\right). \qquad (1.309)$$

---

[4]Warum? Denken Sie an das Beispiel der Gleichung $2x = x$ und ihrer Lösungen vor und nach dem Kürzen!

Damit haben wir schon den entscheidenden Teil der Aufgabe gelöst! Doch sollte man sich vergewissern, dass man alle Problemfälle betrachtet hat. Hier tauchen zwei auf, die wir uns genauer anschauen. Sie werden uns zu der Fallunterscheidung führen, die wir in dieser Aufgabe zeigen sollen:

- In der letzten Gleichung ist es die Divergenz des Arguments bei $xy = 1$ (der Zähler bleibt dabei ungleich Null). Gehen wir nochmal zurück zu Gl. 1.305. Die Divergenzen von $\tan(\tilde{\alpha} + \tilde{\beta})$ liegen bei $\tilde{\alpha} + \tilde{\beta} = \pm\pi/2$. Die Fälle, in denen $\tan(\alpha)$ oder $\tan(\beta)$ divergieren, haben wir ausgeschlossen. Mit der Punktsymmetrie des arctan können wir

$$\arctan(x) + \arctan(y) = \operatorname{sgn}(x)\frac{\pi}{2} \tag{1.310}$$

schreiben (denn ist α negativ, so ist es auch x) mit der Vorzeichenfunktion sgn, Def. A.3. Doch warum das Vorzeichen von x und nicht von y? Die Wahl ist gleichgültig, da wir gerade den Fall $xy = 1$ betrachten und damit beide Variablen das gleiche Vorzeichen haben müssen! Damit haben wir auch die Beziehung

$$\arctan(x) + \arctan\left(\frac{1}{x}\right) = \operatorname{sgn}(x)\frac{\pi}{2} \tag{1.311}$$

bewiesen.
- Wir wissen, dass der Wertebereich der arctan-Funktion durch $[-\pi/2, \pi/2]$ gegeben ist. Ohne eine weitere Fallunterscheidung kann es jedoch passieren, dass die Summe $|\arctan(x) + \arctan(y)| > \pi/2$ (man nehme z. B. den Fall $\arctan(x) = \arctan(y) = \arctan(\sqrt{3}) = \pi/3$). Um genau zu sein, können genau zwei Fälle auftreten:
(A) $-\pi < \arctan(x) + \arctan(y) < -\pi/2$,
(B) $\pi/2 < \arctan(x) + \arctan(y) < \pi$.
Bei welchen Werten x, y treten diese Fälle auf? Wir nutzen Gl. 1.311 aus und die Eigenschaft der arctan-Funktion, *streng monoton* zu sein. Aus $xy > 1$ und $x, y > 0$ folgt dann $y > 1/x \Rightarrow \arctan(y) > \arctan(1/x)$ und schließlich

$$\arctan(x) + \arctan\left(\frac{1}{x}\right) = \operatorname{sgn}(x)\frac{\pi}{2} = \frac{\pi}{2} \tag{1.312}$$

$$\arctan(x) + \arctan\left(y\right) > \frac{\pi}{2}, \tag{1.313}$$

was den Fall (B) abdeckt. Für $xy > 1$ können aber auch $x, y < 0$ sein. Daraus folgt jedoch $y < 1/x$ was aufgrund der strengen Monotonie $\arctan(y) < \arctan(1/x)$ zur Folge hat. Hier erhalten wir somit

$$\arctan(x) + \arctan\left(\frac{1}{x}\right) = \operatorname{sgn}(x)\frac{\pi}{2} = -\frac{\pi}{2} \tag{1.314}$$

$$\arctan(x) + \arctan\left(y\right) < -\frac{\pi}{2}. \tag{1.315}$$

Hier liegt Fall (A) vor.

Wir erinnern uns jetzt nochmal an die allgemeine Beziehung für α und β, Gl. 1.307 und 1.309,

$$\alpha + \beta + n\pi = \arctan(x) + \arctan\left(y\right) + n\pi = \arctan\left(\frac{x+y}{1-xy}\right). \quad (1.316)$$

Um den Wertebereich der arctan-Funktion

$$-\frac{\pi}{2} \le \arctan\left(\frac{x+y}{1-xy}\right) \le \frac{\pi}{2} \quad (1.317)$$

beim Auftreten von Gl. 1.315 oder Gl. 1.313 weiterhin erfüllen zu können, müssen wir folglich im Fall (A) $n = 1$ setzen und im Fall (B) $n = -1$. Wir bringen $n\pi$ auf die rechte Seite der Gleichung und mit dem Faktor $\mathrm{sgn}(x)$ fassen wir beide Fälle zusammen zu

$$\arctan(x) + \arctan(y) = \arctan\left(\frac{x+y}{1-xy}\right) + \mathrm{sgn}(x)\pi. \quad (1.318)$$

Damit haben wir alle Fälle abgedeckt und gezeigt, dass

$$\arctan(x) + \arctan(y) = \begin{cases} \arctan\left(\frac{x+y}{1-xy}\right) & : xy < 1, \\ \frac{\pi}{2}\mathrm{sgn}(x) & : xy = 1, \\ \arctan\left(\frac{x+y}{1-xy}\right) + \mathrm{sgn}(x)\pi & : xy > 1. \end{cases} \quad (1.319)$$

◄

Lösung zu Aufgabe 1.25

(a) Hier nutzen wir $8^y = \left(2^3\right)^y = 2^{3y}$ und $16^y = \left(2^4\right)^y = 2^{4y}$:

$$2^{x+5}2^{x-2}2^{3(2x+2)}2^{4(3-x)} = 2^{-2} \quad (1.320)$$

$$2^{x+5+x-2+6x+6+12-4x} = \quad (1.321)$$

$$2^{4x+21} = 2^{-2} \quad (1.322)$$

$$\ln\left(2^{4x+21}\right) = \ln\left(2^{-2}\right) \quad (1.323)$$

$$(4x+21)\ln(2) = -2\ln(2) \quad (1.324)$$

$$4x+21 = -2 \quad (1.325)$$

$$x = -\frac{23}{4}. \quad (1.326)$$

(b) Hier können wir das Problem lösen, indem wir nach gleichen Faktoren der Form 2^{mx} sortieren, denn

$$2^{6x+5} + 4^{3x-2} + 8^{2x+2} = 1537 \tag{1.327}$$

$$2^5 \cdot 2^{6x} + 4^{-2} \cdot 2^{2 \cdot 3x} + 8^2 \cdot 2^{3 \cdot 2x} = \tag{1.328}$$

$$2^5 \cdot 2^{6x} + 4^{-2} \cdot 2^{6x} + 8^2 \cdot 2^{6x} = \tag{1.329}$$

$$2^{6x} \underbrace{(2^5 + 4^{-2} + 8^2)}_{1537/16} = \tag{1.330}$$

$$2^{6x} = 16 = 2^4 \tag{1.331}$$

$$6x = 4 \tag{1.332}$$

$$x = \frac{2}{3}. \tag{1.333}$$

(b) Hier ist die Wurzel schon isoliert. Beim Quadrieren dürfen wir nicht vergessen, dass es sich um keine Äquivalenzumformung handelt:

$$\sqrt{1-x} = 5 + x \tag{1.334}$$

$$1 - x = (5 + x)^2 \tag{1.335}$$

$$0 = x^2 + 11x + 24 = (x + 8)(x + 3). \tag{1.336}$$

Die Faktorisierung bekommen wir entweder mittels der Nullstellen aus der pq-Formel oder man sieht, dass $8 + 3 = 11$ und $8 \cdot 3 = 24$. Die möglichen Lösungen für Gl. (1.334) sind nun $x_1 = -8$ und $x_2 = -3$. Wir überprüfen durch Einsetzen:

$$\sqrt{1+8} = 5 - 8 = -3 \; \unicode{x21af}, \tag{1.337}$$

$$\sqrt{1+3} = 5 - 3 = 2 \; \checkmark. \tag{1.338}$$

In $\mathbb{R}$ liegt somit nur eine Lösung vor, $x = -3$.

(c) Hier ist das Vorgehen äquivalent zu (b) mit der Komplikation, dass wir eine quartische Gleichung erhalten:

$$\sqrt{x^2 + 9} - x^2 = 1 \tag{1.339}$$

$$\sqrt{x^2 + 9} = 1 + x^2 \tag{1.340}$$

$$0 = x^4 + x^2 - 8. \tag{1.341}$$

Da nur gerade Exponenten vorliegen, bietet sich die Substitution $y := x^2$ an:

$$0 = y^2 + y - 8. \tag{1.342}$$

Wir haben das Problem auf eine quadratische Gleichung reduziert. Die Nullstellen von Gl. (1.342) sind

$$y_\pm = -\frac{1}{2} \pm \frac{\sqrt{33}}{2}. \tag{1.343}$$

Die Rücksubstitution liefert uns vier potenzielle Lösungen, da

$$y = x^2 \Rightarrow \pm\sqrt{y} = x. \tag{1.344}$$

Wir haben somit

$$x_1 = +\sqrt{y_+} = \sqrt{-\frac{1}{2} + \frac{\sqrt{33}}{2}}, \tag{1.345}$$

$$x_2 = -\sqrt{y_+} = -\sqrt{-\frac{1}{2} + \frac{\sqrt{33}}{2}}, \tag{1.346}$$

$$x_3 = +\sqrt{y_-} = \sqrt{-\frac{1}{2} - \frac{\sqrt{33}}{2}}, \tag{1.347}$$

$$x_4 = -\sqrt{y_-} = -\sqrt{-\frac{1}{2} - \frac{\sqrt{33}}{2}}. \tag{1.348}$$

Auch hier müssen wir mittels Einsetzen in Gl. (1.339) die x_i überprüfen. Jedoch sind x_3 und x_4 keine Elemente des $\mathbb{R}$ (unter der Wurzel steht etwas Negatives). Da zusätzlich die x_i in Gl. (1.339) nur im Quadrat vorkommen, müssen wir nur x_1 überprüfen. Da $x_1 > 0$ und damit beide Seiten in Gl. (1.340) positiv sind, ist x_1 eine korrekte Lösung. Direkt sieht man das wie folgt durch Einsetzen in Gl. (1.340),

$$\frac{1}{\sqrt{2}}\sqrt{17 + \sqrt{33}} = \frac{1}{2}\left(1 + \sqrt{33}\right) \tag{1.349}$$

[Quadrieren ist hier eine Äquivalenzumformung, da beide Seiten positiv sind:]

$$\frac{1}{2}(17 + \sqrt{33}) = \frac{1}{4}\left(1 + \sqrt{33}\right)^2 \tag{1.350}$$

$$= \frac{1}{4}\left(34 + 2\sqrt{33}\right) = \frac{1}{2}\left(17 + \sqrt{33}\right). \checkmark \tag{1.351}$$

(d) Hier können wir zunächst umschreiben,

$$4^x + 16^x = 1 \tag{1.352}$$

$$4^x + \left(4^2\right)^x = \tag{1.353}$$

$$4^x + \left(4^x\right)^2 = . \tag{1.354}$$

Im letzten Schritt haben wir ausgenutzt, dass

$$(a^b)^c = a^{bc} = (a^c)^b. \tag{1.355}$$

Da Gl. (1.354) aus Termen unterschiedlicher Potenz von 4^x besteht, ist es hier praktisch, 4^x zu substituieren: $y := 4^x$. Damit liegt eine quadratische Gleichung in y vor:

$$y + y^2 = 1 \tag{1.356}$$
$$0 = -1 + y + y^2. \tag{1.357}$$

Die Nullstellen ergeben sich zu

$$y_\pm = \frac{1}{2}\left(-1 \pm \sqrt{5}\right). \tag{1.358}$$

Die Rücksubstitution erhalten wir mithilfe des Logarithmus

$$y = 4^x \tag{1.359}$$
$$\ln(y) = x\ln(4) \tag{1.360}$$
$$x = \frac{\ln(y)}{\ln(4)}. \tag{1.361}$$

Damit haben wir die beiden Lösungen

$$x_\pm = \frac{\ln\left(\frac{1}{2}(-1 \pm \sqrt{5})\right)}{\ln(4)}, \tag{1.362}$$

von der jedoch nur x_+ im $\mathbb{R}$ liegt.

(e) Wir haben die Information, dass eine der Nullstellen von

$$6 + 11x + 6x^2 + x^3 = 0. \tag{1.363}$$

$x = -1$ ist. Wir führen daher eine Polynomdivision durch:

$$
\begin{array}{l}
(\quad x^3 + 6x^2 + 11x + 6)\,/\,(x+1) = x^2 + 5x + 6 \\
\underline{-x^3 \;-x^2} \\
\qquad\quad 5x^2 + 11x \\
\qquad\underline{-5x^2 \;-5x} \\
\qquad\qquad\qquad 6x + 6 \\
\qquad\qquad\underline{-6x - 6} \\
\qquad\qquad\qquad\qquad 0
\end{array}
$$

Die Nullstellen der quadratischen Gleichung, die übrig bleibt, können wir hier direkt *sehen*, indem wir nach zwei Zahlen suchen, die addiert 5 und multipliziert 6 ergeben: 3 und 2, also

$$x^2 + 5x + 6 = x^2 + (2+3)x + (2 \cdot 3) = (x+3)(x+2). \tag{1.364}$$

Damit haben wir

$$6 + 11x + 6x^2 + x^3 = (x + 1)(x + 2)(x + 3) = 0. \tag{1.365}$$

Die Nullstellen dieser Gleichung sind damit $x_1 = -1$, $x_2 = -2$ und $x_3 = -3$. ◄

Literatur

1. I. Lieb W. Fischer. *Einführung in die Komplexe Analysis*. Vieweg+Teubner Verlag, 2009.
2. Wolfgang Nolting. *Grundkurs Theoretische Physik 1: Klassische Mechanik*. Springer-Verlag Berlin Heidelberg, 2013.

Lineare Algebra

Die lineare Algebra [1] ist von fundamentaler Bedeutung für die Physik, weil wir mit ihr auf einfache Weise wichtige Eigenschaften der Natur beschreiben können. Einfach deshalb, da die Abbildungen und Räume, mit denen wir uns in diesem Teilgebiet der Mathematik beschäftigen, linear sind. Betrachten wir ein sich bewegendes Teilchen im dreidimensionalem Raum, so lässt sich seine Geschwindigkeit als Vektor darstellen, der Element eines speziellen Raumes, des Vektorraumes, ist. Diesen Vektor können wir z. B. stets in eine Summe von anderen Vektoren zerlegen, in eine sogenannte Linearkombination. Wollen wir dieses Teilchen aus einem sich bewegenden System heraus betrachten, so können wir eine lineare Transformation in Raum und Zeit durchführen. Hier eröffnet sich direkt die Möglichkeit, Probleme zu vereinfachen, indem eine lineare Abbildung angewendet wird. Ein Beispiel hierzu wäre eine Transformation von einem sich mit konstanter Geschwindigkeit bewegenden System auf ein ruhendes System. So können wir Probleme auf Altbekanntes zurückführen und uns die Arbeit erleichtern.

Beschreiben wir das Teilchen auf quantenmechanischer Ebene, so wird es als ein Zustand dargestellt, der ebenfalls in einem Vektorraum lebt, der diesmal jedoch komplex und etwas „größer" ist. Auch wenn dieser quantenmechanische Zustand als Vektor in einem wesentlich abstrakteren Raum lebt, so ist er doch ein Vektor und wir können die gleichen Vektorregeln anwenden, wie wir es aus der klassischen Welt her kennen.

Haben wir einmal das Teilchen als Zustand beschrieben, hätten wir gerne gewusst, wie es sich mit der Zeit entwickelt. Seine zeitliche Änderung können wir nun mittels Matrizen beschreiben. Und schließlich liefert die lineare Algebra mit der Determinante das Fundament zu der Berechnung von Energiespektren, der Transformation in beliebige Koordinatensysteme und vielem mehr.

© Springer-Verlag GmbH Deutschland, ein Teil von Springer Nature 2023
P. Wenk, *Mathematische Methoden anhand von Problemlösungen*,
https://doi.org/10.1007/978-3-662-66426-1_2

2.1   Vektorräume

Definition 2.1. Vektorraum
Man nennt die Menge V zusammen mit einer

$$\text{Vektoraddition} \quad \oplus : V \times V \to V$$

(innere zweistellige Verknüpfung) und einer

$$\text{Skalarmultiplikation} \quad \odot : \mathbb{K} \times V \to V$$

(äußere zweistellige Verknüpfung) einen *Vektorraum über dem Körper* $\mathbb{K}$, wenn folgende Eigenschaften erfüllt sind:
Die Vektoren (Elemente in V) bilden eine *kommutative Gruppe* bzgl. der Vektoraddition. D. h., es gilt für $\mathbf{a}, \mathbf{b}, \mathbf{c} \in V$

(G1) $\mathbf{a} \oplus (\mathbf{b} \oplus \mathbf{c}) = (\mathbf{a} \oplus \mathbf{b}) \oplus \mathbf{c}$ (Assoziativgesetz).
(G2) Es existiert ein neutrales Element (der Nullvektor) $\mathbf{0} \in V$ mit
        $\mathbf{a} \oplus \mathbf{0} = \mathbf{0} \oplus \mathbf{a} = \mathbf{a}$.
(G3) Zu jedem $\mathbf{a} \in V$ existiert ein inverses Element $-\mathbf{a} \in V$ mit
        $\mathbf{a} \oplus (-\mathbf{a}) = (-\mathbf{a}) \oplus \mathbf{a} = \mathbf{0}$.
(G4) $\mathbf{a} \oplus \mathbf{b} = \mathbf{b} \oplus \mathbf{a}$ (Kommutativgesetz)

sowie für die Skalarmultiplikation mit $\alpha, \beta \in \mathbb{K}$

(S1) $\alpha \odot (\mathbf{a} \oplus \mathbf{b}) = (\alpha \odot \mathbf{a}) \oplus (\alpha \odot \mathbf{b})$.
(S2) $(\alpha + \beta) \odot \mathbf{a} = (\alpha \odot \mathbf{a}) \oplus (\beta \odot \mathbf{a})$.
(S3) $(\alpha \cdot \beta) \odot \mathbf{a} = \alpha \odot (\beta \odot \mathbf{a})$.
(S4) Für das Einselement $1 \in \mathbb{K}$ gilt Neutralität, d. h. $1 \odot \mathbf{a} = \mathbf{a}$.

Beachte!

- (G4) besagt, dass die Gruppe *abelsch* ist.
- Zur Schreibweise
  - In der Mathematik ist es meistens üblich, in der Schreibweise zwischen $\oplus$ und $+$ nicht zu unterscheiden, auch wenn es zwei verschiedene Verknüpfungen sind. Das gleiche gilt für $\odot$ und $\cdot$.
  - Vektoren können unterschiedlich geschrieben werden, $\mathbf{v} \equiv \vec{v} \equiv \underline{v}$. Wird explizit gesagt, dass eine Variable ein Vektor ist, so ist für diese eine spezielle Schreibweise nicht nötig.

⇨   Aufg. 2.6□

Definition 2.2. Einsteinsche Summenkonvention
Die Einsteinsche Summenkonvention[1] stellt eine praktische Indexschreibweise
dar, die für mehr Übersicht sorgt. Es gilt:

- Über doppelt auftretende Indices innerhalb eines Produktes wird summiert.
  Dabei wird das Summenzeichen weggelassen.
- Wird zwischen kovarianten und kontravarianten Indices unterschieden[2] so
  gilt zusätzlich: Die Summe wird nur dann ausgeführt, wenn der Index
  sowohl als kovarianter (unterer) Index als auch kontravarianter (oberer)
  Index auftaucht.

Beachte!

- Doppelt auftretende Indices dürfen umbenannt werden.
- Einzelne Indices müssen auf *beiden* Seiten einer Gleichung vorkommen.

Definition 2.3. Kronecker-Delta
Das Kronecker-Delta ist definiert durch

$$\delta_{ij} = \begin{cases} 1 : i = j \\ 0 : i \neq j \end{cases} \qquad (2.1)$$

wobei i, j Indices sind.

Definition 2.4. Skalarprodukt
Das Skalarprodukt, auch inneres Produkt genannt, auf einem komplexen Vek-
torraum V ist eine Abbildung $\langle . | . \rangle : V \times V \to \mathbb{C}$ mit folgenden Eigenschaften

1. hermitesch:

$$\langle \mathbf{x} | \mathbf{y} \rangle = \langle \mathbf{y} | \mathbf{x} \rangle^* , \qquad (2.2)$$

---

[1] Von Einstein 1916 eingeführt [3].
[2] Vor allem in der Relativitätstheorie.

2. linear im zweiten Argument:

$$\langle z|\alpha x + \beta y\rangle = \langle z|\alpha x\rangle + \langle z|\beta y\rangle = \alpha\langle z|x\rangle + \beta\langle z|y\rangle, \qquad (2.3)$$

3. positiv definit: $\langle x|x\rangle \geq 0$ und $\langle x|x\rangle = 0 \iff x = 0$,

wobei $x, y, z \in V$ und $\alpha, \beta \in \mathbb{C}$.

Beachte!

- Aus der Hermitizität und der Linearität im zweiten Argument folgt Semilinearität im ersten Argument,

$$\langle \alpha x + \beta y|z\rangle = \langle \alpha x|z\rangle + \langle \beta y|z\rangle = \alpha^*\langle x|z\rangle + \beta^*\langle y|z\rangle. \qquad (2.4)$$

  Das Skalarprodukt ist damit sesquilinear[3].
- Aus der Hermitizität folgt $\langle x|x\rangle \in \mathbb{R}$.
- Handelt es sich bei V um einen *reellen Vektorraum*, bildet das Skalarprodukt nach $\mathbb{R}$ ab und ist damit symmetrisch, d.h. $\langle x|y\rangle = \langle y|x\rangle$ und bilinear, d.h. linear in beiden Argumenten[4]. In Fall eines reellen Vektorraumes können wir auch $x \cdot y$ für $\langle x|y\rangle$ schreiben.
- Das *Standardskalarprodukt* auf $\mathbb{C}^n$ ist definiert als[5]

$$\langle .|.\rangle : \mathbb{C}^n \times \mathbb{C}^n \to \mathbb{C}, \quad \langle x|y\rangle \equiv x^\dagger y := \sum_{m=1}^{n} \overline{x}_m y_m \qquad (2.5)$$

Definition 2.5. Levi-Civita-Symbol
Das Levi-Civita-Symbol (auch total antisymmetrischer Tensor oder Epsilon-Tensor genannt) ist für n Dimensionen wie folgt definiert:

---

[3]Im Fall von Semilinearität muss man genau zwischen $(\alpha x) \cdot y = \alpha^* x \cdot y$ und $\alpha x \cdot y \overset{??}{=} \alpha(x \cdot y)$ unterscheiden.
[4]Das Skalarprodukt ist in diesem Fall eine Bilinearform.
[5]Diese Definition ist in der Physik üblich und wird in diesem Buch verwendet. Es kann aber auch mit der Summe über $x_m \overline{y}_m$ definiert werden.

$$\epsilon_{ijk...} = \begin{cases} +1 : & (i, j, k, \dots) \text{ ist eine } \textit{gerade} \text{ Permutation von}(1, 2, 3, \dots), \\ -1 : & (i, j, k, \dots) \text{ ist eine } \textit{ungerade} - - -'' - - -, \\ 0 : & \text{mindestens zwei Indizes sind gleich.} \end{cases}$$

$$(2.6)$$

Der Spezialfall $n = 3$ lässt sich mithilfe des Spatprodukts dreier orthogonaler Einheitsvektoren darstellen:

$$\epsilon_{ijk} = \mathbf{e}_i \cdot (\mathbf{e}_j \times \mathbf{e}_k) = \det(\mathbf{e}_i \ \mathbf{e}_j \ \mathbf{e}_k) \tag{2.7}$$

wobei $(\mathbf{e}_1 \ \mathbf{e}_2 \ \mathbf{e}_3)$ eine Matrix mit den Spalten $\mathbf{e}_1$, $\mathbf{e}_2$ und $\mathbf{e}_3$ darstellt.

⇨ Aufg. 2.10□

Definition 2.6. Kreuzprodukt
Das Kreuzprodukt für zwei Vektoren $\mathbf{a}, \mathbf{b} \in \mathbb{R}^3$ ist definiert als

$$\mathbf{a} \times \mathbf{b} = \sum_{i,j,k}^{3} \epsilon_{ijk=1} a_i b_j \mathbf{e}_k, \tag{2.8}$$

wobei ϵ_{ijk} das Levi-Civita-Symbol ist und $\mathbf{e}_k$ der Einheitsvektor in k-Richtung.

Beachte!

- Das Kreuzprodukt ist bilinear, d. h. linear in beiden Komponenten,

$$(\alpha \mathbf{a} + \beta \mathbf{b}) \times \mathbf{c} = \alpha (\mathbf{a} \times \mathbf{c}) + \beta (\mathbf{b} \times \mathbf{c}), \tag{2.9}$$
$$\mathbf{a} \times (\beta \mathbf{b} + \gamma \mathbf{c}) = \beta (\mathbf{a} \times \mathbf{b}) + \gamma (\mathbf{a} \times \mathbf{c}). \tag{2.10}$$

- Es ist *antikommutativ*, $\mathbf{a} \times \mathbf{b} = -\mathbf{b} \times \mathbf{a}$.
- Für die rechtshändige Standardbasis $\{\mathbf{e}_1, \mathbf{e}_2, \mathbf{e}_3\}$ gilt:

$$\mathbf{e}_1 \times \mathbf{e}_2 = \mathbf{e}_3, \quad \mathbf{e}_3 \times \mathbf{e}_1 = \mathbf{e}_2, \quad \mathbf{e}_2 \times \mathbf{e}_3 = \mathbf{e}_1. \tag{2.11}$$

Definition 2.7. Linearkombination

Gegeben seien endlich viele Vektoren $\mathbf{v}_1, \ldots, \mathbf{v}_n$ aus einem *Vektorraum* V über dem *Körper* $\mathbb{K}$ mit *Skalaren* $c_1, \ldots, c_n$ aus $\mathbb{K}$. Dann nennt man den Vektor

$$\sum_{i=1}^{n} c_i \mathbf{v}_i = \mathbf{v} \qquad (2.12)$$

eine Linearkombination von $\mathbf{v}_1, \ldots, \mathbf{v}_n$ mit Koeffizienten c_i. Bei einer Linearkombination von unendlich vielen Elementen dürfen nur endlich viele Koeffizienten von Null verschieden sein.

Beachte!

- **Lineare Abhängigkeit**
  Gegeben seien $\mathbf{v}_i$ mit $i \in \{1, \ldots, n\}$. Falls eine Linearkombination

$$\sum_{i=1}^{n} \lambda_i \mathbf{v}_i = \mathbf{0} \qquad (2.13)$$

  existiert, sodass nicht alle λ_i gleich Null sind, dann sind die $\mathbf{v}_i$ linear abhängig. Sonst werden sie *linear unabhängig* genannt.
- Sei A eine quadratische Matrix, dann gilt
  A ist singulär, d. h.,

  $\det(A) = 0$

  $\Leftrightarrow$ Die Spaltenvektoren (Zeilenvektoren) von A sind *linear abhängig*.
  $\qquad (2.14)$

$\Rightarrow$ Aufg. 2.14 □

Aufgabe 2.1. Cauchy-Schwarzsche Ungleichung
Anspruch: ● ● ○
Zeigen Sie die Gültigkeit der Cauchy-Schwarzschen Ungleichung

$$|\langle \mathbf{x} | \mathbf{y} \rangle| \leq xy, \quad \text{mit} \quad \mathbf{x}, \mathbf{y} \in \mathbb{C}^n . \qquad (2.15)$$

☞ Schreiben Sie $\|\mathbf{x} - \alpha \mathbf{y}\|^2$ aus und nutzen Sie $\alpha = \langle \mathbf{y} | \mathbf{x} \rangle / y^2$ aus, wobei die Norm die durch das Skalarprodukt induzierte Norm ist[6].

Aufgabe 2.2. Dreiecksungleichung
Anspruch: ● ● ○
Es sei $\mathbf{a}, \mathbf{b} \in \mathbb{R}^3$ und $a = \|\mathbf{a}\|$, $b = \|\mathbf{b}\|$, wobei $\|\mathbf{x}\| = \sqrt{\mathbf{x} \cdot \mathbf{x}}$ die Norm des Vektors $\mathbf{x}$ bezeichnet. Zeigen Sie

(a) die Gültigkeit der Dreiecksungleichung $\|\mathbf{a} + \mathbf{b}\| \le a + b$ und dann
(b) $|a - b| \le \|\mathbf{a} + \mathbf{b}\| \le a + b$.

Aufgabe 2.3. Skalar- und Kreuzprodukt
Anspruch: ● ○ ○
Berechnen Sie mit Gl. 2.8 $\mathbf{a} \times \mathbf{b}$, $\mathbf{a} \cdot (\mathbf{b} \times \mathbf{c})$ und $\mathbf{a} \times (\mathbf{b} \times \mathbf{c})$ für

(a) $\mathbf{a} = \begin{pmatrix} 2 \\ 3 \\ -5 \end{pmatrix}$, $\mathbf{b} = \begin{pmatrix} 1 \\ 1 \\ 3 \end{pmatrix}$, $\mathbf{c} = \begin{pmatrix} 4 \\ 3 \\ 0 \end{pmatrix}$,

(b) $\mathbf{a} = \begin{pmatrix} 4 \\ 1 \\ -2 \end{pmatrix}$, $\mathbf{b} = \begin{pmatrix} 2 \\ 1 \\ 3 \end{pmatrix}$, $\mathbf{c} = \begin{pmatrix} -1 \\ 0 \\ -1 \end{pmatrix}$.

Aufgabe 2.4. (Erweiterte) Lagrange-Identität
Anspruch: ● ● ○

(a) Zeigen Sie
   (i) $\mathbf{a} \cdot (\mathbf{b} \times \mathbf{c}) = \mathbf{b} \cdot (\mathbf{c} \times \mathbf{a}) = \mathbf{c} \cdot (\mathbf{a} \times \mathbf{b})$,
   (ii) $\mathbf{a} \times (\mathbf{b} \times \mathbf{c}) = (\mathbf{a} \cdot \mathbf{c})\mathbf{b} - (\mathbf{a} \cdot \mathbf{b})\mathbf{c}$. [Graßmann Identität]
(b) Die sogenannte *Lagrange-Identität* lautet

$$|\mathbf{a} \times \mathbf{b}|^2 = (\mathbf{a} \cdot \mathbf{a})(\mathbf{b} \cdot \mathbf{b}) - (\mathbf{a} \cdot \mathbf{b})^2. \tag{2.16}$$

Zeigen Sie mithilfe von (a), dass sogar folgende Verallgemeinerung gilt[7]:

$$(\mathbf{a} \times \mathbf{b}) \cdot (\mathbf{c} \times \mathbf{d}) = (\mathbf{a} \cdot \mathbf{c})(\mathbf{b} \cdot \mathbf{d}) - (\mathbf{b} \cdot \mathbf{c})(\mathbf{a} \cdot \mathbf{d}). \tag{2.17}$$

☞ Aufg. 2.10

---

[6]Es gibt viele Möglichkeiten eine Norm auf einem Vektorraum zu definieren! $\|\mathbf{x}\| = \sqrt{\sum_i x_i^2}$ wird euklidische Norm genannt.
[7]Es ist ein Spezialfall der *Binet-Cauchy-Identität* für drei Dimensionen.

Aufgabe 2.5. Dreifaches Kreuzprodukt

Anspruch: ● ● ○

Eine Fläche F_1 werde durch die Vektoren **a** und **b** aufgespannt. Eine zweite Fläche F_2 werde dagegen durch die Vektoren **a** und **c** aufgespannt. In welche Richtung zeigt der Flächennormalenvektor der Fläche F_3, die sowohl auf F_1 als auch F_2 senkrecht steht? Was ist die Bedingung dafür, dass so eine Fläche existiert? Betrachten Sie dazu $(\mathbf{a} \times \mathbf{b}) \times (\mathbf{a} \times \mathbf{c})$.

☜ Aufg. 2.4

Aufgabe 2.6. Der Vektorraum der Polynome

Anspruch: ● ● ○

Betrachte die Menge aller Polynome

$$P_N(x) = \sum_{j=0}^{N} a_j x^j \tag{2.18}$$

vom Grad $\leq N \in \mathbb{N}$ mit a_j, $x \in \mathbb{R}$ (der Polynomraum über dem Körper $\mathbb{R}$ wird mit $\mathbb{R}[x]$ bezeichnet). Wir definieren die Skalarmultiplikation eines Polynoms mit $\alpha \in \mathbb{R}$ und die Summe zweier Polynome N-ten Grades (Vektoraddition) durch

$$\alpha \odot P_N := \alpha P_N(x) = \sum_{j=0}^{N} \alpha a_j x^j, \tag{2.19}$$

$$P_N \oplus Q_N := P_N(x) + Q_N(x) = \sum_{j=0}^{N} a_j x^j + \sum_{j=0}^{N} b_j x^j = \sum_{j=0}^{N} (a_j + b_j) x^j. \tag{2.20}$$

(a) Zeigen Sie, dass die Polynome mit der so definierten Multiplikation und Addition die Vektorraumaxiome, Def. 2.1, erfüllen und damit einen Vektorraum $\mathcal{P}_N$ bilden.

(b) Wir wählen als Definitionsbereich $x \in [-1, 1]$ und definieren ein Skalarprodukt[8]

$$\langle P_N | Q_N \rangle \equiv P_N \cdot Q_N = \int_{-1}^{1} dx \, P_N(x) \, Q_N(x), \tag{2.21}$$

d. h., P_N und Q_N stehen senkrecht aufeinander, falls $P_N \cdot Q_N = 0$. Betrachten Sie nun den Vektorraum der Polynome vom Grad ≤ 2.

---

[8] Beachten Sie, dass P_N und Q_N Vektoren sind und „$P_N \cdot Q_N$" *nicht* die Multiplikation in $\mathbb{R}$ darstellt, sondern das Skalarprodukt.

(i) Zeigen Sie, dass es sich bei Gl. 2.21 tatsächlich um ein Skalarprodukt handelt. ✍ Def. 2.4

(ii) Bestimmen Sie zu $P_0(x) = 1$ Polynome $P_1(x)$ und $P_2(x)$ vom Grad 1 und 2, sodass P_0, P_1 und P_2 paarweise senkrecht aufeinander stehen.

(ii) Gegeben sei das Polynom $\Lambda(x) = 1 + 2x + 3x^2$. Um sich noch eindringlicher den geometrischen Charakter der Polynome als Vektoren klar zu machen, schreiben Sie Λ als Linearkombination der nun *normierten* Vektoren P_0, P_1, und P_2 hin. Berechnen Sie dabei die Koeffizienten der Linearkombination durch Projektionen auf die normierten Vektoren.

2.2 Matrizenrechnung

Definition 2.8. Spur einer Matrix
Ist A eine quadratische ($N \times N$) Matrix, dann wird die Summe über ihre Diagonalelemente A_{nn} als *Spur* von A bezeichnet,

$$\text{Spur}(A) \equiv \text{Sp}(A) \equiv \text{tr}(A) := \sum_{n=1}^{N} A_{nn}. \qquad (2.22)$$

Beachte!
Seien A, B quadratische Matrizen. Dann gilt:

- $\text{tr}(\alpha A + \beta B) = \alpha \text{tr}(A) + \beta \text{tr}(B)$.
- $\text{tr}(AB) = \text{tr}(BA)$.

Definition 2.9. Inverse Matrix
Ist A eine quadratische ($N \times N$) Matrix, dann ist die zugehörige Inverse A^{-1} diejenige Matrix, für die

$$A^{-1}A = AA^{-1} = \mathbb{1} \qquad (2.23)$$

gilt.

Beachte!

- Besitzt A eine Inverse, so wird A *reguläre* Matrix genannt. Andernfalls wird sie *singulär* genannt. Es gilt

$$A \text{ ist singulär} \iff \det(A) = 0.$$

- Mithilfe der *Determinanten* [Def. 2.18] und *Adjunkten* (siehe Def. 2.17) können wir, falls $\det(A) \neq 0$, die Inverse aus

$$A^{-1} = \frac{\text{adj}(A)}{\det(A)}$$ (2.24)

erhalten.

Definition 2.10. Transponierte Matrix
Die transponierte Matrix A^T ist gegeben durch

$$(A^T)_{ij} = A_{ji}.$$ (2.25)

D. h., man erhält A^T aus A durch Austausch der Zeilen- und Spaltenvektoren, was identisch mit einer Spiegelung an der Diagonalen ist.

Beachte!

- $(AB)^T = B^T A^T$, allgemeiner:

$$(AB \ldots G)^T = G^T \ldots B^T A^T.$$ (2.26)

⇨   Aufg. 2.7□

Definition 2.11. Adjungierte Matrix
Die adjungierte Matrix $A^\dagger$, auch hermitesch konjugierte Matrix genannt, ist die Matrix, die durch Transposition und komplexe Konjugation gewonnen wird,

$$A^\dagger = (A^*)^T = (A^T)^*,$$ (2.27)

d. h. $(A^\dagger)_{ij} = A_{ji}^*.$ (2.28)

Beachte!

- Nicht verwechseln mit der *Adjunkten* (siehe Def. 2.17)!

- Entsprechend zum Transponieren einer Matrix, Gl. 2.26, gilt:

$$(AB \dots G)^\dagger = G^\dagger \dots B^\dagger A^\dagger \,. \tag{2.29}$$

  Der Beweis ist entsprechend dem für Aufg. 2.7.
- Falls A eine reelle Matrix ist, gilt $A^\dagger = A^T$.

Definition 2.12. Orthogonale Matrix
Sei $M = (m_{lk}) \in \mathbb{R}^d$ eine quadratische d-dimensionale Matrix. M heißt *orthogonal*, wenn

$$M M^T = \mathbb{1} \tag{2.30}$$

gilt.

⇨   Aufg. 2.15□

Definition 2.13. Rotationsmatrix
Eine reelle, orthogonale Matrix $R \in \mathbb{R}^{n \times n}$, die orientierungserhaltend, d. h. deren Determinante 1 ist, wird Rotationsmatrix genannt.

Beachte!

- $R^T R = R R^T$,
- $R^T = R^{-1}$, mit $R^{-1}(\alpha) = R(-\alpha)$

⇨   Aufg. 2.15□, Aufg. 2.23□

Definition 2.14. Hermitesche Matrix
Sei $M = (m_{lk}) \in \mathbb{C}^d$ eine komplexe quadratische d-dimensionale Matrix. M heißt *hermitesch*, wenn für ihre Einträge

$$m_{lk} = \bar{m}_{kl},\qquad\qquad(2.31)$$

d. h. $M^\dagger = M$ mit $M^\dagger := \overline{M^T}$ gilt.

Definition 2.15. Unitäre Matrix
Eine quadratische Matrix mit komplexen Einträgen, $U \in \mathbb{C}^{d \times d}$ wird unitär genannt, wenn gilt

$$U^\dagger U = \mathbb{1}.\qquad\qquad(2.32)$$

⇨   Aufg. 2.8☐, Aufg. 2.17☐

Definition 2.16. Normale Matrix
Die Matrix A heißt *normal*, wenn $[A, A^\dagger] = 0$, wobei der *Kommutator* definiert ist als $[A, B] := AB - BA$.

⇨   Aufg. 2.8☐

Definition 2.17. Minor, Kofaktor und Adjunkte
Durch das Streichen der i-ten Zeile und j-ten Spalte einer $n \times n$-Determinante der Matrix $A = (a_{mn})$ erhält man eine $(n - 1) \times (n - 1)$-*Unterdeterminante*, $\det(A_{ij})$, den sogenannten *Minor* M_{ij} von a_{ij}. Dabei wird das Produkt

$$C_{ij} = (-1)^{i+j} M_{ij} \quad \text{mit} \quad \text{cof}(A) := (C_{ij})\qquad\qquad(2.33)$$

Kofaktor von a_{ij} genannt. Die transponierte Kofaktormatrix, C^T wird *Adjunkte* genannt, $\text{adj}(A) := C^T$.

Definition 2.18. Determinante

Die Determinante einer $n \times n$ Matrix $A = (a_{ij}) \in \mathbb{K}^{n \times n}$ kann verschieden eingeführt werden. Die im Folgenden aufgeführten Definitionen genügen dabei ein und der gleichen axiomatischen Beschreibung (siehe z. B. [1]).

- **Leibniz-Formel**

  Mithilfe des Levi-Civita-Symbols ϵ [Def. 2.5] lässt sich die Determinante als Summe über Permutationen der Indizes schreiben,

$$\det(A) = \sum_{i_1 i_2 \ldots i_n = 1}^{n} \epsilon_{i_1 i_2 \ldots i_n} a_{1 i_1} a_{2 i_2} \ldots a_{n i_n}, \qquad (2.34)$$

  wobei die ungeraden Permutationen mit einem negativen Vorzeichen gewichtet werden.

- **Laplacescher Entwicklungssatz**

  Mit dem Laplaceschen Entwicklungssatz wird die Berechnung der Determinante der Matrix A auf die Berechnung von Unterdeterminanten, den sogenannten *Minoren* [Def. 2.17] $M_{ij} = \det(A_{ij})$ reduziert. Dabei kann die Entwicklung nach

  – einer Zeile (hier die i-te),

$$\det(A) = \sum_{j=1}^{n} (-1)^{i+j} a_{ij} M_{ij} \equiv \sum_{j=1}^{n} a_{ij} C_{ij}, \qquad (2.35)$$

  – oder Spalte (hier die j-te),

$$\det(A) = \sum_{i=1}^{n} (-1)^{i+j} a_{ij} M_{ij} \equiv \sum_{i=1}^{n} C_{ij} \qquad (2.36)$$

  durchgeführt werden. Die Faktoren $C_{ij} = (-1)^{i+j} M_{ij}$ sind die *Kofaktoren* [Def. 2.17] von a_{ij}.

Für den Fall einer 3×3-Matrix A lässt sich aus obigen Sätzen direkt die **Regel von Sarrus** angeben

$$\det(A) = \begin{vmatrix} a_{11} & a_{12} & a_{13} \\ a_{21} & a_{22} & a_{23} \\ a_{31} & a_{32} & a_{33} \end{vmatrix} = \begin{array}{ccc|cc} a_{11} & a_{12} & a_{13} & a_{11} & a_{12} \\ a_{21} & a_{22} & a_{23} & a_{21} & a_{22} \\ a_{31} & a_{32} & a_{33} & a_{31} & a_{32} \end{array}$$

$$= + a_{11}a_{22}a_{33} + a_{12}a_{23}a_{31} + a_{13}a_{21}a_{32}$$
$$- a_{31}a_{22}a_{13} - a_{32}a_{23}a_{11} - a_{33}a_{21}a_{12}. \tag{2.37}$$

⇨ Aufg. 2.9□

Theorem 2.1. Wichtige Eigenschaften der Determinante
Seien A, B n × n-Matrizen, dann gilt:

- *Determinantenproduktsatz*

$$\det(A.B) = \det(A)\det(B). \tag{2.38}$$

- *Multiplikation mit einem Skalar λ*

$$\det(\lambda A) = \lambda^n \det(A). \tag{2.39}$$

- *Transponierte und Inverse*

$$\det(A) = \det(A^T). \tag{2.40}$$

Falls $\det(A) \neq 0$, *dann*

$$\det(A^{-1}) = (\det(A))^{-1}. \tag{2.41}$$

Aufgabe 2.7. Transponieren eines Produktes von Matrizen
Anspruch: ● ○ ○
Beweisen Sie die Eigenschaft Gl. 2.26,

$$(AB \ldots G)^T = G^T \ldots B^T A^T. \tag{2.42}$$

Aufgabe 2.8. Unitäre Matrizen sind normal
Anspruch: ● ○ ○
Zeigen Sie, dass unitäre Matrizen normal, Def. 2.16, sind.

Aufgabe 2.9. Determinante
Anspruch: ● ○ ○ — ● ● ○

(a) Berechnen Sie die folgenden Determinanten:

$$D_1 = \begin{vmatrix} 2 & 3 & -2 \\ 1 & -2 & 0 \\ 0 & -1 & 2 \end{vmatrix}, \quad D_2 = \begin{vmatrix} 0 & -2 & 2 & -1 \\ -2 & 1 & 3 & 0 \\ 1 & 1 & 3 & 0 \\ 1 & 0 & 1 & 1 \end{vmatrix}, \quad D_3 = \begin{vmatrix} 1 & 0 & 0 & 1 \\ 0 & 1 & -i & 0 \\ 0 & 1 & i & 0 \\ 1 & 0 & 0 & -1 \end{vmatrix}. \quad (2.43)$$

(b) Für welche k verschwindet die Determinante?

$$D(k) = \begin{vmatrix} 1 & 2-k & 0 \\ k^2 - 1 & -k^2 & 4-k \\ k & 2k-3 & 0 \end{vmatrix}, \quad k \in \mathbb{R}. \quad (2.44)$$

(c) Zeigen Sie, dass für *Blockmatrizen* der Form

$$\begin{pmatrix} A & B \\ C & D \end{pmatrix}, \quad (2.45)$$

wobei A, B, C, D 2×2 Blöcke sind, für $B = \mathbf{0}$ oder $C = \mathbf{0}$ die Entwicklung

$$\begin{vmatrix} A & B \\ \mathbf{0} & D \end{vmatrix} = \begin{vmatrix} A & \mathbf{0} \\ C & D \end{vmatrix} = \det(A)\det(D) \quad (2.46)$$

gilt.

Aufgabe 2.10. Relationen mit dem Levi-Civita-Symbol

Anspruch:● ● ○ — ● ● ●

Besonders hilfreich bei der Berechnung von Vektorprodukten ist der ε-Tensor, Def. 2.5, der auch *Levi-Civita*-Symbol ε_{ijk} genannt wird.

(a) Ausgehend von der Definition des ϵ_{ijk}-Tensors, zeigen Sie, dass

$$\epsilon_{ijk} = \begin{vmatrix} \delta_{i1} & \delta_{i2} & \delta_{i3} \\ \delta_{j1} & \delta_{j2} & \delta_{j3} \\ \delta_{k1} & \delta_{k2} & \delta_{k3} \end{vmatrix} \quad (2.47)$$

gilt, wobei δ_{ij} das Kronecker-Delta, Def. 2.3, ist.

(b) Zeigen Sie nun mit dem Determinantenproduktsatz und der Eigenschaft der Determinante einer transponierten Matrix, Gl. 2.38, 2.40, dass

$$\epsilon_{ijk} = \det(\mathbf{e}_i\, \mathbf{e}_j\, \mathbf{e}_k). \quad (2.48)$$

Dabei definiert $(\mathbf{a}\,\mathbf{b}\,\mathbf{c})$ eine Matrix, deren Spalten gegeben sind durch die Vektoren $\mathbf{a}$, $\mathbf{b}$ und $\mathbf{c}$.

✎ Nutzen Sie $\det(\mathbf{e}_1\, \mathbf{e}_2\, \mathbf{e}_3) = 1$ aus.

(c)   (i) Wie können das Kreuz- und Spatprodukt als Determinante geschrieben werden?

(ii) Wiederholen Sie die Rechnung für Kreuz- und Spatprodukt aus ☞Aufg. 2.3 (a) nun mithilfe der Berechnung der entsprechenden Determinanten.

☞ Gl. 2.34

(d)   Zeigen Sie, dass sich das Produkt aus zwei Levi-Civita-Symbolen wie folgt als Determinante schreiben lässt,

$$\epsilon_{ijk}\epsilon_{lmn} = \begin{vmatrix} \delta_{il} & \delta_{im} & \delta_{in} \\ \delta_{jl} & \delta_{jm} & \delta_{jn} \\ \delta_{kl} & \delta_{km} & \delta_{kn} \end{vmatrix}. \tag{2.49}$$

☞ Gehen Sie wie in (b) vor, ersetzen Sie dort die Einheitsmatrix entsprechend.

(e)   Zeigen Sie die folgende Identitäten:

(i) $\sum_k \varepsilon_{ijk}\varepsilon_{lmk} = \delta_{il}\delta_{jm} - \delta_{im}\delta_{jl}$,

(ii) $\sum_{jk} \varepsilon_{ijk}\varepsilon_{ljk} = 2\delta_{il}$,

(iii) $\sum_{ijk} \varepsilon_{ijk}\varepsilon_{ijk} = 6$.

☞ Def. 2.18

Aufgabe 2.11. Volumen eines Parallelepipeds

Anspruch: ● ○ ○

Berechnen Sie das Volumen des Parallelepipeds, der durch die Punkte (siehe Abb. 2.1) $A = (1, 1, 1)$, $B = (1, 3, 2)$, $C = (5, 5, 5)$ und $D = (1, 2, 5)$ gegeben ist.

Aufgabe 2.12. Reziprokes Gitter

Anspruch: ● ● ○

In einem Kristall sind Atome in einem regelmäßigen Gitter angeordnet, das durch drei linear unabhängige Gittervektoren $\mathbf{a}_1, \mathbf{a}_2, \mathbf{a}_3$ vollständig beschrieben wird. Das sogenannte *reziproke Gitter* wird von den Vektoren

$$\mathbf{b}_1 = \frac{\mathbf{a}_2 \times \mathbf{a}_3}{\mathbf{a}_1 \cdot (\mathbf{a}_2 \times \mathbf{a}_3)}, \quad \mathbf{b}_2 = \frac{\mathbf{a}_3 \times \mathbf{a}_1}{\mathbf{a}_1 \cdot (\mathbf{a}_2 \times \mathbf{a}_3)}, \quad \mathbf{b}_3 = \frac{\mathbf{a}_1 \times \mathbf{a}_2}{\mathbf{a}_1 \cdot (\mathbf{a}_2 \times \mathbf{a}_3)} \tag{2.50}$$

beschrieben.

(a)   Zeigen Sie für $i, j = 1, 2, 3$ die Beziehung $\mathbf{a}_i \cdot \mathbf{b}_j = \delta_{ij}$.

(b)   Die Vektoren $\mathbf{a}_1, \mathbf{a}_2, \mathbf{a}_3$ spannen die sogenannte *Elementarzelle* (Parallelepiped) auf. Ihr Volumen sei V_a. Zeigen Sie, dass die Elementarzelle des reziproken Gitters durch $V_b = V_a^{-1}$ gegeben ist.

Abb. 2.1 Zu Aufg. 2.11: Parallelepiped

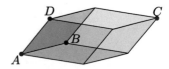

☞ *Sie dürfen die Identitäten aus Aufg. 2.4 ohne Beweis benutzen! Siehe auch Aufg. 2.10(c:ii)*

ⓘ Die obige Definition der Basisvektoren des reziproken Gitters gilt in der Kristallografie. Die in der Festkörperphysik genutzten Basisvektoren $\tilde{\mathbf{b}}_i$ besitzen einen zusätzlichen Faktor 2π, $\tilde{\mathbf{b}}_i = 2\pi\mathbf{b}_i$, sodass $\mathbf{a}_i \cdot \tilde{\mathbf{b}}_j = 2\pi\delta_{ij}$.

Aufgabe 2.13. Gram-Schmidtsches Orthogonalisierungsverfahren
Anspruch: ● ○ ○ — ● ● ○

Zwei beliebige linear unabhängige Vektoren $\mathbf{u}, \mathbf{v} \in \mathbb{R}^n$ mit $n \geq 2$ spannen einen zweidimensionalen Untervektorraum[9] U des $\mathbb{R}^n$ auf, $U \subseteq \mathbb{R}^n$.

(a) Finden Sie mit dem Ansatz

$$\mathbf{v}_\perp = \mathbf{v} + a\mathbf{u} \tag{2.51}$$

einen Vektor $\mathbf{v}_\perp$ so, dass $\{\mathbf{u}, \mathbf{v}_\perp\}$ eine orthogonale Basis (bzgl. des Standardskalarprodukts) dieses Untervektorraumes ist.

(b) Vergleichen Sie das Ergebnis für $n = 3$ mit dem Ergebnis aus der Graßmann-Identität (siehe Aufg. 2.4 (a:ii))

$$\mathbf{a} \times (\mathbf{b} \times \mathbf{c}) = (\mathbf{a} \cdot \mathbf{c})\mathbf{b} - (\mathbf{a} \cdot \mathbf{b})\mathbf{c} \tag{2.52}$$

für $\mathbf{a} = \mathbf{c} = \mathbf{u}$ und $\mathbf{b} = \mathbf{v}$ und interpretieren Sie dieses geometrisch.

(c) Berechnen Sie eine orthogonale Basis des von den Vektoren $(1, 0, 2, -1)^T$ und $(-2, 1, 0, 4)^T$ aufgespannten Vektorraums.

☜ Aufg. 2.4.

Aufgabe 2.14. Lineare (Un-)Abhängigkeit
Anspruch: ● ○ ○

(a) Gegeben seien drei Vektoren des $\mathbb{R}^4$

$$\mathbf{v} = \begin{pmatrix} 1 \\ 2 \\ 0 \\ 1 \end{pmatrix}, \quad \mathbf{w} = \begin{pmatrix} 0 \\ -3 \\ 1 \\ -2 \end{pmatrix}, \quad \mathbf{x} = \begin{pmatrix} 2 \\ 1 \\ 1 \\ 0 \end{pmatrix}. \tag{2.53}$$

Bestimmen Sie, ob diese Vektoren linear abhängig oder linear unabhängig sind.

(b) Zeigen Sie, dass die drei Vektoren, dargestellt in der kartesischen Basis,

$$\mathbf{w}_1 = \begin{pmatrix} 1 \\ 0 \\ 0 \end{pmatrix}, \quad \mathbf{w}_2 = \begin{pmatrix} 3 \\ 2 \\ 0 \end{pmatrix}, \quad \mathbf{w}_3 = \begin{pmatrix} -2 \\ 0 \\ 4 \end{pmatrix} \tag{2.54}$$

---

[9] $U \subseteq V$ bildet genau dann einen Untervektorraum von V, wenn sie nichtleer und abgeschlossen bezüglich der Vektoraddition und der Skalarmultiplikation ist.

eine Basis des $\mathbb{R}^3$ bilden (versuchen Sie verschiedene Wege!)

(c) Stellen Sie den Vektor $\mathbf{u} = (1, 2, 2)^T$ in der Basis (B) von (b) dar.

(d) Gegeben sei die Menge $\mathcal{B} = \left\{ \dfrac{1}{\sqrt{2+a^2}} \begin{pmatrix} 1 \\ 1 \\ a \end{pmatrix}, \dfrac{1}{\sqrt{6}} \begin{pmatrix} -1 \\ -1 \\ 2 \end{pmatrix}, \dfrac{1}{\sqrt{2}} \begin{pmatrix} 1 \\ -1 \\ 0 \end{pmatrix} \right\}$ an

Vektoren dargestellt in kartesischen Koordinaten mit $a \in \mathbb{R}$.

(d1) Was muss für a gelten, damit $\mathcal{B}$ eine Basis des $\mathbb{R}^3$ ist?

(d2) Zeigen Sie, dass es sich bei $\mathcal{B}$ um eine Orthonormalbasis des $\mathbb{R}^3$ handelt, wenn a passend gewählt wird.

(d3) Sei $a = 1$. Stellen Sie den Vektor $\mathbf{v} = (\mathbf{e}_x + \mathbf{e}_z)$ in der Basis $\mathcal{B}$ dar.
☞*Nutzen Sie Projektionen.*

Aufgabe 2.15. Rotationsmatrix
Anspruch: ● ● ○

(a) Betrachten Sie die Wirkung einer Rotation um den Winkel α im $\mathbb{R}^2$ um den Koordinatenursprung auf die kartesischen Basisvektoren $\{\mathbf{e}_x, \mathbf{e}_y\}$. Zeigen Sie damit, dass die Darstellung des Rotationsoperators $R(\alpha)$ in der kartesischen Basis des $\mathbb{R}^2$ gegeben ist durch

$$M(R(\alpha)) = \begin{pmatrix} \cos(\alpha) & -\sin(\alpha) \\ \sin(\alpha) & \cos(\alpha) \end{pmatrix}. \tag{2.55}$$

(b) Zeigen Sie mit der Identifikation von reeller Achse mit der x-Achse und der imaginären Achse mit der y-Achse, dass $z \mapsto \exp(\mathrm{i}\alpha)z$ mit $z \in \mathbb{C}$ die gleiche Wirkung hat wie $R(\alpha)$.

(c) Zeigen Sie, dass $M(R(\alpha))$ eine orthogonale Matrix [Def. 2.12] mit Determinante 1 ist. Damit wird Def. 2.13 erfüllt.

Aufgabe 2.16. Unitäre Matrix: Eigenschaften
Anspruch: ● ● ○

(a) Zeigen Sie, dass aus der Definition der unitären Matrix $U \in \mathbb{C}^{d \times d}$ (Def. 2.15) $U^\dagger U = U U^\dagger$ folgt.

(b) Zeigen Sie, dass $|\det(U)| = 1$ gilt.

Aufgabe 2.17. Allgemeine unitäre 2×2 Matrix
Anspruch: ● ○ ○ – ● ● ●

(a)   Zeigen Sie, dass

$$\Lambda = \begin{pmatrix} e^{\mathrm{i}\alpha} & 0 \\ 0 & e^{\mathrm{i}\beta} \end{pmatrix} \quad \text{mit} \quad \alpha, \beta \in \mathbb{R} \tag{2.56}$$

eine unitäre Matrix darstellt.

(b) Zeigen Sie, dass es sich bei

$$U = e^{i\alpha} \Lambda(\beta) R(\gamma) \Lambda(\nu) \tag{2.57}$$

mit

$$\Lambda(\nu) = \begin{pmatrix} e^{i\nu} & 0 \\ 0 & 1 \end{pmatrix}, \quad R(\gamma) = \begin{pmatrix} \cos(\gamma) & \sin(\gamma) \\ -\sin(\gamma) & \cos(\gamma) \end{pmatrix}, \tag{2.58}$$

wobei $\alpha, \beta, \gamma, \nu \in \mathbb{R}$, um eine unitäre Matrix, Def. 2.15, handelt. Führen Sie zunächst die Multiplikation der Matrizen aus, um die Aussage zu testen. Wie kann man diese Aussage testen, *ohne* dabei die Matrizen auf der rechten Seite von Gl. 2.57 miteinander zu multiplizieren?

☞ Ist das Produkt aus unitären Matrizen wieder unitär?

(c) Die unitäre Matrix U aus (a) ist die allgemeinste Form einer zweidimensionalen unitären Matrix. Warum gibt es *vier* freie Parameter? Entwickeln Sie nun selbst die allgemeinste Form einer zweidimensionalen unitären Matrix.

☞ Beginnen Sie mit

$$U = \begin{pmatrix} u_{11} & u_{12} \\ u_{21} & u_{22} \end{pmatrix} \quad \text{mit} \quad u_{ij} \in \mathbb{C}, \tag{2.59}$$

und wenden Sie die Bedingung an, die für unitäre Matrizen erfüllt werden muss.

① Eine besondere Rolle spielen zweidimensionale unitäre Matrizen in der Quanteninformationstheorie. Diese beschreiben dort die Transformationen der einzelnen Qubits und bilden mit dem quantenmechanischen NOT-Gatter (genauer, dem CNOT-Gatter) eine universelle Menge, mit welcher die Transformationen komplizierter Quantengatter beschrieben werden können. [4]

Aufgabe 2.18. Hermitesche Matrix
Anspruch: ● ○ ○
Gegeben sei die Matrix

$$M = \begin{pmatrix} z_1 & z_2 \\ z_3 & z_4 \end{pmatrix} \quad \text{mit} \quad z_i \in \mathbb{C}. \tag{2.60}$$

Was muss für die z_i gelten, sodass M hermitesch ist? Wie viele reelle Zahlen sind somit maximal nötig, um eine zweidimensionale hermitesche komplexe Matrix eindeutig zu beschreiben?

Aufgabe 2.19. Pauli-Matrizen
Anspruch: ● ● ○
Die Pauli-Matrizen sind gegeben durch

$$\sigma_1 = \begin{pmatrix} 0 & 1 \\ 1 & 0 \end{pmatrix}, \quad \sigma_2 = \begin{pmatrix} 0 & -i \\ i & 0 \end{pmatrix}, \quad \sigma_3 = \begin{pmatrix} 1 & 0 \\ 0 & -1 \end{pmatrix}.$$

Zeigen Sie:

(a) *Jede* komplexe 2×2-Matrix A lässt sich als Linearkombination der Pauli-Matrizen zusammen mit $\sigma_0 = \mathbb{I}_{2\times 2}$ schreiben. Welche zusätzliche Eigenschaft haben die Koeffizienten der Linearkombination, wenn die 2×2-Matrix hermitesch ist?

(b) $[\sigma_i, \sigma_j] = 2i \sum_{k=1}^{3} \epsilon_{ijk}\sigma_k$ für $i, j = 1, 2, 3$.

(c) $\sigma_i\sigma_j = \delta_{ij}\sigma_0 + i \sum_{k=1}^{3} \epsilon_{ijk}\sigma_k$ für $i, j = 1, 2, 3$.

Geben Sie hiermit auch die Inversen der Pauli-Matrizen an.

> ✐ *Betrachten Sie die Relation für den Antikommutator, der durch* $\{A, B\} := AB + BA$ *definiert ist. Was ergibt* $[A, B] + \{A, B\}$*? Nutzen Sie dieses Ergebnis!*

(d) $(\mathbf{a} \cdot \boldsymbol{\sigma})(\mathbf{b} \cdot \boldsymbol{\sigma}) = \mathbf{a} \cdot \mathbf{b}\,\sigma_0 + i\boldsymbol{\sigma} \cdot (\mathbf{a} \times \mathbf{b})$, mit $\mathbf{a}, \mathbf{b}$ beliebigen Vektoren des $\mathbb{R}^3$ und der abkürzenden Notation $\boldsymbol{\sigma} \cdot \mathbf{a} \equiv a_1\sigma_1 + a_2\sigma_2 + a_3\sigma_3$, wobei die a_i die Koeffizienten der Basisdarstellung $\mathbf{a} = \sum_{i=1}^{3} a_i\mathbf{e}_i$ bzgl. einer Orthonormalbasis $\{\mathbf{e}_j\}_{j=1,2,3}$ des $\mathbb{R}^3$ sind.

(e) $\exp(i\boldsymbol{\sigma} \cdot \mathbf{n}\phi) = \sigma_0\cos(\phi) + i\boldsymbol{\sigma} \cdot \mathbf{n}\sin(\phi)$, wobei $\mathbf{n}$ ein beliebiger Einheitsvektor ist. Hierzu definieren wir die Exponentialfunktion einer Matrix A (genannt Matrixexponential) mit $A \in \mathbb{R}^{n\times n}$ oder $\mathbb{C}^{n\times n}$ als:

$$\exp(A) = \sum_{k=0}^{\infty} \frac{A^k}{k!} \tag{2.61}$$

wobei A^0 als die Einheitsmatrix mit der Dimension von A definiert ist.

ⓘ   Die Pauli-Matrizen σ_i, benannt nach Wolfgang Pauli, spielen eine wichtige Rolle in der Quantenmechanik. Sie wurden 1927 von Pauli zur Beschreibung des Spins eingeführt [2]. Dabei wird der Spinoperator (Eigendrehimpuls) $\mathbf{S}_i$, mit $i \in \{x, y, z\}$ von Teilchen mit halbzahligem Spin, wie dem Elektron, durch die Pauli-Matrizen wie folgt dargestellt:

$$S_i = \frac{\hbar}{2}\sigma_i, \tag{2.62}$$

wobei $\hbar = 1.054571800(13) \cdot 10^{-34}$ Js das reduzierte Plancksche Wirkungsquantum ist[10].

Aufgabe 2.20. Gauß-Algorithmus
Anspruch: ● ● ○

(a) Lösen Sie folgende Gleichungssysteme mittels Gaußschem Eliminationsverfahren

---

[10]Siehe CODATA 2018

(i) für $x, y \in \mathbb{R}$

$$x + y = 1 \tag{2.63}$$
$$-2x - 8y = 4 \tag{2.64}$$

(ii) für $x, y \in \mathbb{R}$

$$x = 1 - y \tag{2.65}$$
$$3x = 3 - 3y \tag{2.66}$$

(iii) für $x, y \in \mathbb{R}$

$$x + y = 1 \tag{2.67}$$
$$-2x = 2 + 2y \tag{2.68}$$

(iv) für $x, y, z \in \mathbb{R}$

$$x + y + z = -4 \tag{2.69}$$
$$2y + 3z = 4 - x \tag{2.70}$$
$$0 = -4y + 8z \tag{2.71}$$

(b) In Aufg. 2.19 (a) (Siehe in Lösung Gl. 2.340) tritt folgendes Gleichungssystem auf

$$\begin{pmatrix} A_{00} & A_{01} \\ A_{10} & A_{11} \end{pmatrix} = \begin{pmatrix} z_0 + z_3 & z_1 - iz_2 \\ z_1 + iz_2 & z_0 - z_3 \end{pmatrix}, \tag{2.72}$$

wobei die z_i gesucht sind und $A_{ij}, z_i \in \mathbb{C}$. Bestimmen Sie mithilfe der Determinante, ob die Lösung eindeutig ist. Lösen Sie anschließend das Gleichungssystem für die z_i mittels des Gauß-Algorithmus.

2.3 Lineare Operatoren*

Dieser Abschnitt benötigt Kenntnisse aus der Analysis, Kap. 3.

Aufgabe 2.21. Integration als linearer Operator
Anspruch: ● ● ●
Betrachten Sie den $\mathbb{R}$-Vektorraum V, der von den Funktionen $\sin(x)$ und $\cos(x)$ aufgespannt wird, sowie die lineare Operation

$$I : V \to V, \quad f(x) \mapsto If(x) = \int_x^{x+a} \mathrm{d}y\, f(y), \quad a \in \mathbb{R}. \tag{2.73}$$

(a)   Zeigen Sie, dass I wohldefiniert ist, d. h., dass für jedes $f(x) \in V$ auch $If(x) \in V$ gilt.
       ✐ Additionstheoreme.

(b)   Bestimmen Sie die Darstellungsmatrix $M(I)$ von I bezüglich der Basis $\{\cos(x), \sin(x)\}$.

(c)   Für welche Werte von a ist $M(I)$ singulär?

(d)   Zeigen Sie, dass für $a = \frac{\pi}{2}$ die inverse Matrix durch $[M(I)]^{-1} = -\frac{1}{4}[M(I)]^3$ gegeben ist.

☞   Abschn. 3.2

2.4   Eigenwerte und Eigenvektoren

Definition 2.19. Eigenwertproblem
Sei A eine lineare Abbildung mit $A : V \to V$, wobei V ein Vektorraum über dem Körper $\mathbb{K}$ ist. Dann heißt die Zahl $\lambda \in \mathbb{K}$ *Eigenwert* von A, wenn es einen Vektor $x \neq 0$, $x \in V$ gibt mit

$$A(x) = \lambda x. \tag{2.74}$$

Der Vektor x heißt dann *Eigenvektor* zum Eigenwert λ.
Ist die Dimension des Vektorraums endlich, $\dim(V) = N \in \mathbb{N}$, dann kann A durch eine quadratische Matrix M_A beschrieben werden. Die zu Gl. 2.74 entsprechende *Eigenwertgleichung* ist gegeben durch

$$M_A \mathbf{v} = \lambda \mathbf{v}, \tag{2.75}$$

wobei $\mathbf{v}$ den entsprechenden Spaltenvektor bezeichnet.

Beachte!

- **Spektralsatz**: Ist A eine normale Matrix, Def. 2.16, $\dim(A) = N$, so existiert eine unitäre Matrix, sodass $A = UDU^{\dagger}$, wobei $D = \mathrm{diag}(\lambda_1, \ldots, \lambda_N)$ eine Diagonalmatrix mit Eigenwerten λ_i der Matrix A ist.
- Die Eigenwerte einer hermiteschen Matrix, Def. 2.14, sind reell.
- Die Eigenwerte einer unitären Matrix, Def. 2.15, haben den Betrag 1.

Aufgabe 2.22. Hermitesche Matrix
Anspruch: ● ● ○

Berechnen Sie die Eigenwerte und Eigenvektoren der *hermiteschen* 3×3-Matrix mit den Einträgen $A_{n,n} = 1$, $A_{1,2} = i$, $A_{1,3} = A_{2,3} = 0$.

Aufgabe 2.23. Eigenwerte und Eigenvektoren der Rotationsmatrix im $\mathbb{R}^2$
Anspruch: ● ○ ○ — ● ● ○

(a) Geben Sie die Eigenwerte und Eigenvektoren der Rotationsmatrix $R(\alpha)$ zunächst ohne Rechnung, sondern nur mittels der Eigenschaft der Eigenvektoren an. Deuten Sie das Ergebnis für die Eigenwerte im Zusammenhang mit Hermitizität.

(b) Berechnen Sie nun Eigenwerte und Eigenvektoren explizit.

☜ Aufg. 2.15, Def. 2.14, Def. 2.13.

Aufgabe 2.24. Matrix aus Eigenvektoren
Anspruch: ● ● ○
Gegeben sei eine hermitesche Matrix H mit paarweise verschiedenen Eigenwerten λ_i.

(a) Zeigen Sie, dass für $\lambda_i \neq \lambda_j$ die zugehörigen Eigenvektoren orthogonal sind.
☞ Betrachten Sie $\mathbf{v}_i^\dagger H \mathbf{v}_j$ und $(H^\dagger \mathbf{v}_i)^\dagger$.

(b) U sei die Matrix, deren Spalten die Eigenvektoren von H sind. Sind auch die Zeilen von U paarweise orthogonal?

☜ Aufg. 2.8

Aufgabe 2.25. Eigenwerte und Eigenvektoren der Pauli-Matrizen
Anspruch: ● ○ ○

(a) Schließen Sie allein aus der Betrachtung der Pauli-Matrizen: In welcher Basis sind sie dargestellt?

(b) Berechnen Sie die Eigenwerte und Eigenvektoren der Pauli-Matrizen.

☜ Aufg. 2.19.

2.5   Lösungen zu Kap. 2

Lösung zu Aufgabe 2.1

Da die Vektoren aus dem Vektorraum $\mathbb{C}^n$ kommen, ist das Skalarprodukt keine *Bilinearform*, sondern eine *Hermitesche Sesquilinearform*, Def. 2.4. Damit ist $\alpha \in \mathbb{C}$. Im Folgenden gehen wir von $\mathbf{y} \neq \mathbf{0}$ aus, da der Fall $\mathbf{y} = \mathbf{0}$ trivial erfüllt ist. Wir nutzen nun die Eigenschaften des Skalarprodukts aus, dass es im ersten Argument semilinear und im zweiten linear ist,

$$0 \leq \|\mathbf{x} - \alpha\mathbf{y}\|^2 = \langle\mathbf{x} - \alpha\mathbf{y}|\mathbf{x} - \alpha\mathbf{y}\rangle \quad \text{[positiv definit]} \tag{2.76}$$

$$\leq \langle\mathbf{x}|\mathbf{x}\rangle + \langle\mathbf{x}|-\alpha\mathbf{y}\rangle + \langle-\alpha\mathbf{y}|\mathbf{x}\rangle + \langle-\alpha\mathbf{y}|-\alpha\mathbf{y}\rangle \tag{2.77}$$

$$\leq x^2 - \alpha\langle\mathbf{x}|\mathbf{y}\rangle - \overline{\alpha}\langle\mathbf{y}|\mathbf{x}\rangle + |\alpha|^2 y^2. \tag{2.78}$$

Nun nutzen wir den Hinweis $\alpha = \langle\mathbf{y}|\mathbf{x}\rangle/y^2$. Dabei gilt auch $\alpha = \overline{\langle\mathbf{x}|\mathbf{y}\rangle}/y^2$ und damit $\overline{\alpha} = \langle\mathbf{x}|\mathbf{y}\rangle/y^2$. Wir erhalten

$$0 \leq x^2 - \frac{|\langle\mathbf{x}|\mathbf{y}\rangle|^2}{y^2} - \frac{|\langle\mathbf{y}|\mathbf{x}\rangle|^2}{y^2} + \frac{|\langle\mathbf{x}|\mathbf{y}\rangle|^2}{y^2} \tag{2.79}$$

$$\leq x^2 - \frac{|\langle\mathbf{x}|\mathbf{y}\rangle|^2}{y^2} \tag{2.80}$$

$$|\langle\mathbf{x}|\mathbf{y}\rangle|^2 \leq (xy)^2 \tag{2.81}$$

$$|\langle\mathbf{x}|\mathbf{y}\rangle| \leq xy$$

∎

Der letzte Schritt folgt aus der Monotonie der quadratischen Funktion für positive Argumente. ◄

Lösung zu Aufgabe 2.2

(a) Wir schauen uns zunächst an, wie die Norm von $\mathbf{a} + \mathbf{b}$ aussieht,

$$\|\mathbf{a} + \mathbf{b}\|^2 = (\mathbf{a} + \mathbf{b}) \cdot (\mathbf{a} + \mathbf{b}) \tag{2.82}$$

$$= a^2 + b^2 + \mathbf{a} \cdot \mathbf{b} + \mathbf{b} \cdot \mathbf{a} \tag{2.83}$$

$$= a^2 + b^2 + 2\mathbf{a} \cdot \mathbf{b}. \tag{2.84}$$

Der letzte Schritt gilt, da das Skalarprodukt symmetrisch ist. Mit der *Cauchy-Schwarzschen Ungleichung* schätzen wir $\mathbf{a} \cdot \mathbf{b}$ ab,

$$\|\mathbf{a} + \mathbf{b}\|^2 \leq a^2 + b^2 + 2ab = (a + b)^2. \tag{2.85}$$

Damit gilt $\|\mathbf{a} + \mathbf{b}\| \leq a + b$, da die Wurzelfunktion streng monoton ist.

(b) Wir nutzen nun obige Relation aus,

$$a = \|(\mathbf{a} + \mathbf{b}) + (-\mathbf{b})\| \leq \|\mathbf{a} + \mathbf{b}\| + b \tag{2.86}$$

$$a - b \leq \|\mathbf{a} + \mathbf{b}\|. \tag{2.87}$$

Führen wir obige Rechnung nochmals aus, indem wir $\mathbf{a}$ und $\mathbf{b}$ vertauschen, erhalten wir

$$b - a \leq \|\mathbf{a} + \mathbf{b}\|. \tag{2.88}$$

Aus Gl. 2.87 und 2.88 folgt $|a - b| \leq \|\mathbf{a} + \mathbf{b}\|$. Mit (a) erhalten wir schließlich

$$|a - b| \leq \|\mathbf{a} + \mathbf{b} \leq a + b. \tag{2.89}$$

◀

Lösung zu Aufgabe FPar10skalarkreuz2.3

(a) Zuerst berechnen wir die einzelnen Kreuzprodukte,

$$\mathbf{a} \times \mathbf{b} = \begin{pmatrix} 3 \cdot 3 & - & (-5) \cdot 1 \\ (-5) \cdot 1 & - & 2 \cdot 3 \\ 2 \cdot 1 & - & 3 \cdot 1 \end{pmatrix} = \begin{pmatrix} 14 \\ -11 \\ -1 \end{pmatrix}, \tag{2.90}$$

$$\mathbf{b} \times \mathbf{c} = \begin{pmatrix} 1 \cdot 0 - 3 \cdot 3 \\ 3 \cdot 4 - 1 \cdot 0 \\ 1 \cdot 3 - 1 \cdot 4 \end{pmatrix} = \begin{pmatrix} -9 \\ 12 \\ -1 \end{pmatrix}. \tag{2.91}$$

Damit haben wir

$$\mathbf{a} \cdot (\mathbf{b} \times \mathbf{c}) = \begin{pmatrix} 2 \\ 3 \\ -5 \end{pmatrix} \cdot \begin{pmatrix} -9 \\ 12 \\ -1 \end{pmatrix} = 23, \tag{2.92}$$

$$\text{und } \mathbf{a} \times (\mathbf{b} \times \mathbf{c}) = \begin{pmatrix} 3 \cdot (-1) & - & (-5) \cdot 12 \\ (-5) \cdot (-9) & - & 2 \cdot (-1) \\ 2 \cdot 12 & - & 3 \cdot (-9) \end{pmatrix} = \begin{pmatrix} 57 \\ 47 \\ 51 \end{pmatrix}. \tag{2.93}$$

(b) Wir wiederholen das Vorgehen in (a) und erhalten

$$\mathbf{a} \times \mathbf{b} = \begin{pmatrix} 5 \\ -16 \\ 2 \end{pmatrix}, \quad \mathbf{b} \times \mathbf{c} = \begin{pmatrix} -1 \\ -1 \\ 1 \end{pmatrix}, \tag{2.94}$$

$$\text{und damit } \mathbf{a} \cdot (\mathbf{b} \times \mathbf{c}) = -7, \quad \mathbf{a} \times (\mathbf{b} \times \mathbf{c}) = -\begin{pmatrix} 1 \\ 2 \\ 3 \end{pmatrix}. \tag{2.95}$$

◀

Lösung zu Aufgabe 2.4

(a) (i) Die zyklische Invarianz des Spatprodukts folgt aus der zyklischen Invarianz des Levi-Civita-Symbols,[11] $\epsilon_{ijk} = \epsilon_{jki} = \epsilon_{kij}$,

$$\mathbf{a} \cdot (\mathbf{b} \times \mathbf{c}) = \sum_{i=1}^{3} a_i (\mathbf{b} \times \mathbf{c})_i \tag{2.96}$$

---

[11]Beachte im Folgenden: $\sum_{ij...k=1}^{3} \equiv \sum_{i=1}^{3} \sum_{j=1}^{3} \cdots \sum_{k=1}^{3}$.

$$= \sum_{i=1}^{3} a_i \left(\sum_{lmn=1}^{3} \epsilon_{lmn} b_l c_m \mathbf{e}_n \right)_i \tag{2.97}$$

$$= \sum_{i=1}^{3} a_i \sum_{lmn=1}^{3} \epsilon_{lmn} b_l c_m \delta_{ni} \tag{2.98}$$

$$= \sum_{ilm=1}^{3} \epsilon_{lmi} b_l c_m a_i \tag{2.99}$$

$$\text{mit } \epsilon_{lmi} = \epsilon_{ilm} : \quad = \sum_{ilm=1}^{3} \epsilon_{ilm} a_i b_l c_m = \mathbf{c} \cdot (\mathbf{a} \times \mathbf{b}) \tag{2.100}$$

$$\text{mit } \epsilon_{ilm} = \epsilon_{mil} : \quad = \sum_{ilm=1}^{3} \epsilon_{mil} c_m a_i b_l = \mathbf{b} \cdot (\mathbf{c} \times \mathbf{a}) \tag{2.101}$$

womit wir die zyklische Invarianz des Spatproduktes gezeigt haben.
(ii) Wir setzen zweimal die Definition des Kreuzproduktes, Gl. 2.6, ein

$$\mathbf{a} \times (\mathbf{b} \times \mathbf{c}) = \sum_{ijk=1}^{3} \epsilon_{ijk} a_i (\mathbf{b} \times \mathbf{c})_j \mathbf{e}_k \tag{2.102}$$

$$= \sum_{ijk=1}^{3} \epsilon_{ijk} a_i \left(\sum_{lmn=1}^{3} \epsilon_{lmn} b_l c_m \mathbf{e}_n \right)_j \mathbf{e}_k \tag{2.103}$$

$$= \sum_{ijk=1}^{3} \underbrace{\epsilon_{ijk}}_{\epsilon_{kij}} a_i \left(\sum_{lm=1}^{3} \epsilon_{lmj} b_l c_m \right) \mathbf{e}_k \tag{2.104}$$

$$= \sum_{iklm=1}^{3} \left(\sum_{j=1}^{3} \epsilon_{kij} \epsilon_{lmj} \right) a_i b_l c_m \mathbf{e}_k \tag{2.105}$$

mit dem Ergebnis aus Aufg. 2.10 (e)[i] erhalten wir

$$= \sum_{iklm=1}^{3} (\delta_{kl} \delta_{im} - \delta_{km} \delta_{il}) a_i b_l c_m \mathbf{e}_k \tag{2.106}$$

$$= \sum_{ik=1}^{3} a_i b_k c_i \mathbf{e}_k - \sum_{ik=1}^{3} a_i b_i c_k \mathbf{e}_k \tag{2.107}$$

$$= \left(\sum_{i=1}^{3} a_i c_i \right) \left(\sum_{k=1}^{3} b_k \mathbf{e}_k \right) - \left(\sum_{i=1}^{3} a_i b_i \right) \left(\sum_{k=1}^{3} c_k \mathbf{e}_k \right) \tag{2.108}$$

mit der Definition des Skalarprodukts erhalten wir schließlich

$$\mathbf{a} \times (\mathbf{b} \times \mathbf{c}) = (\mathbf{a} \cdot \mathbf{c})\mathbf{b} - (\mathbf{a} \cdot \mathbf{b})\mathbf{c}.$$

∎

(b) Auch hier ersetzen wir die Kreuzprodukte mithilfe des Levi-Civita-Symbols und nutzen die Relationen, die wir in Aufg. 2.10 gefunden haben,

$$(\mathbf{a} \times \mathbf{b}) \cdot (\mathbf{c} \times \mathbf{d}) = \left(\sum_{ijk=1}^{3} \epsilon_{ijk} a_i b_j \mathbf{e}_k \right) \cdot \left(\sum_{lmn=1}^{3} \epsilon_{lmn} c_l d_m \mathbf{e}_n \right) \qquad (2.109)$$

$$= \sum_{ijk=1}^{3} \sum_{lmn=1}^{3} \epsilon_{ijk} \epsilon_{lmn} a_i b_j c_l d_m \underbrace{\mathbf{e}_k \cdot \mathbf{e}_n}_{\delta_{kn}} \qquad (2.110)$$

$$= \sum_{ij=1}^{3} \sum_{lm=1}^{3} a_i b_j c_l d_m \sum_{k=1}^{3} \epsilon_{ijk} \epsilon_{lmk} \qquad (2.111)$$

mit dem Ergebnis aus Aufg. 2.10 (e)[i] folgt

$$= \sum_{ij=1}^{3} \sum_{lm=1}^{3} a_i b_j c_l d_m (\delta_{il}\delta_{jm} - \delta_{im}\delta_{jl}) \qquad (2.112)$$

$$= \sum_{ij=1}^{3} a_i b_j c_i d_j - \sum_{ij=1}^{3} a_i b_j c_j d_i \qquad (2.113)$$

mit der Definition des Skalarproduktes erhalten wir schließlich

$$(\mathbf{a} \times \mathbf{b}) \cdot (\mathbf{c} \times \mathbf{d}) = (\mathbf{a} \cdot \mathbf{c})(\mathbf{b} \cdot \mathbf{d}) - (\mathbf{a} \cdot \mathbf{d})(\mathbf{b} \cdot \mathbf{c}).$$

∎

◀

Lösung zu Aufgabe 2.5

Der Vektor, der auf F_1 senkrecht steht, ist durch $\mathbf{n}_1 = \mathbf{a} \times \mathbf{b}$ gegeben. Für F_2 ist es entsprechend $\mathbf{n}_2 = \mathbf{a} \times \mathbf{c}$. Der Vektor, der nun sowohl auf $\mathbf{n}_1$ als auch auf $\mathbf{n}_2$ senkrecht steht, ist das Kreuzprodukt aus beiden, also $\mathbf{n}_1 \times \mathbf{n}_2$. Wir nutzen die in Aufg. 2.4 hergeleitete Identität

$$\mathbf{a} \times (\mathbf{b} \times \mathbf{c}) = (\mathbf{a} \cdot \mathbf{c})\mathbf{b} - (\mathbf{a} \cdot \mathbf{b})\mathbf{c} \qquad (2.114)$$

aus:

$$(\mathbf{a} \times \mathbf{b}) \times (\mathbf{a} \times \mathbf{c}) = ((\mathbf{a} \times \mathbf{b}) \cdot \mathbf{c})\mathbf{a} - ((\mathbf{a} \times \mathbf{b}) \cdot \mathbf{a})\mathbf{c} \qquad (2.115)$$

Der zweite Term auf der rechten Seite verschwindet, da $\mathbf{a} \times \mathbf{b}$ senkrecht auf $\mathbf{a}$ steht. Es folgt auch aus der zyklischen Invarianz des Spatproduktes (Aufg. 2.4), da

$$(\mathbf{a} \times \mathbf{b}) \cdot \mathbf{a} = \underbrace{(\mathbf{a} \times \mathbf{a})}_{0} \cdot \mathbf{b} = 0. \qquad (2.116)$$

Damit zeigt der Flächennormalenvektor der Fläche F_3 in Richtung $\mathbf{a}$. Diese Aussage ist aber nur dann eindeutig, wenn das Spatprodukt $s := (\mathbf{a} \times \mathbf{b}) \cdot \mathbf{c}$ nicht verschwindet. Im Fall von $s = 0$ liegt $\mathbf{c}$ in der von $\mathbf{a}$ und $\mathbf{b}$ aufgespannten Ebene, womit $\mathbf{n}_1 \parallel \mathbf{n}_2$. Damit würde jeder Vektor der F_1 Ebene sowohl auf $\mathbf{n}_1$ als auch $\mathbf{n}_2$ senkrecht stehen. ◄

Lösung zu Aufgabe 2.6

(a) Wir gehen die einzelnen Axiome (G1)–(G4) und (S1)–(S4) aus Def. 2.1 durch. Dabei seien $P_N(x)$, $Q_N(x)$, $R(x) \in \mathcal{P}_N$ mit jeweils den Koeffizienten a_j, b_j und c_j aus $\mathbb{R}$ und α, $\beta \in \mathbb{R}$.

(G1) Assoziativgesetz:

$$P_N \oplus (Q_N \oplus R_N) = P_N(x) + (Q_N(x) + R_N(x)) \qquad (2.117)$$

$$= \sum_{j=0}^{N} a_j x^j + \left(\sum_{j=0}^{N} b_j x^j + \sum_{j=0}^{N} c_j x^j \right) \qquad (2.118)$$

$$= \sum_{j=0}^{N} a_j x^j + \left(\sum_{j=0}^{N} (b_j + c_j) x^j \right) \qquad (2.119)$$

$$= \left(\sum_{j=0}^{N} a_j x^j + \sum_{j=0}^{N} b_j x^j \right) + \sum_{j=0}^{N} c_j x^j \qquad (2.120)$$

$$= \sum_{j=0}^{N} (a_j + b_j) x^j + \sum_{j=0}^{N} c_j x^j \qquad (2.121)$$

$$= (P_N(x) + Q_N(x)) + R_N(x) \qquad (2.122)$$

$$= (P_N \oplus Q_N) \oplus R_N$$

∎

Die Assoziativität der Polynome geht auf die Assoziativität der Addition in $\mathbb{R}$ zurück.

(G2) Auch hier greifen wir auf das neutrale Element 0_N aus $\mathbb{R}$ zurück, die Null. Sie kann als Polynom N-ten Grades eindeutig durch $0_N = \sum_{j=0}^{N} 0 \cdot x^j = 0$ dargestellt werden.

(G3) Wir wollen zu jedem $P_N(x)$ das Inverse, welches wir mit $P_N^{-1}(x) = \sum_{j=0}^{N} g_j x^j$ bezeichnen, finden. Dazu muss gelten

$$P_N^{-1}(x) + P_N(x) \overset{!}{=} 0_N \tag{2.123}$$

$$\sum_{j=0}^{N} g_j x^j + \sum_{j=0}^{N} a_j x^j \overset{!}{=} \tag{2.124}$$

$$\sum_{j=0}^{N} (g_j + a_j) x^j \overset{!}{=} \sum_{l=0}^{N} 0 x^j. \tag{2.125}$$

Damit Letzteres erfüllt ist, müssen auf beiden Seiten die Koeffizienten der Faktoren gleicher Potenz identisch sein, denn diese Aussage muss *für alle x* gelten! Damit haben wir die Bedingung

$$g_j + a_j = 0 \tag{2.126}$$

$$g_j = -a_j \tag{2.127}$$

und das Inverse zu $P_N(x)$ ist somit gegeben durch

$$P_N^{-1}(x) = \sum_{j=0}^{N} (-a_j) x_j = -P_N(x). \tag{2.128}$$

(G4) Die Kommutativität der Polynome folgt direkt aus der Kommutativität der Addition in $\mathbb{R}$.

(S1) Wir zeigen $\alpha \odot (\mathbf{a} \oplus \mathbf{b}) = (\alpha \odot \mathbf{a}) \oplus (\alpha \odot \mathbf{b})$:

$$\alpha \odot (P_N \oplus Q_N) = \alpha(P_N(x) + Q_N(x)) \tag{2.129}$$

$$= \alpha \left(\sum_{j=0}^{N} a_j x^j + \sum_{j=0}^{N} b_j x^j \right) \tag{2.130}$$

$$= \left(\alpha \sum_{j=0}^{N} a_j x^j \right) + \left(\alpha \sum_{j=0}^{N} b_j x^j \right) \tag{2.131}$$

$$= (\alpha P_N(x)) + (\alpha Q_N(x)) \tag{2.132}$$

$$= (\alpha \odot P_N) \oplus (\alpha \odot Q_N)$$

∎

(S2) Wir zeigen $(\alpha + \beta) \odot \mathbf{a} = (\alpha \odot \mathbf{a}) \oplus (\beta \odot \mathbf{a})$:

$$(\alpha + \beta) \odot P_N = (\alpha + \beta) P_N(x) \tag{2.133}$$

$$= (\alpha + \beta) \sum_{j=0}^{N} a_j x^j \tag{2.134}$$

$$= \alpha \sum_{j=0}^{N} a_j x^j + \beta \sum_{j=0}^{N} a_j x^j \tag{2.135}$$

$$= \alpha P_N(x) + \beta P_N(x) \tag{2.136}$$

$$= \alpha \odot P_N \oplus \beta \odot P_N$$

∎

(S3) Wir zeigen $(\alpha \cdot \beta) \odot \mathbf{a} = \alpha \odot (\beta \odot \mathbf{a})$:

$$(\alpha \cdot \beta) \odot P_N = (\alpha\beta) P_N(x) \tag{2.137}$$

$$= (\alpha\beta) \sum_{j=0}^{N} a_j x^j \tag{2.138}$$

$$= \alpha \left(\beta \sum_{j=0}^{N} a_j x^j \right) \tag{2.139}$$

$$= \alpha (\beta P_N(x)) \tag{2.140}$$

$$= \alpha \odot (\beta \odot P_N)$$

∎

Wir sehen, dass die Eigenschaften der Polynome auf die Eigenschaften der Multiplikation und Addition in $\mathbb{R}$ zurückgehen.

(S4) Das Einselement in $\mathbb{R}$ ist 1 und dies ist auch im Raum der Polynome so

$$1 \odot P_N = 1 \, P_N(x) = 1 \sum_{j=0}^{N} a_j x^j = P_N(x)$$

∎

(b:i) Die Definition

$$P_N \cdot Q_N = \int_{-1}^{1} \mathrm{d}x \, P_N(x) \, Q_N(x), \tag{2.141}$$

muss die Axiome in Def. 2.4 erfüllen. Wir wollen sie nacheinander überprüfen. Da der Vektorraum der Polynome über $\mathbb{R}$ definiert ist und die Integration ebenfalls in den $\mathbb{R}$ abbildet, ist das Skalarprodukt symmetrisch, d. h., in der Schreibweise $P_N \cdot Q_N \equiv \langle P_N | Q_N \rangle$ gilt $\langle P_N | Q_N \rangle = \langle Q_N | P_N \rangle$. Es folgt direkt aus der Kommutativität des Produkts der beiden Polynome.

– **Linear**

$$P_N \cdot (\alpha Q_N + \beta R_N) = \int_{-1}^{1} dx \; P_N(x) \, (\alpha Q_N(x) + \beta R_N(x)) \qquad (2.142)$$

$$= \alpha \int_{-1}^{1} dx \; P_N(x) Q_N(x) + \beta \int_{-1}^{1} dx \; P_N(x) R_N(x) \qquad (2.143)$$

$$= \alpha (P_N \cdot Q_N) + \beta (P_N \cdot R_N) \qquad$$

∎

Aufgrund der Symmetrie ist die Operation auch im ersten Argument linear.

– **Positiv definit**

Zu überprüfen ist, ob das Skalarprodukt eines Polynoms P_N mit sich genau dann null ist, wenn das Polynom selbst der Nullvektor ist, und sonst positiv. Wir haben

$$P_N \cdot P_N = \int_{-1}^{1} dx \; (P_N(x))^2. \qquad (2.144)$$

Da $(P_N(x))^2 \geq 0$, kann das Integral nie einen negativen Wert liefern. Daraus folgt aber auch, dass, wenn das Integral 0 liefert, der stets positive Integrand identisch null sein muss, also $(P_N(x))^2 = 0$. Die Umkehrung ist offensichtlich. Damit folgt dann direkt

$$P_N \cdot P_N \geq 0 \quad \text{und} \quad P_N \cdot P_N = 0 \iff P_N = 0_N$$

∎

(b:ii) Wir haben folgende Polynome vorliegen:

$$P_0(x) = 1, \qquad (2.145)$$

$$P_1(x) = a_0 + a_1 x, \quad a_i \in \mathbb{R}, \qquad (2.146)$$

$$P_2(x) = b_0 + b_1 x + b_2 x^2, \quad b_i \in \mathbb{R}. \qquad (2.147)$$

Die Forderung ist, dass die Polynome *paarweise senkrecht aufeinander stehen*. Letzteres macht Sinn, da wir gezeigt haben, dass wir die Polynome als Elemente eines Vektorraumes sehen können und wir ein Skalarprodukt, Gl. 2.141, vorliegen haben. Schreiben wir die Forderungen explizit aus und nutzen die Eigenschaft, dass die ungeraden Terme nicht beitragen,

$$P_0 \cdot P_1 \overset{!}{=} 0 \qquad (2.148)$$

$$\int_{-1}^{1} dx \; 1(a_0 + a_1 x) = \qquad (2.149)$$

$$a_0 x \Big|_{-1}^{1} = 2a_0 = 0 \quad \Longleftrightarrow \quad a_0 = 0, \tag{2.150}$$

$$P_0 \cdot P_2 \overset{!}{=} 0 \tag{2.151}$$

$$\int_{-1}^{1} dx \; 1(b_0 + b_1 x + b_2 x^2) = \tag{2.152}$$

$$b_0 x + \frac{b_2}{3} x^3 \Big|_{-1}^{1} = \frac{2}{3}(3b_0 + b_2) = 0 \quad \Longleftrightarrow \quad b_2 = -3b_0, \tag{2.153}$$

$$P_1 \cdot P_2 \overset{!}{=} 0 \tag{2.154}$$

mit Gl. 2.150 und 2.153:

$$\int_{-1}^{1} dx \; (a_1 x)(b_0 + b_1 x - 3b_0 x^2) = \tag{2.155}$$

$$\int_{-1}^{1} dx \; (a_1 b_0 x + a_1 b_1 x^2 - 3a_1 b_0 x^3) = \tag{2.156}$$

$$\frac{a_1 b_1}{3} x^3 \Big|_{-1}^{1} = \frac{2}{3} a_1 b_1 = 0 \quad \Longrightarrow \quad b_1 = 0. \tag{2.157}$$

Im letzten Schritt hätten wir auch a_1 statt b_1 Null setzen können. Da wir fünf Unbekannte und drei unabhängige Gleichungen haben, bleiben zwei Freiheitsgrade übrig und die gesuchten Polynome lassen sich in folgender Form schreiben:

$$P_0(x) = 1, \tag{2.158}$$

$$P_1(x) = a_1 x, \quad a_1 \in \mathbb{R}, \tag{2.159}$$

$$P_2(x) = b_0(1 - 3x^2), \quad b_0 \in \mathbb{R}. \tag{2.160}$$

(b:iii) Zunächst normieren wir die gefundenen Vektoren P_i,

$$P_0 \cdot P_0 = \int_{-1}^{1} dx \; 1 = 2. \tag{2.161}$$

Damit ist der normierte Vektor $p_0 := 1/\sqrt{2}$. Aus

$$P_1 \cdot P_1 = \int_{-1}^{1} dx \; (a_1 x)^2 = \frac{2}{3} a_1^2 \overset{!}{=} 1 \tag{2.162}$$

folgt $a_1 = \sqrt{3/2}$ und wir definieren den normierten Vektor $p_1 := \sqrt{3/2}\, x$. Aus

$$P_2 \cdot P_2 = \int_{-1}^{1} dx\, (b_0 - 3b_0 x^2)^2 = \frac{8}{5} b_0^2 \overset{!}{=} 1 \qquad (2.163)$$

folgt schließlich $b_0 = \sqrt{5/8}$ und wir definieren $p_2 := \sqrt{5/8}(1 - 3x^2)$.

Nun können wir den Vektor Λ auf die Vektoren p_i projizieren, um die Koeffizienten λ_i für die Linearkombination zu erhalten, genauer

$$\Lambda = \sum_{n=0}^{2} \lambda_n p_n. \qquad (2.164)$$

Wollen wir nun z. B. λ_0 erhalten, müssen wir beide Seiten der letzten Gleichung skalar mit p_0 multiplizieren,

$$\Lambda \cdot p_0 = \sum_{n=0}^{2} \lambda_n \underbrace{p_n \cdot p_0}_{\delta_{n,0}}. \qquad (2.165)$$

Da die Vektoren p_i orthonormal sind, gilt $p_n \cdot p_0 = \delta_{n,0}$ und damit

$$\Lambda \cdot p_0 = \lambda_0. \qquad (2.166)$$

Entsprechend für alle anderen Koeffizienten. Damit erhalten wir

$$\Lambda \cdot p_0 = \int_{-1}^{1} dx\, (1 + 2x + 3x^2)\left(\frac{1}{\sqrt{2}}\right) = 2\sqrt{2} =: \lambda_0, \qquad (2.167)$$

$$\Lambda \cdot p_1 = \int_{-1}^{1} dx\, (1 + 2x + 3x^2)\left(\sqrt{\frac{3}{2}}x\right) = 2\sqrt{\frac{2}{3}} =: \lambda_1, \qquad (2.168)$$

$$\Lambda \cdot p_2 = \int_{-1}^{1} dx\, (1 + 2x + 3x^2)\left(\frac{5}{\sqrt{8}}(1 - 3x^2)\right) = \sqrt{\frac{5}{2}} - \frac{9}{\sqrt{10}} =: \lambda_2. \qquad (2.169)$$

Damit können wir den Vektor Λ als folgende Linearkombination der Vektoren p_i ausdrücken,

$$\Lambda = 2\sqrt{2}\, p_0 + 2\sqrt{\frac{2}{3}}\, p_1 + \left(\sqrt{\frac{5}{2}} - \frac{9}{\sqrt{10}}\right) p_2. \qquad (2.170)$$

Wir überprüfen durch Einsetzen der p_i in obige Gleichung,

$$2\sqrt{2}\left[\frac{1}{\sqrt{2}}\right] + 2\sqrt{\frac{2}{3}}\left[\sqrt{\frac{3}{2}}x\right] + \left(\sqrt{\frac{5}{2}} - \frac{9}{\sqrt{10}}\right)\left[\sqrt{\frac{5}{8}}(1-3x^2)\right] \quad (2.171)$$

$$= 2 + 2x - 1 + 3x^2 = 1 + 2x + 3x^2 = \Lambda(x). \quad (2.172)$$

◀

Lösung zu Aufgabe 2.7

Zu zeigen ist die Eigenschaft Gl. 2.26,

$$(AB\ldots G)^T = G^T \ldots B^T A^T. \quad (2.173)$$

Wenn man nicht weiß, wie man anfangen soll, hilft es immer, das Problem zu vereinfachen. Wir zeigen also zunächst die Aussage für zwei Matrizen. Es muss gelten

$$(AB)^T = B^T A^T. \quad (2.174)$$

Wir schauen uns die Komponenten an und starten mit der linken Seite obiger Gleichung,

$$((AB)^T)_{mn} \overset{Gl.\,2.25}{=} (AB)_{nm} \quad (2.175)$$

Ausschreiben der Matrixmultiplikation:

$$= \sum_k A_{nk} B_{km} \quad (2.176)$$

$$\overset{Gl.\,2.25}{=} \sum_k (A^T)_{kn}(B^T)_{mk} \quad (2.177)$$

$$= \sum_k (B^T)_{mk}(A^T)_{kn} \quad (2.178)$$

Definition der Matrixmultiplikation:

$$= (B^T A^T)_{mn}.$$

■

Im vorletzten Schritt haben wir die Kommutativität der Zahlen aus $\mathbb{R}$ oder $\mathbb{C}$ ausgenutzt.

Wie lässt sich diese Aussage auf ein Produkt von N Matrizen verallgemeinern? Führen wir das Produkt $(A\,B\ldots G)$ auf zwei Matrizen zurück,

$$(A\,\underbrace{B\ldots G}_{=:\Lambda_1})^T \overset{Gl.\,2.174}{=} \Lambda_1^T A^T. \tag{2.179}$$

Wir wiederholen diesen Schritt nun

$$= (B\,\underbrace{C\ldots G}_{\Lambda_2})^T A^T \tag{2.180}$$

$$\overset{Gl.\,2.174}{=} \Lambda_2^T B^T A^T. \tag{2.181}$$

Dies wird nun so lange wiederholt, bis $\Lambda_N = G$ ist,

$$= G^T \ldots B^T A^T. \tag{}$$

◼

◂

Lösung zu Aufgabe 2.8

Sei U eine unitäre Matrix, d. h., es gilt $U^\dagger U = \mathbb{1}$. Wir formen um,

$$U^\dagger U U^\dagger = U^\dagger. \tag{2.182}$$

Adjungieren auf beiden Seiten liefert

$$(U^\dagger U U^\dagger)^\dagger = U U^\dagger U = U \tag{2.183}$$

$$U U^\dagger = \mathbb{1} \tag{2.184}$$

$$U U^\dagger = U^\dagger U. \tag{}$$

◼

Damit haben wir gezeigt, dass U normal ist. ◂

Lösung zu Aufgabe 2.9

(a) Wir entwickeln mithilfe des Laplaceschen Entwicklungssatzes, Gl. 2.35, nach der zweiten Zeile, da sich dort eine 0 befindet,

$$D_1 = \begin{vmatrix} 2 & 3 & -2 \\ 1 & -2 & 0 \\ 0 & -1 & 2 \end{vmatrix} \tag{2.185}$$

$$= (-1)^{2+1} 1 \begin{vmatrix} 3 & -2 \\ -1 & 2 \end{vmatrix} + (-1)^{2+2}(-2) \begin{vmatrix} 2 & -2 \\ 0 & 2 \end{vmatrix} \tag{2.186}$$

$$= (-1)(6-2) - 2(4-0) = -12. \tag{2.187}$$

Bei der Berechnung von D_2 lohnt es sich, Zeilen-/Spalten-Umformungen durchzuführen, die eine Zeile/Spalte mit möglichst vielen Nullen generieren. Das vereinfacht dann die Anwendung des Laplaceschen Entwicklungssatzes. Daher addieren wir das (-1)-fache der dritten Zeile zur zweiten (was die Determinante nicht ändert),

$$D_2 = \begin{vmatrix} 0 & -2 & 2 & -1 \\ -2 & 1 & 3 & 0 \\ 1 & 1 & 3 & 0 \\ 1 & 0 & 1 & 1 \end{vmatrix} = \begin{vmatrix} 0 & -2 & 2 & -1 \\ -3 & 0 & 0 & 0 \\ 1 & 1 & 3 & 0 \\ 1 & 0 & 1 & 1 \end{vmatrix}. \tag{2.188}$$

Wir entwickeln nun nach der zweiten Zeile,

$$D_2 = (-1)^{2+1}(-3) \begin{vmatrix} -2 & 2 & -1 \\ 1 & 3 & 0 \\ 0 & 1 & 1 \end{vmatrix}. \tag{2.189}$$

Als Nächstes können wir z. B. nach der letzten Zeile entwickeln,

$$D_2 = 3\left((-1)^{3+2} 1 \begin{vmatrix} -2 & -1 \\ 1 & 0 \end{vmatrix} + (-1)^{3+3} 1 \begin{vmatrix} -2 & 2 \\ 1 & 3 \end{vmatrix} \right) \tag{2.190}$$

$$= 3(-(0+1) + (-6-2)) = -27. \tag{2.191}$$

Bei der Berechnung von D_3 können wir uns ebenfalls Arbeit ersparen, indem wir die letzte zur ersten Zeile und die dritte zur zweiten hinzuaddieren. Dies liefert

$$D_3 = \begin{vmatrix} 2 & 0 & 0 & 0 \\ 0 & 2 & 0 & 0 \\ 0 & 1 & i & 0 \\ 1 & 0 & 0 & -1 \end{vmatrix} = 2 \cdot 2 \begin{vmatrix} 1 & 0 & 0 & 0 \\ 0 & 1 & 0 & 0 \\ 0 & 1 & i & 0 \\ 1 & 0 & 0 & -1 \end{vmatrix}. \tag{2.192}$$

Im letzten Schritt haben wir ausgenutzt, dass das Multiplizieren einer Zeile/Spalte mit einem Faktor λ gleich ist dem Multiplizieren der Determinante mit λ.

Wir können noch weiter vereinfachen. Subtrahieren wir die erste von der letzten Zeile und die zweite von der dritten, erhalten wir

$$D_3 = 4\det(M) := \begin{vmatrix} 1 & 0 & 0 & 0 \\ 0 & 1 & 0 & 0 \\ 0 & 0 & i & 0 \\ 0 & 0 & 0 & -1 \end{vmatrix}. \tag{2.193}$$

Damit ist die Matrix M, deren Determinante wir berechnen, diagonal und die Determinante das Produkt dieser Diagonalelemente[12],

$$D_3 = 4\det(M) = 4\prod_{n=1}^{4} M_{nn} = 4(1 \cdot 1 \cdot i \cdot (-1)) = -4i. \qquad (2.194)$$

(b) Von allen Zeilen und Spalten enthält die dritte Spalte die meisten Nullen, weshalb wir nach dieser entwickeln,

$$D(k) = (-1)^{2+3}(4-k)\begin{vmatrix} 1 & 2-k \\ k & 2k-3 \end{vmatrix} \qquad (2.195)$$

$$= -(4-k)((2k-3) - k(2-k)) = (k-4)(k^2-3). \qquad (2.196)$$

Gefragt ist nun nach den $k_0 \in \mathbb{R}$ mit $D(k_0) = 0$,

$$0 = (k-4)(k^2-3) = (k-4)(k+\sqrt{3})(k-\sqrt{3}). \qquad (2.197)$$

Damit sind die gesuchten Werte gegeben durch $k_0 \in \{-\sqrt{3}, \sqrt{3}, 4\}$.

(c) Betrachten wir zunächst den Fall

$$\Lambda = \begin{vmatrix} A & \mathbf{0} \\ C & D \end{vmatrix} = \begin{vmatrix} A_{11} & A_{12} & 0 & 0 \\ A_{21} & A_{22} & 0 & 0 \\ C_{11} & C_{12} & D_{11} & D_{21} \\ C_{21} & C_{22} & D_{21} & D_{22} \end{vmatrix}. \qquad (2.198)$$

Wir wählen für die Entwicklung wieder eine Zeile/Spalte mit den meisten Nullen, hier entwickeln wir nach der ersten Zeile,

$$\Lambda = (-1)^{1+1}A_{11}\begin{vmatrix} A_{22} & 0 & 0 \\ C_{12} & D_{11} & D_{21} \\ C_{22} & D_{21} & D_{22} \end{vmatrix} + (-1)^{1+2}A_{12}\begin{vmatrix} A_{21} & 0 & 0 \\ C_{11} & D_{11} & D_{21} \\ C_{21} & D_{21} & D_{22} \end{vmatrix}. \qquad (2.199)$$

Wir wenden die gleiche Operation nun auf die zwei Unterdeterminanten an. Wir sehen jetzt schon, dass bei der Entwicklung nach der ersten Zeile der Beitrag der Matrix C vollständig entfällt,

$$\Lambda = A_{11}(-1)^{1+1}A_{22}\det(D) - A_{12}A_{21}\det(D)$$

$$= (A_{11}A_{22} - A_{12}A_{21})\det(D) \qquad (2.200)$$

$$= \det(A)\det(D). \qquad (2.201)$$

---

[12]Folgt direkt aus der Entwicklung nach einer beliebigen Zeile oder Spalte.

Warum die Determinante

$$\det(M) = \begin{vmatrix} A & B \\ \mathbf{0} & D \end{vmatrix} \tag{2.202}$$

das Gleiche liefern soll, sehen wir, wenn wir die Determinante der transponierten Matrix M^T berechnen, also

$$\det(M^T) = \begin{vmatrix} A^T & \mathbf{0} \\ B^T & D^T \end{vmatrix} = \det(A^T)\det(D^T). \tag{2.203}$$

Dabei haben wir nur das Ergebnis für die Determinante Λ angewendet und die Matrizen durch die Transponierten ersetzt. Da die Determinante invariant gegenüber der Transposition der Matrix ist, liefert uns das schließlich

$$\det(M) = \det(M^T) = \begin{vmatrix} A & B \\ \mathbf{0} & D \end{vmatrix} = \det(A^T)\det(D^T) = \det(A)\det(D) = \Lambda$$

◀　　　　　　　　　　　　　　　　　　　　　　　　　　　　　　　　　　■

Lösung zu Aufgabe 2.10

(a) Wir haben insgesamt $3! = 6$ mögliche Kombinationen bei einem Levi-Civita-Symbol mit drei Indizes, bei denen $\epsilon_{ijk} \neq 0$. Um genau eine davon, wie z. B. $i = 2, j = 3, k = 1$, darzustellen, benutzen wir das Kronecker-Delta. Für das genannte Beispiel, bei dem eine gerade Permutation vorliegt, hätten wir $1\delta_{i2}\delta_{j3}\delta_{k1}$: Genau dann, wenn $i = 2, j = 3, k = 1$ gilt, ist dieser Ausdruck 1, sonst 0. So können wir mit jeder möglichen Kombination der Indizes beim ϵ-Tensor vorgehen und erhalten

$$\begin{aligned} \epsilon_{ijk} = &(1)\delta_{i1}\delta_{j2}\delta_{k3} + (1)\delta_{i2}\delta_{j3}\delta_{k1} + (1)\delta_{i3}\delta_{j1}\delta_{k2} \\ &+ (-1)\delta_{i1}\delta_{j3}\delta_{k2} + (-1)\delta_{i2}\delta_{j1}\delta_{k3} + (-1)\delta_{i3}\delta_{j2}\delta_{k1}. \end{aligned} \tag{2.204}$$

Dies sollte gleich der Determinante

$$\epsilon_{ijk} \stackrel{!}{=} \begin{vmatrix} \delta_{i1} & \delta_{i2} & \delta_{i3} \\ \delta_{j1} & \delta_{j2} & \delta_{j3} \\ \delta_{k1} & \delta_{k2} & \delta_{k3} \end{vmatrix} \tag{2.205}$$

sein. Wir nutzen den Laplaceschen Entwicklungssatz 2.18, um nach der ersten Zeile (die Wahl ist frei) der Determinante zu entwickeln,

$$\epsilon_{ijk} \stackrel{!}{=} (-1)^{1+1}\delta_{i1} \begin{vmatrix} \delta_{j2} & \delta_{j3} \\ \delta_{k2} & \delta_{k3} \end{vmatrix} + (-1)^{1+2}\delta_{i2} \begin{vmatrix} \delta_{j1} & \delta_{j3} \\ \delta_{k1} & \delta_{k3} \end{vmatrix} + (-1)^{1+3}\delta_{i3} \begin{vmatrix} \delta_{j1} & \delta_{j2} \\ \delta_{k1} & \delta_{k2} \end{vmatrix} \tag{2.206}$$

$$\begin{aligned} = &\delta_{i1}(\delta_{j2}\delta_{k3} - \delta_{k2}\delta_{j3}) - \delta_{i2}(\delta_{j1}\delta_{k3} - \delta_{k1}\delta_{j3}) \\ &+ \delta_{i3}(\delta_{j1}\delta_{k2} - \delta_{k1}\delta_{j2}). \end{aligned} \tag{2.207}$$

Ein Vergleich mit Gl. 2.204 zeigt, dass Gl. 2.205 korrekt ist.

(b) Wir wollen zeigen, dass $\epsilon_{ijk} = \det(\mathbf{e}_i\,\mathbf{e}_j\,\mathbf{e}_k)$ gilt. Gezeigt haben wir schon Gl. 2.205. Als Erstes stellen wir fest, dass man die Einträge der Determinante in Gl. 2.205 als Skalarprodukte $\mathbf{e}_i \cdot \mathbf{e}_j = \delta_{ij}$ schreiben kann, d. h., wir können Gl. 2.205 wie folgt umschreiben

$$\epsilon_{ijk} = \begin{vmatrix} \mathbf{e}_i \cdot \mathbf{e}_1 & \mathbf{e}_i \cdot \mathbf{e}_2 & \mathbf{e}_i \cdot \mathbf{e}_3 \\ \mathbf{e}_j \cdot \mathbf{e}_1 & \mathbf{e}_j \cdot \mathbf{e}_2 & \mathbf{e}_j \cdot \mathbf{e}_3 \\ \mathbf{e}_k \cdot \mathbf{e}_1 & \mathbf{e}_k \cdot \mathbf{e}_2 & \mathbf{e}_k \cdot \mathbf{e}_3 \end{vmatrix}. \tag{2.208}$$

Diese Skalarprodukte können nun als Matrixprodukte umgeschrieben werden, wobei wir $A := (\mathbf{e}_i\,\mathbf{e}_j\,\mathbf{e}_k)^T$ und $B := (\mathbf{e}_1\,\mathbf{e}_2\,\mathbf{e}_3)$ definieren,

$$\epsilon_{ijk} = \det(A.B) = \det(A^T)\det(B) = \det(A^T).$$

∎

Im letzten Schritt haben wir ausgenutzt, dass die Determinante der Einheitsmatrix 1 ist und die Theoreme Th. 2.38, Th. 2.40. Damit ist $\epsilon_{ijk} = \det(\mathbf{e}_i\,\mathbf{e}_j\,\mathbf{e}_k)$ gezeigt.

(c) (i) Da das Kreuzprodukt gegeben ist durch $\mathbf{a} \times \mathbf{b} = \sum_{ijk=1}^{3} a_i b_j \mathbf{e}_k \epsilon_{ijk}$, können wir es so umschreiben, dass die Anwendung der Leibniz-Formel direkt ersichtlich wird,

$$\mathbf{a} \times \mathbf{b} = \sum_{i_1 i_2 i_3 = 1}^{3} a_{i_1} b_{i_2} \mathbf{e}_{i_3} \epsilon_{i_1 i_2 i_3} \quad \text{[Umbenennung der Indices]} \tag{2.209}$$

$$= \sum_{i_1 i_2 i_3 = 1}^{3} A_{1 i_1} A_{2 i_2} A_{3 i_3} \epsilon_{i_1 i_2 i_3}, \tag{2.210}$$

wobei nun $\mathbf{a}$ die erste, $\mathbf{b}$ die zweite und $(\mathbf{e}_1, \mathbf{e}_2, \mathbf{e}_3)$ die dritte Zeile der Matrix A sein müssen. Dabei muss beachtet werden, dass die Elemente der letzten Zeile wie Zahlen in der Determinante behandelt werden müssen, d. h., es ist weiterhin eine 3×3-Determinante. Wir haben somit den Zusammenhang

$$\mathbf{a} \times \mathbf{b} = \det(A) = \det \begin{pmatrix} a_1 & a_2 & a_3 \\ b_1 & b_2 & b_3 \\ \mathbf{e}_1 & \mathbf{e}_2 & \mathbf{e}_3 \end{pmatrix}. \tag{2.211}$$

Wir sehen, dass bei der Vertauschung von $\mathbf{a}$ und $\mathbf{b}$ sich das Vorzeichen auf beiden Seiten korrekt ändert! Auch sind beide Seiten null, wenn $\mathbf{a} = \mathbf{b}$, da zwei Zeilen der Determinante gleich sind.

Für das Spatprodukt verfahren wir entsprechend. Hier haben wir

$$\mathbf{a} \cdot (\mathbf{b} \times \mathbf{c}) = \sum_{ijk=1}^{3} a_i b_j c_k \epsilon_{ijk} \tag{2.212}$$

und das lässt sich wie folgt umschreiben,

$$\mathbf{a} \cdot (\mathbf{b} \times \mathbf{c}) = \sum_{i_1 i_2 i_3 = 1}^{3} a_{i_1} b_{i_2} c_{i_3} \epsilon_{i_1 i_2 i_3} \tag{2.213}$$

$$= \sum_{i_1 i_2 i_3 = 1}^{3} A_{1 i_1} A_{2 i_2} A_{3 i_3} \epsilon_{i_1 i_2 i_3}. \tag{2.214}$$

Hier hat A somit folgende Form,

$$\mathbf{a} \cdot (\mathbf{b} \times \mathbf{c}) = \det(A) = \det \begin{pmatrix} a_1 & a_2 & a_3 \\ b_1 & b_2 & b_3 \\ c_1 & c_2 & c_3 \end{pmatrix}. \tag{2.215}$$

Zyklisches Vertauschen der Zeilen ändert nicht das Vorzeichen der Determinante einer Matrix ungerader Dimension, da dafür eine gerade Anzahl an Vertauschungen nötig ist. Die entspricht dem zyklischen Vertauschen der Vektoren im Spatprodukt.

(ii) Für (a) aus Aufg. 2.3 erhalten wir

$$\mathbf{a} \times \mathbf{b} = \det \begin{pmatrix} 2 & 3 & -5 \\ 1 & 1 & 3 \\ \mathbf{e}_1 & \mathbf{e}_2 & \mathbf{e}_3 \end{pmatrix} \tag{2.216}$$

Wir entwickeln nach der ersten Zeile,

$$= 2 \det \begin{pmatrix} 1 & 3 \\ \mathbf{e}_2 & \mathbf{e}_3 \end{pmatrix} - 3 \det \begin{pmatrix} 1 & 3 \\ \mathbf{e}_1 & \mathbf{e}_3 \end{pmatrix} + (-5) \det \begin{pmatrix} 1 & 1 \\ \mathbf{e}_1 & \mathbf{e}_2 \end{pmatrix} \tag{2.217}$$

$$= [2\mathbf{e}_3 - 6\mathbf{e}_2] - [3\mathbf{e}_3 - 9\mathbf{e}_1] - [5\mathbf{e}_2 - 5\mathbf{e}_1] \tag{2.218}$$

$$= 14\mathbf{e}_1 - 11\mathbf{e}_2 - \mathbf{e}_3. \tag{2.219}$$

Dies entspricht Gl. 2.90.
Für das Spatprodukt ergibt sich

$$\mathbf{a} \cdot (\mathbf{b} \times \mathbf{c}) = \det \begin{pmatrix} 2 & 3 & -5 \\ 1 & 1 & 3 \\ 4 & 3 & 0 \end{pmatrix}. \tag{2.220}$$

Wir entwickeln nach der letzten Zeile, da sich dort eine Null befindet,

$$= 4 \begin{vmatrix} 3 & -5 \\ 1 & 3 \end{vmatrix} - 3 \begin{vmatrix} 2 & -5 \\ 1 & 3 \end{vmatrix} \tag{2.221}$$

$$= 23, \tag{2.222}$$

was dem Ergebnis Gl. 2.92 entspricht.

(d) Wir folgen dem Vorgehen in (b). Hier lässt sich die Determinante auf folgende Weise umschreiben

$$\epsilon_{ijk}\epsilon_{lmn} \overset{!}{=} \begin{vmatrix} \delta_{il} & \delta_{im} & \delta_{in} \\ \delta_{jl} & \delta_{jm} & \delta_{jn} \\ \delta_{kl} & \delta_{km} & \delta_{kn} \end{vmatrix} \tag{2.223}$$

$$\overset{!}{=} \begin{vmatrix} \mathbf{e}_i \cdot \mathbf{e}_l & \mathbf{e}_i \cdot \mathbf{e}_m & \mathbf{e}_i \cdot \mathbf{e}_n \\ \mathbf{e}_j \cdot \mathbf{e}_l & \mathbf{e}_j \cdot \mathbf{e}_m & \mathbf{e}_j \cdot \mathbf{e}_n \\ \mathbf{e}_k \cdot \mathbf{e}_l & \mathbf{e}_k \cdot \mathbf{e}_m & \mathbf{e}_k \cdot \mathbf{e}_n \end{vmatrix}. \tag{2.224}$$

Äquivalent zu (b) können wir auch hier die Determinante als Determinante eines Produkts aus zwei Matrizen umschreiben. Mit $A := (\mathbf{e}_i \, \mathbf{e}_j \, \mathbf{e}_k)^T$ und $B := (\mathbf{e}_l \, \mathbf{e}_m \, \mathbf{e}_n)$ haben wir

$$\epsilon_{ijk}\epsilon_{lmn} \overset{!}{=} \det(AB) \tag{2.225}$$

$$= \underbrace{\det(A^T)}_{\epsilon_{ijk}} \underbrace{\det(B)}_{\epsilon_{lmn}}$$

∎

Auch hier nutzten wir den Determinantenproduktsatz und die Eigenschaft der Determinante einer transponierten Matrix aus, Th. 2.38, Th. 2.40. Die Zuordnung der Determinanten zu den Levi-Civita-Symbolen erfolgt mit dem Ergebnis aus (b). Damit ist die Gültigkeit von Gl. 2.223 gezeigt.

(e) (i) Wir können direkt an die vorhergehende Teilaufgabe anknüpfen, indem wir in Gl. 2.223 $k = n$ setzen und über k summieren[13],

$$\epsilon_{ijk}\epsilon_{lmk} = \begin{vmatrix} \delta_{il} & \delta_{im} & \delta_{ik} \\ \delta_{jl} & \delta_{jm} & \delta_{jk} \\ \delta_{kl} & \delta_{km} & \delta_{kk} \end{vmatrix}. \tag{2.226}$$

Jetzt können wir mit dem Laplaceschen Entwicklungssatz 2.18 nach der letzten Zeile oder letzten Spalte entwickeln,

$$\begin{vmatrix} \delta_{il} & \delta_{im} & \delta_{ik} \\ \delta_{jl} & \delta_{jm} & \delta_{jk} \\ \delta_{kl} & \delta_{km} & \delta_{kk} \end{vmatrix} = (-1)^{1+3}\delta_{kl} \begin{vmatrix} \delta_{im} & \delta_{ik} \\ \delta_{jm} & \delta_{jk} \end{vmatrix} + (-1)^{2+3}\delta_{km} \begin{vmatrix} \delta_{il} & \delta_{ik} \\ \delta_{jl} & \delta_{jk} \end{vmatrix}$$

$$+ (-1)^{3+3}\delta_{kk} \begin{vmatrix} \delta_{il} & \delta_{im} \\ \delta_{jl} & \delta_{jm} \end{vmatrix} \tag{2.227}$$

Hier ist es wichtig, dass wir das Kronecker-Delta δ_{kk} nicht durch eine 1 ersetzen, da nach der Einsteinschen Summenkonvention der Term δ_{kk}, stünde er

---

[13]Einsteinsche Summenkonvention

alleine, $\delta_{kk} = 3$ liefert und die 1 stehen gelassen wird, da kein doppelter Index dort vorkommt. Nun können wir im ersten Term von Gl. 2.227 in der Determinante k durch l ersetzen und im zweiten Term in der Determinante k durch m,

$$\epsilon_{ijk}\epsilon_{lmk} = \delta_{kl}\begin{vmatrix}\delta_{im} & \delta_{il}\\ \delta_{jm} & \delta_{jl}\end{vmatrix} - \delta_{km}\begin{vmatrix}\delta_{il} & \delta_{im}\\ \delta_{jl} & \delta_{jm}\end{vmatrix} + \delta_{kk}\begin{vmatrix}\delta_{il} & \delta_{im}\\ \delta_{jl} & \delta_{jm}\end{vmatrix}. \qquad (2.228)$$

Das Vertauschen von zwei Spalten oder Zeilen einer Determinante liefert einen Vorzeichenwechsel. Das können wir bei der ersten Determinante in letzter Gl. ausnutzen und haben damit

$$\epsilon_{ijk}\epsilon_{lmk} = \underbrace{(\delta_{kk} - \delta_{kl} - \delta_{km})}_{=3-1-1}\begin{vmatrix}\delta_{il} & \delta_{im}\\ \delta_{jl} & \delta_{jm}\end{vmatrix} \qquad (2.229)$$

$$= \delta_{il}\delta_{jm} - \delta_{jl}\delta_{im}. \qquad (2.230)$$

∎

Man kann sich diese Relation auch wie folgt klar machen: Ist $\epsilon_{ijk} \neq 0$, so gibt es nur zwei Möglichkeiten für l, nämlich $l = i$ (das liefert ein δ_{il}) oder $l = j$ (das liefert ein δ_{jl}). Für m bleibt in beiden Fällen dann nur noch eine Möglichkeit, da alle Indices unterschiedlich sein müssen, wenn $\epsilon_{ijk} \neq 0$ sein soll. Das liefert ein δ_{jm} bzw. δ_{im}. Im ersten Fall sind dann die Indices beider Tensoren in der gleichen Reihenfolge, d. h., entweder liefern beide -1 oder beide 1, wenn $\epsilon_{ijk} \neq 0$. Daher hat $\delta_{il}\delta_{jm}$ ein positives Vorzeichen. Im zweiten Fall liegt immer ein Produkt mit einer geraden und ungeraden Permutation vor, wenn $\epsilon_{ijk} \neq 0$, daher hat $\delta_{jl}\delta_{im}$ ein negatives Vorzeichen.

(ii) Ausgehend von (i) setzen wir $m = j$ in Gl. 2.230 und summieren nun auch über j,

$$\epsilon_{ijk}\epsilon_{ljk} = \delta_{il}\delta_{mm} - \delta_{ml}\delta_{im} \qquad (2.231)$$

$$= 3\delta_{il} - \delta_{il} = 2\delta_{il}.$$

∎

Im letzten Schritt haben wir ausgenutzt, dass es bei der Summation $\delta_{ml}\delta_{im}$ nur einen Term gibt, bei dem sowohl $i = m$ als auch $m = l$ gilt, und das ist der Fall, wo auch $l = i$ vorliegt.

(iii) Die Relation ist gleich ersichtlich, wenn wir uns überlegen, wie viele $\epsilon_{ijk} \neq 0$ existieren: Ohne Beschränkung der Allgemeinheit[14] gibt es für i drei Möglichkeiten, für j dann nur noch zwei und k ist dann fixiert auf eine bestimmte Wahl. Damit liegen $3! = 6$ Möglichkeiten vor mit jeweils einem

---

[14]Oft abgekürzt mit OBdA.

Abb. 2.2 Zu Aufg. 2.11:
Parallelepiped

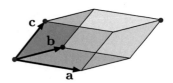

$\epsilon_{ijk} = \pm 1$ und damit sechs Möglichkeiten mit $\epsilon_{ijk}^2 = 1$. Alles aufsummiert, erhalten wir

$$\epsilon_{ijk}\epsilon_{ijk} = 6. \tag{2.232}$$

Wir sehen das auch aus (ii),

$$\epsilon_{ijk}\epsilon_{ijk} = 2\delta_{ii} = 2 \cdot 3 = 6. \tag{2.233}$$

◄

Lösung zu Aufgabe 2.11

Um das Volumen V des Parallelepipeds zu bestimmen, berechnen wir den Absolutbetrag des Spatproduktes der Vektoren **a**, **b** und **c**, siehe Abb. 2.2.
Das Volumen ergibt sich für diesen Körper aus dem Produkt der Grundfläche F, also $F = \|\mathbf{a} \times \mathbf{b}\|$ mit der Höhe h. Diese erhalten wir als Projektion des Vektors **c** auf die Flächennormale **n** der von **a** und **b** aufgespannten Fläche, also auf $\mathbf{n} = \mathbf{a} \times \mathbf{b}/\|\mathbf{a} \times \mathbf{b}\|$. Dies ergibt

$$V = F|\mathbf{c} \cdot \mathbf{n}| \tag{2.234}$$

$$= \|\mathbf{a} \times \mathbf{b}\| \left| \mathbf{c} \cdot \frac{(\mathbf{a} \times \mathbf{b})}{\|\mathbf{a} \times \mathbf{b}\|} \right| \tag{2.235}$$

$$= |\mathbf{c} \cdot (\mathbf{a} \times \mathbf{b})| \tag{2.236}$$

Nun fehlen uns noch die passenden Vektoren **a**, **b** und **c**. Diese erhalten wir mit den Ortsvektoren der Punkte, die wir entsprechend mit **A**, **B**, **C** und **D** bezeichnen. Wir erhalten direkt

$$\mathbf{b} = \mathbf{B} - \mathbf{A}, \quad \mathbf{c} = \mathbf{D} - \mathbf{A}. \tag{2.237}$$

Den Vektor **a** bekommen wir auf einem kleinen Umweg. Wir sehen aus den beiden Abbildungen Abb. 2.1 und Abb. 2.2, dass

$$\mathbf{C} = \mathbf{B} + \mathbf{a} + \mathbf{c} \tag{2.238}$$

$$\mathbf{a} = \mathbf{C} - \mathbf{B} - \mathbf{c} \tag{2.239}$$

$$\text{mit Gl. 2.237:} = \mathbf{C} - \mathbf{B} - \mathbf{D} + \mathbf{A}. \tag{2.240}$$

Das gleiche Ergebnis erhalten wir auch, wenn man den Zusammenhang $\mathbf{a}+\mathbf{b}+\mathbf{c} = \mathbf{C} - \mathbf{A}$ ausnutzt. Diese Beziehungen in Gl. 2.236 eingesetzt, erhalten wir

$$V = |(\mathbf{D} - \mathbf{A}) \cdot ((\mathbf{C} - \mathbf{B} - \mathbf{D} + \mathbf{A}) \times (\mathbf{B} - \mathbf{A}))| \qquad (2.241)$$

$$= |(\mathbf{D} - \mathbf{A}) \cdot ((\mathbf{C} - \mathbf{D} - (\mathbf{B} - \mathbf{A})) \times (\mathbf{B} - \mathbf{A}))|. \qquad (2.242)$$

Aus der Bilinearität des Skalar- und des Kreuzproduktes (siehe Def. 2.4 und Def. 2.6) folgt

$$V = |(\mathbf{D} - \mathbf{A}) \cdot ((\mathbf{C} - \mathbf{D}) \times (\mathbf{B} - \mathbf{A}))|. \qquad (2.243)$$

Wir sehen, dass es nicht nötig war, den Vektor $\mathbf{a}$ zu bestimmen, es genügt der Vektor $(\mathbf{C} - \mathbf{D}) = \mathbf{a} + \mathbf{b}$. Das liegt daran, dass im Spatprodukt das Vektorprodukt zwischen $\mathbf{B} - \mathbf{A} = \mathbf{b}$ und $(\mathbf{C} - \mathbf{D})$ vorkommt. Dabei haben wir

$$(\mathbf{C} - \mathbf{D}) \times (\mathbf{B} - \mathbf{A}) = (\mathbf{a} + \mathbf{b}) \times \mathbf{b} = \mathbf{a} \times \mathbf{b}. \qquad (2.244)$$

Nun können wir die gegebenen Werte in Gl. 2.243 einsetzen und erhalten

$$V = \left| \begin{pmatrix} 0 \\ 1 \\ 4 \end{pmatrix} \cdot \left(\begin{pmatrix} 4 \\ 3 \\ 0 \end{pmatrix} \times \begin{pmatrix} 0 \\ 2 \\ 1 \end{pmatrix} \right) \right| = \left| \begin{pmatrix} 0 \\ 1 \\ 4 \end{pmatrix} \cdot \begin{pmatrix} 3 \\ -4 \\ 8 \end{pmatrix} \right| = 28. \qquad (2.245)$$

◄

Lösung zu Aufgabe 2.12

(a) Der Vektor $\mathbf{B} := \mathbf{a}_i \times \mathbf{a}_j$, mit $\mathbf{a}_i \times \mathbf{a}_j \neq \mathbf{0}$, steht senkrecht auf $\mathbf{a}_i$ und $\mathbf{a}_j$, also ist hier $\mathbf{a}_i \cdot \mathbf{B} = \mathbf{a}_j \cdot \mathbf{B} = 0$. Für die Größe[15]

$$\mathbf{b}_i = \frac{\mathbf{a}_{(i \,(\mathrm{mod}\, 3))+1} \times \mathbf{a}_{((i+1)\,(\mathrm{mod}\, 3))+1}}{\mathbf{a}_1 \cdot (\mathbf{a}_2 \times \mathbf{a}_3)}, \quad \text{mit} \quad i \in \{1, 2, 3\} \qquad (2.246)$$

ist somit klar, dass $\mathbf{b}_i \cdot \mathbf{a}_j = 0$ für den Fall, wo $i \neq j$, da für j nur die Möglichkeiten $j = (i \,(\mathrm{mod}\, 3)) + 1$ oder $j = ((i + 1) \,(\mathrm{mod}\, 3)) + 1$ vorliegen (ist $i = 1$, so ist $j = (1 \,(\mathrm{mod}\, 3)) + 1 = 2$ oder $j = (1 + 1 \,(\mathrm{mod}\, 3)) + 1 = 3$). Jetzt ist nur noch zu zeigen, dass $\mathbf{a}_i \cdot \mathbf{b}_i = 1$. Dazu erinnern wir uns, dass das Spatprodukt im Nenner, $\mathbf{a}_1 \cdot (\mathbf{a}_2 \times \mathbf{a}_3)$ bzgl. der Indices zyklisch ist. Letzteres

---

[15]Hier benutzen wir zur kompakten Schreibweise die Restklassendivision: Der Ausdruck $a \,(\mathrm{mod}\, b)$, $b \in \mathbb{N} \setminus \{0\}$, $a \in \mathbb{N}$ liefert die ganze Zahl $r \in \{0, 1, \ldots, b - 1\}$, den sogenannten Rest der Division a/b. Mit der ganzen Zahl c haben wir dabei $a = b \cdot c + r$. Man kann auch schreiben: $a \,(\mathrm{mod}\, b) = a - \lfloor \frac{a}{b} \rfloor b$, wobei $\lfloor x \rfloor := \max\{m \in \mathbb{Z} | m \leq x\}$.

haben wir in Aufg. 2.4 (a) bewiesen (siehe auch Aufg. 2.10 (c:ii)). Daher können wir auch schreiben

$$\mathbf{a}_1 \cdot (\mathbf{a}_2 \times \mathbf{a}_3) = \mathbf{a}_i \cdot (\mathbf{a}_{(i \ (\mathrm{mod}\ 3))+1} \times \mathbf{a}_{((i+1)\ (\mathrm{mod}\ 3))+1}) \tag{2.247}$$

$$= \mathbf{a}_i \cdot \mathbf{b}_i (\mathbf{a}_1 \cdot (\mathbf{a}_2 \times \mathbf{a}_3)) \tag{2.248}$$

$$1 = \mathbf{a}_i \cdot \mathbf{b}_i. \tag{2.249}$$

Um noch genauer auf die erste Zeile einzugehen: Nehmen wir z. B. $i = 2$, dann ist $(i \ (\mathrm{mod}\ 3)) + 1 = (2 \ (\mathrm{mod}\ 3)) + 1 = 3$ und $((i + 1) \ (\mathrm{mod}\ 3)) + 1 = (3 \ (\mathrm{mod}\ 3)) + 1 = 1$. Im Ausdruck $\mathbf{a}_2 \cdot (\mathbf{a}_3 \times \mathbf{a}_1)$ dürfen wir die Indices zyklisch vertauschen, also $\mathbf{a}_2 \cdot (\mathbf{a}_3 \times \mathbf{a}_1) = \mathbf{a}_1 \cdot (\mathbf{a}_2 \times \mathbf{a}_3)$. Im Schritt Gl. 2.247 nach Gl. 2.248 nutzen wir die Definition von $\mathbf{b}_i$. Mit Gl. 2.249 ist die Normierung gezeigt. Damit gilt schließlich $\mathbf{a}_i \cdot \mathbf{b}_j = \delta_{ij}$.

(b) Das Volumen des durch die Vektoren $\mathbf{a}_1$, $\mathbf{a}_2$ und $\mathbf{a}_3$ aufgespannten Parallelepipeds ergibt sich aus dem Betrag (das Volumen ist eine positive Größe) des Spatprodukts dieser Vektoren,

$$V_a = |\mathbf{a}_1 \cdot (\mathbf{a}_2 \times \mathbf{a}_3)|. \tag{2.250}$$

Ein entsprechendes Volumen, V_b, haben wir im reziproken Gitter, nur dass wir die entsprechenden Basisvektoren $\mathbf{b}_i$ einsetzen müssen,

$$V_b = |\mathbf{b}_1 \cdot (\mathbf{b}_2 \times \mathbf{b}_3)|. \tag{2.251}$$

Um den Zusammenhang zum Volumen V_a herzustellen, drücken wir V_b mittels Gl. 2.50 durch die $\mathbf{a}_i$ aus,

$$V_b = \frac{1}{V_a} |(\mathbf{a}_2 \times \mathbf{a}_3) \cdot \underbrace{[(\mathbf{a}_3 \times \mathbf{a}_1) \times (\mathbf{a}_1 \times \mathbf{a}_2)]}_{=:\mathbf{A}}|. \tag{2.252}$$

Um den Vektor $\mathbf{A}$ zu vereinfachen, nutzen wir die in Aufg. 2.4 gezeigte Graßmann-Identität. Hierfür müssen wir aber noch den Ausdruck $\mathbf{A}$ auf ein Produkt von drei Faktoren reduzieren, was wir durch Verkapseln $\chi := \mathbf{a}_3 \times \mathbf{a}_1$ bewerkstelligen:

$$\mathbf{A} = \chi \times (\mathbf{a}_1 \times \mathbf{a}_2) \tag{2.253}$$

$$= (\chi \cdot \mathbf{a}_2) \mathbf{a}_1 - (\chi \cdot \mathbf{a}_1) \mathbf{a}_2 \tag{2.254}$$

$$= [(\mathbf{a}_3 \times \mathbf{a}_1) \cdot \mathbf{a}_2] \mathbf{a}_1 - \underbrace{[(\mathbf{a}_3 \times \mathbf{a}_1) \cdot \mathbf{a}_1]}_{0} \mathbf{a}_2. \tag{2.255}$$

Der zweite Term verschwindet, da wir im Spatprodukt die Indices zyklisch vertauschen können, $(\mathbf{a}_3 \times \mathbf{a}_1) \cdot \mathbf{a}_1 = (\mathbf{a}_1 \times \mathbf{a}_1) \cdot \mathbf{a}_3$ und $\mathbf{a}_1 \times \mathbf{a}_1 = \mathbf{0}$. Damit

Abb. 2.3 Zu Aufg. 2.13:
Erster Schritt im
Gram-Schmidtschen Ortho-
gonalisierungsverfahren,
Aufg. 2.13

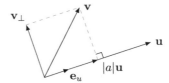

haben wir,

$$\mathbf{A} = [(\mathbf{a}_3 \times \mathbf{a}_1) \cdot \mathbf{a}_2]\mathbf{a}_1 = [(\mathbf{a}_1 \times \mathbf{a}_2) \cdot \mathbf{a}_3]\mathbf{a}_1, \quad (2.256)$$

$$\text{und schließlich } V_b = \frac{1}{V_a^3} |(\mathbf{a}_2 \times \mathbf{a}_3) \cdot ([\mathbf{a}_1 \cdot (\mathbf{a}_2 \times \mathbf{a}_3)]\mathbf{a}_1)| \quad (2.257)$$

$$= \frac{1}{V_a^3} |\mathbf{a}_1 \cdot (\mathbf{a}_2 \times \mathbf{a}_3)|^2 = \frac{1}{V_a}. \quad (2.258)$$

Damit haben wir gezeigt, dass das Volumen V_b der Elementarzelle im reziproken Gitter reziprok zum Volumen der Elementarzelle im Kristallgitter ist.

◄

Lösung zu Aufgabe 2.13

(a) Gegeben sind zwei linear unabhängige Vektoren $\mathbf{u}$ und $\mathbf{v}$ und das Ziel ist es,
eine orthogonale Basis $\{\mathbf{u}, \mathbf{v}_\perp\}$ zu finden. Das heißt, es muss

$$\mathbf{u} \cdot \mathbf{v}_\perp = 0 \quad (2.259)$$

gelten. Da die Vektoren $\mathbf{u}$ und $\mathbf{v}$ linear unabhängig sind, könnte auch $\mathbf{u} \cdot \mathbf{v} = 0$
vorliegen und die gesuchte Basis wäre $\{\mathbf{u}, \mathbf{v}\}$. Dies ist aber nicht garantiert.
Daher müssen wir den Teil des Vektors von $\mathbf{v}$ abziehen, der parallel zu $\mathbf{u}$ ist.
Um diesen Anteil zu finden, machen wir den Ansatz $\mathbf{v}_\perp = \mathbf{v} + a\mathbf{u}$, d. h.,
wir nehmen an, dass $\mathbf{v}_\perp$ in der von $\mathbf{u}$ und $\mathbf{v}$ aufgespannten Ebene liegt. Wie
im Bild Abb. 2.3 dargestellt, suchen wir die Projektion des Vektors $\mathbf{v}$ auf den
Einheitsvektor in $\mathbf{u}$-Richtung, $\mathbf{e}_u := \mathbf{u}/|u|$. Eingesetzt erhalten wir

$$\mathbf{u} \cdot \mathbf{v}_\perp = \mathbf{u} \cdot (\mathbf{v} + a\mathbf{u}) \quad (2.260)$$

$$0 = \mathbf{u} \cdot \mathbf{v} + a\|\mathbf{u}\|^2 \quad (2.261)$$

$$a = -\frac{\mathbf{u} \cdot \mathbf{v}}{\|\mathbf{u}\|^2} = -\frac{1}{u}\mathbf{e}_u \cdot \mathbf{v}. \quad (2.262)$$

Damit haben wir den gesuchten zweiten Vektor

$$\mathbf{v}_\perp = \mathbf{v} - \frac{\mathbf{u} \cdot \mathbf{v}}{\|\mathbf{u}\|^2}\mathbf{u} = \mathbf{v} - (\mathbf{e}_u \cdot \mathbf{v})\mathbf{e}_u, \quad (2.263)$$

mit dem der Vektor $\mathbf{u}$ die orthogonale Basis von span($\mathbf{u}, \mathbf{v}$) bildet.

(b) Mit der gegebenen Ersetzung haben wir den Zusammenhang

$$\mathbf{u} \times (\mathbf{v} \times \mathbf{u}) = (\mathbf{u} \cdot \mathbf{u})\mathbf{v} - (\mathbf{u} \cdot \mathbf{v})\mathbf{u} \tag{2.264}$$

$$= \|\mathbf{u}\|^2 \left(\mathbf{v} - \frac{\mathbf{u} \cdot \mathbf{v}}{\|\mathbf{u}\|^2}\mathbf{u}\right) \tag{2.265}$$

$$= \|\mathbf{u}\|^2 \mathbf{v}_\perp. \tag{2.266}$$

Im letzten Schritt haben wir die Beziehung Gl. 2.263 aus (a) verwendet. Wir sehen, dass man mit dem doppelten Kreuzprodukt bis auf einen Vorfaktor das gleiche Ergebnis für $\mathbf{v}_\perp$ erhalten kann wie das aus Teilaufgabe (a). Geometrisch können wir dies wie folgt verstehen: Das Kreuzprodukt $\mathbf{p} := \mathbf{v} \times \mathbf{u}$ steht sowohl auf $\mathbf{u}$ als auch $\mathbf{v}$ senkrecht und ist damit ein Normalenvektor zu der von $\mathbf{u}$ und $\mathbf{v}$ aufgespannten Ebene. Daraus folgt auch, dass jeder Vektor, der senkrecht auf $\mathbf{p}$ steht, in der durch $\mathbf{u}$ und $\mathbf{v}$ aufgespannten Ebene liegen muss. Damit muss $\mathbf{u} \times (\mathbf{v} \times \mathbf{u})$ in dieser Ebene liegen und ist senkrecht auf $\mathbf{u}$.

◄

Lösung zu Aufgabe 2.14

(a) Es ist zu überprüfen, ob α_i existieren, die nicht alle null sind und für die $\alpha_1 \mathbf{v} + \alpha_2 \mathbf{w} = \mathbf{x}$ gilt. Genau dann sind die Vektoren linear abhängig. Aus der jeweils ersten Komponente der Vektoren lesen wir die Gleichung

$$\alpha_1 1 + \alpha_2 0 = 2 \tag{2.267}$$

ab. Damit muss $\alpha_1 = 2$ sein. Aus der dritten folgt direkt, dass $\alpha_2 = 1$ sein muss. Wir überprüfen für alle anderen Komponenten:

$$\alpha_1 \mathbf{v} + \alpha_2 \mathbf{w} = 2\mathbf{v} + \mathbf{w} = \begin{pmatrix} 2 \\ 1 \\ 1 \\ 0 \end{pmatrix} = \mathbf{x}. \tag{2.268}$$

Damit sind die Vektoren linear abhängig.

(b) Da der $\mathbb{R}^3$ über dem Körper $\mathbb{R}$ die Dimension 3 besitzt[16] und wir drei Vektoren haben, ist nur zu überprüfen, ob diese linear unabhängig sind. Es gibt mehrere Wege, Letzteres zu testen:

1. Mittels der Determinante, deren Zeilen oder Spalten aus den $\mathbf{w}_1$, $\mathbf{w}_2$ und $\mathbf{w}_3$ bestehen:

$$\det \begin{pmatrix} 1 & 3 & -2 \\ 0 & 2 & 0 \\ 0 & 0 & 4 \end{pmatrix} = 4 \det \begin{pmatrix} 1 & 3 \\ 0 & 2 \end{pmatrix} = 8 \neq 0. \tag{2.269}$$

---

[16]Salopp wird oft gesagt, dass der $\mathbb{R}^n$ die Dimension n besitzt. Dabei ist zu beachten, dass damit stets $\dim_\mathbb{R}$, also die Dimension über dem Körper $\mathbb{R}$ gemeint ist.

Wir haben den Laplaceschen Entwicklungssatz Def. 2.18 benutzt. Da die Determinante nicht verschwindet, sind die drei Vektoren linear unabhängig.

2. Wir berechnen das Volumen des Spats, das durch die drei Vektoren aufgespannt wird,

$$V = |\mathbf{w}_1 \cdot (\mathbf{w}_2 \times \mathbf{w}_3)| = \left| \begin{pmatrix} 1 \\ 0 \\ 0 \end{pmatrix} \cdot \begin{pmatrix} 8 \\ -12 \\ 4 \end{pmatrix} \right| = 8. \tag{2.270}$$

Das Volumen verschwindet nicht. Damit liegen die drei Vektoren nicht in einer Ebene und können somit den gesamten $\mathbb{R}^3$ aufspannen. Wir sehen hier auch, dass das Ergebnis mit (1.) übereinstimmt, da das Volumen des Spats auch mit dem Betrag der Determinante aus den Vektoren berechnet werden kann.

3. Wir lösen das lineare Gleichungssystem

$$\sum_{i=1}^{3} \lambda_n \mathbf{w}_n = \mathbf{0} \tag{2.271}$$

$$\begin{pmatrix} \lambda_1 + 3\lambda_2 - 2\lambda_3 \\ 2\lambda_2 \\ 4\lambda_3 \end{pmatrix} = \mathbf{0}. \tag{2.272}$$

Aus der z-Komponente des Vektors auf der linken Seite folgt $\lambda_3 = 0$, aus der y-Komponente $\lambda_2 = 0$. Dies in die x-Komponente eingesetzt, ergibt direkt $\lambda_1 = 0$. Damit haben wir nur die triviale Lösung gefunden und somit müssen die Vektoren $\mathbf{w}_i$ linear unabhängig sein.

(c) Ist der Vektor u in der Basis B dargestellt, $\mathbf{u} = (\gamma_1, \gamma_2, \gamma_3)_B^T$, so bedeutet es, dass $\mathbf{u} = \sum_{i=1}^{3} \gamma_i \mathbf{w}_i$. Aus Gl. 2.271 und (2.272) können wir sofort ablesen, dass

$$\begin{pmatrix} \gamma_1 \\ \gamma_2 \\ \gamma_3 \end{pmatrix}_B = \sum_{i=1}^{3} \gamma_n \mathbf{w}_n = \begin{pmatrix} \gamma_1 + 3\gamma_2 - 2\gamma_3 \\ 2\gamma_2 \\ 4\gamma_3 \end{pmatrix}_k = \mathbf{u} = 1\mathbf{e}_x + 2\mathbf{e}_y + 2\mathbf{e}_z$$

$$= \begin{pmatrix} 1 \\ 2 \\ 2 \end{pmatrix}_k \tag{2.273}$$

gelten muss. Dabei haben wir die Basis, in der die jeweiligen Vektoren dargestellt sind, mittels Index markiert. Der Index k steht dabei für die kartesische Basis. Damit können wir die drei Gleichungen lösen und erhalten $\gamma_3 = 1/2$, $\gamma_2 = 1$ und aus der ersten Gleichung erhalten wir $\gamma_1 = -1$. Somit gilt

$$\begin{pmatrix} -1 \\ 1 \\ \frac{1}{2} \end{pmatrix}_B = \begin{pmatrix} 1 \\ 2 \\ 2 \end{pmatrix}_k. \tag{2.274}$$

(d1) Es handelt sich um eine Basis des $\mathbb{R}^3$, wenn die Determinante, bestehend aus den Vektoren von $\mathcal{B}$, nicht verschwindet und sie damit linear unabhängig sind. Dabei ist das Mitschleppen der Normierungsfaktoren unerheblich, da diese nicht die lineare (Un-)Abhängigkeit ändern. Wir entwickeln nach der letzten Zeile

$$\begin{vmatrix} 1 & -1 & 1 \\ 1 & -1 & -1 \\ a & 2 & 0 \end{vmatrix} = a \begin{vmatrix} -1 & 1 \\ -1 & -1 \end{vmatrix} - 2 \begin{vmatrix} 1 & 1 \\ 1 & -1 \end{vmatrix} \tag{2.275}$$

$$= 2a + 4. \tag{2.276}$$

Damit sind die Elemente in $\mathcal{B}$ stets linear unabhängig, solange $2a + 4 \neq 0$, also $a \neq -2$.

(d2) Der Betrag jedes Vektors ist 1, da $\|(1, 1, a)^T\| = \sqrt{2 + a^2}$, $\|(-1, -1, 2)^T\| = \sqrt{6}$, $\|(1, -1, 0)^T\| = \sqrt{2}$. Die Orthogonalität können wir mittels der Berechnung der Skalarprodukte aller möglichen Paare von Vektoren aus der Menge $\mathcal{B}$ erhalten. Es muss dabei $\mathbf{v}_n \cdot \mathbf{v}_m = \delta_{nm}$ gelten:

$$\frac{1}{\sqrt{2 + a^2}} \frac{1}{\sqrt{6}} \begin{pmatrix} 1 \\ 1 \\ a \end{pmatrix} \cdot \begin{pmatrix} -1 \\ -1 \\ 2 \end{pmatrix} = \frac{2a - 2}{\sqrt{6}\sqrt{2 + a^2}} \overset{!}{=} 0. \tag{2.277}$$

Damit muss $a = 1$ gewählt werden. Für die zwei anderen Paare ist der Wert von a unerheblich,

$$\frac{1}{\sqrt{2 + a^2}} \begin{pmatrix} 1 \\ 1 \\ a \end{pmatrix} \cdot \frac{1}{\sqrt{2}} \begin{pmatrix} 1 \\ -1 \\ 0 \end{pmatrix} = 0, \tag{2.278}$$

$$\frac{1}{\sqrt{6}} \begin{pmatrix} -1 \\ -1 \\ 2 \end{pmatrix} \cdot \frac{1}{\sqrt{2}} \begin{pmatrix} 1 \\ -1 \\ 0 \end{pmatrix} = 0. \tag{2.279}$$

Damit ist die Bedingung für die Orthonormalität mit $a = 1$ erfüllt.

(d3) Um die Darstellung von $\mathbf{v}$ in der Basis $\mathcal{B}$ zu bewerkstelligen, benötigen wir die Vektoren $\mathbf{e}_x$ und $\mathbf{e}_z$ ausgedrückt als Linearkombination der neuen Basiszustände, also (mit $\mathbf{e}_x \equiv \mathbf{e}_1$ und $\mathbf{e}_z \equiv \mathbf{e}_3$)

$$\mathbf{e}_i = \sum_j \lambda_{ji} \mathbf{b}_j. \tag{2.280}$$

Da $\mathcal{B}$ ein Orthonormalsystem ist, also $\langle \mathbf{b}_i | \mathbf{b}_j \rangle = \delta_{ji}$, gilt[17] $\langle \mathbf{b}_j | \mathbf{e}_i \rangle = \lambda_{ji}$. Damit haben wir

$$\lambda_{11} = \langle \mathbf{b}_1 | \mathbf{e}_1 \rangle = \frac{1}{\sqrt{3}} \begin{pmatrix} 1 \\ 1 \\ 1 \end{pmatrix} \cdot \begin{pmatrix} 1 \\ 0 \\ 0 \end{pmatrix} = \frac{1}{\sqrt{3}} \qquad (2.281)$$

und entsprechend $\lambda_{21} = -1/\sqrt{6}$ und $\lambda_{31} = 1/2$. Für $\mathbf{e}_3$ erhalten wir auf die gleiche Weise $\lambda_{13} = 1/\sqrt{3}$, $\lambda_{23} = 2/\sqrt{6}$ und $\lambda_{33} = 0$. Damit erhalten wir

$$\mathbf{e}_x = \frac{1}{\sqrt{3}} \mathbf{b}_1 - \frac{1}{\sqrt{6}} \mathbf{b}_2 + \frac{1}{\sqrt{2}} \mathbf{b}_3, \qquad (2.282)$$

$$\mathbf{e}_z = \frac{1}{\sqrt{3}} \mathbf{b}_1 + \frac{2}{\sqrt{6}} \mathbf{b}_2, \qquad (2.283)$$

was schließlich den gesuchten Ausdruck liefert,

$$\mathbf{v} = \frac{2}{\sqrt{3}} \mathbf{b}_1 + \frac{1}{\sqrt{6}} \mathbf{b}_2 + \frac{1}{\sqrt{2}} \mathbf{b}_3. \qquad (2.284)$$

◄

Lösung zu Aufgabe 2.15

(a) Wir schauen uns an, was bei einer Drehung um den Ursprung mit den Basis-vektoren $\mathbf{e}_x$ und $\mathbf{e}_y$ passiert. Skizziert für eine Drehung um den Winkel α ist die Situation in Abb. 2.4. Dem Bild entsprechend erhalten wir

$$R(\alpha)\mathbf{e}_x = \mathbf{e}'_x = \begin{pmatrix} \cos(\alpha) \\ \sin(\alpha) \end{pmatrix} \quad \text{und} \quad R(\alpha)\mathbf{e}_y = \mathbf{e}'_y = \begin{pmatrix} -\sin(\alpha) \\ \cos(\alpha) \end{pmatrix}. \quad (2.285)$$

Die Spalten der Darstellung $M(R(\alpha))$ der Rotationsmatrix $R(\alpha)$ sind die Bilder der Basisvektoren. Wir haben somit

$$M(R(\alpha)) = \begin{pmatrix} \cos(\alpha) & -\sin(\alpha) \\ \sin(\alpha) & \cos(\alpha) \end{pmatrix}. \qquad (2.286)$$

(b) Seien $z, w \in \mathbb{C}$, mit $z = x_1 + ix_2$, $w = y_1 + iy_2$ mit $x_i, y_i \in \mathbb{R}$, dann erhalten wir mit der Eulerschen Formel, Theorem 1.1,

$$e^{i\alpha} z = (\cos(\alpha) + i\sin(\alpha))(x_1 + ix_2) \qquad (2.287)$$

$$= (x_1\cos(\alpha) - x_2\sin(\alpha)) + i(x_1\sin(\alpha) + x_2\cos(\alpha)) \qquad (2.288)$$

$$= y_1 + iy_2 \equiv w. \qquad (2.289)$$

---

[17]Im Folgenden benutzen wir die $\langle .|. \rangle$(Bra-Ket)-Schreibweise. Da wir hier im $\mathbb{R}^3$ rechnen, kann natürlich auch die $(.) \cdot (.)$-Schreibweise benutzt werden.

Abb. 2.4 Zu Aufg. 2.15: Rotation im $\mathbb{R}^2$

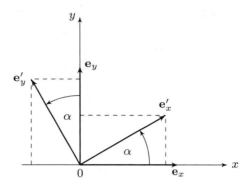

Nun bilden wir $\mathbb{C}$ auf $\mathbb{R}^2$ ab durch $\text{Re}(z) + i\text{Im}(z) \mapsto \text{Re}(z)\mathbf{e}_x + \text{Im}(z)\mathbf{e}_y$. Damit werden die Gl. 2.288, (2.289) zu

$$\begin{pmatrix} y_1 \\ y_2 \end{pmatrix} = \begin{pmatrix} x_1\cos(\alpha) - x_2\sin(\alpha) \\ x_1\sin(\alpha) + x_2\cos(\alpha) \end{pmatrix} = \underbrace{\begin{pmatrix} \cos(\alpha) & -\sin(\alpha) \\ \sin(\alpha) & \cos(\alpha) \end{pmatrix}}_{M(R(\alpha))} \begin{pmatrix} x_1 \\ x_2 \end{pmatrix}. \quad (2.290)$$

Wir haben somit die gleiche Operation wie in (a).

(c) $M(R(\alpha))$ ist genau dann eine orthogonale Matrix, wenn

$$M(R(\alpha))M(R(\alpha))^T = \mathbb{1}.$$

Wir machen den Test,

$$M(R(\alpha))M(R(\alpha))^T = \begin{pmatrix} \cos(\alpha) & -\sin(\alpha) \\ \sin(\alpha) & \cos(\alpha) \end{pmatrix} \begin{pmatrix} \cos(\alpha) & \sin(\alpha) \\ -\sin(\alpha) & \cos(\alpha) \end{pmatrix} \overset{!}{=} \mathbb{1}$$

$$(2.291)$$

$$\begin{pmatrix} \sin^2(\alpha) + \cos^2(\alpha) & 0 \\ 0 & \sin^2(\alpha) + \cos^2(\alpha) \end{pmatrix} = \mathbb{1}.$$

$$(2.292)$$

Somit ist $M(R(\alpha))$ eine orthogonale Matrix.
Des Weiteren haben wir

$$\det \begin{pmatrix} \cos(\alpha) & -\sin(\alpha) \\ \sin(\alpha) & \cos(\alpha) \end{pmatrix} = \cos^2(\alpha) + \sin^2(\alpha) = 1. \quad (2.293)$$

Die Eigenschaften von $M(R(\alpha))$ sind somit in Übereinstimmung mit der Definition Def. 2.13 für eine Rotationsmatrix.

◄

Lösung zu Aufgabe 2.16

(a) Bezeichnen wir den i-ten Spaltenvektor der unitären Matrix U mit u_i. Dann bedeutet $U^\dagger U = \mathbb{1}$, wie in der Definition gegeben, dass zwischen dem j-ten und i-ten Spaltenvektor die Beziehung

$$u_j^\dagger u_i = \begin{cases} 1 : i = j \\ 0 : i \neq j \end{cases} \tag{2.294}$$

gilt. Das bedeutet jedoch, dass die Spaltenvektoren eine orthogonale Basis von $\mathbb{C}^d$ bilden. Damit ist U stets regulär, d. h., es existiert eine Inverse, U^{-1}. Das erlaubt uns folgende Umrechnung,

$$U^\dagger U = \mathbb{1} \tag{2.295}$$

$$U^\dagger \underbrace{U U^{-1}}_{\mathbb{1}} = U^{-1} \tag{2.296}$$

$$U U^\dagger = U U^{-1} = \mathbb{1} \tag{2.297}$$

$$U U^\dagger = U^\dagger U.$$

∎

(b) Wir benötigen für den Beweis

   (i) den Determinantenproduktsatz [Def. 2.1],
  (ii) die Eigenschaft $\overline{\det(U)} = \det(\overline{U})$
 (iii) sowie $\det(\overline{U}) = \det(U^\dagger)$.

Die Eigenschaft (ii) folgt aus Direkt aus der Leibniz-Formel, da

$$\overline{\sum_i c_i} = \sum_i \overline{c_i} \quad \text{und} \quad \overline{c_i c_j} = \overline{c_i}\,\overline{c_j} \tag{2.298}$$

gelten. (iii) folgt aus der Eigenschaft $\det(U^T) = \det(U)$ [Def. 2.1], denn $U^\dagger \equiv (\overline{U})^T$. Damit erhalten wir

$$|\det(U)|^2 = \det(U)\overline{\det(U)} \tag{2.299}$$

$$\overset{(ii)}{=} \det(U)\det(\overline{U}) \overset{(iii)}{=} \det(U)\det(U^\dagger) \overset{(i)}{=} \det(\underbrace{U U^\dagger}_{\mathbb{1}}) \tag{2.300}$$

$$= 1$$

∎

◀

Lösung zu Aufgabe 2.17

(a) Wir prüfen nach, ob $\Lambda\Lambda^\dagger = \mathbb{1}$ gilt,

$$\begin{pmatrix} e^{i\alpha} & 0 \\ 0 & e^{i\beta} \end{pmatrix}\begin{pmatrix} e^{i\alpha} & 0 \\ 0 & e^{i\beta} \end{pmatrix}^\dagger = \begin{pmatrix} e^{i\alpha} & 0 \\ 0 & e^{i\beta} \end{pmatrix}\begin{pmatrix} e^{-i\alpha} & 0 \\ 0 & e^{-i\beta} \end{pmatrix} = \mathbb{1}. \qquad (2.301)$$

Somit ist Λ unitär.

(b) Zuerst führen wir direkt die Multiplikation der Matrizen aus und testen dann, ob das Resultat unitär ist:

$$U = e^{i\alpha}\,\Lambda(\beta)\,R(\gamma)\,\Lambda(\nu) \qquad (2.302)$$

$$= e^{i\alpha}\begin{pmatrix} e^{i\beta} & 0 \\ 0 & 1 \end{pmatrix}\begin{pmatrix} e^{i\nu}\cos(\gamma) & \sin(\gamma) \\ -e^{i\nu}\sin(\gamma) & \cos(\gamma) \end{pmatrix} = \begin{pmatrix} e^{i(\alpha+\beta+\nu)}\cos(\gamma) & e^{i(\alpha+\beta)}\sin(\gamma) \\ -e^{i(\alpha+\nu)}\sin(\gamma) & e^{i\alpha}\cos(\gamma) \end{pmatrix}.$$
$$\qquad (2.303)$$

Diese Matrix ist unitär, denn es gilt,

$$UU^\dagger$$

$$= \begin{pmatrix} e^{i(\alpha+\beta+\nu)}\cos(\gamma) & e^{i(\alpha+\beta)}\sin(\gamma) \\ -e^{i(\alpha+\nu)}\sin(\gamma) & e^{i\alpha}\cos(\gamma) \end{pmatrix}\cdot\begin{pmatrix} e^{-i(\alpha+\beta+\nu)}\cos(\gamma) & -e^{-i(\alpha+\nu)}\sin(\gamma) \\ e^{-i(\alpha+\beta)}\sin(\gamma) & e^{-i\alpha}\cos(\gamma) \end{pmatrix} \quad (2.304)$$

$$= \begin{pmatrix} \cos^2(\gamma) + \sin^2(\gamma) & \sin(\gamma)\cos(\gamma) - \sin(\gamma)\cos(\gamma) \\ \sin(\gamma)\cos(\gamma) - \sin(\gamma)\cos(\gamma) & \cos^2(\gamma) + \sin^2(\gamma) \end{pmatrix} \qquad (2.305)$$

$$= \mathbb{1}. \qquad (2.306)$$

Wir können uns Rechenarbeit sparen, indem wir die Eigenschaften unitärer Matrizen ausnutzen: Das Produkt aus unitären Matrizen A, B ergibt wieder eine unitäre Matrix, denn

$$(AB)(AB)^\dagger \overset{Gl.\,2.29}{=} A\,\underbrace{BB^\dagger}_{\mathbb{1}}\,A^\dagger = AA^\dagger = \mathbb{1}. \qquad (2.307)$$

Der Fall, bei dem ein Produkt aus drei unitären Matrizen vorliegt, kann wieder auf den Fall von zweien zurückgeführt werden: $U = ABC$, wobei nun auch C unitär ist, kann als $U = (AB)C$ aufgrund des Assoziativgesetzes der Matrixmultiplikation geschrieben werden. Da nach obiger Betrachtung $D = (AB)$ eine unitäre Matrix ist, ist es DC ebenfalls. Somit ist ABC unitär. So kann iterativ für Produkte aus beliebig vielen Matrizen vorgegangen werden. Das können wir in dieser Teilaufgabe ausnutzen: Wir stellen zunächst fest, dass ein komplexer Faktor $z = e^{i\alpha}$ mit $\alpha \in \mathbb{R}$ ebenfalls unitär ist, da $zz^\dagger = zz^* = e^{i\alpha}e^{-i\alpha} = 1$. Des Weiteren wissen wir aus (a), dass die $\Lambda(\nu)$-Matrizen unitär sind. Bei $R(\gamma)$ handelt es sich um die Rotationsmatrix (☞ Aufg. 2.15). Diese gehören zur Menge der orthogonalen Matrizen [Def. 2.12] und sind ein Spezialfall der unitären Matrizen. Das Produkt dieser unitären Matrizen ist wieder unitär und damit haben wir gezeigt, dass U unitär ist.

(c) Eine allgemeine, zweidimensionale Matrix mit komplexen Einträgen hat acht reelle Parameter. Die Bedingung $UU^\dagger = \mathbb{1}$ reduziert diese Anzahl. Das sehen wir, wenn diese Bedingung explizit hingeschrieben wird,

$$UU^\dagger = \begin{pmatrix} u_{11} & u_{12} \\ u_{21} & u_{22} \end{pmatrix} \begin{pmatrix} u_{11}^* & u_{21}^* \\ u_{12}^* & u_{22}^* \end{pmatrix} = \begin{pmatrix} |u_{11}|^2 + |u_{12}|^2 & u_{11}u_{21}^* + u_{12}u_{22}^* \\ u_{11}^*u_{21} + u_{12}^*u_{22} & |u_{21}|^2 + |u_{22}|^2 \end{pmatrix} \overset{!}{=} \mathbb{1}.$$

$$(2.308)$$

Daraus erhalten wir vier Gleichungen,

$$|u_{11}|^2 + |u_{12}|^2 = 1, \tag{2.309}$$

$$|u_{21}|^2 + |u_{22}|^2 = 1, \tag{2.310}$$

$$u_{11}u_{21}^* + u_{12}u_{22}^* = 0, \tag{2.311}$$

$$u_{11}^*u_{21} + u_{12}^*u_{22} = 0, \tag{2.312}$$

die unsere Wahl der Matrixelemente einschränken. Die ersten beiden Gleichungen kommen uns von der Koordinatengleichung für den Kreis[18] bekannt vor. Daher setzen wir oBdA an,

$$|u_{11}| = \cos(\phi), \ |u_{12}| = \sin(\phi) \text{und} |u_{22}| = \cos(\theta), \ |u_{21}| = \sin(\theta). \tag{2.313}$$

(Man beachte, dass die u_{ij} noch einen Phasenfaktor $e^{i\gamma}$, $\gamma \in \mathbb{R}$ haben können!) Das sind alle Bedingungen, denn die Matrix-Multiplikation ist zwar i. A. nicht kommutativ, aber aus $UU^\dagger = \mathbb{1}$ folgt $U^\dagger U = \mathbb{1}$ (☞ Aufg. 2.16). Wir können zur Vereinfachung trotzdem letztere Gleichung auswerten. Wiederholen wir obige Rechnung für $U^\dagger U = \mathbb{1}$, so erhalten wir

$$|u_{11}|^2 + |u_{21}|^2 = 1, \tag{2.314}$$

$$|u_{12}|^2 + |u_{22}|^2 = 1, \tag{2.315}$$

$$u_{11}u_{12}^* + u_{21}u_{22}^* = 0, \tag{2.316}$$

$$u_{12}^*u_{11} + u_{22}^*u_{21} = 0. \tag{2.317}$$

Mit den Zuordnungen in Gl. 2.313 erhalten wir aus Gl. 2.314 und 2.315

$$\cos^2(\phi) + \sin^2(\theta) = 1, \ \sin^2(\phi) + \cos^2(\theta) = 1. \tag{2.318}$$

Beide Gleichungen liefern uns eine Beziehung zwischen θ und ϕ, wenn wir Gl. 2.309 und 2.310 hinzunehmen,

$$\cos^2(\phi) + \sin^2(\theta) = 1 \ \Leftrightarrow \ \cos^2(\phi) = 1 - \sin^2(\theta) = \cos^2(\theta),$$

$$(2.319)$$

$$\text{sowie} \ \sin^2(\phi) + \cos^2(\theta) = 1 \ \Leftrightarrow \ \sin^2(\phi) = 1 - \cos^2(\theta) = \sin^2(\theta).$$

$$(2.320)$$

---

[18]$x^2 + y^2 = r^2$, wobei r der Radius des Kreises ist.

Damit haben wir $\theta = \phi + n\pi$, $n \in \mathbb{Z}$, d. h., es kann nur ein Vorzeichenunterschied bei sin und cos zwischen θ und ϕ vorliegen.[19] Mit diesen gewonnenen Relationen können wir die u_{ij} angeben, die wir noch mit einem Phasenfaktor ausstatten müssen,

$$|u_{11}| = \cos(\phi) \Rightarrow u_{11} = \cos(\phi)e^{i\gamma_1}, \tag{2.321}$$

$$|u_{12}| = \sin(\phi) \Rightarrow u_{12} = \sin(\phi)e^{i\gamma_2}, \tag{2.322}$$

$$|u_{21}| = \sin(\phi) \Rightarrow u_{21} = \sin(\phi)e^{i\gamma_3}, \tag{2.323}$$

$$|u_{22}| = \cos(\phi) \Rightarrow u_{22} = \cos(\phi)e^{i\gamma_4}. \tag{2.324}$$

Wir haben auch gleich die Beziehung $\theta = \phi + n\pi$, $n \in \mathbb{Z}$ verwendet. Dabei kann ein Vorzeichenwechsel auftreten. Diesen können wir aber immer in den Phasenfaktor, damit in den unbekannten Wert γ_i, hineinpacken, da $(-1) = \exp(i(2n + 1)\pi)$, $n \in \mathbb{Z}$. Jetzt bleiben uns noch die ungenutzten Bedingungen aus Gl. 2.311, (2.312), (2.316) und (2.317). Die Gl. 2.311 liefert

$$(\cos(\phi)e^{i\gamma_1})(\sin(\phi)e^{-i\gamma_3}) + (\sin(\phi)e^{i\gamma_2})(\cos(\phi)e^{-i\gamma_4}) = 0. \tag{2.325}$$

Für $\sin(\phi)\cos(\phi) \neq 0$ erhalten wir

$$\exp(i(\gamma_1 - \gamma_3)) = -\exp(i(\gamma_2 - \gamma_4)) \tag{2.326}$$

$$\exp(i(\gamma_1 - \gamma_3 - \gamma_2 + \gamma_4)) = -1 = \exp(i(2n + 1)\pi) \text{ mit } n \in \mathbb{Z} \tag{2.327}$$

$$\gamma_1 - \gamma_3 - \gamma_2 + \gamma_4 = (2n + 1)\pi. \tag{2.328}$$

Damit erhalten wir

$$U = \begin{pmatrix} \cos(\phi)e^{i\gamma_1} & \sin(\phi)e^{i\gamma_2} \\ \sin(\phi)e^{i\gamma_3} & \cos(\phi)e^{i((2n+1)\pi - \gamma_1 + \gamma_3 + \gamma_2)} \end{pmatrix} \tag{2.329}$$

$$= \begin{pmatrix} \cos(\phi)e^{i\gamma_1} & \sin(\phi)e^{i\gamma_2} \\ \sin(\phi)e^{i\gamma_3} & -\cos(\phi)e^{i(-\gamma_1 + \gamma_3 + \gamma_2)} \end{pmatrix}. \tag{2.330}$$

Dies scheint eine andere Matrix zu sein als jene, die wir in (b) vorliegen hatten. Doch der direkte Vergleich beider unitärer Matrizen zeigt, dass wir die Form $U = e^{i\alpha} \Lambda(\beta) R(\gamma) \Lambda(\nu)$ erhalten, wenn wir in Gl. 2.330 die Ersetzungen

$$\phi \to \gamma + \pi, \quad \gamma_1 \to \alpha + \beta + \nu + \pi, \quad \gamma_2 \to \alpha + \beta + \pi, \quad \gamma_3 \to \alpha + \nu \tag{2.331}$$

---

[19]Das sehen wir auch, wenn wir die Ersetzungen $\sin^2(x) = (1 - \cos(2x))/2$ und $\cos^2(x) = (1 + \cos(2x))/2$ vornehmen.

vornehmen. Nach α, β, γ und ν aufgelöst, ergibt das

$$\alpha = -\gamma_1 + \gamma_2 + \gamma_3, \quad \beta = \gamma_1 - \gamma_3 - \pi, \quad \nu = \gamma_1 - \gamma_2, \quad \gamma = \phi - \pi. \tag{2.332}$$

Wir sehen also, dass wir am Ende nur vier freie Parameter haben. Die acht zu Beginn (vier komplexe Zahlen) sind durch die Bedingung $UU^\dagger = \mathbb{1}$ reduziert. Da die vier Gl. (2.309)–(2.312) jedoch nicht linear sind, war dies nicht direkt ersichtlich.

◀

Lösung zu Aufgabe 2.18

Nach der Definition für Hermitizität der Matrix M, muss $m_{ab} = \overline{m_{ba}}$ gelten. Für die Diagonalelemente muss daher $z_1 = \overline{z_1}$, $z_4 = \overline{z_4}$ gelten. Das ist jedoch nur dann erfüllt, wenn der imaginäre Anteil verschwindet, da

$$a + \mathrm{i}b = \overline{a + \mathrm{i}b} = a - \mathrm{i}b \tag{2.333}$$
$$b = -b \tag{2.334}$$

nur von $b = 0$ erfüllt werden kann.
Für die Nebendiagonalelemente gilt:

$$m_{12} \equiv z_2 = \overline{m_{21}} = \overline{z_3} \tag{2.335}$$
$$\mathrm{Re}(z_2) + \mathrm{i}\,\mathrm{Im}(z_2) = \mathrm{Re}(z_3) - \mathrm{i}\,\mathrm{Im}(z_3) \tag{2.336}$$

Daraus folgt, dass die Realteile beider Zahlen gleich sein müssen und sich die Imaginärteile nur im Vorzeichen unterscheiden. z_3 ist zu z_2 komplex konjugiert. Seien nun $a, b, c, d \in \mathbb{R}$. Dann lässt sich nach obiger Beobachtung M durch genau diese vier reelle Zahlen charakterisieren:

$$M = \begin{pmatrix} a & b + \mathrm{i}c \\ b - \mathrm{i}c & d \end{pmatrix}. \tag{2.337}$$

◀

Lösung zu Aufgabe 2.19

Im Folgenden benutzen wir die Einsteinsche Summenkonvention.

(a) Wenn A als Linearkombination der Pauli-Matrizen geschrieben werden kann, dann muss

$$A = \begin{pmatrix} A_{00} & A_{01} \\ A_{10} & A_{11} \end{pmatrix} = \sum_{i=0}^{3} z_i \sigma_i \tag{2.338}$$

$$= z_0 \begin{pmatrix} 1 & 0 \\ 0 & 1 \end{pmatrix} + z_1 \begin{pmatrix} 0 & 1 \\ 1 & 0 \end{pmatrix} + z_2 \begin{pmatrix} 0 & -i \\ i & 0 \end{pmatrix} + z_3 \begin{pmatrix} 1 & 0 \\ 0 & -1 \end{pmatrix} \tag{2.339}$$

$$= \begin{pmatrix} z_0 + z_3 & z_1 - iz_2 \\ z_1 + iz_2 & z_0 - z_3 \end{pmatrix} \tag{2.340}$$

gelten. Ein Vergleich der beiden Matrizen rechts und links führt uns auf vier Gleichungen,

$$\underbrace{A_{00} = z_0 + z_3, \quad A_{11} = z_0 - z_3}, \quad \underbrace{A_{01} = z_1 - iz_2, \quad A_{10} = z_1 + iz_2}. \tag{2.341}$$

Dies sind zwei Paare von Gleichungen mit jeweils zwei Unbekannten und wir können jeweils nach den z_i auflösen (in Aufg. 2.20 wird dies mittels Gauß-Algorithmus gelöst),

$$z_0 = \underbrace{\frac{A_{00} + A_{11}}{2}}, \quad z_3 = \underbrace{\frac{A_{00} - A_{11}}{2}}, \quad z_1 = \underbrace{\frac{A_{01} + A_{10}}{2}}, \quad z_2 = i\underbrace{\frac{A_{01} - A_{10}}{2}}. \tag{2.342}$$

Da für die Matrixelemente $A_{ij} \in \mathbb{C}$ gilt, müssen die Koeffizienten ebenfalls komplex sein, $z_i \in \mathbb{C}$.

Wie man nun durch schnelles Überprüfen entsprechend der Aufg. 2.18 feststellen kann, sind die Pauli-Matrizen hermitesch. Sind die Koeffizienten nun reelle Zahlen, $z_i \in \mathbb{R}$, so ist die Linearkombination der Pauli-Matrizen ebenfalls hermitesch, da

$$\left(\sum_i z_i \sigma_i \right)^\dagger = \sum_i (z_i \sigma_i)^\dagger = \sum_i (z_i)^* (\sigma_i)^\dagger = \sum_i z_i \sigma_i. \tag{2.343}$$

Dass wir tatsächlich nur reelle z_i haben, sehen wir auch direkt an Gl. 2.342: Da die Diagonalelemente einer hermiteschen Matrix reell sind, $A_{00}, A_{11} \in \mathbb{R}$, müssen z_0 und z_3 es ebenfalls sein. Des Weiteren gilt bei einer hermiteschen Matrix $A_{01} = A_{10}^*$. Damit ist $z_1 = \text{Re}(A_{01})$ und $z_2 = -\text{Im}(A_{01})$.

(b) Hilfreich für die Analyse der Eigenschaften der Pauli-Matrizen ist das Anfertigen einer Multiplikationstabelle, in der sich das Produkt $\sigma_i \cdot \sigma_j$ in der i-ten Zeile und j-ten Spalte befindet,

$$
\begin{array}{c||cccc}
\cdot & \sigma_0 & \sigma_1 & \sigma_2 & \sigma_3 \\
\hline\hline
\sigma_0 & \sigma_0 & \sigma_1 & \sigma_2 & \sigma_3 \\
\sigma_1 & \sigma_1 & \sigma_0 & i\sigma_3 & -i\sigma_2 \\
\sigma_2 & \sigma_2 & -i\sigma_3 & \sigma_0 & i\sigma_1 \\
\sigma_3 & \sigma_3 & i\sigma_2 & -i\sigma_1 & \sigma_0
\end{array} \tag{2.344}
$$

Als Beispiel sei das Element zweite Zeile, dritte Spalte nachgerechnet:

$$\sigma_1\sigma_2 = \begin{pmatrix} 0 & 1 \\ 1 & 0 \end{pmatrix} \begin{pmatrix} 0 & -\mathrm{i} \\ \mathrm{i} & 0 \end{pmatrix} \tag{2.345}$$

$$= \begin{pmatrix} \mathrm{i} & 0 \\ 0 & -\mathrm{i} \end{pmatrix} = \mathrm{i}\sigma_3. \tag{2.346}$$

An der Tabelle können wir Folgendes ablesen: Sie ist nicht spiegelsymmetrisch bzgl. der Diagonale, daher liegt keine Kommutativität zwischen den Elementen vor. Die zu beweisende Relation können wir nun direkt für jeden Fall hinschreiben und so die Gültigkeit zeigen:

$$[\sigma_1, \sigma_2] = 2\mathrm{i}\sigma_3 = -[\sigma_2, \sigma_1] = 2\mathrm{i}\epsilon_{123}\sigma_3 = 2\mathrm{i}(-\epsilon_{213}\sigma_3), \tag{2.347}$$

$$[\sigma_1, \sigma_3] = -2\mathrm{i}\sigma_2 = -[\sigma_3, \sigma_1] = 2\mathrm{i}\epsilon_{132}\sigma_2 = 2\mathrm{i}(-\epsilon_{312}\sigma_2), \tag{2.348}$$

$$[\sigma_2, \sigma_3] = 2\mathrm{i}\sigma_1 = -[\sigma_3, \sigma_2] = 2\mathrm{i}\epsilon_{231}\sigma_1 = 2\mathrm{i}(-\epsilon_{321}\sigma_1). \tag{2.349}$$

Damit ist $[\sigma_i, \sigma_j] = 2\mathrm{i}\sum_{k=1}^{3} \epsilon_{ijk}\sigma_k$ gezeigt. Denn alle Terme in der Summe, bei der zwei Indizes des *Levi-Civita-Symbols* gleich sind, sind null.

(c) Auch hier können wir durch stures Einsetzen und Ausrechnen den Beweis führen. Es geht aber auch etwas geschickter. Dazu nutzen wir den Hinweis

$$[A, B] + \{A, B\} = AB - BA + AB + BA \tag{2.350}$$

$$= 2AB. \tag{2.351}$$

Um diese Beziehung ausnutzen zu können, benötigen wir noch den Antikommutator $\{\sigma_i, \sigma_j\}$. Aus obiger Multiplikationstabelle können wir ablesen, dass

$$\{\sigma_i, \sigma_j\} = \sigma_i\sigma_j + \sigma_j\sigma_i = \begin{cases} 0, & \text{wenn } i = j \\ 2\sigma_0 & \text{sonst.} \end{cases} \tag{2.352}$$

$$= 2\delta_{ij}\sigma_0. \tag{2.353}$$

Zusammen mit dem Ergebnis aus Teilaufgabe (b) liefert die Relation 2.350

$$\sigma_i\sigma_j = \frac{1}{2}\big([\sigma_i, \sigma_j] + \{\sigma_i, \sigma_j\}\big) \tag{2.354}$$

$$= \mathrm{i}\sum_{k=1}^{3} \epsilon_{ijk}\sigma_k + \delta_{ij}\sigma_0, \tag{2.355}$$

was gerade die gesuchte Relation ist.

Aus Gl. 2.355 können wir auch direkt die Inversen σ_i^{-1} der Pauli-Matrizen angeben. Da $\sigma_i\sigma_i = \sigma_0$, gilt nach Def. 2.9 $\sigma_i^{-1} = \sigma_i$. Damit haben die Pauli-Matrizen auch eine weitere Eigenschaft, sie sind nach Def. 2.14 unitär.

(d) Nach der Definition für die Kurzschreibweise mit dem Pauli-Vektor können wir schreiben

$$(\mathbf{a} \cdot \boldsymbol{\sigma})(\mathbf{b} \cdot \boldsymbol{\sigma}) = \left(\sum_{i=1}^{3} a_i\sigma_i\right)\left(\sum_{j=1}^{3} b_j\sigma_j\right). \tag{2.356}$$

Der letzte Ausdruck ist ein Matrixprodukt zwischen zwei Linearkombinationen von Pauli-Matrizen. Da die $a_i, b_j \in \mathbb{R}$, können diese aus dem Matrixprodukt herausgezogen werden,

$$(\mathbf{a} \cdot \boldsymbol{\sigma})(\mathbf{b} \cdot \boldsymbol{\sigma}) = \sum_{i,j=1}^{3} a_ib_j\sigma_i\sigma_j. \tag{2.357}$$

Für das Produkt der Matrizen können wir das Ergebnis aus (c) nutzen,

$$(\mathbf{a} \cdot \boldsymbol{\sigma})(\mathbf{b} \cdot \boldsymbol{\sigma}) = i\sum_{i,j,k=1}^{3} a_ib_j\epsilon_{ijk}\sigma_k + \sum_{i,j=1}^{3} a_ib_j\delta_{ij}\sigma_0 \tag{2.358}$$

$$= i\sum_{k=1}^{3} c_k\sigma_k + \sum_{i=1}^{3} a_ib_i\sigma_0 \tag{2.359}$$

mit $c_k = \sum_{i,j=1}^{3} a_ib_j\epsilon_{ijk}$. Aus der Definition des Kreuzprodukts 2.6 mittels des Levi-Civita-Symbols 2.5 sehen wir, dass c_k die k-te Komponente des Kreuzproduktes aus $\mathbf{a}$ und $\mathbf{b}$ ist, $\mathbf{c} = \sum_{i,j,k=1}^{3} a_ib_j\mathbf{e}_k\epsilon_{ijk} = \mathbf{a} \times \mathbf{b}$. Die zwei Summen in Gl. 2.359 schließlich sind jeweils zwei Skalarprodukte,

$$(\mathbf{a} \cdot \boldsymbol{\sigma})(\mathbf{b} \cdot \boldsymbol{\sigma}) = i(\mathbf{a} \times \mathbf{b}) \cdot \boldsymbol{\sigma} + (\mathbf{a} \cdot \mathbf{b})\sigma_0. \tag{2.360}$$

Wir hätten natürlich auch die Holzhammer-Methode benutzen können, indem wir die Skalarprodukte zunächst explizit ausschreiben und dann die Matrizen miteinander multiplizieren, um dann die Matrixelemente umzuordnen:

$$(\mathbf{a} \cdot \boldsymbol{\sigma})(\mathbf{b} \cdot \boldsymbol{\sigma}) = \begin{pmatrix} a_3 & a_1 - ia_2 \\ a_1 + ia_2 & -a_3 \end{pmatrix}\begin{pmatrix} b_3 & b_1 - ib_2 \\ b_1 + ib_2 & -b_3 \end{pmatrix} \tag{2.361}$$

$$= \begin{pmatrix} a_1b_1 + a_2b_2 + a_3b_3 + i(a_1b_2 - a_2b_1) & a_3b_1 - a_1b_3 + i(a_2b_3 - a_3b_2) \\ a_1b_3 - a_3b_1 + i(a_2b_3 - a_3b_2) & a_1b_1 + a_2b_2 + a_3b_3 + i(a_2b_1 - a_1b_2) \end{pmatrix} \tag{2.362}$$

$$= \begin{pmatrix} \mathbf{a} \cdot \mathbf{b} + i(\mathbf{a} \times \mathbf{b})_z & (\mathbf{a} \times \mathbf{b})_y + i(\mathbf{a} \times \mathbf{b})_x \\ -(\mathbf{a} \times \mathbf{b})_y + i(\mathbf{a} \times \mathbf{b})_x & \mathbf{a} \cdot \mathbf{b} - i(\mathbf{a} \times \mathbf{b})_z \end{pmatrix} \tag{2.363}$$

$$= i(\mathbf{a} \times \mathbf{b})_x\sigma_x + i(\mathbf{a} \times \mathbf{b})_y\sigma_y + i(\mathbf{a} \times \mathbf{b})_z\sigma_z + (\mathbf{a} \cdot \mathbf{b})\sigma_0 \tag{2.364}$$

$$= i(\mathbf{a} \times \mathbf{b}) \cdot \boldsymbol{\sigma} + (\mathbf{a} \cdot \mathbf{b})\sigma_0. \tag{2.365}$$

(e) Wir wissen, dass nach Definition des Matrixexponentials $(\mathbf{n} \cdot \boldsymbol{\sigma})^0 = \mathbb{I}_{2\times2} = \sigma_0$ gilt und $(\mathbf{n} \cdot \boldsymbol{\sigma})^1 \equiv \mathbf{n} \cdot \boldsymbol{\sigma}$. Der erste nicht-triviale Exponent ist also

$$(\mathbf{n} \cdot \boldsymbol{\sigma})^2 = \underbrace{(\mathbf{n} \cdot \mathbf{n})}_{1} \sigma_0 + i\boldsymbol{\sigma} \cdot \underbrace{(\mathbf{n} \times \mathbf{n})}_{\mathbf{0}} = \sigma_0. \qquad (2.366)$$

Im letzten Schritt haben wir das Ergebnis aus (d), Gl. 2.360, benutzt, sowie die Eigenschaft, dass $\mathbf{n}$ ein normierter Vektor ist. Damit können wir den Ausdruck $(\mathbf{n} \cdot \boldsymbol{\sigma})^k$ im Fall eines geraden Exponenten $k = 2\,m, m \in \mathbb{N}^*$ vereinfachen zu

$$(\mathbf{n} \cdot \boldsymbol{\sigma})^k = \left((\mathbf{n} \cdot \boldsymbol{\sigma})^2\right)^m = \underbrace{(\mathbf{n} \cdot \boldsymbol{\sigma})^2}_{\sigma_0} \cdots \underbrace{(\mathbf{n} \cdot \boldsymbol{\sigma})^2}_{\sigma_0} = \sigma_0^m = \sigma_0. \qquad (2.367)$$

Ist k dagegen ungerade, also $k = 2m + 1$, gilt

$$(\mathbf{n} \cdot \boldsymbol{\sigma})^k = \underbrace{(\mathbf{n} \cdot \boldsymbol{\sigma})^{2\,m}}_{(*)}(\mathbf{n} \cdot \boldsymbol{\sigma}) = \sigma_0(\mathbf{n} \cdot \boldsymbol{\sigma}) = \mathbf{n} \cdot \boldsymbol{\sigma}. \qquad (2.368)$$

Der Term (*) wird dabei entsprechend dem Fall für gerade Exponenten behandelt. Damit haben wir

$$(\mathbf{n} \cdot \boldsymbol{\sigma})^k = \begin{cases} \sigma_0 & k \text{ gerade} \\ \mathbf{n} \cdot \boldsymbol{\sigma} & k \text{ ungerade} \end{cases} \qquad (2.369)$$

gezeigt. Formaler, über die vollständige Induktion, hätten wir nach dem gezeigten *Induktionsanfang*, der aus den Fällen für die Exponenten $k = 1$ und $k = 2$ besteht, den Induktionsschritt zeigen müssen, dass nämlich

$$(\mathbf{n} \cdot \boldsymbol{\sigma})^{k+1} = \begin{cases} \sigma_0 & k + 1 \text{ gerade} \\ \mathbf{n} \cdot \boldsymbol{\sigma} & k + 1 \text{ ungerade} \end{cases} \qquad (2.370)$$

gilt. Da wir dabei Gl. 2.369 voraussetzen dürfen, gilt

$$(\mathbf{n} \cdot \boldsymbol{\sigma})(\mathbf{n} \cdot \boldsymbol{\sigma})^k = \begin{cases} (\mathbf{n} \cdot \boldsymbol{\sigma})\sigma_0 & k \text{ gerade} \\ (\mathbf{n} \cdot \boldsymbol{\sigma})(\mathbf{n} \cdot \boldsymbol{\sigma}) & k \text{ ungerade} \end{cases} \qquad (2.371)$$

$$(\mathbf{n} \cdot \boldsymbol{\sigma})^{k+1} = \begin{cases} \mathbf{n} \cdot \boldsymbol{\sigma} & k \text{ gerade} \\ \sigma_0 & k \text{ ungerade} \end{cases} \qquad (2.372)$$

Wird die Fallunterscheidung auf der rechten Seite nun nicht für k, sondern $k + 1$ durchgeführt, kehren sich *gerade* und *ungerade* um und wir erhalten

$$(\mathbf{n} \cdot \boldsymbol{\sigma})^{k+1} = \begin{cases} \mathbf{n} \cdot \boldsymbol{\sigma} & k + 1 \text{ ungerade} \\ \sigma_0 & k + 1 \text{ gerade} \end{cases} \qquad (2.373)$$

was gerade Gl. 2.370 entspricht. ∎

◄

(a) (i) Die Gleichungen

$$x + y = 1 \qquad (2.374)$$
$$-2x - 8y = 4 \qquad (2.375)$$

werden in die Matrixschreibweise überführt,

$$
\begin{matrix} x & y & a \end{matrix} \\
\begin{pmatrix} 1 & 1 & | & 1 \\ -2 & -8 & | & 4 \end{pmatrix}. \qquad (2.376)
$$

Nun addieren (subtrahieren) wir Vielfache einer Zeile zu einer anderen, um die Matrix in Dreiecksform zu bringen:

$$
\begin{pmatrix} 1 & 1 & | & 1 \\ -2 & -8 & | & 4 \end{pmatrix}
\overset{(U_1)}{\Longleftrightarrow}
\begin{pmatrix} 1 & 1 & | & 1 \\ 0 & -6 & | & 6 \end{pmatrix}
\overset{(U_2)}{\Longleftrightarrow}
\begin{pmatrix} 1 & 1 & | & 1 \\ 0 & 1 & | & -1 \end{pmatrix}
\overset{(U_3)}{\Longleftrightarrow}
\begin{pmatrix} 1 & 0 & | & 2 \\ 0 & 1 & | & -1 \end{pmatrix}. \qquad (2.377)
$$

Dabei ist (mit Z_i: i-te Zeile)

$$U_1 \colon Z_2 \to Z_2 + 2Z_1,$$
$$U_2 \colon Z_2 \to Z_2/(-6),$$
$$U_3 \colon Z_1 \to Z_1 - Z_2.$$

Aus der letzten Matrix können wir die Lösung ablesen:
$x = 2$, $y = -1$.

(ii) Die Gleichungen

$$x + y = 1 \qquad (2.378)$$
$$3x + 3y = 3 \qquad (2.379)$$

werden in die Matrixschreibweise überführt,

$$
\begin{matrix} x & y & a \end{matrix} \\
\begin{pmatrix} 1 & 1 & | & 1 \\ 3 & 3 & | & 3 \end{pmatrix}. \qquad (2.380)
$$

Hier ist die zweite Gleichung ein Vielfaches der ersten, d. h., wir haben mit der zweiten Gleichung keine zusätzliche Information. Da wir zwei Unbekannte haben, aber nur eine Gleichung, ist das System unterbestimmt. Im Gaußschen Eliminationsverfahren sehen wir das am Auftauchen einer Nullzeile

$$\begin{array}{ccc} x & y & a \end{array} \qquad \begin{array}{ccc} x & y & a \end{array}$$
$$\begin{pmatrix} 1 & 1 & | & 1 \\ 3 & 3 & | & 3 \end{pmatrix} \overset{(U_1)}{\Longleftrightarrow} \begin{pmatrix} 1 & 1 & | & 1 \\ 0 & 0 & | & 0 \end{pmatrix}, \tag{2.381}$$

mit U_1: $Z_2 \to Z_2 - 3Z_1$.

Wir können einen freien Parameter wählen. Damit man es nicht vergisst, gibt man der gewählten Variable einen neuen Namen, z. B. $y = \mu$ (wir hätten auch x wählen können). Damit liefert die erste Zeile

$$1 \cdot x + 1 \cdot \mu = 1 \tag{2.382}$$
$$x = 1 - \mu. \tag{2.383}$$

Die Lösung lautet somit $x = 1 - \mu$, wobei $y = \mu$ als freier Parameter gewählt wurde.

Zusatz: In Vektorschreibweise lautet die Lösung

$$\begin{pmatrix} x \\ y \end{pmatrix} = \begin{pmatrix} 1 - \mu \\ \mu \end{pmatrix} = \begin{pmatrix} 1 \\ 0 \end{pmatrix} + \mu \begin{pmatrix} -1 \\ 1 \end{pmatrix}. \tag{2.384}$$

(iii) Die Gleichungen

$$x + y = 1 \tag{2.385}$$
$$-2x - 2y = 2 \tag{2.386}$$

werden in die Matrixschreibweise überführt,

$$\begin{array}{ccc} x & y & a \end{array}$$
$$\begin{pmatrix} 1 & 1 & | & 1 \\ -2 & -2 & | & 2 \end{pmatrix}. \tag{2.387}$$

Dieses Problem sieht dem in (b) sehr ähnlich. Führen wir jedoch eine entsprechende Zeilenumformung durch, erhalten wir hier

$$\begin{array}{ccc} x & y & a \end{array} \qquad \begin{array}{ccc} x & y & a \end{array}$$
$$\begin{pmatrix} 1 & 1 & | & 1 \\ -2 & -2 & | & 2 \end{pmatrix} \overset{(U_1)}{\Longleftrightarrow} \begin{pmatrix} 1 & 1 & | & 1 \\ 0 & 0 & | & 4 \end{pmatrix}, \tag{2.388}$$

mit $U_1 \colon Z_2 \to Z_2 + 2Z_1$.

Die letzte Zeile der letzten Matrix sagt nun:

$$0 \cdot x + 0 \cdot y = 4 \iff 0 = 4, \tag{2.389}$$

d. h., ein Widerspruch liegt vor. Damit gibt es hier keine Lösung, genauer, die Lösungsmenge ist die leere Menge $\varnothing$.

(iv) Die Gleichungen

$$x + y + z = -4 \tag{2.390}$$

$$x + 2y + 3z = 4 \tag{2.391}$$

$$-4y + 8z = 0 \tag{2.392}$$

werden in die Matrixschreibweise überführt,

$$\begin{array}{cccc} x & y & z & a \end{array}$$
$$\begin{pmatrix} 1 & 1 & 1 & -4 \\ 1 & 2 & 3 & 4 \\ 0 & -4 & 8 & 0 \end{pmatrix}. \tag{2.393}$$

Nun addieren (subtrahieren) wir Vielfache einer Zeile zu einer anderen, um die Matrix in Dreiecksform zu bringen:

$$\begin{array}{cccc} x & y & z & a \end{array} \qquad \begin{array}{cccc} x & y & z & a \end{array} \qquad \begin{array}{cccc} x & y & z & a \end{array}$$
$$\begin{pmatrix} 1 & 1 & 1 & -4 \\ 1 & 2 & 3 & 4 \\ 0 & -4 & 8 & 0 \end{pmatrix} \overset{(U_1)}{\Longleftrightarrow} \begin{pmatrix} 1 & 1 & 1 & -4 \\ 0 & 1 & 2 & 8 \\ 0 & -4 & 8 & 0 \end{pmatrix} \overset{(U_2)}{\Longleftrightarrow} \begin{pmatrix} 1 & 1 & 1 & -4 \\ 0 & 1 & 2 & 8 \\ 0 & 0 & 16 & 32 \end{pmatrix} \tag{2.394}$$

$$\begin{array}{cccc} x & y & z & a \end{array} \qquad \begin{array}{cccc} x & y & z & a \end{array} \qquad \begin{array}{cccc} x & y & z & a \end{array}$$
$$\overset{(U_3)}{\Longleftrightarrow} \begin{pmatrix} 1 & 1 & 1 & -4 \\ 0 & 1 & 2 & 8 \\ 0 & 0 & 1 & 2 \end{pmatrix} \overset{(U_4)}{\Longleftrightarrow} \begin{pmatrix} 1 & 1 & 1 & -4 \\ 0 & 1 & 0 & 4 \\ 0 & 0 & 1 & 2 \end{pmatrix} \overset{(U_5)}{\Longleftrightarrow} \begin{pmatrix} 1 & 1 & 0 & -6 \\ 0 & 1 & 0 & 4 \\ 0 & 0 & 1 & 2 \end{pmatrix} \tag{2.395}$$

$$\begin{array}{cccc} x & y & z & a \end{array}$$
$$\overset{(U_6)}{\Longleftrightarrow} \begin{pmatrix} 1 & 0 & 0 & -10 \\ 0 & 1 & 0 & 4 \\ 0 & 0 & 1 & 2 \end{pmatrix}, \tag{2.396}$$

mit

$$U_1 : Z_2 \rightarrow Z_2 - Z_1, \qquad U_4 : Z_2 \rightarrow Z_2 - 2Z_3,$$
$$U_2 : Z_3 \rightarrow Z_3 + 4Z_2, \qquad U_5 : Z_1 \rightarrow Z_1 - Z_3,$$
$$U_3 : Z_3 \rightarrow \tfrac{1}{16} Z_3, \qquad U_6 : Z_1 \rightarrow Z_1 - Z_2.$$

Wir können nun die Lösung aus der letzten Matrix ablesen:

$$x = -10, \quad y = 4, \quad z = 2. \tag{2.397}$$

(b) Wir wandeln das Problem in die Form

$$Mz = a \tag{2.398}$$

um. Dabei sind $z = (z_0, z_1, z_2, z_3)^T$ und $a = (A_{00}, A_{01}, A_{10}, A_{11})^T$. Die Matrix M wird nun durch das Vergleichen der Matrixeinträge in 2.72 abgelesen. Nehmen wir z. B. A_{00}. Aus 2.72 sehen wir, dass $A_{00} = z_0 + z_3$. Daher muss bei der Matrix-Vektor-Multiplikation Mz in der ersten Zeile von M Folgendes stehen,

$$(M_{11}, M_{12}, M_{13}, M_{14}).(z_0, z_1, z_2, z_3)^T \overset{!}{=} A_{00} = z_0 + z_3 \tag{2.399}$$

$$(1, 0, 0, 1).(z_0, z_1, z_2, z_3)^T \overset{!}{=} \tag{2.400}$$

$$z_0 + z_3 = z_0 + z_3. \tag{2.401}$$

Die *erweiterte Koeffizientenmatrix* zu dem Gleichungssystem hat somit folgende Form

$$\begin{array}{cccc}
z_0 & z_1 & z_2 & z_3 \quad a
\end{array}$$
$$\begin{pmatrix}
1 & 0 & 0 & 1 & A_{00} \\
0 & 1 & -i & 0 & A_{01} \\
0 & 1 & i & 0 & A_{10} \\
1 & 0 & 0 & -1 & A_{11}
\end{pmatrix} \tag{2.402}$$

Das Gleichungssystem ist dann eindeutig, wenn $\det(M) \neq 0$. Berechnen wir daher

$$\det(M) = \begin{vmatrix}
1 & 0 & 0 & 1 \\
0 & 1 & -i & 0 \\
0 & 1 & i & 0 \\
1 & 0 & 0 & -1
\end{vmatrix}. \tag{2.403}$$

Dies haben wir schon in Aufg. 2.9 getan, das Ergebnis ist $\det(M) = -4i$ und damit existiert eine eindeutige Lösung. Falls $a = \mathbf{0}$, gibt es nur die triviale Lösung, $z = \mathbf{0}$. Als Nächstes wollen wir die Matrix auf Dreiecksstufenform bringen. Dazu gehen wir folgenden Algorithmus durch:

(1) Das erste Element der ersten Zeile (Pivotelement) sollte ± 1 sein. Das ist hier ohne Zeilenvertauschung schon gegeben.

(2) Durch Hinzuaddieren der ersten Zeile werden alle Einträge der ersten Spalte bis auf den ersten zu Null gemacht. So wird dann entsprechend mit der zweiten und den nächsten Spalten vorgegangen. Hier addieren wir die mit -1 multiplizierte erste Zeile zur letzten. Anschließend addieren wir die mit -1 multiplizierte zweite Zeile zur dritten. Wir erhalten

$$
\begin{array}{cccc}
z_0 & z_1 & z_2 & z_3
\end{array} \qquad a
$$

$$
\left(\begin{array}{cccc|c}
1 & 0 & 0 & 1 & A_{00} \\
0 & 1 & -i & 0 & A_{01} \\
0 & 0 & 2i & 0 & A_{10} - A_{01} \\
0 & 0 & 0 & -2 & A_{11} - A_{00}
\end{array} \right). \tag{2.404}
$$

Entsprechend eliminieren wir nun zuerst das M_{23}- und dann das M_{14}-Element,

$$
\begin{array}{cccc}
z_0 & z_1 & z_2 & z_3
\end{array} \qquad a
$$

$$
\left(\begin{array}{cccc|c}
1 & 0 & 0 & 0 & A_{00} + \frac{A_{11} - A_{00}}{2} \\
0 & 1 & 0 & 0 & A_{01} + \frac{A_{10} - A_{01}}{2} \\
0 & 0 & 2i & 0 & A_{10} - A_{01} \\
0 & 0 & 0 & -2 & A_{11} - A_{00}
\end{array} \right). \tag{2.405}
$$

(3) Nun müssen noch die Diagonalelemente von M auf 1 normiert werden und wir können die Lösung des Gleichungssystems ablesen,

$$
\begin{array}{cccc}
z_0 & z_1 & z_2 & z_3
\end{array} \qquad a
$$

$$
\left(\begin{array}{cccc|c}
1 & 0 & 0 & 0 & \frac{A_{11} + A_{00}}{2} \\
0 & 1 & 0 & 0 & \frac{A_{10} + A_{01}}{2} \\
0 & 0 & 1 & 0 & \frac{A_{10} - A_{01}}{2i} \\
0 & 0 & 0 & 1 & \frac{A_{00} - A_{11}}{2}
\end{array} \right). \tag{2.406}
$$

Wir haben somit (siehe auch Gl. 2.342)

$$
z_0 = \frac{A_{00} + A_{11}}{2}, \quad z_3 = \frac{A_{00} - A_{11}}{2},
$$

$$
z_1 = \frac{A_{01} + A_{10}}{2}, \quad z_2 = i\frac{A_{01} - A_{10}}{2}. \tag{2.407}
$$

Es ist gut, das Verfahren einmal stur anzuwenden, aber wir haben uns hier das Leben unnötig schwer gemacht. Ordnen wir das Gleichungssystem Gl. 2.402

etwas um durch das Vertauschen der zweiten und vierten Spalte und anschließend der zweiten und vierten Zeile, erhalten wir

$$
\begin{array}{ccccc}
z_0 & z_3 & z_2 & z_1 & a
\end{array}
\begin{pmatrix}
1 & 1 & 0 & 0 & A_{00} \\
1 & -1 & 0 & 0 & A_{11} \\
0 & 0 & i & 1 & A_{10} \\
0 & 0 & -i & 1 & A_{01}
\end{pmatrix}. \tag{2.408}
$$

Wir sehen, dass das Gleichungssystem in zwei unabhängige Teile zerfällt: Die
Gleichungen mit z_0 und z_3 sind von jenen mit z_1 und z_2 entkoppelt, können
also separat gelöst werden,

$$
\begin{array}{cc}
z_0 & z_3 \quad a
\end{array}
\begin{pmatrix}
1 & 1 & A_{00} \\
1 & -1 & A_{11}
\end{pmatrix}, \quad
\begin{array}{cc}
z_2 & z_1 \quad a
\end{array}
\begin{pmatrix}
i & 1 & A_{10} \\
-i & 1 & A_{01}
\end{pmatrix}, \tag{2.409}
$$

wie wir es schon in Gl. 2.341 gesehen haben.

◀

Lösung zu Aufgabe 2.21

(a) Jedes $f(x)$ in V lässt sich als Linearkombination aus der Basis $\{\sin(x), \cos(x)\}$
darstellen. Ein allgemeines Element aus V hat somit die Form $g(x) = \alpha\sin(x) + \beta\cos(x)$. Wir wenden I auf $g(x)$ an,

$$
Ig(x) = \int_x^{x+a} dy\, (\alpha\sin(y) + \beta\cos(y)) \tag{2.410}
$$

$$
= \alpha \int_x^{x+a} dy\, \sin(y) + \beta \int_x^{x+a} dy\, \cos(y) \tag{2.411}
$$

$$
= -\alpha(\cos(x + a) - \cos(x)) + \beta(\sin(x + a) - \sin(x)). \tag{2.412}
$$

Zu zeigen bleibt, dass $\sin(x + a) \in V$ und $\cos(x + a) \in V$. Mit

$$
\sin(x \pm y) = \sin(x)\cos(y) \pm \cos(x)\sin(y) \tag{2.413}
$$

$$
\cos(x \pm y) = \cos(x)\cos(y) \mp \sin(x)\sin(y) \tag{2.414}
$$

ist es klar.

(b) Die Bilder der Basis sind die Spaltenvektoren der Darstellung, also mit der
Zuordnung $\mathbf{e}_1 \equiv \cos(x)$, $\mathbf{e}_2 \equiv \sin(x)$ haben wir

$$
I\cos(x) = \int_x^{x+a} dy\, \cos(y) = \sin(x + a) - \sin(x) \tag{2.415}
$$

$$
= \sin(a)\cos(x) + \cos(a)\sin(x) - \sin(x) \tag{2.416}
$$

$$
M(I)\mathbf{e}_1 = \sin(a)\mathbf{e}_1 + (\cos(a) - 1)\mathbf{e}_2. \tag{2.417}
$$

Entsprechend für den zweiten Basisvektor

$$I\sin(x) = \int_x^{x+a} dy\,\sin(y) = -\cos(x + a) + \cos(x) \qquad (2.418)$$

$$= -\cos(a)\cos(x) + \sin(a)\sin(x) + \cos(x) \qquad (2.419)$$

$$M(I)\mathbf{e}_2 = (1 - \cos(a))\mathbf{e}_1 + \sin(a)\mathbf{e}_2. \qquad (2.420)$$

Aus Gl. 2.417 und 2.420 ergibt sich schließlich die Matrixdarstellung von I,

$$M(I) = \begin{pmatrix} \sin(a) & (1 - \cos(a)) \\ -(1 - \cos(a)) & \sin(a) \end{pmatrix}. \qquad (2.421)$$

(c) Singulär ist $M(I)$, wenn die Determinante verschwindet,

$$0 \overset{!}{=} \det(M(I)) = \sin^2(a) + (1 - \cos(a))^2 = 1 + \underbrace{\sin^2(a) + \cos^2(a)}_{1} - 2\cos(a)$$

$$(2.422)$$

$$1 = \cos(a) \Rightarrow a = 2\pi n, \quad \text{mit } n \in \mathbb{Z}. \qquad (2.423)$$

(d) Mit

$$[M(I)]^{-1} = -\frac{1}{4}[M(I)]^3 \qquad (2.424)$$

$$-4\mathbb{1} = [M(I)]^4 \qquad (2.425)$$

müssen wir nur Letzteres zeigen. Es gilt

$$[M(I)]^2 = \begin{pmatrix} 1 & 1 \\ -1 & 1 \end{pmatrix} \cdot \begin{pmatrix} 1 & 1 \\ -1 & 1 \end{pmatrix} = \begin{pmatrix} 0 & 2 \\ -2 & 0 \end{pmatrix} \qquad (2.426)$$

und damit

$$[M(I)]^4 = \begin{pmatrix} 0 & 2 \\ -2 & 0 \end{pmatrix} \cdot \begin{pmatrix} 0 & 2 \\ -2 & 0 \end{pmatrix} = \begin{pmatrix} -4 & 0 \\ 0 & -4 \end{pmatrix} = -4\mathbb{1}. \qquad (2.427)$$

Man sieht auch,

$$-\frac{1}{4}[M(I)]^3 = -\frac{1}{4}\begin{pmatrix} 0 & 2 \\ -2 & 0 \end{pmatrix} \cdot \begin{pmatrix} 1 & 1 \\ -1 & 1 \end{pmatrix} = \frac{1}{2}\begin{pmatrix} 1 & -1 \\ 1 & 1 \end{pmatrix} \qquad (2.428)$$

und der Test zeigt

$$-\frac{1}{4}[M(I)]^3\,M(I) = \frac{1}{2}\begin{pmatrix} 1 & -1 \\ 1 & 1 \end{pmatrix} \cdot \begin{pmatrix} 1 & 1 \\ -1 & 1 \end{pmatrix} = \begin{pmatrix} 1 & 0 \\ 0 & 1 \end{pmatrix} \equiv \mathbb{1}, \qquad (2.429)$$

dass es sich bei $-\frac{1}{4}[M(I)]^3$ tatsächlich um die Inverse handelt.

◄

Die hermitesche Matrix, deren Eigenwerte und Eigenvektoren wir suchen, ist gegeben durch

$$A = \begin{pmatrix} 1 & i & 0 \\ -i & 1 & 0 \\ 0 & 0 & 1 \end{pmatrix}, \tag{2.430}$$

da die Einträge unterhalb der Diagonalen durch komplexe Konjugation gegeben sind. Ein Eigenwert und Eigenvektor kann sofort genannt werden, nämlich $x_3 = (0, 0, 1)^T$ mit Eigenwert $\lambda_3 = 1$. Es bleiben die zwei anderen Eigenvektoren, die, da A hermitesch ist, orthogonal zu x_3 sein müssen und somit die Form $(a, b, 0)^T$ haben. Das Problem reduziert sich auf das Diagonalisieren der Untermatrix

$$\tilde{A} = \begin{pmatrix} 1 & i \\ -i & 1 \end{pmatrix}. \tag{2.431}$$

Das zugehörige *charakteristische Polynom* ist gegeben durch

$$\begin{vmatrix} 1-\lambda & i \\ -i & 1-\lambda \end{vmatrix} = (1-\lambda)^2 - 1 = 0. \tag{2.432}$$

Damit erhalten wir die Eigenwerte

$$\lambda_{1/2} := \lambda_{\pm} = 1 \pm 1. \tag{2.433}$$

Um den Eigenvektor x_2 zu erhalten, muss das lineare Gleichungssystem (LGS) $Ax_2 = 0x_2$ gelöst werden. Man beachte, dass $\det(A) \neq 0$ ist und somit nicht nur der Nullvektor (der *kein* Eigenvektor ist) als einzige Lösung vorliegt. Wir schreiben das LGS (mit $x_{i,j} := (x_i)_j$) als

$$\begin{matrix} x_{2,1} \ x_{2,2} \\ \begin{pmatrix} 1 & i & | & 0 \\ -i & 1 & | & 0 \end{pmatrix} \end{matrix}. \tag{2.434}$$

Der Gauß-Algorithmus liefert durch Addition der mit i multiplizierten ersten Zeile zur zweiten

$$\begin{pmatrix} 1 & i & | & 0 \\ 0 & 0 & | & 0 \end{pmatrix}. \tag{2.435}$$

Damit ist eine der Unbekannten frei wählbar $x_{2,2} = k$ und die erste Zeile liefert

$$x_{2,1} + ik = 0 \tag{2.436}$$

$$x_{2,1} = -ik. \tag{2.437}$$

Somit haben wir den Eigenvektor $(-ik, k, 0)^T$, der den normierten Eigenvektor $\mathbf{x}_2 = (-i, 1, 0)^T/\sqrt{2}$ liefert. Den noch fehlenden Eigenvektor können wir aus dem Kreuzprodukt der ersten beiden erhalten,

$$\mathbf{x}_2 \times \mathbf{x}_3 = \mathbf{x}_1 \tag{2.438}$$

$$= \frac{1}{\sqrt{2}} \begin{pmatrix} 1 \\ i \\ 0 \end{pmatrix}. \tag{2.439}$$

◄

Lösung zu Aufgabe 2.23

Die Rotationsmatrix im $\mathbb{R}^2$ kennen wir aus Gl. 2.55

$$M(R(\alpha)) = \begin{pmatrix} \cos(\alpha) & -\sin(\alpha) \\ \sin(\alpha) & \cos(\alpha) \end{pmatrix}. \tag{2.440}$$

(a) Wenn es sich bei $\mathbf{v}$ um einen Eigenvektor handelt, muss $R(\alpha)\mathbf{v} \propto \mathbf{v}$ gelten[20]. Mit anderen Worten, der resultierende Vektor muss zum Vektor *vor* der Rotation kollinear sein. Da die Determinante von $R(\alpha)$ ebenfalls 1 ist, bleibt die Länge erhalten. Somit kann ein reeller Eigenwert zum Eigenvektor $\mathbf{v}$ nur ± 1 sein. Dies entspricht dann einer Rotation um ein Vielfaches von 2π oder um ein ungerades Vielfaches von π. In beiden Fällen ist die Rotationsmatrix die Einheitsmatrix, damit symmetrisch und somit hermitesch. Für alle anderen Winkel haben wir aufgrund der Nicht-Hermitizität keine Garantie, dass sie reell sind. Hier wissen wir sogar, dass sie komplex sein müssen, da wir alle möglichen reellen Werte aufgelistet haben.

(b) Wir rechnen nun die Eigenwerte und Eigenvektoren explizit aus. Die Berechnung der Eigenwerte liefert

$$0 = \det(R(\alpha) - \mathbb{1}\lambda) \tag{2.441}$$

$$= \begin{vmatrix} \cos(\alpha) - \lambda & -\sin(\alpha) \\ \sin(\alpha) & \cos(\alpha) - \lambda \end{vmatrix} \tag{2.442}$$

$$= (\cos(\alpha) - \lambda)^2 + \sin^2(\alpha) \tag{2.443}$$

$$= \underbrace{\cos^2(\alpha) + \sin^2(\alpha)}_{1} - 2\cos(\alpha)\lambda + \lambda^2 \tag{2.444}$$

$$\lambda_\pm = \cos(\alpha) \pm \sqrt{\cos^2(\alpha) - 1} \tag{2.445}$$

$$= \cos(\alpha) \pm \sqrt{-\sin^2(\alpha)} = \cos(\alpha) \pm i\sin(\alpha) = e^{\pm i\alpha}. \tag{2.446}$$

---

[20] Wir identifizieren hier den Rotationsoperator R mit seiner Darstellung $M(R)$

Wir sehen, dass wir nicht für beliebige Winkel α reelle Eigenwerte erhalten. Damit $\lambda \in \mathbb{R}$, muss $\alpha = n\pi$ mit $n \in \mathbb{Z}$ sein. Dies deckt sich mit der Betrachtung in (a).
Für die Berechnung der Eigenvektoren führen wir eine Fallunterscheidung durch:

(i) Für $\alpha = n\pi$ mit $n \in \mathbb{Z}$ ist

$$R(n\pi) = \begin{cases} \mathbb{1} & : n \ \ \text{gerade} \\ -\mathbb{1} & : n \ \ \text{ungerade} \end{cases} \tag{2.447}$$

und damit ist jeder $\mathbf{v} \in \mathbb{R}^2$ Eigenvektor zu $R(n\pi)$.
(ii) Für $\alpha \neq n\pi$ lösen wir

$$\begin{pmatrix} \cos(\alpha) & -\sin(\alpha) \\ \sin(\alpha) & \cos(\alpha) \end{pmatrix} \begin{pmatrix} v_1 \\ v_2 \end{pmatrix} = \lambda \begin{pmatrix} v_1 \\ v_2 \end{pmatrix} \tag{2.448}$$

für v_1 und v_2 für die zwei Eigenwerte $\lambda_\pm$. Für λ_+ erhalten wir

$$\begin{pmatrix} \cos(\alpha) - (\cos(\alpha) + \mathrm{i}\sin(\alpha)) & -\sin(\alpha) \\ \sin(\alpha) & \cos(\alpha) - (\cos(\alpha) + \mathrm{i}\sin(\alpha)) \end{pmatrix} \begin{pmatrix} v_1 \\ v_2 \end{pmatrix} = \begin{pmatrix} 0 \\ 0 \end{pmatrix} \tag{2.449}$$

$$\sin(\alpha) \begin{pmatrix} -\mathrm{i} & -1 \\ 1 & -\mathrm{i} \end{pmatrix} \begin{pmatrix} v_1 \\ v_2 \end{pmatrix} = \tag{2.450}$$

Das zugehörige Gleichungssystem ist

$$\begin{matrix} v_1 \ v_2 \\ \begin{pmatrix} -\mathrm{i} & -1 & | & 0 \\ 1 & -\mathrm{i} & | & 0 \end{pmatrix} \end{matrix} \Longleftrightarrow \begin{matrix} v_1 \ v_2 \\ \begin{pmatrix} 1 & -\mathrm{i} & | & 0 \\ 0 & 0 & | & 0 \end{pmatrix} \end{matrix}. \tag{2.451}$$

[21] Damit ist der zu λ_+ gehörende Eigenvektor $\mathbf{v}_+ = (1/\sqrt{2})(1, -\mathrm{i})^T$.
Für λ_- erhalten wir äquivalent das Gleichungssystem

$$\begin{matrix} v_1 \ v_2 \\ \begin{pmatrix} \mathrm{i} & -1 & | & 0 \\ 1 & \mathrm{i} & | & 0 \end{pmatrix} \end{matrix} \Longleftrightarrow \begin{matrix} v_1 \ v_2 \\ \begin{pmatrix} 1 & \mathrm{i} & | & 0 \\ 0 & 0 & | & 0 \end{pmatrix} \end{matrix}. \tag{2.452}$$

---

[21]Wir sehen, dass hier eine Nullzeile auftaucht, da die Determinante, die uns das charakteristische Polynom liefert, verschwinden muss.

Damit ist der zu λ_- gehörende Eigenvektor $\mathbf{v}_- = (1/\sqrt{2})(1, \mathrm{i})^T$. Wir hätten ihn auch aus der Bedingung $\langle \mathbf{v}_+ | \mathbf{v}_- \rangle = 0$ erhalten können, da die Rotationsmatrix eine orthogonale ist[22] (Element aus $O(2)$) und für diese gilt, dass die Eigenvektoren zu unterschiedlichen Eigenwerten orthogonal zueinander sind:

$$0 = \langle \mathbf{v}_+ | \mathbf{v}_- \rangle = \frac{1}{2}(v_{-,1} + \mathrm{i} v_{-,2}) \qquad (2.453)$$

$$v_{-,1} = -\mathrm{i} v_{-,2}, \qquad (2.454)$$

was auf das schon berechnete Resultat führt.

◀

Lösung zu Aufgabe 2.24

(a) Im Folgenden sei $i \neq j$ angenommen. Zunächst stellen wir fest, dass

$$H\mathbf{v}_i = \lambda_i \mathbf{v}_i, \qquad (2.455)$$

$$\text{und } H\mathbf{v}_j = \lambda_j \mathbf{v}_j, \qquad (2.456)$$

wobei die Eigenwerte reell sind, da H hermitesch ist. Daraus folgt

$$\mathbf{v}_i^\dagger H \mathbf{v}_j = \lambda_j \mathbf{v}_i^\dagger \mathbf{v}_j \equiv \lambda_j \langle \mathbf{v}_i | \mathbf{v}_j \rangle. \qquad (2.457)$$

Auf der anderen Seite können wir den Ausdruck $\mathbf{v}_i^\dagger H$ auswerten, nämlich ist

$$\mathbf{v}_i^\dagger H = \left(H^\dagger \mathbf{v}_i \right)^\dagger = (H\mathbf{v}_i)^\dagger = (\lambda_i \mathbf{v}_i)^\dagger = \lambda_i \mathbf{v}_i^\dagger, \qquad (2.458)$$

da H hermitesch ist. Daraus folgt, dass wir Gl. 2.457 auch wie folgt schreiben können,

$$\mathbf{v}_i^\dagger H \mathbf{v}_j = \lambda_i \mathbf{v}_i^\dagger \mathbf{v}_j. \qquad (2.459)$$

Aus Gl. 2.457 und 2.459 folgt somit

$$(\lambda_i - \lambda_j)\mathbf{v}_i^\dagger \mathbf{v}_j = 0. \qquad (2.460)$$

Da wir zu Beginn $\lambda_i = \lambda_j$ ausgeschlossen haben, muss $\mathbf{v}_i^\dagger \mathbf{v}_j = 0$ gelten. Damit sind die Eigenvektoren orthogonal.

---

[22] Siehe dazu auch Aufg. 2.24

(b) Aus (a) wissen wir, dass $\mathbf{v}_i^\dagger \mathbf{v}_j = \delta_{ij}$, wenn wir noch zusätzlich die Eigenvektoren normieren. Da die Spalten von U aus den Eigenvektoren bestehen, haben wir

$$(U^\dagger U)_{nm} = (U^\dagger)_{nj} U_{jm} = (U^*)_{jn} U_{jm} = (\mathbf{v}_n)_j^* (\mathbf{v}_m)_j = \mathbf{v}_n^\dagger \mathbf{v}_m = \delta_{nm}.$$
$$(2.461)$$

Damit ist $U^\dagger U = \mathbb{1}$ und damit unitär. Unitäre Matrizen sind normal, daher gilt auch $U U^\dagger = \mathbb{1}$. Das wiederum heißt nichts anderes, als dass die Zeilen der Matrix U paarweise orthogonal zueinander sind.

◄

Literatur

1. G. Fischer. *Lineare Algebra*. Springer Fachmedien Wiesbaden, 2013.
2. W. Pauli. *Zur Quantenmechanik des magnetischen Elektrons*. Zeitschrift für Physik, Bd. 43, 1927, S. 601
3. A. Einstein. *Die Grundlage der allgemeinen Relativitätstheorie*. Annalen der Physik, Bd. 354, 1927, S. 769
4. Michael A. Nielsen und Isaac L. Chuang *Quantum Computation and Quantum Information*. Cambridge University Press, 2010.

Analysis

3

Im dritten Abschnitt dieses Buches beschäftigen wir uns mit dem Teilgebiet der Mathematik, der die Infinitesimalrechnung als Kern beinhaltet [1–3]. Ausgehend von Aufgaben, mit denen wir Übung im Differenzieren und Integrieren in einer Dimension erhalten, gehen wir in den anschließenden Kapiteln auf Probleme in höheren Dimensionen ein. Ein Hauptziel wird es sein, in der Vektoranalysis ein gutes Verständnis für die zunächst sehr abstrakt wirkenden Sätze von Gauß und Stokes zu erhalten, wobei wir durch unterschiedliche Anwendungen ein Gefühl für Begriffe wie *„konservatives Vektorfeld"* erhalten werden.

Da schon im ersten Semester der Begriff des Punktteilchens aufkommt, eines Objekts also, dass zwar eine endliche Masse besitzt, aber dennoch keine Ausdehnung, ist es hilfreich, sich mit dem Thema Delta-Distribution zu beschäftigen. Diesem ist ein ganzes Unterkapitel gewidmet.

3.1 Differentialrechnung

Definition 3.1. Differentialquotient (Ableitung) einer Funktion
Sei $f : D \to \mathbb{R}$ eine Funktion mit Definitionsbereich $D \subset \mathbb{R}$. Dann heißt der Grenzwert

$$\frac{\mathrm{d}}{\mathrm{d}x} f(x) \equiv f'(x) = \lim_{h \to 0} \frac{f(x+h) - f(x)}{h}, \quad x \in D \qquad (3.1)$$

Differentialquotient oder *Ableitung* von f im Punkt x.[1]

---

[1]Dabei ist zu beachten, dass bei der Limesbildung nur Folgen (h_i) mit $h_i \neq 0$ und $h_i + x \in D$ genommen werden.

© Springer-Verlag GmbH Deutschland, ein Teil von Springer Nature 2023
P. Wenk, *Mathematische Methoden anhand von Problemlösungen*,
https://doi.org/10.1007/978-3-662-66426-1_3

Theorem 3.1. Ableitungsregeln

Sei $V \subset \mathbb{R}$ und $f, g : V \to \mathbb{R}$ in $x \in \mathbb{R}$ differenzierbare Funktionen, dann gelten folgende Rechenregeln:

- **Produktregel**

$$\frac{\mathrm{d}}{\mathrm{d}x}(f(x)g(x)) \equiv (fg)'(x) = f'(x)g(x) + f(x)g'(x). \qquad (3.2)$$

- **Quotientenregel**

$$\frac{\mathrm{d}}{\mathrm{d}x}\left(\frac{f(x)}{g(x)}\right) = \frac{f'(x)g(x) - f(x)g'(x)}{g(x)^2} \qquad (3.3)$$

- **Kettenregel**
  Seien nun $v : V \to \mathbb{R}$ und $w : W \to \mathbb{R}$ mit $v(V) \subset W$. Dann gilt

$$\frac{\mathrm{d}}{\mathrm{d}x}w(v(x)) = \frac{\mathrm{d}w(v)}{\mathrm{d}v}\frac{\mathrm{d}v(x)}{\mathrm{d}x}. \qquad (3.4)$$

Die Funktion $v(x)$ muss dabei in x differenzierbar sein und aufgrund der Verschachtelung muss w es in $v(x)$ sein.

Korollar 3.1. *Ableitung einer Umkehrfunktion*

Sei f eine bijektive Funktion $f : I \to \mathbb{R}$ und f^{-1} ihre Umkehrfunktion. Ist nun

- *f an der Stelle $x \in I$ differenzierbar und*
- *$f'(x) \neq 0$,*

so ist auch die Umkehrfunktion f^{-1} in $y = f(x)$ differenzierbar mit der Ableitung

$$(f^{-1})'(y) = \frac{1}{f'(f^{-1}(y))} = \frac{1}{f'(x)}. \qquad (3.5)$$

$\Rightarrow$ *Aufg. 3.7*□

Theorem 3.2. Leibnizsche Regel für höhere Ableitungen von Produkten
Gegeben seien zwei Funktionen $v(x), w(x) : D \to \mathbb{R}$, dann gilt (Argument wird unterdrückt)

$$\frac{d^n v(x)\, w(x)}{dx^n} \equiv (vw)^{(n)} = \sum_{l=0}^{n} \binom{n}{l} v^{(l)} w^{(n-l)}. \qquad (3.6)$$

⇨ *Aufg.* 3.89□,

Theorem 3.3. Regel von de L'Hôpital (de L'Hospital)
Für

$$\lim_{x \to x_0} f(x) = 0, \quad \text{und} \quad \lim_{x \to x_0} g(x) = 0 \quad \text{oder} \qquad (3.7)$$

$$\lim_{x \to x_0} f(x) = \pm\infty \quad \text{und} \quad \lim_{x \to x_0} g(x) = \pm\infty \qquad (3.8)$$

und $g'(x_0) \neq 0$ gilt

$$\lim_{x \to x_0} \frac{f(x)}{g(x)} = \lim_{x \to x_0} \frac{f'(x)}{g'(x)}. \qquad (3.9)$$

Aufgabe 3.1. Quotientenregel
Anspruch: ● ○ ○
Leiten Sie aus der Ketten-, Gl. 3.4, und der Produktregel, Gl. 3.2, die Quotientenregel, Gl. 3.3, her.

Aufgabe 3.2. Ableitung der Winkelfunktionen aus der Euler-Formel
Anspruch: ● ○ ○
Finden Sie die Ableitung der sin und cos Funktion aus der Ableitung der Exponentialfunktion und der Euler-Formel, Gl. 1.1.

Aufgabe 3.3. Wichtige Ableitungen
Anspruch: ● ○ ○
Berechnen Sie die Ableitung nach x, mit $x \in \mathbb{R}$, von

(a) x^n, mit $n \in \mathbb{N} \setminus \{0\}$; $\left(ax + x^3\right)^2$, $a \in \mathbb{R}$; $\left[\ln\left(\sin^2(3x)\right)\right]^{\frac{1}{3}}$

(b) $\ln(e^x)$; e^{ax^2}, mit $a \in \mathbb{R}$; $a^{\ln(x)}$ mit $a > 0, x > 0$

(c) x^x,

(d) $\tan(x)$, $\cot(x)$,

     🕮 Aufg. 3.2

(e) $\sinh(x)$, $\cosh(x)$, $\tanh(x)$.

Aufgabe 3.4. Bateman-Funktion: Ein Ausflug in die Pharmakologie

Anspruch: ● ● ○

Die Bateman-Funktion,

$$\rho(t) = C\frac{k_a}{k_a - k_e}\left(e^{-k_e t} - e^{-k_a t}\right), \quad \text{mit } k_a > k_e, \tag{3.10}$$

beschreibt den zeitlichen (t: Zeit) Verlauf einer Wirkstoffkonzentration ρ. Dabei stellen die beiden Parameter k_a und k_e jeweils die Absorptions- bzw. Emissionsrate dar. Es seien $k_a > 0$, $k_e > 0$, $C > 0$.

(a) Wie ist die Änderung der Konzentration mit t zu Beginn, also bei $t = 0$?

(b) Zu welchem Zeitpunkt ist die Konzentration am größten?

(c) Zu welchem Zeitpunkt ist die positive Änderung der Konzentration am größten?

(d) Im Folgenden betrachten wir die Bioverfügbarkeit[2] eines peroral[3] verabreichten Arzneiwirkstoffes zum Zeitpunkt t. Im einfachen Modell entspricht die Bioverfügbarkeit Λ bei t gerade dem Integral von $t = 0$ bis t über die Bateman-Funktion ρ.

  (i) Geben Sie $\Lambda(t)$ an.

  (ii) Wenn man nach Einnahme unendlich lange wartet, erhält man die *absolute* Bioverfügbarkeit. Geben Sie diese an.

  (iii) Wenn der Arzneiwirkstoff intravenös verabreicht wird, muss die Konzentrationskurve anstatt mit $\rho(t)$ mit der Funktion $\alpha(t) = Ce^{-k_e t}$ modelliert werden. Bestimmen Sie für diesen Fall die *absolute* Bioverfügbarkeit und vergleichen Sie mit (b). Deuten Sie das Ergebnis.

Aufgabe 3.5. Lineare Näherung

Anspruch: ● ○ ○ — ● ● ○

(a) Leiten Sie die Gleichung der Sekante $L(x)$ her, die durch die Punkte $P_1 = (x_0, f(x_0))$ und $P_2 = (x_0 + h, f(x_0 + h))$ geht. Für $h \to 0$ geht diese Sekante in die Tangente an der Stelle x_0 über.

(b) Eine Reaktion habe für die Stoffmenge N eines Reaktionspartners den zeitlichen Verlauf $N(t) = \sqrt{1 - t^2}$, wobei $0 \le t \le 1$. Ab dem Zeitpunkt t_0, mit $0 \le t_0 \le 1$, wollen wir $N(t)$ linear nähern, d. h. den Verlauf $N(t)$ durch eine lineare Funktion $n(t)$ ersetzen. Dabei (sonst wäre es keine Näherung) bildet $n(t)$ eine Tangente zu $N(t)$ an der Stelle t_0. Zum Zeitpunkt $t_e = 1$ ist nach $N(t)$ die Stoffmenge auf 0 gefallen (da $N(1) = 0$).

---

[2]Die Bioverfügbarkeit gibt den Anteil eines Wirkstoffes im Blutkreislauf an, der noch unverändert zur Verfügung steht.

[3]über den Mund.

(i) Machen Sie eine Skizze von der Funktion und einer linearen Näherung an einem Punkt dieser.

(ii) Geben Sie $n(t)$, $0 \leq t \leq 1$ an.

(iii) Für welches $\tilde{t}_e$ (das offensichtlich immer größer als 1 ist) fällt die Stoffmenge auf 0, wenn wir die Näherung $n(t)$ benutzen? Geben Sie eine Formel für den Fehler an. Wir erwarten, dass der Fehler kleiner wird, je später wir die Näherung machen, also je näher t_0 an 1 ist.

Aufgabe 3.6. Brennpunkt der Parabel
Anspruch: ● ● ○
Betrachten Sie eine Schar von Strahlen, die parallel zur Ordinatenachse auf eine Parabel $f(x) = ax^2$ mit $a > 0$ einfallen. Sie werden an der Tangente des Auftreffpunkts an der Parabel gespiegelt (Einfallswinkel=Ausfallswinkel). Zeigen Sie, dass diese Strahlen sich (nach einer Spiegelung) alle in einem Punkt, dem Brennpunkt der Parabel, schneiden. Fertigen Sie dabei eine Skizze an.

✐ Für die Umformung der Steigung des reflektierten Strahls kann die Relation aus Aufg. 1.22 (d) nützlich sein.

Aufgabe 3.7. Differentiation einer Umkehrfunktion
Anspruch: ● ○ ○

(a) Zeigen Sie, dass $f(f^{-1}(y))$ die identische Abbildung ist, also $f(f^{-1}(y)) = y$, ausgehend von der Gültigkeit von Kor. 3.1.

(b) Berechnen Sie die Ableitung von $f(x) = \arccos(x) : [-1, 1] \to [0, \pi]$ nach x.

(c) Berechnen Sie die Ableitung von $f(x) = \arctan(x) : \mathbb{R} \to [-\pi/2, \pi/2]$ nach x.

Aufgabe 3.8. Tangens hyperbolicus II
Anspruch: ● ○ ○ — ● ● ○

(a) Analysieren Sie das Monotonieverhalten der tanh-Funktion mittels ihrer Ableitung. Schreiben Sie die Ableitung wieder als Funktion von tanh.
✐ Zeigen und benutzen Sie die Relation $\cosh^2(x) - \sinh^2(x) = 1$.

(b) Bestimmen Sie die Ableitung der Umkehrfunktion (Herleitung der Umkehrfunktion siehe Aufg. 1.20) über die Regel 3.5 und direkt.

Aufgabe 3.9. Vektor mit konstantem Betrag
Anspruch: ● ○ ○ — ● ● ○

(a) Sei $\mathbf{v}(\lambda)$ ein Vektor aus dem $\mathbb{R}^n$, mit konstantem Betrag, $\|\mathbf{v}(\lambda)\| = v_0$. Zeigen Sie, dass die Änderung des Vektors mit λ senkrecht auf dem Vektor selbst steht, also

$$\frac{d\mathbf{v}(\lambda)}{d\lambda} \perp \mathbf{v}(\lambda). \tag{3.11}$$

(b) Gilt das Gleiche auch für einen Vektor aus $\mathbb{C}^n$?

Definition 3.2. Wichtige Koordinatensysteme
Polarkoordinaten

$$x = r\cos(\varphi), \tag{3.12}$$
$$y = r\sin(\varphi) \tag{3.13}$$

mit $r \geq 0$, $\varphi \in [0, 2\pi[$.

Kugelkoordinaten

$$x = r\sin(\theta)\cos(\varphi), \tag{3.14}$$
$$y = r\sin(\theta)\sin(\varphi), \tag{3.15}$$
$$z = r\cos(\theta), \tag{3.16}$$

mit $r \geq 0$, $\theta \in \,]-\pi, \pi]$, $\varphi \in [0, 2\pi[$.[4]

Zylinderkoordinaten

$$x = \rho\cos(\varphi), \tag{3.17}$$
$$y = \rho\sin(\varphi), \tag{3.18}$$
$$z = z, \tag{3.19}$$

mit $\rho \geq 0$, $\varphi \in [0, 2\pi[$, $z \in \mathbb{R}$.

Aufgabe 3.10. Teilchen auf Spiralbahn
Anspruch: ● ● ○
Ein Teilchen bewege sich in der x-y-Ebene. Sein Ortsvektor sei als Funktion der Zeit t gegeben durch

$$\mathbf{r}(t) = e^{-\lambda t}\mathbf{e}_r(t) \tag{3.20}$$

---

[4]Diese Einschränkungen in den Koordinaten sind für die Eindeutigkeit notwendig, sie garantieren diese aber nicht überall: Der Winkel φ ist z. B. auf der z-Achse beliebig. Im Ursprung ist dann auch θ beliebig. Um dies zu kurieren, kann auf der z-Achse $\varphi = 0$ und am Ursprung zusätzlich $\theta = 0$ gesetzt werden.

mit dem rotierenden Einheitsvektor

$$\mathbf{e}_r(t) = \cos(\omega t)\mathbf{e}_x + \sin(\omega t)\mathbf{e}_y \tag{3.21}$$

und konstanten $\lambda > 0$, $\omega > 0$.

(a) Zeigen Sie, dass mit

$$\mathbf{e}_\varphi(t) = -\sin(\omega t)\mathbf{e}_x + \cos(\omega t)\mathbf{e}_y \tag{3.22}$$

ein zu $\mathbf{e}_r(t)$ stets senkrechter Einheitsvektor gegeben ist und bestimmen Sie die Zeitableitungen $d\mathbf{e}_r(t)/dt$ und $d\mathbf{e}_\varphi(t)/dt$ in der rotierenden Basis, das heißt, ausgedrückt durch $\mathbf{e}_r(t)$ und $\mathbf{e}_\varphi(t)$.

(b) Berechnen Sie den Geschwindigkeitsvektor $d\mathbf{r}(t)/dt = \mathbf{v}(t)$ und den Beschleunigungsvektor $d\mathbf{v}(t)/dt = \mathbf{a}(t)$ in der rotierenden Basis und geben Sie deren Beträge $v(t) = \|\mathbf{v}(t)\|$ und $a(t) = \|\mathbf{a}(t)\|$ an.

(c) Nun soll untersucht werden, wie die Beschleunigung zur Bewegungsrichtung steht. Wird das Teilchen beschleunigt oder abgebremst?

☞   Bestimmen Sie dazu das Skalarprodukt $\mathbf{a}(t) \cdot \mathbf{v}(t)$ und bringen Sie es in Beziehung zur Geschwindigkeit $v(t)$.

(d) Mit der Rechnung aus (c): Zerlegen Sie $\mathbf{a}(t)$ in eine Komponente $\mathbf{a}_\|(t)$ in Bewegungsrichtung (also parallel zu $\mathbf{v}(t)$) und eine dazu *senkrechte* Komponente $\mathbf{a}_\perp(t)$. Drücken Sie diese beiden Komponenten durch $\mathbf{v}(t)$ aus, indem Sie die Basis in Zylinderkoordinaten wählen.

↪   Aufg. 3.55□

①   Wie lässt sich die Bewegung damit als die eines geladenen Teilchens im Magnetfeld unter Reibung deuten?

(e) Welchen Gesamtweg legt das Teilchen von $t = 0$ bis $t = \infty$ zurück?

Aufgabe 3.11. Totale Zeitableitung
Anspruch: ● ● ○

(a) Schreiben Sie $\frac{d^2 f(x,y)}{dt^2}$ explizit aus als Funktion von $\dot{x} \neq 0$ und $\dot{y} \neq 0$ und partiellen Ableitungen nach x und y.

☞ Betrachten Sie zunächst $\frac{d^2 f(x)}{dt^2}$.

(b) Verifizieren Sie das Ergebnis aus (a) für $f(x, y) = x^2 + xy$ mit $x(t) = t - 1$ und $y(t) = t^3$.

Aufgabe 3.12. Ebene Bahnkurve: Die Ellipse
Anspruch: ● ● ○ — ● ● ●

(a) Berechnen Sie die totale Zeitableitung $d\mathbf{r}/dt$, mit dem Ortsvektor $\mathbf{r} \in \mathbb{R}^2$ in *Polarkoordinaten* $\{r, \varphi\}$.

(b) In Polarkoordinaten sei die Bahnkurve eines Teilchens durch

$$\mathbf{r}(\varphi) = r(\varphi)\hat{\mathbf{r}}, \quad r(\varphi) = \frac{k}{1 + \epsilon \cos(\varphi)} \tag{3.23}$$

mit $0 \leq \epsilon < 1$ beschrieben.

   (i) Berechnen Sie die Minimal- und Maximalwerte von r.
  (ii) Zeigen Sie, dass es sich bei der Bahnkurve um eine Ellipse handelt, also
       eine Kurve, die in kartesischen Koordinaten $\{x, y\}$ gegeben ist durch die
       implizite Gleichung

$$\left(\frac{x}{a}\right)^2 + \left(\frac{y}{b}\right)^2 = 1 \quad \text{mit} \quad a > 0, \ b > 0. \tag{3.24}$$

OBdA nehmen wir $a > b$ an. Gehen Sie dazu in das verschobene Koordinatensystem um den Brennpunkt der Ellipse bei $(x, y) = (\sqrt{a^2 - b^2}, 0)$[5]
und führen Sie dann die Transformation in Polarkoordinaten aus. Drücken
Sie anschließend die Parameter k und ϵ mithilfe von a und b aus. Welche
Bedeutung hat somit ϵ, wenn man nochmal den Minimalwert (den Maximalwert) von r als Funktion von a und b betrachtet?

  (iii) Berechnen Sie einen Einheitsvektor $\hat{\mathbf{t}}$ tangential zur Bahnkurve. (Siehe
        Def. 3.12; betrachten Sie hierzu die Ableitung des Ortsvektors nach dem
        Winkel.)

☜🗏   Def. 3.2

3.2   Integration in einer Variablen

> **Theorem 3.4.** *Fundamentalsatz der Differential- und Integralrechnung*
> *Sei* $f : I \rightarrow \mathbb{R}$ *eine stetige Funktion, definiert über einem Intervall* $I \subset \mathbb{R}$,
> *deren Stammfunktion durch* F *gegeben ist, d. h.* $F'(x) = f(x)$. *Dann gilt für*
> *alle* $a, b \in I$
>
> $$\int_a^b dx\, f(x) = F(b) - F(a). \tag{3.25}$$

---

[5]Die Ellipse hat zwei Brennpunkte. Eine Besonderheit dieser ist, dass die Summe der Abstände der
zwei Brennpunkte von einem beliebigen Punkt der Ellipse konstant ist.

Theorem 3.5. Partielle Integration
Gegeben seien zwei stetig differenzierbare Funktionen $f, g : [a, b] \to \mathbb{R}$ auf dem Intervall $[a, b]$, dann gilt

$$\int_a^b dx \, f'(x)g(x) = f(x)g(x)\big|_a^b - \int_a^b dx \, f(x)g'(x). \qquad (3.26)$$

Die partielle Integration kann auch für die Bestimmung von unbestimmten Integralen genutzt werden,

$$\int dx \, f'(x)g(x) = f(x)g(x) - \int dx \, f(x)g'(x), \qquad (3.27)$$

wobei nun auf die Integrationskonstante zu achten ist.

⇨   *Aufg. 3.14☐ und 3.26☐*

Theorem 3.6. Leibniz-Regel für Parameterintegrale
Gegeben seien stetig differenzierbare Funktionen $a(\lambda), b(\lambda)$ und $f(x, \lambda)$. Dann ist die Ableitung eines Parameterintegrals nach dem Parameter λ gegeben durch

$$\frac{d}{d\lambda} \int_{a(\lambda)}^{b(\lambda)} dx \, f(x, \lambda) = \int_{a(\lambda)}^{b(\lambda)} dx \, \frac{\partial f(x, \lambda)}{\partial \lambda} + f(b(\lambda), \lambda)\frac{db(\lambda)}{d\lambda}$$
$$- f(a(\lambda), \lambda)\frac{da(\lambda)}{d\lambda}. \qquad (3.28)$$

⇨   *Aufg. 3.20☐*

Aufgabe 3.13. Integration durch Symmetriebetrachtung
Anspruch: ● ○ ○

(a) Lösen Sie das Integral

$$\int_0^{2\pi} d\phi \, \sin^2(\phi) \qquad (3.29)$$

allein aufgrund der Beziehung zum Integral, bei dem im Obigen der sin durch den cos ausgetauscht wird.

(b) Lösen Sie

$$\int_0^{2\pi} dx \, \sin^n(x) \quad \text{mit} \quad n = 2m + 1, \, m \in \mathbb{Z}. \tag{3.30}$$

Aufgabe 3.14. Substitution und partielle Integration
Anspruch: ● ○ ○ — ● ● ○
Berechnen Sie die folgenden bestimmten/unbestimmten Integrale durch Substitution
oder partielle Integration:

(a) $\int dx \, x \sin(ax), \quad \int dx \, \sin(x)\cos(x), \quad \int dx \, \sin^2(x),$

$\int dx \, e^{ax}\cos(2x), \quad \int dx \, \sin(x)e^{\cos(x)}, \quad \int_{-\pi/2}^{\pi/2} dx \, \cos^4(x),$

mit $a \in \mathbb{R}$. Lösen Sie das letzte Integral zunächst mithilfe der Eulerschen Formel,
Th. 1.1, und das entsprechende unbestimmte Integral nur durch die Ausnutzung
von Substitution, partieller Integration und der Identität $1 = \cos^2(x) + \sin^2(x)$.
☜ Aufg. 1.8

(b) $\int_0^2 dy \, (2y - y^2)^{3/2}, \quad \int_a^b dx \, \dfrac{x}{\sqrt{c + x^2}}, \quad \int dx \, \dfrac{x^2}{a + x^3},$

$\int dx \, \dfrac{1}{1 + x^2}, \quad \text{mit} \quad c > 0.$

Lösen Sie das letzte Integral durch Substitution mittels $x = \tan(y)$.

(c) $\int dx \, x^n \ln(x), \quad \int_0^a dx \, x \ln(x^2), \quad \text{mit} \quad n \in \mathbb{N}, a > 0.$

☞ *Für die Auswertung bei $x = 0$: Benutzen Sie die Regel von de L'Hôpital*
[Th. 3.3].

Aufgabe 3.15. Integrieren mithilfe der logarithmischen Ableitung
Anspruch: ● ● ○

(a) Zeigen Sie mittels passender Substitution, dass für reelle Funktionen $f(x)$ mit
positiven Werten gilt

$$\int dx \, \frac{f'(x)}{f(x)} = \ln(f(x)) + C. \tag{3.31}$$

(b) Berechnen Sie $\int dx \, \tanh(x), \quad \int dx \, \frac{1}{\sqrt{c+x^2}}, \quad \int dx \, \arctan(x).$

☞ *Zum vorletzten Integral: Betrachten Sie die Ableitung von $x + \sqrt{c + x^2}$.*
Damit ist die Rechnung ohne Substitution möglich.

(c) Finden Sie das Integral der Sekansfunktion[6],

$$\int \mathrm{d}x \, \sec(x). \tag{3.32}$$

☞ Betrachten Sie die Ableitung der Funktion $\sec(x) + \tan(x)$ und stellen Sie die Gleichung so um, dass der Sekans als *logarithmische Ableitung* geschrieben werden kann.

(d) Berechnen Sie nochmals $\int \mathrm{d}x \, (c + x^2)^{-1/2}$, nun aber mittels einer Substitution mit einer passenden Winkelfunktion und unter Ausnutzung von (c).

Aufgabe 3.16. Integrale: Gemischtes
Anspruch: ● ○ ○
Mit $a > 0$, $b > 0 \in \mathbb{R}$, lösen Sie

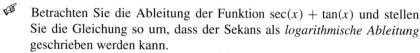

$$(a) \int \mathrm{d}x \, (a + bx), \quad (b) \int \mathrm{d}x \, \frac{1}{a + bx}, \quad (c) \int \mathrm{d}x \, \frac{1}{(a + bx)^2},$$

$$(d) \int \mathrm{d}x \, \left(a + bx^2\right)^2, \quad (e) \int \mathrm{d}y \, \sin\left(x^{\tan(x)}\right), \quad (f) \int \mathrm{d}k \, 3^k,$$

$$(g) \int \mathrm{d}x \, \frac{x}{\cos^2(x^2)}, \quad (h) \int \mathrm{d}x \, \frac{-11 - 2x}{14 - 9x + x^2}, \quad (i) \int \mathrm{d}y \, \frac{4y - 299}{-100 - 99y + y^2}.$$

Aufgabe 3.17. Spezielle Produktregel
Anspruch: ● ● ○
Gegeben seien zwei differenzierbare Funktionen $f(x)$ und $g(x)$ in $\mathbb{R}$. Eine Ableitung der Form $(fg)'(x) = f'(x)g'(x)$ ist i. A. ein grober Fehler. Es gibt aber Ausnahmefälle, für welche die obige „Regel" gilt. Finden Sie die Funktion $f(x)$, die von $g(x)$ sowie $g'(x)$ abhängt und für welche diese spezielle Produktregel erfüllt ist. Überprüfen Sie Ihre gefundene Beziehung für $g(x) = \exp(ax)$.
☞ Aufg. 3.15.

Aufgabe 3.18. Geometrische Bedeutung des Areatangens hyperbolicus
Anspruch: ● ○ ○ — ● ● ●
In Aufg. 1.20 haben wir die Funktion artanh als Umkehrfunktion des tanh abgeleitet. Es gibt einen Grund, weshalb im Funktionsnamen das Wort Fläche (lat.: area) steckt. Dazu betrachten wir in Abb. 3.1 die blaue Fläche, A. Sie ergibt sich als die Fläche zwischen den beiden Ursprungsgeraden und einem Teil der Hyperbel (orange Kurve; der andere Teil liegt spiegelsymmetrisch zur y-Achse), die durch $x^2 - y^2 = 1$ gegeben ist. Die Geraden schneiden die Hyperbel im ersten und vierten Quadranten in den Punkten (x_0, y_0) (siehe Abb. 3.1). Zeigen Sie, dass die Fläche A durch $\text{artanh}(y_0/x_0)$ gegeben ist, siehe Def. 1.8.
☞ Aufg. 3.86

---

[6]$\sec(x) := 1/\cos(x)$.

Abb. 3.1 Zu Aufg. 3.18:
Geometrische Bedeutung des
Areatangens hyperbolicus.
Die blaue Fläche ist durch
artanh(y_0/x_0) gegeben

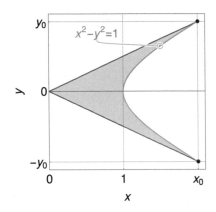

(a) Drücken Sie den Kurvenverlauf der Hyperbel im ersten und zweiten Quadranten durch eine von x abhängige Funktion aus, $f_\pm(x)$. Welche Symmetrien erleichtern die Berechnung von A?

(b) Zeigen Sie, dass

$$A = \text{artanh}\left(\frac{f_+(x)}{x}\right) = \ln\left(x + \sqrt{x^2 - 1}\right) \tag{3.33}$$

gilt.

(c) Berechnen Sie das Integral über $f_\pm(x)$ von $x = 1$ bis $x = x_0$. Um die passende Substitution zu finden, schreiben Sie den Tangens als Funktion des Kosinus und vergleichen diese Form mit dem Integranden. Wenn auf dem Weg zur Lösung $\sec^3(x)$ zu integrieren ist, hilft partielle Integration. Nutzen Sie den Zusammenhang zwischen sec und tan.

☞ Aufg. 1.20 und 3.15

⇨ Aufg. 3.86□

Aufgabe 3.19. Partialbruchzerlegung
Anspruch: ● ○ ○ — ● ● ●
Gegeben sei eine rationale Funktion der Form

$$R_{NM} = \frac{P_N(x)}{Q_M(x)}, \tag{3.34}$$

mit den Polynomen $P_N(x)$, $Q_M(x)$ vom Grad $M > N$. Es ist

$$Q_M(x) = (x - x_1)^{k_1} (x - x_2)^{k_2} \ldots (x - x_n)^{k_n} (x^2 + p_1 x + q_1)^{l_1}$$
$$(x^2 + p_2 x + q_2)^{l_2} \cdot \ldots \cdot (x^2 + p_m x + q_m)^{l_m}, \tag{3.35}$$

wobei $x_i, p_i, q_i \in \mathbb{R}$ und die folgende Gleichung für die Vielfachheiten $k_i, l_i \in \mathbb{N}$ gilt:

$$\sum_{i=1}^{n} k_i + 2 \sum_{i=1}^{m} l_i = M. \tag{3.36}$$

Für die Partialbruchzerlegung $Z(x)$, bei der $R_{NM}(x)$ in eine Summe von Brüchen zerlegt werden soll, wählt man für jeden Faktor $(x - x_i)^{k_i}$ als Ansatz k_i Terme:

$$\frac{a_{i1}}{(x - x_i)} + \frac{a_{i2}}{(x - x_i)^2} + \cdots + \frac{a_{ik_i}}{(x - x_i)^{k_i}}, \quad a_{ij} \in \mathbb{R}. \tag{3.37}$$

Die entsprechenden l_i Terme als Ansatz für jeden Faktor $(x^2 + p_i x + q_i)^{l_i}$ lauten

$$\frac{b_{i1}x + c_{i1}}{(x^2 + p_i x + q_i)} + \frac{b_{i2}x + c_{i2}}{(x^2 + p_i x + q_i)^2} + \cdots + \frac{b_{il_i}x + c_{il_i}}{(x^2 + p_i x + q_i)^{l_i}}, \quad b_{ij}, c_{ij} \in \mathbb{R}. \tag{3.38}$$

Für die Partialbruchzerlegung $Z(x)$ von $R_{NM}(x)$ soll gelten

$$R_{NM}(x) = Z(x). \tag{3.39}$$

(a) Gegeben sei die echt gebrochenrationale Funktion (Potenz des Zählers ist kleiner als die des Nenners)

$$f(x) = \frac{22x - 26}{x^2 - 4}. \tag{3.40}$$

   (i) Bestimmen Sie Nullstellen und Polstellen von $f(x)$, $x \in \mathbb{R}$.
  (ii) Wenden Sie die Partialbruchzerlegung auf $f(x)$ an.
 (iii) Wenden Sie die Polynomdivision auf $1/f(x)$ an.

(b) Im Fall $M \leq N$ spricht man von unecht gebrochenrationalen Funktionen. Wie kann man diese auf den Fall $M > N$ zurückführen? Wenden Sie es für folgende Brüche an und führen anschließend eine Partialbruchzerlegung durch:

   (i) $\dfrac{24 + 25x - 15x^2 + 33x^3 - 45x^4 + 12x^5}{-9x + 3x^2}.$

  (ii) $\dfrac{2x^2 - 3x}{2 - 3x + x^2},$

(c) Benutzen Sie jetzt die Partialbruchzerlegung, um die unbestimmten Integrale

   (i) $\displaystyle\int \mathrm{d}x \, \frac{x^3 + x^2 - 3x + 3}{x^2 + x - 2},$

  (ii) $\displaystyle\int \mathrm{d}x \, \frac{x^2 + 1}{(x^3 - 1)(x + 2)},$

zu berechnen.

☜ Aufg. 2.9, 2.20 und 3.7

Aufgabe 3.20. Leibniz-Regel für Parameterintegrale
Anspruch: ● ● ○

(a) Leiten Sie die Leibniz-Regel für Parameterintegrale, Th. 3.6, für den Fall her, dass der Integrand nicht vom Parameter λ abhängt, also $f(x)$.

(b) Die Fehlerfunktion oder auch *Gaußsche Fehlerfunktion* erf(x) ist gegeben als

$$\text{erf}(x) = \frac{2}{\sqrt{\pi}} \int_0^x dt\, e^{-t^2}. \tag{3.41}$$

Berechnen Sie $\frac{d}{dx}\text{erf}(x)$.

(c) Berechnen Sie mithilfe der Leibniz-Regel für Parameterintegrale den Ausdruck

$$\frac{d}{d\omega} \int_1^\omega dx \left[\ln(x\omega^2) + \frac{\sin(3x)}{x} \right]. \tag{3.42}$$

Aufgabe 3.21. Gaußsches Integral
Anspruch: ● ● ●
Berechnen Sie das Gaußsche Integral, d. h., zeigen Sie

$$\int_{-\infty}^\infty dx\, e^{-n^2(x-x_0)^2} = \frac{\sqrt{\pi}}{|n|}, \tag{3.43}$$

dabei sind $x, x_0 \in \mathbb{R}$ und $n \in \mathbb{R} \setminus \{0\}$. Verwenden Sie dazu die Integrale

$$F(t) = \left(\int_0^t dy\, e^{-y^2} \right)^2, \tag{3.44}$$

$$G(t) = \int_0^1 dx\, \frac{e^{-t^2(1+x^2)}}{1+x^2}. \tag{3.45}$$

✍ *Zeigen Sie, dass $F'(t) = -G'(t)\ \forall t \in \mathbb{R}$, und daher $F(t) + G(t) = c\ \forall t \in \mathbb{R}$ mit einer Konstanten $c \in \mathbb{R}$ gilt. Um c zu bestimmen, werten Sie $F(t)$ und $G(t)$ bei $t = 0$ aus.*

➪ Aufg. 3.7□, 3.14□ und 3.36□

Aufgabe 3.22. Die Eulersche Gammafunktion
Anspruch: ● ● ○ — ● ● ●
Die Eulersche Gammafunktion ist für Re(x) > 0 definiert durch das Integral

$$\Gamma(x) := \int_0^\infty dt\, t^{x-1} e^{-t}. \tag{3.46}$$

Abb. 3.2 Zu Aufg. 3.23:
Tablettenform

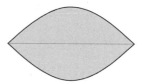

Wir wollen uns hier den Fall $x \in \mathbb{R}$ mit $x > 0$ genauer anschauen.

(a) Zeigen Sie durch partielle Integration die folgende Eigenschaft der Gamma-funktion:

$$\Gamma(x + 1) = x \cdot \Gamma(x). \tag{3.47}$$

(b) Benutzen Sie dieses Ergebnis, um für alle $n \in \mathbb{N}$ die Gleichung $\Gamma(n + 1) = n!$ zu beweisen.
(c) Welcher Wert ergibt sich für $\Gamma(1/2)$?

☞ Aufg. 3.21

Aufgabe 3.23. Tablettenform

Anspruch: ● ○ ○

In Abb. 3.2 ist eine Tablettenform abgebildet. Der Verlauf der oberen Randkurve entspricht genau der Hälfte einer Periodenlänge einer Sinuskurve $\sin(x)$, die bei 0 anfängt. Die Form ist spiegelsymmetrisch bezüglich der horizontalen Linie (siehe Abb. 3.2).

(a) Berechnen Sie den Flächeninhalt (dimensionsfrei) der roten Fläche.
(b) Die Länge der Tablette in x-Richtung sei $7000\,\mu$m. Geben Sie den Flächeninhalt in m^2 an.

Aufgabe 3.24. Dreiecksfläche

Anspruch: ● ○ ○

Gegeben seien die drei Ecken eines Dreiecks im (x, y)-Koordinatensystem:

$$A = (0, 0), \quad B = (20, 0), \quad C = (17, 10). \tag{3.48}$$

Berechnen Sie die Fläche des Dreiecks, indem Sie über die Fläche, die durch die entsprechenden Geraden begrenzt wird, integrieren.

Aufgabe 3.25. Schnittfläche

Anspruch: ● ● ○

Gegeben seien

$$f_1(x) = -x^2 + 10x - 14 \quad \text{und} \quad f_2(x) = x^2 - 6x + 10. \tag{3.49}$$

Abb. 3.3 Zu Aufg. 3.25

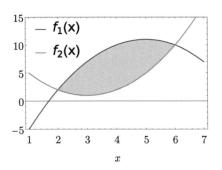

(a) Welche Steigung haben die Funktionen jeweils an den Schnittpunkten?
(b) Berechnen Sie die Schnittfläche beider Funktionen, die als schraffierte Fläche in Abb. 3.3 eingezeichnet ist.

Aufgabe 3.26. Integrale über $\sin(x)$ und $\cos(x)$
Anspruch: ● ● ○
Das Integral $J(m, n)$ sei für nicht-negative, ganze Zahlen m und n wie folgt definiert:

$$J(m, n) = \int_0^{\pi/2} d\theta \, \cos^m(\theta) \sin^n(\theta). \tag{3.50}$$

Zeigen Sie, dass für $m, n > 1$ folgende Rekursionen gelten:

$$J(m, n) = \frac{m - 1}{m + n} J(m - 2, n) \quad \text{und} \quad J(m, n) = \frac{n - 1}{m + n} J(m, n - 2). \tag{3.51}$$

☞   Th. 3.5

Aufgabe 3.27. arcsin
Anspruch: ● ● ○

(a) Berechnen Sie das unbestimmte Integral

$$\int dx \, \sqrt{R^2 - x^2}, \quad |x| \leq R. \tag{3.52}$$

(b) Berechnen Sie

$$\int_{-R}^{R} dx \, \sqrt{R^2 - x^2}, \quad |x| \leq R \tag{3.53}$$

und interpretieren Sie die geometrische Bedeutung dieser Größe.

3.3 Aus der Statistik*

Definition 3.3. Wahrscheinlichkeitsdichtefunktion

Die Wahrscheinlichkeitsdichtefunktion $\rho : \mathbb{R} \to \mathbb{R}^+$ ist eine nicht-negative, integrierbare und auf eins normierte Funktion,

$$\int_{-\infty}^{\infty} \mathrm{d}x\, \rho(x) = 1. \tag{3.54}$$

Die Wahrscheinlichkeit für $x \in [a, b]$ ist damit

$$\mathbb{P}([a, b]) = \int_{a}^{b} \mathrm{d}x\, \rho(x). \tag{3.55}$$

Definition 3.4. Mittelwert

- Arithmetischer Mittelwert von n Werten $\{x_1, \ldots, x_n\}$

$$\bar{x}_{\mathrm{ar}} = \frac{1}{n} \sum_{k=1}^{n} x_i. \tag{3.56}$$

- Geometrischer Mittelwert von n Werten $\{x_1, \ldots, x_n\}$

$$\bar{x}_{\mathrm{geom}} = \sqrt[n]{\prod_{k=1}^{n} x_i}. \tag{3.57}$$

- Mittelwert einer stetigen Zufallsvariable X bei gegebener Wahrscheinlichkeitsdichtefunktion $\rho(x)$, Def. 3.3,

$$\mu = \int_{-\infty}^{\infty} \mathrm{d}x\, x \rho(x). \tag{3.58}$$

Definition 3.5. Varianz und Standardabweichung

- Die Varianz der Werte $\{x_1, \ldots, x_n\}$ ist

$$\sigma^2 = \frac{1}{n} \sum_{k=1}^{n} (x_k - \bar{x})^2, \tag{3.59}$$

  wobei σ die Standardabweichung darstellt. Handelt es sich nicht um die Grundgesamtheit, sondern um eine Stichprobe, so wird $n \to n - 1$ für die Normierung verwendet[7].
- Die Varianz $\mathrm{Var}(X)$ einer stetigen Zufallsvariable X bei gegebener Wahrscheinlichkeitsdichtefunktion $\rho(x)$, Def. 3.3, lautet

$$\mathrm{Var}(X) = \int_{-\infty}^{\infty} \mathrm{d}x \, (x - \mu)^2 \rho(x), \tag{3.60}$$

  wobei μ der Mittelwert, Gl. 3.58, ist.

Definition 3.6. Standardnormalverteilung
Die Fehlerfunktion ist definiert als

$$\mathrm{erf}(x) = \frac{2}{\sqrt{\pi}} \int_0^x \mathrm{d}t \, e^{-t^2}. \tag{3.61}$$

Dabei gilt der Zusammenhang

$$\Phi(x) = \frac{1}{2} \left(1 + \mathrm{erf}\left(\frac{x}{\sqrt{2}} \right) \right). \tag{3.62}$$

wobei Φ die Verteilungsfunktion der Standardnormalverteilung ist.

⇨   Aufg. 3.33 □

---

[7]Dies berücksichtigt die Reduktion der Freiheitsgrade um eins durch die Benutzung des Mittelwerts in der Formel. Dies liegt daran, dass *immer* $\sum_i (x_i - \bar{x}) = 0$ gilt.

Aufgabe 3.28. Quadratsumme
Anspruch: ● ● ○

Beweisen Sie, dass die Quadratsumme

$$f(y) = \sum_{k=1}^{n} (x_k - y)^2 \tag{3.63}$$

für $y = \bar{x}$, den arithmetischen Mittelwert, Def. 3.4, aller x_k, *minimal* wird.

☞　*Hinweis: Gesucht ist ein Extremum von $f(y)$!*

Aufgabe 3.29. Verschiebungssatz
Anspruch: ● ● ○

(a) Zeigen Sie, dass

$$\sum_{k=1}^{n} (x_k - c)^2 = \sum_{k=1}^{n} (x_k - \bar{x})^2 + n(\bar{x} - c)^2 \tag{3.64}$$

gilt.

☞　*Benutzen Sie $(x_k - c)^2 = (x_k - \bar{x} + \bar{x} - c)^2$ und multiplizieren Sie aus.*

(b) Gegeben seien folgende Informationen über eine Stichprobe vom Umfang n:

$$\frac{1}{n} \sum_{k=1}^{n} x_k^2 = 4.123, \quad \bar{x}^2 = 1.1. \tag{3.65}$$

Geben Sie die Stichprobenvarianz, Def. 3.5, an sowie die Varianz (n ist dann der Umfang der Grundgesamtheit).

Aufgabe 3.30. Dichtefunktion I
Anspruch: ● ● ○
Gegeben sei die Dichtefunktion

$$p(x) = \begin{cases} -1 \leq x \leq 4 & : \quad \frac{1}{N}\left(36 - (x-2)^2(x-1)^2\right) \\ \text{sonst} & : \quad 0 \end{cases}. \tag{3.66}$$

(a) Wählen Sie die Normierung N so, dass $p(x)$ zu einer Wahrscheinlichkeitsdichtefunktion wird, also auf 1 normiert ist.
(b) Geben Sie den Mittelwert μ, Def. 3.4, dieser Wahrscheinlichkeitsverteilung an.

(c) Geben Sie die Varianz, Def. 3.5, und die Standardabweichung σ, Def. 3.5, für $p(x)$ an.

(d) Geben Sie die Schiefe γ_3 der Verteilung an, die durch

$$\gamma_3 = \int_{-\infty}^{\infty} dx \left(\frac{x - \mu}{\sigma} \right) p(x) \tag{3.67}$$

beschrieben wird.

☞ Anstatt viel zu rechnen, können Sie auch die Symmetrie der Verteilung ausnutzen.

(e) Geben Sie die Verteilungsfunktion $F(x)$, Def. 3.3, an.

(f) Was ist die Wahrscheinlichkeit dafür, dass im Zufallsexperiment $X = x$ negativ ist?

Aufgabe 3.31. Dichtefunktion II
Anspruch: ● ● ○
Gegeben sei die Wahrscheinlichkeitsdichtefunktion

$$p(x) = \begin{cases} 0 \le x \le \pi & : \quad \frac{1}{2}\sin(x) \\ \text{sonst} & : \quad 0 \end{cases} \tag{3.68}$$

(a) Berechnen Sie das 0.3-Quantil, Def. 3.3.

(b) Berechnen Sie durch Integration den Mittelwert.[8]

(c) Wie ändert sich die Standardabweichung gegenüber einer konstanten Wahrscheinlichkeitsdichte, die nur im Intervall $[0, \pi]$ von Null verschieden ist?

Aufgabe 3.32. Eigenschaften der Normalverteilung
Anspruch: ● ● ○

(a) Zeigen Sie, dass sich die Wendepunkte der Gauß-Funktion bei $x = \mu \pm \sigma$ befinden.

(b) Berechnen Sie $F(-4, \mu = 0.7, \sigma = 3.5)$, wobei F die Verteilungsfunktion einer Normalverteilung ist. Benutzen Sie die Φ-Tab. C.1.

(c) Gegeben ist eine Gauß-Verteilung, bei der 97,725 % der Zufallswerte in einem Intervall $[-3, -1]$ symmetrisch um den Mittelwert liegen. Was ist die Standardabweichung der Verteilung?

(d) Berechnen Sie das Integral

$$\frac{1}{3.5\sqrt{2\pi}} \int_{-4}^{3} dx \exp\left(-\frac{1}{2} \left(\frac{x - 0.7}{3.5} \right)^2 \right) \tag{3.69}$$

mittels Φ-Tab. C.1.

---

[8]Hier wäre ansonsten eine Symmetrieanalyse das einfachere Vorgehen.

Aufgabe 3.33. Fehlerfunktion
Anspruch: ● ● ○

(a) Leiten Sie mittels Substitution den Zusammenhang der Fehlerfunktion erf zur Verteilungsfunktion $\Phi(x)$ der Standardnormalverteilung her.

(b) Es sei $\mathrm{erf}^{-1}\left(\frac{1}{2}\right) = x$. Geben Sie x mithilfe der Φ-Tab. C.1 an.

Aufgabe 3.34. Chi-Quadrat-Verteilung
Anspruch: ● ● ○
Die Wahrscheinlichkeitsdichtefunktion der χ^2-Verteilung für k Freiheitsgrade ist

$$f_k(x) \propto x^{\frac{k}{2}-1} e^{-\frac{x}{2}} \text{ mit } x \in \mathbb{R}^+. \tag{3.70}$$

Wo hat $f_k(x)$ lokale Maxima?

3.4 Integration in mehreren Variablen

Theorem 3.7. *Satz von Fubini für Riemann-Integrale*
Gegeben sei eine stetige Funktion $f : [a, b] \times [c, d] \to \mathbb{R}$, dann lässt sich das Integral über eine Fläche wie folgt mit eindimensionalen Integralen ausrechnen,

$$\int_{[a,b]\times[c,d]} \mathrm{d}(x, y) f(x, y) = \int_a^b \mathrm{d}x \int_c^d \mathrm{d}y\, f(x, y) = \int_c^d \mathrm{d}y \int_a^b \mathrm{d}x\, f(x, y). \tag{3.71}$$

Definition 3.7. Jacobi-Matrix
Gegeben sei eine Funktion $\mathbf{f} : \mathbb{R}^n \to \mathbb{R}^m$, deren partielle Ableitungen alle existieren. Dann wird die $m \times n$-Matrix

$$\mathbf{J} \equiv \frac{\partial(f_1, \ldots, f_m)}{\partial(x_1, \ldots, x_n)} = \begin{pmatrix} \frac{\partial f_1}{\partial x_1} & \cdots & \frac{\partial f_1}{\partial x_n} \\ \vdots & \ddots & \vdots \\ \frac{\partial f_m}{\partial x_1} & \cdots & \frac{\partial f_m}{\partial x_n} \end{pmatrix} \tag{3.72}$$

Jacobi-Matrix genannt. Andere Schreibweisen: $\nabla \mathbf{f}$, $D\mathbf{f}$.

Definition 3.8. Jacobi-Determinante
Die Determinante der Jacobi-Matrix, Def. 3.7, wird *Jacobi-Determinante* oder
auch *Funktionaldeterminante* genannt.

Definition 3.9. Allgemeines orthonormales Koordinatensystem
Gegeben sei ein n-dimensionales Koordinatensystem mit den Koordinaten q_i
(auch krummlinige Koordinaten genannt).

- *Basisvektoren:*

$$\mathbf{e}_{q_i} = \frac{1}{g_i} \frac{\partial \mathbf{r}}{\partial q_i} \quad \text{mit} \quad g_i := \left| \frac{\partial \mathbf{r}}{\partial q_i} \right|, \tag{3.73}$$

wobei $\mathbf{e}_i \cdot \mathbf{e}_j \overset{!}{=} \delta_{ij}$, d.h. orthogonal und normiert (= orthonormal).
- *Linienelement:*

$$\mathrm{d}\mathbf{r} = \sum_{i=1}^{n} \mathbf{e}_i \, \mathrm{d}x_i = \sum_{i=1}^{n} \frac{\partial \mathbf{r}}{\partial q_i} \, \mathrm{d}q_i = \sum_{i=1}^{n} g_i \mathbf{e}_{q_i} \, \mathrm{d}q_i, \tag{3.74}$$

wobei die x_i die kartesischen Koordinaten darstellen.
Für ein allgemeines Koordinatensystem nutzt man den metrischen Tensor
g_{ij} mit $\mathrm{d}s^2 = g_{ij}\mathrm{d}x_i\mathrm{d}x_j$. Liegt $\mathbf{e}_{q_i} \cdot \mathbf{e}_{q_j} = \delta_{ij}$ vor, haben wir $g_{ij} = g_i^2$.
- *Normalenvektor:*
Eine im $\mathbb{R}^2$ eingebettete Fläche $\mathcal{F}$ sei gegeben durch zwei Variablen $q_1 \equiv u$
und $q_2 \equiv v$,

$$\mathcal{F} = \{ \mathbf{r}(u, v) \in \mathbb{R}^3 \, | \, u, v \in D \}, \tag{3.75}$$

wobei $D \subset \mathbb{R}$ ein Definitionsbereich ist, der die Fläche charakterisiert.
Dann ist der Normalenvektor $\mathbf{n}$ am Punkt (u, v) gegeben durch

$$\mathbf{n} := \partial_u \mathbf{r}(u, v) \times \partial_v \mathbf{r}(u, v). \tag{3.76}$$

Der entsprechende normierte Normalenvektor $\hat{\mathbf{n}}$, Normaleneinheitsvektor
genannt, ist gegeben durch

$$\hat{\mathbf{n}} := \frac{\partial_u \mathbf{r}(u, v) \times \partial_v \mathbf{r}(u, v)}{\| \partial_u \mathbf{r}(u, v) \times \partial_v \mathbf{r}(u, v) \|}. \tag{3.77}$$

- *Flächenelement:*
  Die Fläche sei parametrisiert durch u und v mit

$$(u, v) \mapsto \mathbf{r}(u, v) = \begin{pmatrix} x(u, v) \\ y(u, v) \\ z(u, v) \end{pmatrix}. \qquad (3.78)$$

Dann ist das infinitesimale Flächenelement $d\mathbf{F}$ gegeben durch

$$d\mathbf{F} = \left(\frac{\partial \mathbf{r}}{\partial u} \times \frac{\partial \mathbf{r}}{\partial v} \right) du\,dv \qquad (3.79)$$

$$= \hat{\mathbf{n}}\,dF, \qquad (3.80)$$

mit dem Normalenvektor, Def. 3.76.
- *Volumenelement:* Für $n = 3$ haben wir

$$dV = \left| \det \frac{\partial(x, y, z)}{\partial(q_1, q_2, q_3)} \right| dq_1\,dq_2\,dq_3. \qquad (3.81)$$

Definition 3.10. Massenmittelpunkt
Der Massenmittelpunkt $\mathbf{r}_s$, auch Schwerpunkt genannt, eines Körpers Ω mit Gesamtmasse M ist definiert als

$$\mathbf{r}_s := \frac{1}{M} \int_\Omega dV\,\rho(\mathbf{r})\mathbf{r}, \qquad (3.82)$$

$$\text{mit}\quad M = \int_\Omega dV\,\rho(\mathbf{r}). \qquad (3.83)$$

Dabei gibt $\rho(\mathbf{r})$ die Dichte am Ort $\mathbf{r}$ an und dV ein Volumenelement. Das Integral wird über das Volumen Ω des Körpers ausgeführt.

⇨   Aufg. 3.40☐ und 3.41☐

Aufgabe 3.35. Doppelintegrale
Anspruch: ●○○ — ●●○
Skizzieren Sie die entsprechende Menge $\mathcal{M}$ und berechnen Sie dann die folgenden Doppelintegrale über der Menge mit entsprechenden Integrationsgrenzen:

(a) $\mathcal{M} = \{(x,y) \in \mathbb{R}^2 \mid 0 \leq x \leq 1, x \leq y \leq \sqrt{x}\}$ und $\int_\mathcal{M} dx\,dy\,xy^2$.
(b) $\mathcal{M} = \{(x,y) \in \mathbb{R}^2 \mid 0 \leq x \leq 1 \leq y, y + x^2 \leq 3\}$ und $\int_\mathcal{M} dx\,dy\,x^2$.

(c) $\mathcal{M} = \{(x,y) \in \mathbb{R}^2 \mid 0 \le y \le x^2, 0 \le x \le 2\}$ und $\int_{\mathcal{M}} \mathrm{d}x\mathrm{d}y \left(x^2 + y^2\right)$.

(d) $\mathcal{M} = \{(x,y) \in \mathbb{R}^2 \mid 1 \le x^2 + 4y^2, x^2 + y^2 \le 1\}$ und $\int_{\mathcal{M}} \mathrm{d}x\mathrm{d}y \left(|x| + |y|\right)$.

(e) $\mathcal{M} = \{(x,y) \in \mathbb{R}^2 \mid 1 \le x^2 + 4y^2, x^2 + y^2 \le 1\}$ und $\int_{\mathcal{M}} \mathrm{d}x\mathrm{d}y \, xy$.

Aufgabe 3.36. Gaußsches Integral in Polarkoordinaten

Anspruch: ● ● ○

In Aufg. 3.21 haben wir, ohne mehrdimensionale Integration anzuwenden, gezeigt, dass

$$\int_{-\infty}^{\infty} \mathrm{d}x \, e^{-n^2(x-x_0)^2} = \frac{\sqrt{\pi}}{|n|}, \tag{3.84}$$

gilt, wobei $x, x_0 \in \mathbb{R}$ und $n \in \mathbb{R} \setminus \{0\}$. Dieses Ergebnis wollen wir nun auf eine andere Weise erhalten. Dazu dehnen wir das Problem durch einen Trick auf zwei Dimensionen aus,

$$\left(\int_{-\infty}^{\infty} \mathrm{d}x \, e^{-n^2(x-x_0)^2}\right)^2 = \int_{-\infty}^{\infty} \mathrm{d}x \, e^{-n^2(x-x_0)^2} \int_{-\infty}^{\infty} \mathrm{d}y \, e^{-n^2(y-y_0)^2}. \tag{3.85}$$

Transformieren Sie das Integral auf Polarkoordinaten, Def. 3.2, und lösen Sie es.

☞   Es darf der *Satz von Fubini*, Th. 3.7, angewendet werden.

Aufgabe 3.37. Schnitt von Paraboloid und Ebene

Anspruch: ● ● ○

Berechnen Sie das Volumen des Segments, dass sich aus dem Schnitt des Paraboloids $z = x^2 + y^2$ und der Ebene $z = 2y$ ergibt .

Aufgabe 3.38. Jacobi-Determinante für die Zylinder- und Kugelkoordinaten

Anspruch: ● ● ○

(a) Berechnen Sie die Jacobi-Determinante für die Zylinderkoordinaten $\{\rho, \varphi, z\}$, Def. 3.2.

(b) Berechnen Sie die Jacobi-Determinante für die Kugelkoordinaten $\{r, \theta, \varphi\}$, Def. 3.2.

Abb. 3.4 Zu Aufg. 3.39: Kreiszylinder

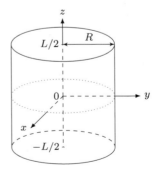

Aufgabe 3.39. Trägheitsmoment eines Kreiszylinders
Anspruch: ● ● ○

(a) Zeigen Sie analytisch (geometrisch wird es in Aufg. 3.66 gezeigt), ausgehend von den kartesischen Koordinaten $\{x, y, z\}$, dass das infinitesimale Volumen-element in Zylinderkoordinaten $\{\rho, \phi, z\}$ durch $dV = \rho\, d\rho\, d\phi\, dz$ gegeben ist. Dabei sei ρ die radiale und ϕ die azimutale Koordinate.

(b) Berechnen Sie das Trägheitsmoment I_x des Zylinders bzgl. der Rotation um die x-Achse (siehe Abb. 3.4), also

$$I_x = \rho_0 \int_V dV\, l^2 \quad \text{mit} \quad l^2 = y^2 + z^2, \quad \rho_0 = M/(\pi R^2 L).$$

Geben Sie I_x als Funktion von M, L und R an.
Allgemein ist die Beziehung zwischen den Drehimpulskomponenten L_i und der Winkelgeschwindigkeit $\boldsymbol{\omega}$ gegeben durch

$$L_i = \sum_{j=\{x,y,z\}} \Theta_{ij}\omega_j, \quad \text{mit} \quad \Theta_{ij} = \int_V \rho(\mathbf{r})(r^2\delta_{ij} - x_i x_j)\, dV, \tag{3.86}$$

Θ_{ij} ist der Trägheitstensor und es sei $\{x \equiv x_1, y \equiv x_2, z \equiv x_3\}$. Er gibt die Trägheitsmomente eines Körpers bezüglich einer Drehung an.
☜ Aufg. 3.13.

☜ Aufg. 3.38

Aufgabe 3.40. Gesamtmasse und Massenmittelpunkt
Anspruch: ● ● ○
Der Luftdruck auf der Erde nimmt mit zunehmender Höhe z ab, wodurch auch die Dichte der Luft abnimmt. In guter Näherung folgt diese höhenabhängige Dichte ρ der Funktion:

$$\rho(z) = \rho_0 e^{-\frac{z}{z_0}}, \tag{3.87}$$

wobei ρ_0 der Druck an der Erdoberfläche ist.

(a) Berechnen Sie die Gesamtmasse einer zylinderförmigen Luftsäule mit Radius R und Höhe h sowie die Komponenten des Massenmittelpunktes $\mathbf{r}_s$, Def. 3.10, dieses Zylinders. Legen Sie hierfür den Koordinatenursprung in das Zentrum der Grundfläche und berechnen Sie explizit alle Komponenten von $\mathbf{r}_s$. Betrachten Sie anschließend die Limites $h \to 0$ und $h \to \infty$.

(b) Davon ausgehend, dass wir diese Luftsäule als einen starren Körper betrachten, berechnen Sie deren Trägheitsmoment bezüglich der z-Achse, $I_z = \Theta_{zz}$.

☜ Aufg. 3.39, Th. 3.8

Aufgabe 3.41. Kreisscheibe
Anspruch: ● ● ○ — ● ● ●
Eine homogene Kreisscheibe mit Radius R wird im Abstand $y = h$ vom Mittelpunkt durchgeschnitten. Die abgeschnittene Fläche (die kleinere von beiden) A besitzt einen Massenmittelpunkt, dessen x-Komponente $x_s = 0$ ist.

(a) Berechnen Sie A allein aus geometrischen Betrachtungen mit dem Wissen über Dreiecks- und Kreisfläche.
(b) Berechnen Sie nun A durch Flächenintegration. Wie hängt A/R^2 von h/R ab?
(c) Berechnen Sie y_s, die y-Komponente dieses Massenmittelpunkts.
   ✑ *Der Koordinatenursprung liegt weiterhin in der Mitte des Kreises.*

Aufgabe 3.42. Kettenregel für die Jacobi-Determinante
Anspruch: ● ● ○
Gegeben sei eine Folge von Variablentransformationen

$$(x, y) \mapsto (w, z) \mapsto (u, v). \tag{3.88}$$

(a) Zeigen Sie, dass für die Jacobi-Determinante

$$\det\left(\frac{\partial(u, v)}{\partial(x, y)}\right) = \begin{vmatrix} \frac{\partial u}{\partial x} & \frac{\partial v}{\partial x} \\ \frac{\partial u}{\partial y} & \frac{\partial v}{\partial y} \end{vmatrix} \tag{3.89}$$

der zusammengesetzten Transformation $(x, y) \mapsto (u, v)$ die folgende Kettenregel gilt:

$$\det\left(\frac{\partial(u, v)}{\partial(x, y)}\right) = \det\left(\frac{\partial(u, v)}{\partial(w, z)}\right)\det\left(\frac{\partial(w, z)}{\partial(x, y)}\right). \tag{3.90}$$

(b) Betrachten Sie als Koordinatentransformationen im $\mathbb{R}^2$ die Drehung um einen Winkel φ und eine Streckung/Stauchung, gegeben durch die Abbildungen

$$R_\varphi : \begin{pmatrix} x \\ y \end{pmatrix} \mapsto \begin{pmatrix} x\cos(\varphi) - y\sin(\varphi) \\ x\sin(\varphi) + y\cos(\varphi) \end{pmatrix}, \quad S_{a,b} : \begin{pmatrix} x \\ y \end{pmatrix} \mapsto \begin{pmatrix} ax \\ by \end{pmatrix}, \ a, b \in \mathbb{R}. \tag{3.91}$$

Gegeben sei nun eine Transformation M, zusammengesetzt aus Drehung, Streckung/Stauchung und Rückdrehung, also

$$M = R_{-\varphi} \circ S_{a,b} \circ R_\varphi \quad (\circ : \text{Verknüpfung der Abbildungen}). \tag{3.92}$$

Wodurch sind die Jacobi-Determinanten der Einzeltransformationen gegeben? Bestimmen Sie unter Verwendung von *(a)* die Jacobi-Determinante von M.

☞   Aufg. 2.15

Aufgabe 3.43. Integral einer Ellipse

Anspruch: ● ● ○

Berechnen Sie das Integral

$$I = \int_{\mathbb{R}^2} dx\, dy\, f\left(\left(\frac{x}{a}\right)^2 + \left(\frac{y}{b}\right)^2\right), \tag{3.93}$$

wobei

$$f(u^2) = \begin{cases} 1 : u^2 \leq 1 \\ 0 : \text{sonst} \end{cases} \quad \text{mit} \quad u^2 := \left(\frac{x}{a}\right)^2 + \left(\frac{y}{b}\right)^2. \tag{3.94}$$

Benutzen Sie dabei die günstigeren Koordinaten

$$(x(u, \varphi), y(u, \varphi)) = (a\, u \cos(\varphi),\, b\, u \sin(\varphi)), \quad \text{mit} \quad u \in \mathbb{R}^+,\ \varphi \in [0, 2\pi[. \tag{3.95}$$

Aufgabe 3.44. Volumenintegrale in Kugelkoordinaten

Anspruch: ● ● ○

Aus Aufg. 3.38 kennen wir die Jacobi-Determinante in Kugelkoordinaten $\{r, \vartheta, \varphi\}$ und können damit das infinitesimale Volumenelement angeben, $dV = dx\, dy\, dz = r^2 \sin(\theta) dr\, d\theta\, d\varphi$. In dieser Aufgabe soll eine Halbkugelschale der Masse M mit Innenradius R_i und Außenradius R_a sowie konstanter Dichte betrachtet werden.

(a) Bestimmen Sie die Dichte $\rho_0 = M/V$ der Halbkugelschale Ω ausgedrückt durch R_i, R_a und M. Führen Sie die Volumenberechnung explizit als Integral aus.

(b) Berechnen Sie die Position des Massenmittelpunkts $\mathbf{R} = M^{-1} \int_\Omega dV\, \rho(\mathbf{r})\mathbf{r}$ der Halbkugelschale in Abhängigkeit von R_i, R_a und M. Was ergibt sich für die Fälle $R_i \to 0$ bzw. $R_i \to R_a$?

(c) Bestimmen Sie das Trägheitsmoment

$$I = \int_\Omega dV\, (\mathbf{r}_\perp)^2 \rho(\mathbf{r}) \tag{3.96}$$

für die Rotation um die Symmetrieachse, wobei $\mathbf{r}_\perp$ die Komponente von $\mathbf{r}$ senkrecht zu dieser Achse ist. Bestimmen Sie ebenfalls die Grenzfälle $R_i \to 0$ bzw. $R_i \to R_a$.

✑ Aufg. 3.14 und 3.38, Def. 3.8 und 3.9.

Aufgabe 3.45. Integration über einen Tetraeder
Anspruch: ● ● ○
Die Punkte $A = (1, -1, 2)$, $B = (2, -1, 2)$, $C = (1, 0, 2)$, $D = (1, -1, 3)$ bilden einen Tetraeder $\mathcal{T}$.

(a) Skizzieren Sie den Tetraeder. Wie lässt er sich für eine einfachere Betrachtung verschieben?
(b) Integrieren Sie die Funktion $f(x, y, z) = z$ über $\mathcal{T}$, d.h., berechnen Sie das Integral

$$I = \iiint\limits_{\mathcal{T}} dx\, dy\, dz\, f(x, y, z). \tag{3.97}$$

Aufgabe 3.46. Basel-Problem
Anspruch: ● ○ ○ — ● ● ●
Stellen wir uns Teilchen der Ladung q_1 vor, die auf der x-Geraden angeordnet sind. Ladung Nr. 1 an der Stelle $x = 1$, Ladung Nr. 2 an der Stelle $x = 2$, Ladung Nr. n an der Stelle $x = n$. An der Stelle $x = 0$ befindet sich eine Probeladung q_0. Wir wissen, dass die Coulomb-Kraft zwischen Teilchen Nr. 0 und Teilchen Nr. n gerade $F_x = C q_1 q_0 / n^2$ ist, wobei C eine Konstante darstellt, und die Kräfte additiv sind. Wenn wir nun unendlich viele Ladungen haben, also $n \to \infty$, welche Gesamtkraft wirkt dann auf das Teilchen Nr. 0?

In dieser Aufgabe wollen wir das Problem formalisieren und der Frage nachgehen, welchen Wert man erhält, wenn man die reziproken Quadratzahlen aller natürlicher Zahlen ohne Null aufsummiert. Die Frage, mit der sich zu Beginn vor allem Baseler Mathematiker beschäftigten, ist also nach dem Ergebnis von

$$S = \sum_{n=1}^{\infty} \frac{1}{n^2}. \tag{3.98}$$

Der Wert S wurde als Erstes 1735 von Leonhard Euler gefunden, der das Problem auf

$$\zeta(s) := \sum_{n=1}^{\infty} \frac{1}{n^s}, \quad s \in \{z \in \mathbb{C} | \mathrm{Re}\, z > 1\} \tag{3.99}$$

verallgemeinerte. Die so definierte Funktion wurde später die *Riemannsche ζ-Funktion* genannt. Es gibt mehrere Wege zur Lösung, hier wollen wir eine von Calabi, Beukers und Kock gefundene nachvollziehen.

(a) Zeigen Sie, dass wenn S durch Gl. 3.98 definiert ist, so ist

$$\frac{3}{4}S = \sum_{n=0}^{\infty} \frac{1}{(2n+1)^2}. \tag{3.100}$$

(b) Zeigen Sie nun, dass man die Summe als Doppelintegral schreiben kann,

$$\sum_{n=1}^{\infty} \frac{1}{n^2} = \lim_{a \to 1^-} \int_0^1 \int_0^a \frac{dx\,dy}{1 - xy}. \tag{3.101}$$

✍ *Die Frage ist, wie man die Summe auf der linken Seite auch auf der rechten bekommt. Hier hilft es, den Integranden in eine geometrische Reihe (siehe Def. 1.5) zu verwandeln. Es darf in diesem Fall die Vertauschung von Summation und Integration ohne Beweis benutzt werden.*[9]

Schließlich wollen wir zeigen, dass der Zusammenhang zwischen Summe und Integral auch wie folgt ausgedrückt werden kann

$$\sum_{n=0}^{\infty} \frac{1}{(2n+1)^2} = \lim_{a \to 1^-} \int_0^1 \int_0^a \frac{dx\,dy}{1 - (xy)^2}. \tag{3.102}$$

(c) Das Doppelintegral in Gl. 3.102 kann stark vereinfacht werden. Der Preis, der dafür gezahlt werden muss, liegt jedoch in der Substitution:

$$v(x, y) = \arctan\left(x\sqrt{\frac{1 - y^2}{1 - x^2}}\right), \tag{3.103}$$

$$w(x, y) = \arctan\left(y\sqrt{\frac{1 - x^2}{1 - y^2}}\right). \tag{3.104}$$

Berechnen Sie die Jacobi-Determinante für die Transformation von $\{x, y\}$ nach $\{v, w\}$. Zeigen Sie, dass das Integrationsgebiet anstatt eines Quadrats in der (x, y)-Fläche nun durch

$$A = \{(v, w) \in \mathbb{R}^2 | v \geq 0, w \geq 0, v + w < \pi/2\} \tag{3.105}$$

in der (v, w)-Fläche gegeben ist und geben Sie schließlich S an. Was bedeutet das Ergebnis für das ursprüngliche Problem der äquidistanten Ladungen?

---

[9]Dies ist hier aufgrund des *Satzes von Fubini-Tonelli* möglich. Einfach ausgedrückt: Wenn $f_n(x) > 0$ für alle n, x, dann $\sum_n \int dx\, f_n(x) = \int dx\, \sum_n f_n(x)$.

3.5   Raumkurven

Definition 3.11. Kurve und Bogenlänge
Sei $\mathbf{r}(\tau) = (r_1(\tau), \ldots, r_n(\tau)) : [a, b] \to \mathbb{R}^n$ eine stetige Funktion. Dann wird $\mathbf{r}$ als *Kurve* bezeichnet. Für jede C^1-Kurve ergibt sich ihre Länge L als

$$L(\mathbf{r}) = \int_a^b d\tau \left\| \frac{d\mathbf{r}(\tau)}{d\tau} \right\|. \tag{3.106}$$

Definition 3.12. Begleitendes Dreibein
Sei s die Bogenlänge, Def. 3.11, dann wird die Parametrisierung des Vektors $\mathbf{r}$ entlang einer Raumkurve mit deren Länge, also $\mathbf{r}(s)$, als *natürliche* Parametrisierung bezeichnet.

- *Tangenteneinheitsvektor* $\hat{\mathbf{t}}$

$$\hat{\mathbf{t}}(s) := \frac{d\mathbf{r}(s)}{ds}. \tag{3.107}$$

- *Hauptnormalenvektor* $\hat{\mathbf{n}}$

$$\hat{\mathbf{n}}(s) := \rho(s) \frac{d\hat{\mathbf{t}}(s)}{ds} \quad \text{mit} \quad \rho := \left\| \frac{d\hat{\mathbf{t}}(s)}{ds} \right\|^{-1}, \tag{3.108}$$

wobei ρ der Krümmungsradius und $\kappa := 1/\rho$ die Krümmung genannt werden.

- *Binormalenvektor* $\hat{\mathbf{b}}$

$$\hat{\mathbf{b}}(s) := \hat{\mathbf{t}}(s) \times \hat{\mathbf{n}}(s). \tag{3.109}$$

Die lokale Orthonormalbasis, bestehend aus $\hat{\mathbf{t}}$, $\hat{\mathbf{n}}$ und $\hat{\mathbf{b}}$, wird *begleitendes Dreibein* genannt.

Definition 3.13. Frenetsche Formeln
Die *Frenetschen Formeln* liefern den Zusammenhang zwischen der Ableitungen eines Vektors des begleitenden Dreibeins, Def. 3.12, nach der Bogenlänge s und einem anderen Vektor aus dieser lokalen Orthonormalbasis:

$$\frac{d\hat{\mathbf{t}}(s)}{ds} = \kappa \hat{\mathbf{n}}, \tag{3.110}$$

$$\frac{d\hat{\mathbf{b}}(s)}{ds} = -\tau \hat{\mathbf{n}}, \tag{3.111}$$

$$\frac{d\hat{\mathbf{n}}(s)}{ds} = \tau \hat{\mathbf{b}} - \kappa \hat{\mathbf{t}}, \tag{3.112}$$

wobei τ die *Torsion* und κ die *Krümmung* (Def. 3.12) sind.

Aufgabe 3.47. Torsion
Anspruch: ● ● ○
Beweisen Sie die Frenetsche Formel $d\hat{\mathbf{b}}(s)\big/ds = -\tau \hat{\mathbf{n}}$.

📖 Aufg. 3.9
↪ Aufg. 3.48□

Aufgabe 3.48. Charakterisierung von Raumkurven
Anspruch: ● ● ○
Gegeben sei die Schraubenlinie

$$\mathbf{r}(t) = (R\cos(\omega t),\, R\sin(\omega t),\, vt)^T, \quad \text{mit} \quad R, v, \omega \in \mathbb{R}^+, \tag{3.113}$$

wobei die Parameter R, v und ω konstant in t sind.

(a) Finden Sie die Bogenlänge $L(t_0, t)$ mit Startpunkt t_0 und Endpunkt t. Wie sieht somit eine Parametertransformation zwischen t und $L(t_0, t) \equiv s$ aus?
(b) Geben Sie das begleitende Dreibein an, d. h. den Tangenteneinheitsvektor $\hat{\mathbf{t}}$, den Hauptnormalenvektor $\hat{\mathbf{n}}$ sowie den Binormalenvektor $\hat{\mathbf{b}}$.
Was ist die Krümmung κ und die Torsion τ der Raumkurve?

(c) Wie verhält sich die Krümmung im Limes $R \to 0$, wie im Limes $R \to \infty$? Betrachten Sie diese Grenzfälle einmal für konstantes $R\omega$ =const. und einmal für konstantes ω =const. (in beiden Fällen gilt ebenfalls v = const.). Berechnen Sie für den letzten Fall die Geschwindigkeit v, bei der die Krümmung maximal wird. Interpretieren Sie Ihre Ergebnisse!

(d) Bei gegebenem Radius R: Für welches Verhältnis $v/(R\omega)$ ist die Torsion maximal?

(e) Beweisen Sie die dritte Frenetsche Formel

$$\frac{\mathrm{d}\hat{\mathbf{n}}}{\mathrm{d}s} = \tau \hat{\mathbf{b}} - \kappa \hat{\mathbf{t}}. \tag{3.114}$$

☞ Aufg. 3.47

3.6   Die Dirac-Delta-Distribution

Definition 3.14. Funktional
Sei V ein Raum von Funktionen mit Werten in $\mathbb{K}$ (genauer, ein $\mathbb{K}$-Vektorraum, siehe Def. 2.1). Dabei kann $\mathbb{K}$ der Raum $\mathbb{R}$ oder $\mathbb{C}$ sein. Dann ist ein Funktional Λ eine Abbildung

$$\Lambda : V \to \mathbb{K}. \tag{3.115}$$

Definition 3.15. Dirac-Delta-Distribution
Die Dirac-Delta-Distribution δ ist keine gewöhnliche Funktion. Sie ist eine stetige lineare Abbildung aus einer Menge von Funktionen F (Funktionenraum) in einen Körper $\mathbb{K}$,

$$\delta : F \to \mathbb{K}, \quad f \mapsto f(0), \tag{3.116}$$

wobei man das Funktional $\delta[f]$ schreibt als

$$\delta[f] = \int_{\Omega} \delta(x) f(x) = f(0) \tag{3.117}$$

mit $0 \in \Omega$, $\Omega \subset \mathbb{R}^n$ bzw. $\Omega \subset \mathbb{C}^n$. Dabei ist zu beachten, dass $\delta(x)$ nicht ohne Integral leben kann, es ist eine singuläre Größe, die keine Funktion darstellt.

Wichtige Eigenschaften der Dirac-Delta-Distribution

$$\int_{-\infty}^{\infty} dx\, f(x)\delta(x - x_0) = f(x_0),\qquad\qquad (3.118)$$

$$\int_{-a}^{b} dx\, f(x)\delta(x - x_0) = \begin{cases} f(x_0) & a < x_0 < b \\ 0 & \text{sonst} \end{cases},\qquad\qquad (3.119)$$

$$\int_{-\infty}^{\infty} dx\, f(x)\delta'(x) = -f'(0),\qquad\qquad (3.120)$$

$$\int_{-\infty}^{\infty} dx\, f(x)\delta(g(x)) = \sum_{i=1}^{n} \frac{f(x_i)}{|g'(x_i)|},\qquad\qquad (3.121)$$

wobei die Stellen x_i die *n einfachen* Nullstellen der Funktion $g(x)$ sind.[10]

Aufgabe 3.49. Delta-Distribution als Grenzwert einer Funktionenfolge
Anspruch: ● ● ○
Ein besseres Verständnis für die Delta-Distribution können wir erreichen, wenn wir sie als Grenzwert einer Funktionenfolge $(\delta_n)_{n\in\mathbb{N}}$ sehen. Eine Menge von Funktionenfolgen, die gegen die Dirac-Delta-Distribution konvergieren, ist die Menge der Dirac-Folgen. Dabei muss δ_n integrierbar sein und folgende Bedingungen erfüllen (hier im $\mathbb{R}$)

(1) $\forall_{x\in\mathbb{R}}\forall_{n\in\mathbb{N}}\quad \delta_n(x) \geq 0$
(2) $\forall_{n\in\mathbb{N}}\quad \int_{\mathbb{R}} dx\, \delta_n(x) = 1$
(3) Nehmen wir ein beliebig kleines Intervall U_ϵ mit $\epsilon > 0$ aus dem Integrationsintervall um 0 heraus, so muss das Integral verschwinden für $n \to \infty$, genauer

$$\lim_{n\to\infty} \int_{\mathbb{R}\setminus U_\epsilon} dx\, \delta_n(x) = 0.\qquad\qquad (3.122)$$

(a) Betrachten Sie die Dirac-Folge

$$\delta_n(x - x_0) = \frac{1}{\pi}\frac{n}{1 + n^2(x - x_0)^2}\qquad\qquad (3.123)$$

---

[10] f muss hier eine Testfunktion sein. Von diesen gibt es verschiedene. Häufig sind es glatte Funktionen mit kompaktem Träger, sogenannte schnell fallende Funktionen.

und zeigen Sie, dass der Grenzwert dieser Folge die Delta-Distribution ergibt.
☜ Aufg. 3.14

(b) Zeigen Sie die Symmetrie der Delta-Distribution mithilfe der Eigenschaft Gl. 3.118

$$\delta(x - x_0) = \delta(x_0 - x). \tag{3.124}$$

Aufgabe 3.50. Anwendungen der Eigenschaften der Delta-Distribution
Anspruch: ● ○ ○ — ● ● ○
Bestimmen Sie die folgenden Integrale, wobei $f : \mathbb{R} \to \mathbb{R}$ stets eine glatte Funktion
(C^∞) ist:

(a) $\displaystyle\int_{-10}^{10} dx\, f(x)\delta\left(e^{x-1}\right),$

(b) $\displaystyle\int_{-\pi/4}^{\pi/4} dx\, \delta(\tan(x)),$

(c) $\displaystyle\int_{-\pi/2}^{\pi/2} dx\, (x+1)^2\delta(\sin(\pi x)),$

(d) $\displaystyle\int_{-100}^{3} dy\, y\delta(y - \pi),$

(e) $\displaystyle\int_{-\infty}^{\infty} dx\, f(x)\delta\left(e^x - 1\right),$

(f) $\displaystyle\int_{1}^{100} dx\, \sin(x)\delta\left(x^2 - \pi^2/4\right),$

(g) $\displaystyle\int_{-2.5}^{2.5} dx\, \delta(x^2 + 5x + 6).$

Aufgabe 3.51. Delta-Distribution einer Funktion
Anspruch: ● ● ●
Sei $g(x)$ eine auf dem Integrationsintervall stetig differenzierbare Funktion mit n
einfachen Nullstellen x_i, wobei $i = 1, \ldots, n$. Somit ist $g(x)$ bijektiv (d. h., in diesen
Umgebungen existiert eine Umkehrfunktion) in den Intervallen $(x_i - \epsilon, x_i + \epsilon)$ mit
$0 < \epsilon \ll 1$.

Zeigen Sie, dass

$$\delta(g(x)) = \sum_{i=1}^{n} \frac{\delta(x - x_i)}{|g'(x_i)|} \tag{3.125}$$

gilt, siehe Eigenschaft Gl. 3.121. Solch eine Funktion $f(x)$ wird *Testfunktion* genannt.

✍ *Überlegen Sie sich zuerst, in welchen Regionen das Integral einen Beitrag
liefert und substituieren Sie anschließend $y = g(x)$.*

Aufgabe 3.52. Physikalische Einheiten
Anspruch: ● ○ ○
Welche physikalische Einheit hat die Dirac-δ-Distribution $\delta(x\,\mathrm{kg})$, wenn x einheitenlos ist? Begründen Sie!

3.7 Vektoranalysis

Definition 3.16. Vektorfeld
Eine vektorwertige Abbildung $f : \Omega \to \mathbb{R}^n$ mit $\Omega \subset \mathbb{R}^n$, wird Vektorfeld genannt.

Definition 3.17. Differential und Gradient
Gegeben seien orthonormale Koordinaten $\{q_1, \ldots, q_n\}$ (siehe Def. 3.9) mit Basisvektoren

$$\mathbf{e}_{q_i} = \frac{1}{g_i}\frac{\partial \mathbf{r}}{\partial q_i} \quad \text{mit} \quad g_i = \left|\frac{\partial \mathbf{r}}{\partial q_i}\right|. \tag{3.126}$$

Das Differential $\mathrm{d}f$ ist gegeben durch

$$\mathrm{d}f = \sum_{l=1}^{n} \frac{\partial f}{\partial q_l}\mathrm{d}q_l. \tag{3.127}$$

Der Gradient einer differenzierbaren Funktion $f : \mathbb{R}^n \to \mathbb{R}$ ist gegeben durch

$$\nabla f = \sum_{l=1}^{n} \mathbf{e}_{q_l}\frac{1}{g_l}\frac{\partial}{\partial q_l}f. \tag{3.128}$$

In kartesischen Koordinaten lautet der Nabla-Operator:

$$\nabla = (\partial_x,\, \partial_y,\, \partial_z)^T. \tag{3.129}$$

Beachte!

$$\mathrm{d}f = \nabla f \cdot \mathrm{d}\mathbf{r}. \tag{3.130}$$

Definition 3.18. Divergenz eines Vektorfeldes

Gegeben sei ein hinreichend oft stetig partiell differenzierbares Vektorfeld $\mathbf{F} : \mathbb{R}^3 \to \mathbb{R}^3$ in orthonormalen Koordinaten $\{q_1, q_2, q_3\}$ mit Basisvektoren, Gl. 3.126. Dann ist die Divergenz des Vektorfeldes gegeben durch

$$\nabla \cdot \mathbf{F} = \frac{1}{g_1 g_2 g_3} \sum_{k=1}^{3} \partial_{q_k} \left(\frac{q_1 q_2 q_3}{q_k} F_{q_k} \right). \tag{3.131}$$

In kartesischen Koordinaten:

$$\nabla \cdot \mathbf{F} = \partial_x F_x + \partial_y F_y + \partial_z F_z. \tag{3.132}$$

⇨   Aufg. 3.68□

Definition 3.19. Rotation eines Vektorfeldes

Gegeben sei ein hinreichend oft stetig partiell differenzierbares Vektorfeld $\mathbf{F} : \mathbb{R}^3 \to \mathbb{R}^3$ in orthonormalen Koordinaten $\{q_1, q_2, q_3\}$ mit Basisvektoren, Gl. 3.126. Dann ist die Rotation des Vektorfeldes gegeben durch

$$\nabla \times \mathbf{F} = \frac{1}{g_1 g_2 g_3} \sum_{lmn=1}^{3} \epsilon_{lmn}\, g_l \mathbf{e}_{q_l} \partial_{q_m} \left(g_n F_{q_n} \right). \tag{3.133}$$

In kartesischen Koordinaten:

$$\nabla \times \mathbf{F} = \begin{pmatrix} \partial_x \\ \partial_y \\ \partial_z \end{pmatrix} \times \begin{pmatrix} F_x \\ F_y \\ F_z \end{pmatrix} = \sum_{lmn=1}^{3} \epsilon_{lmn} \partial_l F_m \mathbf{e}_n. \tag{3.134}$$

⇨   Aufg. 3.82□

Definition 3.20. Laplace-Operator

$$\Delta f := \operatorname{div}(\operatorname{grad} f) \equiv \nabla \cdot (\nabla f), \tag{3.135}$$

wobei f ein zweimal differenzierbares Skalarfeld ist. In orthonormalen Koordinaten $\{q_1, q_2, q_3\}$ mit Basisvektoren, Gl. 3.126, erhält man

$$\Delta f = \frac{1}{g_1 g_2 g_3} \sum_{k=1}^{3} \partial_{q_k} \left(\frac{g_1 g_2 g_3}{g_k^2} \partial_{q_k} f \right). \tag{3.136}$$

In kartesischen Koordinaten:

$$\Delta f = \partial_x^2 f + \partial_y^2 f + \partial_z^2 f. \tag{3.137}$$

⇨ Aufg. 3.61□

Definition 3.21. Gradientenfeld
Ein Vektorfeld $\mathbf{F}(\mathbf{r})$ wird Gradientenfeld oder konservativ genannt, wenn

- es ein Skalarfeld $\phi(\mathbf{r})$ gibt, sodass

$$\mathbf{F}(\mathbf{r}) = \nabla \phi(\mathbf{r}), \tag{3.138}$$

- jedes Kurvenintegral entlang einer beliebigen Kurve nur vom Anfangs- und Endpunkt abhängt,
- jedes Kurvenintegral entlang einer beliebigen geschlossenen Kurve verschwindet.

Alle obigen Aussagen sind äquivalent.

Theorem 3.8. *Satz von Schwarz*
Auf einer offenen Menge $U \subset \mathbb{R}^k$ sei die Funktion $f : U \to \mathbb{R}$ m-mal partiell differenzierbar und all diese partiellen Ableitungen seien stetig. Dann kommt es nicht auf die Reihenfolge in allen n-ten partiellen Ableitungen mit $n \leq m$ an.
Insbesondere gilt im $\mathbb{R}^2$ bei $m \geq 2$

$$\frac{\partial}{\partial x} \frac{\partial}{\partial y} f(x, y) = \frac{\partial}{\partial y} \frac{\partial}{\partial x} f(x, y). \tag{3.139}$$

Theorem 3.9. *Integrabilitätsbedingung*

- *Zunächst für den Fall eines Definitionsraumes $M \subseteq \mathbb{R}^2$:[11]*
  Gegeben sei eine Differentialform

$$\omega = A(x, y)\mathrm{d}x + B(x, y)\mathrm{d}y, \tag{3.140}$$

wobei A und B stetig differenzierbar sind. Die Bedingung

$$\partial_y A \overset{!}{=} \partial_x B \tag{3.141}$$

ist notwendig und hinreichend dafür, dass ω ein Differential ist, d. h., dass eine stetig differenzierbare Funktion f mit

$$\omega = \mathrm{d}f \tag{3.142}$$

existiert.
Äquivalent kann man auch sagen:
Die Funktion $\mathbf{F} : M \rightarrow \mathbb{R}^2$ mit $\mathbf{F} = (A(x, y), B(x, y))^T$ ist unter der obigen Bedingung ein Gradientenfeld, Def. 3.21.
- *Verallgemeinerung der Bedingung:*
  Für $\mathbf{F} : M \rightarrow \mathbb{R}^n$ bzw. $\omega = \sum_{k=1}^{n} F_k\,\mathrm{d}x_k$, muss auf M

$$\partial_{x_k} F_j = \partial_{x_j} F_k \text{ für alle } j, k \in \{1, \dots, n\} \tag{3.143}$$

gelten.

---

[11]Um genau zu sein: Die Menge muss eine *einfach zusammenhängende* sein. Das ist sie, wenn sie *wegzusammenhängend* ist, d. h., jedes Punktepaar lässt sich über einen Weg stetig verbinden und jeder geschlossene Weg kann zu einem Punkt zusammengezogen werden, d. h., Löcher kommen nicht in die Quere. Man könnte denken, dass dies eine unnötige Pedanterie ist. Wir werden in Aufg. 3.82 jedoch sehen, dass diese topologische Eigenschaft eine sehr wichtige Rolle in der Physik spielt. Ein über die Grundlagen hinausgehendes Buch, in dem der Sachverhalt im Kontext der Physik phantastisch dargestellt wird, ist Theodore Frankels „The Geometry of Physics: An Introduction" [4].

Theorem 3.10. *Wegintegral*
Man unterscheidet zwischen einem Wegintegral erster und zweiter Art entlang eines stückweise stetig differenzierbaren Weges $\gamma : [a, b] \to \mathbb{R}^m$.

- *Erster Art: Wegintegral einer stetigen Funktion $f : \mathbb{R}^m \to \mathbb{R}$*

$$\int_\gamma ds\, f := \int_a^b dt\, f(\gamma(t))\|\dot{\gamma}(t)\| \tag{3.144}$$

- *Zweiter Art: Wegintegral einer stetigen Funktion $f : \mathbb{R}^m \to \mathbb{R}^m$*

$$\int_\gamma d\mathbf{r} \cdot \mathbf{f}(\mathbf{r}) := \int_a^b dt\, \dot{\boldsymbol{\gamma}}(t) \cdot \mathbf{f}(\gamma(t)). \tag{3.145}$$

Beachte!

- *Handelt es sich um einen geschlossenen Integrationsweg, wird das Integral auch Zirkulation genannt und mit $\oint$ bezeichnet.*
- *Der Weg wird mit t parametrisiert.*

Theorem 3.11. *Integralsatz von Gauß*
Gegeben sei eine kompakte Menge $V \subset \mathbb{R}^n$ deren Rand, $S = \partial V$, abschnittsweise glatt ist. Die Orientierung des Randes sei durch ein Normalenvektorfeld $\hat{\mathbf{n}}$ gegeben. Dann sind die Quellen in V eines auf der offenen Menge U, $V \subseteq U$, stetig differenzierbaren Vektorfeldes $\mathbf{F}$ gleich dem Fluss durch die Oberfläche von V,

$$\int_V d^{(n)}V\, \boldsymbol{\nabla} \cdot \mathbf{F} = \int_S d^{(n-1)}\mathbf{S} \cdot \mathbf{F} = \int_S d^{(n-1)}S\, \hat{\mathbf{n}} \cdot \mathbf{F}. \tag{3.146}$$

Theorem 3.12. *(Klassischer) Integralsatz von Stokes*
Betrachte eine gegebenenfalls gewölbte, berandete, durch $\hat{\mathbf{n}}$ orientierte Fläche $\mathcal{F}$. Die Berandung $\mathcal{C} := \delta\mathcal{F}$ sei abschnittsweise glatt. Zudem existiert ein

einmal stetig differenzierbares Vektorfeld $\mathbf{A} : V \to \mathbb{R}^3$, *das auf einer offenen Menge des dreidimensionalen Raumes definiert ist. Dann gilt:*

$$\int_{\mathcal{F}} \nabla \times \mathbf{A} \cdot d\mathbf{F} = \oint_{\mathcal{C}} \mathbf{A} \cdot d\mathbf{r}. \qquad (3.147)$$

Beachte!

- *Die Orientierung der Randkurve* $\mathcal{C}$, *auch Durchlaufsinn genannt, ist dann positiv, wenn man die durch den Normalenvektor* $\hat{\mathbf{n}}$ *ausgezeichnete Fläche beim Gehen entlang der Kurve zu seiner Linken hat und* $\hat{\mathbf{n}}$ *„nach oben" zeigt.*

⇨   *Aufg.* 3.75□

Aufgabe 3.53. Normaleneinheitsvektor
Anspruch: ● ○ ○
Eine Fläche $\mathbf{F}$ sei gegeben durch $\mathbf{r}(u, v) = 3\cos(u)\mathbf{e}_x + 3\sin(u)\mathbf{e}_y + v\mathbf{e}_z$ mit $u \in [0, 2\pi)$, $v \in \mathbb{R}$. Dabei ist $\{\mathbf{e}_x, \mathbf{e}_y, \mathbf{e}_z\}$ die kartesische Basis. Berechnen Sie den Normaleneinheitsvektor bei $\mathbf{P} = -3\mathbf{e}_x + 2\mathbf{e}_z$.

Aufgabe 3.54. Abstand Punkt-Ebene
Anspruch: ● ● ○

(a) Eine Ebene $\mathcal{F}$ im $\mathbb{R}^3$ sei gegeben durch ihren Normalenvektor $\mathbf{n} = (a, b, c)^T$ und einen Punkt in der Ebene, $\mathbf{x}_0 = (x_0, y_0, z_0)^T$. Zeigen Sie, dass die Ebene durch

$$ax + by + cz + d = 0, \quad x, y, z \in \mathbb{R} \qquad (3.148)$$

gegeben ist und bestimmen Sie d.
(b) Was ist der Abstand[12] D der Ebene vom Ursprung?
(c) Nun sei ein beliebiger Punkt $\mathbf{p} = (p_x, p_y, p_y)^T$ im Raum gegeben. Was ist der Abstand D_p dieses Punktes von der Ebene?

☞   Die kürzeste Verbindungslinie von Ursprung zur Ebene ist kollinear mit dem *Normalenvektor*.

---

[12]Bei solchen Fragestellungen ist stets der *kürzeste* Abstand gemeint.

(d) Gegeben sind nun die Ebene

$$\mathcal{F} := \left\{ \lambda, \mu \in \mathbb{R} \middle| \begin{pmatrix} 2 \\ 2 \\ -5 \end{pmatrix} + \lambda \begin{pmatrix} 1 \\ 1 \\ 1 \end{pmatrix} + \mu \begin{pmatrix} 1 \\ 2 \\ 3 \end{pmatrix} \right\} \tag{3.149}$$

und der Punkt $\mathbf{p} = (3, 1, -7)^T$. Bestimmen Sie den Abstand zwischen $\mathbf{p}$ und $\mathcal{F}$.

Aufgabe 3.55. Linienelement in krummlinigen Koordinaten
Anspruch: ● ● ○
Ausgehend von Gl. 3.74, berechnen Sie die lokalen orthonormalen (Zeigen Sie das!) Basisvektoren (lokales Dreibein), das Linienelement $\mathrm{d}\mathbf{r}$ sowie $|\mathrm{d}\mathbf{r}|^2$ in

(a) Zylinderkoordinaten,
(b) Kugelkoordinaten.

☞ Gl. 3.2 und 3.74.
✍ Bei solchen Aufgaben ist es oft praktisch, eine Dimensionsanalyse zur Überprüfung vorzunehmen. Z. B. hat $\mathrm{d}\mathbf{r}$ die Dimension einer Länge. Würde dieser Ausdruck in Kugelkoordinaten einen Term wie $\mathbf{e}_\theta \mathrm{d}\theta$ enthalten, wüsten wir sofort, dass dieser die Dimension 1 besitzt und somit nicht korrekt sein kann.

Aufgabe 3.56. Transformation eines Vektorfeldes in Kugelkoordinaten
Anspruch: ● ● ●

(a) Wie sieht die Transformationsmatrix M zwischen der kartesischen Basis und der des krummlinigen Koordinatensystems aus, d.h. $(\mathbf{e}_r, \mathbf{e}_\theta, \mathbf{e}_\varphi)^T = M(\mathbf{e}_x, \mathbf{e}_y, \mathbf{e}_z)^T$?
(b) Geben Sie die Transformationsmatrix S zwischen den Komponenten eines Vektorfeldes $\mathbf{F} : \Omega \to \mathbb{R}^3$, $\Omega \subset \mathbb{R}^3$, in kartesischen und Kugelkoordinaten an.
✍ Wie transformiert sich ein Vektorfeld?
(c) Zeigen Sie, dass S eine Rotationsmatrix ist. Wie hängen M und S zusammen?

☞ Gl. 3.2 und 3.74, Aufg. 2.15.

Aufgabe 3.57. Gradient in krummlinigen Koordinaten
Anspruch: ● ● ○
Zeigen Sie die Darstellung des Gradienten in krummlinigen Koordinaten q_i, Gl. 3.128, indem Sie $\mathrm{d}f$ sowohl als Linearkombination der $\mathrm{d}q_i$ darstellen als auch mit $(\nabla f) \cdot \mathrm{d}\mathbf{r}$. Letzterer Ausdruck sei für kartesische Koordinaten bekannt.

Aufgabe 3.58. Divergenz und Rotation
Anspruch: ● ○ ○

(a) Berechnen Sie $\nabla \cdot \mathbf{r}$ und $\nabla \times \mathbf{r}$, wobei $\mathbf{r} = (x, y, z)^T$.

(b) Sei $\mathbf{A}(\mathbf{r}) = (x + 3y,\ y - 2z,\ x + \alpha z)^T$ in kartesischer Basis. Bestimmen Sie $\alpha \in \mathbb{R}$ so, dass $\nabla \cdot \mathbf{A} = 0,\ \forall \mathbf{r} \in \mathbb{R}^3$. Wie wird ein solches Vektorfeld dann genannt?

(c) Sei $\mathbf{A}(\mathbf{r}) = (xz^3,\ -2x^2yz,\ 2yz^4)^T$ in kartesischer Basis. Bestimmen Sie $\nabla \times \mathbf{A}$ im Punkt $(1, -1, 1)^T$.

(d) Sei $\mathbf{A}(\mathbf{r}) = (x + 2y + \alpha z)\mathbf{e}_x + (\beta x - 3y - z)\mathbf{e}_y + (4x + \gamma y + 2z)\mathbf{e}_z$. Bestimmen Sie $\alpha, \beta, \gamma \in \mathbb{R}$ so, dass $\nabla \times \mathbf{A} = \mathbf{0},\ \forall \mathbf{r} \in \mathbb{R}^3$. Wie wird dann ein solches Vektorfeld genannt?

Aufgabe 3.59. Identitäten
Anspruch: ● ○ ○ — ● ● ○
Beweisen Sie die folgenden Identitäten mithilfe des Levi-Civita-Symbols ϵ_{ijk}. Dabei sind $\mathbf{A}(\mathbf{r})$ und $\mathbf{B}(\mathbf{r})$ zweimal stetig differenzierbare Vektorfelder und $\varphi(\mathbf{r})$ ein zweimal differenzierbares skalares Feld. (Im Folgenden unterdrücken wir der Übersicht halber die $\mathbf{r}$ Abhängigkeit)[13]

(a) $\nabla \times (\varphi \mathbf{A}) = \varphi \nabla \times \mathbf{A} + (\nabla \varphi) \times \mathbf{A}$.

(b) $\nabla \cdot (\mathbf{A} \times \mathbf{B}) = (\nabla \times \mathbf{A}) \cdot \mathbf{B} - (\mathbf{A} \leftrightarrow \mathbf{B})$.

(c) $\nabla \times (\nabla \varphi) = \mathbf{0}$.

   D.h.: Gradientenfelder, Def. 3.21, sind rotationsfrei. Mit dem Integralsatz von Stokes, Th. 3.12, kann man damit zeigen, dass Gradientenfelder *konservativ* sind.

(d) $\nabla \cdot (\nabla \times \mathbf{A}) = 0$.

   D.h.: Rotationsfelder sind quellfrei. Nach dem Integralsatz von Gauß, Th. 3.11, können wir schlussfolgern, das für beliebige geschlossene Flächen der Fluss des Feldes $\nabla \times \mathbf{A}$ verschwindet.

(e) $\nabla \times (\nabla \times \mathbf{A}) = \nabla(\nabla \cdot \mathbf{A}) - \Delta \mathbf{A}$.

(f) $\nabla(\mathbf{A} \cdot \mathbf{B}) = (\mathbf{A} \cdot \nabla)\mathbf{B} + \mathbf{A} \times (\nabla \times \mathbf{B}) + (\mathbf{A} \leftrightarrow \mathbf{B})$.

(g) $\nabla \times (\mathbf{A} \times \mathbf{B}) = (\mathbf{B} \cdot \nabla)\mathbf{A} + \mathbf{A}(\nabla \cdot \mathbf{B}) - (\mathbf{A} \leftrightarrow \mathbf{B})$.

Dabei bedeutet $\pm(\mathbf{A} \leftrightarrow \mathbf{B})$: addiere bzw. subtrahiere die vorhergehenden Terme, wobei die Vektorfelder $\mathbf{A}$ und $\mathbf{B}$ zu vertauschen sind.

(h) Was bestimmt das Vorzeichen vor $(\mathbf{A} \leftrightarrow \mathbf{B})$?

---

[13]Terme der Form $(A \leftrightarrow B)$ bedeuten: Setze hier den Term links von diesem Ausdruck ein, nur vertausche dabei A und B.

Aufgabe 3.60. Äquipotentialflächen

Anspruch: ● ● ○

Gegeben sei nun das Vektorfeld $F : \mathbb{R}^3 \to \mathbb{R}^3$, $F(r) = re^{r^2}$ zum Potential V.
Beantworten Sie die folgenden Fragen, *ohne* das Potential auszurechnen.

(a) Besitzt das Feld Quellen oder Wirbel? Nutzen Sie hier auch ein günstiges Koordinatensystem.
(b) Was ist die Richtung des stärksten Anstiegs des Potentials (hier ist die physikalische Vorzeichen-Konvention auszugehen) V im Punkt $(1, 1, 0)^T$?
(c) Wie sehen die Äquipotentialflächen aus? Machen Sie sich bewusst, wie das Vektorfeld $F(\mathbf{r})$ dazu steht.

   Th. 3.18

   Aufg. 3.59

Aufgabe 3.61. Laplace-Operator

Anspruch: ● ● ○ — ● ● ●

(a) Berechnen Sie div(grad U)≡ ΔU, Def. 3.20, für das skalare Feld $U : \mathbb{R}^3 \backslash \{\mathbf{0}\} \to \mathbb{R}$,

$$U(\mathbf{r}) = \frac{\mathbf{p} \cdot \mathbf{r}}{\|\mathbf{r}\|^3}. \tag{3.150}$$

Arbeiten Sie hierzu mit Indizes, $\Delta = \sum_i \partial_{x_i}^2$ und $U(\mathbf{r}) = \sum_i r^{-3} p_i x_i$.

(b) Zeigen Sie, dass die Funktion $\phi : \mathbb{R}_+ \backslash \{0\} \to \mathbb{R}$, $\phi(r) = \ln(r)$ im Zwei-dimensionalen eine harmonische Funktion ist, d.h. eine spezielle Lösung der Laplace-Gleichung $\Delta\phi = 0$ darstellt. Dabei ist $r = \|\mathbf{r}\|$ die euklidische Norm des Ortsvektors im $\mathbb{R}^2$.

Aufgabe 3.62. Vektorfeld und Potential

Anspruch: ● ● ○ — ● ● ●

Gegeben sei das Vektorfeld $\mathbf{F} : \mathbb{R}^3 \to \mathbb{R}^3$, $\mathbf{F} = (ye^{xy}, xe^{xy}, 0)^T$. Hier sei $\mathbf{F}$ ein Kraftfeld.

(a) Ist $\mathbf{F}$ konservativ (Def. 3.21)?
(b) Berechnen Sie die Arbeit $W = \int_C \mathbf{F} \cdot d\mathbf{r}$, wobei C die kürzeste Verbindung von $\mathbf{P} = (-1, 0, 0)$ nach $\mathbf{Q} = (1, 0, 0)$ darstellt. Benutzen Sie hierfür eine einfache Parametrisierung $\mathbf{r}(t)$.
(c) Finden Sie das Potential ϕ zu $\mathbf{F}$ und verifizieren Sie damit das Ergebnis von (b).
(d) In Aufg. 3.58 haben wir ein rotationsfreies Vektorfeld $\mathbf{A} = (x + 2y + 4z)\mathbf{e}_x + (2x - 3y - z)\mathbf{e}_y + (4x - y + 2z)\mathbf{e}_z$ gefunden. Geben Sie das zugehörige Potential Φ mit $\mathbf{A} = -\nabla\Phi$ an.

   Def. 3.21, Aufg. 3.58

Aufgabe 3.63. Fluss

Anspruch: ● ● ○

Eine Flüssigkeit fließe mit einer Geschwindigkeit von $\mathbf{v} = (v_x, 0, v_z)^T$ durch die
Fläche, die durch

$$z = -\frac{1}{2}\cos\left(\frac{\pi}{2}\sqrt{x^2 + y^2}\right), \quad x^2 + y^2 \leq 1 \qquad (3.151)$$

gegeben ist. Welches Volumen pro Zeiteinheit fließt durch diese Fläche?

Aufgabe 3.64. Fluss durch Doppelparaboloid

Anspruch: ● ● ○

Betrachtet wird die geschlossene Fläche, die entsteht, wenn zwei identische abgeschnittene Rotationsparaboloide umgekehrt aufeinander gelegt werden (siehe Abb.
3.5). Der untere Teil sei beschrieben durch

$$z = x^2 + y^2, \quad z \leq 1/2. \qquad (3.152)$$

Berechnen Sie für das Vektorfeld

$$\mathbf{F} : \mathbb{R}^3 \to \mathbb{R}^3, \quad \mathbf{F}(\mathbf{r}) = \begin{pmatrix} -x \\ y^2 \\ -z \end{pmatrix} \qquad (3.153)$$

den gesamten Fluss durch die geschlossene Fläche. Wählen Sie dabei die Orientierung des Normalenvektors so, dass er aus dem Volumen hinaus zeigt.

☜ Aufg. 3.13

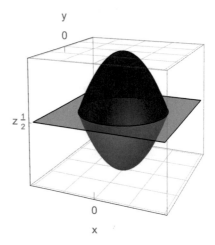

Abb. 3.5 Zu Aufg. 3.64:
Doppelparaboloid

Abb. 3.6 Zu Aufg. 3.65:
Integration entlang
unterschiedlicher Linien

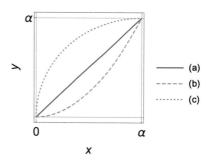

Aufgabe 3.65. Linienintegrale

Anspruch: ● ○ ○

Gegeben sei das Vektorfeld

$$\mathbf{A} : \mathbb{R}^2 \to \mathbb{R}^2, \quad \mathbf{A}(x, y) = k \begin{pmatrix} x^2 y \\ xy^2 \end{pmatrix} \tag{3.154}$$

mit einer Konstanten $k \subset \mathbb{R}$. Berechnen Sie das Linienintegral $\int_C \mathbf{A} \cdot d\mathbf{r}$ in der x-y-Ebene vom Ursprung bis zum Punkt (α, α), $\alpha \in \mathbb{R}$ entlang der folgenden Wege (vgl. Abb. 3.6):

(a) eine gerade Linie zwischen den beiden Punkten,
(b) eine Parabel mit Scheitelpunkt im Ursprung, die durch (α, α) verläuft,
(c) ein Viertelkreis mit Mittelpunkt $(\alpha, 0)$ durch die beiden Punkte.

Ist das Vektorfeld konservativ?

Aufgabe 3.66. Zylinderkoordinaten

Anspruch: ● ● ○

Eine Erweiterung der Polarkoordinaten auf drei Dimensionen sind die sogenannten Zylinderkoordinaten, Def. 3.2.

(a) Zeigen Sie mittels
   – Determinante und
   – explizitem Lösen der Gl. 2.13 für die Basisvektoren,
   dass die Basisvektoren der Zylinderkoordinaten linear unabhängig sind.
(b) Bestimmen Sie das Volumenelement dV (in kartesischen Koordinaten $dV = dx\,dy\,dz$) in Zylinderkoordinaten geometrisch.
(c) Bestimmen Sie die kartesischen Einheitsvektoren $\mathbf{e}_x$, $\mathbf{e}_y$, $\mathbf{e}_z$ als Funktion der Basisvektoren der Zylinderkoordinaten $\mathbf{e}_\rho$, $\mathbf{e}_\varphi$, $\mathbf{e}_z$.
(d) Geben Sie die allgemeine Form der Geschwindigkeit $d\mathbf{r}/dt$ in Zylinderkoordinaten, ausgedrückt durch die Basisvektoren $\mathbf{e}_\rho$, $\mathbf{e}_\varphi$, $\mathbf{e}_z$ an.

(e) Stellen Sie das in kartesischen Koordinaten gegebene Vektorfeld $\mathbf{F} : \mathbb{R}^3 \to \mathbb{R}^3$

$$\mathbf{F} = \begin{pmatrix} -x + x^2 y + y^3 \\ x^3 + xy^2 - y \\ 7z \end{pmatrix} \tag{3.155}$$

vollständig in Zylinderkoordinaten dar (sowohl in der Basis als auch in den Koeffizienten).

✎ Aufg. 3.55

☞ Def. 2.7 und 3.9, Th. 2.14

Aufgabe 3.67. Parabolische Koordinaten

Anspruch: ● ● ○

Die parabolischen Koordinaten $u, v \in \mathbb{R}^+$ sind gegeben durch die Transformationsgleichungen

$$x = uv, \quad y = (v^2 - u^2)/2. \tag{3.156}$$

(a) Skizzieren Sie in der x-y-Ebene die Kurven mit konstantem u bzw. v.

(b) Bestimmen Sie die Einheitsvektoren $\mathbf{e}_u$, $\mathbf{e}_v$ und zeigen Sie, dass sie aufeinander senkrecht stehen.

(c) Berechnen Sie das Linienelement und das Flächenelement in diesen Koordinaten.

Aufgabe 3.68. Divergenz in krummlinigen Koordinaten

Anspruch: ● ● ○ — ● ● ●

Gegeben sei ein hinreichend oft stetig partiell differenzierbares Vektorfeld $\mathbf{a} : \mathbb{R}^3 \to \mathbb{R}^3$, $\mathbf{a} = \sum_{i=1}^{3} a_{u_i} \mathbf{e}_{u_i}$ in krummlinigen Koordinaten, wobei $\mathbf{e}_{u_i}$ die krummlinigen, normierten Basisvektoren und a_{u_i} die entsprechenden Komponenten des Vektorfeldes in dieser Basis bezeichnen. Wir wollen nun zeigen, dass die Divergenz dieses Vektorfeldes entsprechend Th. 3.18 gegeben ist.

(a) Drücken Sie zunächst ∇ in den krummlinigen Koordinaten (Def. 3.9) aus und zeigen Sie:

$$\nabla \cdot \mathbf{a} = \sum_{l=1}^{3} \frac{1}{g_{u_l}} \frac{\partial a_{u_l}}{\partial u_l} + \sum_{l,j=1}^{3} \frac{a_{u_j}}{g_{u_l}} \left(\mathbf{e}_{u_l} \cdot \frac{\partial \mathbf{e}_{u_j}}{\partial u_l} \right). \tag{3.157}$$

(b) Zeigen Sie, dass

$$g_{u_j} \frac{\partial}{\partial u_i} \mathbf{e}_{u_j} + \frac{\partial g_{u_j}}{\partial u_i} \mathbf{e}_{u_j} = g_{u_i} \frac{\partial \mathbf{e}_{u_i}}{\partial u_j} + \frac{\partial g_{u_i}}{\partial u_j} \mathbf{e}_{u_i} \tag{3.158}$$

gilt, indem Sie $\frac{\partial^2 \mathbf{r}}{\partial u_i \partial u_j} = \frac{\partial^2 \mathbf{r}}{\partial u_j \partial u_i}$ nutzen[14].

(c) Multiplizieren Sie nun die Gleichung in (b) mit $\mathbf{e}_{u_i}$ skalar, um die Doppelsumme in (a) umschreiben zu können, um schließlich Th. 3.18 zu zeigen.

(d) Geben Sie die Divergenz in Zylinder- und Kugelkoordinaten an. Benutzen Sie dazu das Ergebnis aus Aufg. 3.55.

☜ Aufg. 3.9, 3.55 und 3.57, Def. 3.17, Th. 3.8

Aufgabe 3.69. Integraldarstellung der Divergenz
Anspruch: ● ● ○
Die Divergenz eines Vektorfeldes $\mathbf{A}(\mathbf{r})$ kann geschrieben werden als

$$\operatorname{div} \mathbf{A}(\mathbf{r}_0) = \lim_{\substack{V \to 0 \\ \mathbf{r}_0 \in V}} \frac{1}{V} \oint_{\partial(V)} \mathrm{d}\mathbf{F} \cdot \mathbf{A}(\mathbf{r}). \tag{3.159}$$

Gezeigt werden soll die Gültigkeit am Ursprung $\mathbf{r} = \mathbf{0}$ für den Fall eines *radialsymmetrischen* Vektorfeldes $\mathbf{A}(\mathbf{r}) = A(r)\hat{\mathbf{e}}_r$, das im Ursprung regulär ist, d. h., es divergiert dort nicht.

(a) Welchen Wert muss $\mathbf{A}(\mathbf{0})$ haben?

(b) Bestimmen Sie die linke Seite der Gleichung in Kugelkoordinaten.

(c) Wählen Sie V als eine Kugel mit Mittelpunkt im Ursprung und berechnen Sie die rechte Seite obiger Gleichung.

(d) Zeigen Sie für diese Wahl die Gleichheit.

☜ Aufg. 3.68 ✐ Th. 3.3

Aufgabe 3.70. Fluss durch einen Würfel
Anspruch: ● ● ○
Betrachten Sie einen Würfel W, der durch $W = \{x \in [0, a], y \in [0, a], z \in [0, a]\}$, $a > 0$, gegeben ist, und das Vektorfeld $\mathbf{U}(\mathbf{r}) = (x^2, y^2, z^2)^T$.

(a) Berechnen Sie den Fluss ϕ durch die Oberfläche $S \equiv \partial W$ des Würfels.

(b) Zeigen Sie für diesen Fall explizit, dass der Satz von Gauß erfüllt ist.

Aufgabe 3.71. Volltorus
Anspruch: ● ● ○
Ein Volltorus kann für festes $R > 0$ in kartesischer Basis durch

$$\begin{pmatrix} x \\ y \\ z \end{pmatrix} = \begin{pmatrix} [R + a \cos(p)] \cos(q) \\ [R + a \cos(p)] \sin(q) \\ a \sin(p) \end{pmatrix}$$

parametrisiert werden, wobei $p, q \in [0, 2\pi]$ und $a \in (0, a_0)$ mit $a_0 < R$ gelten.

---

[14] D. h., Sie dürfen annehmen, dass für die Komponenten von $\mathbf{r}$, als Funktion der Koordinaten u_l, der Satz von Schwarz, Th. 3.8, angewendet werden kann.

(a) Machen Sie sich die Parametrisierung klar und zeichnen Sie eine Skizze des Torus. Wo tauchen die Größen R und a_0 auf?
(b) Berechnen Sie die Jacobi-Determinante $|\partial(x, y, z)/\partial(a, q, p)|$.
(c) Berechnen Sie das Volumen dieses Volltorus
   (i) als Volumenintegral,
   (ii) mithilfe des *Satzes von Gauß* als Oberflächenintegral über das Vektorfeld

$$\mathbf{A} : \mathbb{R}^3 \to \mathbb{R}^3, \quad \mathbf{A(r)} = \frac{1}{2}(x\mathbf{e}_x + y\mathbf{e}_y). \tag{3.160}$$

Welche Eigenschaft muss also $\mathbf{A}$ haben, damit das Flächenintegral gleich ist mit dem Resultat aus (ii)?

☜   Def. 2.18, Th. 3.11

Aufgabe 3.72. Kraftfeld und Schraubenlinie
Anspruch: ● ● ○
Gegeben sei das Kraftfeld $\mathbf{F} : \mathbb{R}^3 \to \mathbb{R}^3$, $\mathbf{F}(x, y, z) = 3y\mathbf{e}_x + (-3x + y)\mathbf{e}_y + 2z\mathbf{e}_z$. In diesem Kraftfeld führe nun ein Massenpunkt zwei volle Umdrehungen im Gegenuhrzeigersinn entlang einer Schraubenlinie, auch Helix genannt, aus (Radius R, Ganghöhe[15] h). Der Startpunkt sei $\mathbf{P}_s = (R, 0, 0)$ (in kartesischen Koordinaten), die Rotationsachse die z-Achse, und der Endpunkt $\mathbf{P}_f = (R, 0, 2h)$.

(a) Berechnen Sie die am Massenpunkt m durch das Kraftfeld $\mathbf{F}$ verrichtete Arbeit W.
(b) Verschwindet die insgesamt verrichtete Arbeit, wenn wir auf einer Geraden von $\mathbf{P}_f$ bis $\mathbf{P}_s$ nach Durchlaufen der Schraubenlinie zurückkehren? Entscheiden Sie zunächst, ob es sich bei $\mathbf{F}$ um ein konservatives Vektorfeld handelt. Genügt das Ergebnis dieser Überprüfung?

☞   Th. 3.10

Aufgabe 3.73. Oberfläche ohne Rand
Anspruch: ● ○ ○
Sei S eine geschlossene Fläche, d. h., sie hat keinen Rand. Sei $\mathbf{F}$ ein auf S und im von S umschlossenen Gebiet V_S stetig differenzierbares Vektorfeld. Dann gilt

$$\oint_{\partial S} d\mathbf{r} \cdot \mathbf{F} = 0. \tag{3.161}$$

---

[15]Abstand übereinander liegender Punkte.

Zeigen Sie, dass auch in diesem Fall der Integralsatz von Gauß und der klassische Satz von Stokes konsistent sind.

✍ Th. 3.11 und 3.12,

📖 Aufg. 3.59

Aufgabe 3.74. Sätze von Stokes & Gauß

Anspruch: ● ● ○

Gegeben sei ein Vektorfeld $\mathbf{A} : \mathbb{R}^3 \to \mathbb{R}^3$, $\mathbf{A} = y\mathbf{e}_x - x\mathbf{e}_y + z\mathbf{e}_z$.

(a) Ist dieses Vektorfeld ein Gradientenfeld (Def. 3.21)? Hat das Vektorfeld Quellen oder Senken?

(b) Betrachten Sie nun die Fläche, die durch den Halbkreis mit Radius R und Mittelpunkt $(0, 0, 0)$ in der Ebene $z = 0$ mit $y \geq 0$ definiert ist. Überprüfen Sie die Gültigkeit des Satzes von Stokes, Th. 3.12, bei der Integration des obigen Vektorfeldes entlang der (orientierten) Kontur dieser Fläche.

(c) Verifizieren Sie die Gültigkeit des Satzes von Gauß, Th. 3.11, für eine Integration des Vektorfeldes über die Oberfläche eines (geschlossenen) Zylinders (Radius R, Höhe h), der koaxial zur z-Achse mit einer Ausdehnung $0 \leq z \leq h$ ausgerichtet ist.

(d) Berechnen Sie den Fluss Φ des Feldes durch eine Kugelschale mit Radius R, die um den Ursprung zentriert ist.

✍ Def. 3.21, Th. 3.10, 3.11 und 3.12,

📖 Aufg. 3.38

Aufgabe 3.75. Dreieck und Stokes

Anspruch: ● ● ○

Gegeben sei ein Vektorfeld $\mathbf{F} = (xy + z, x^2 + y^2 + z^2, yz)^T$ im $\mathbb{R}^3$, und das Dreieck mit den Eckpunkten $\mathbf{P}_1 = (0, -2, 0)^T$, $\mathbf{P}_1 = (0, 2, 0)^T$, $\mathbf{P}_3 = (0, 0, 1)^T$. Die geschlossene Kurve $\mathcal{C}$ sei der Rand dieses Dreiecks.

(a) *Ohne* das Kurvenintegral zu benutzen, testen Sie:
  (i) Ist $\mathbf{F}$ quellfrei?
  (ii) Ist $\mathbf{F}$ konservativ? Welche Konsequenz hat die Aussage für (b)?

(b) Berechnen Sie $\int_{\mathcal{C}} \mathbf{F} \cdot d\mathbf{r}$ mittels Parametrisierung.

(c) Berechnen Sie den Normaleneinheitsvektor der Dreiecksfläche. Dabei sei der positive Umlauf $\mathbf{P}_1 \to \mathbf{P}_2 \to \mathbf{P}_3$.

(d) Zeigen Sie ausgehend vom Linienintegral in (a), dass der Satz von Stokes hier erfüllt ist.

Aufgabe 3.76. Kugel und Ebene

Anspruch: ● ● ○

Eine Kurve $\mathcal{C}$ sei gegeben als Schnittmenge der Flächen $\mathcal{S}_1 = \{(x, y, z) \in \mathbb{R}^3 \mid x^2 + y^2 + z^2 = 1\}$ und $\mathcal{S}_2 = \{(x, y, z) \in \mathbb{R}^3 \mid ax + by + z = 0, \ a, b \in \mathbb{R}\}$.

(a) Berechnen Sie die Zirkulation $I = \oint_C \mathbf{F} \cdot d\mathbf{r}$, wobei das Vektorfeld gegeben ist durch

$$\mathbf{F} = (y + Az)\mathbf{e}_x + (x + Bz)\mathbf{e}_y + (x + Cy)\mathbf{e}_z, \text{ mit } A, B \in \mathbb{R}.$$

Nutzen Sie dazu den Satz von Stokes.

☞ *Nutzen Sie die Schnittfläche von S_2 und der Kugel mit Fläche S_1.*

(b) Welche Eigenschaft muss $\mathbf{F}$ haben, damit $I = 0$ für beliebige Zirkulationen? Bestimmen Sie für diesen Fall A, B und C.

(c) Berechnen Sie direkt das Kurvenintegral I für $a = b = 0$ und allgemeine A, B, C und zeigen Sie für diesen Fall die Gültigkeit des Satzes von Stokes.

(d) Berechnen Sie den Fluss $\mathcal{L}$ von F durch S_1 (A, B, C allg.).

☞ *Th.* 3.11.

Aufgabe 3.77. Fluss durch eine Parabel-berandete Fläche

Anspruch: ● ● ○

Verifizieren Sie den Satz von Stokes für das Vektorfeld

$$\mathbf{V} = (x^2 + z)\mathbf{e}_x + (x - y)\mathbf{e}_y + yz\mathbf{e}_z \tag{3.162}$$

und die Fläche, die durch die Parabel $y + x^2 = 4$ und die x-Achse berandet ist.

☞ *Parametrisierung für das Kurvenintegral: $x(t) = t$.*

Aufgabe 3.78. Greensche Identität

Anspruch: ● ○ ○

Gegeben seien zwei skalare, mindestens zweimal differenzierbare Felder Φ und Ψ. Zeigen Sie mithilfe des Integralsatzes von Gauß die folgende Identität:

$$\oint_S (\Phi \nabla \Psi - \Psi \nabla \Phi) \cdot d\mathbf{F} = \int_V (\Phi \Delta \Psi - \Psi \Delta \Phi)\, dV, \tag{3.163}$$

wobei V der Raumbereich ist, der von der Fläche $S = \partial V$ begrenzt wird.

☞ Th. 3.11

Aufgabe 3.79. Parabolischer Kelch

Anspruch: ● ○ ○ — ● ● ○

Sei $f(z) : [a, b] \to [0, \infty[$ eine stetige und differenzierbare Funktion. Der Graph von f rotiere um die z-Achse (siehe Abb. 3.7). Die Rotation des Graphen $f(z)$ um die z-Achse definiert eine Fläche. Diese Mantelfläche schließt mit den Deckflächen in der x-y-Ebene bei $z = a$ und $z = b$ das Volumen des Rotationskörpers ein. Verwenden Sie im Folgenden den konkreten Spezialfall $f(z) = z^2$ mit $z \in [0, b]$.

(a) Skizzieren Sie den Rotationskörper in der x-y-Ebene für $z = b$, sowie in der x-z-Ebene für $y = 0$.

Abb. 3.7 Zu Aufg. 3.79:
Rotationskörper

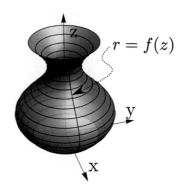

$r = f(z)$

(b) Zeigen Sie, dass das Volumen des Objektes im allgemeinen Fall durch

$$V = \pi \int_a^b dz \, [f(z)]^2 \qquad (3.164)$$

gegeben ist.

(c) Berechnen Sie nun explizit das Volumen des Rotationskörpers.

(d) Gegeben sei das Vektorfeld $\mathbf{F} = \mathbf{e}_\rho + z\mathbf{e}_z$ in Zylinderkoordinaten. Berechnen Sie das Integral $\int_V dV$ (div $\mathbf{F}$) über das Volumen des Rotationskörpers.

(e) Berechnen Sie den Fluss $\Phi_D = \int_D \mathbf{F} \cdot d\sigma$ durch die Deckfläche

$$D = \{\mathbf{r}(\rho, \phi, z) \in \mathbb{R}^3 \mid \rho \in [0, b^2], \ \phi \in [0, 2\pi], \ z = b\}. \qquad (3.165)$$

des Rotationskörpers.

(f) Nutzen Sie den Gaußschen Satz, um den Fluss Φ_M durch die Mantelfläche (d. h. ohne Deckel und Boden) des Rotationskörpers zu bestimmen.

☞ Th. 3.11

✎ Aufg. 3.38 und 3.68

Aufgabe 3.80. Differentiale: Die Fallen
Anspruch: ● ● ○ — ● ● ●

(a) Zeigen Sie, dass es sich bei der auf $\mathbb{R}^2$ definierten Differentialform

$$\omega(x, y) = -(y^2 + xy)dx + (x^2 + xy^3)dy \qquad (3.166)$$

nicht um ein vollständiges (= totales) Differential handelt.

(b) Bilden Sie nun die Differentialform

$$g(x, y) := \frac{1}{xy^2}\omega(x, y) = a(x, y)dx + b(x, y)dy. \qquad (3.167)$$

Ist g ein Differential auf $\mathbb{R}^2$? Falls nicht, gibt es Mengen, auf denen dies zutrifft?

Hier spielt die oft unterschlagene notwendige Bedingung „einfach zusammenhängend" (siehe Fußnote in Th. 3.9) für die Anwendung der Integrabilitätsbedingung eine wichtige Rolle.

(c) Für einen einfach zusammenhängenden Teil des $\mathbb{R}^2$ soll nun die Funktion $f(x, y)$ mit $g = \mathrm{d}f$ bestimmt werden.

  (i) Integrieren Sie dazu $a(x, y)$, was gerade $\partial_x f(x, y)$ entspricht, in x. Erfüllt die so gefundene Funktion $f_1(x, y)$ auch die Integrabilitätsbedingung $\partial_y f_1(x, y) = b(x, y)$?

  (ii) Integrieren Sie nun die Beziehung $\partial_y f(x, y) = b(x, y)$ in y. Erfüllt die so gefundene Funktion $f_2(x, y)$ auch die Integrabilitätsbedingung $\partial_x f_2(x, y) = a(x, y)$?

  (iii) Wie lassen sich die beiden Resultate f_1 und f_2 in Einklang miteinander bringen? Bestimmen Sie $f(x, y)$.

 Th. 3.9

Aufgabe 3.81. Stammfunktion

Anspruch: ● ○ ○ — ● ● ○

Berechnen Sie die Stammfunktion f für die auf $\mathbb{R}^2$ definierten Differentialformen ω mit $\mathrm{d}f = \omega$. Überprüfen Sie zunächst vor der Berechnung von f, ob es sich bei ω um ein Differential handelt.

(a) $\omega = (3 + 2y^2)\,\mathrm{d}x + 4xy\,\mathrm{d}y$

Zeigen Sie hier zusätzlich, dass das Integral über ω entlang eines Kreises mit endlichem Radius R um den Ursprung verschwindet.

(b) $\omega = \left(\frac{1}{2}y^2 \cos(x)\right)\mathrm{d}x + (y \sin(x) + 2)\,\mathrm{d}y$

 Th. 3.9

 Aufg. 3.80

Aufgabe 3.82. Lokal konservativ

Anspruch: ● ● ○

Betrachten Sie das Magnetfeld eines stromdurchflossenen Leiters (Strom ist I), der entlang der z-Achse verläuft.

$$\mathbf{B} = C \frac{I}{x^2 + y^2} \begin{pmatrix} -y \\ x \\ 0 \end{pmatrix}, \tag{3.168}$$

wobei C eine Konstante darstellt. Berechnen Sie die Rotation des Feldes $\mathbf{B}$ in der Symmetrie angemessenen Koordinaten. Wie passt das Ergebnis mit dem Ampèreschen Gesetz, das besagt,

$$\int_S \mathrm{d}\mathbf{s} \cdot \mathbf{B} \propto I, \tag{3.169}$$

wobei S einen beliebigen geschlossenen Weg um den Draht darstellt, und dem Satz von Stokes Th. 3.12 zusammen?

✍ Th. 3.19

☜ Aufg. 3.66

Aufgabe 3.83. Berry-Phase

Anspruch: ● ● ●

Ein Vektor $\mathbf{B}_0 = B_0(\sin(\theta), 0, \cos(\theta))^T$, $B_0 \in \mathbb{R}^3$, $\theta \in [0, \pi[$ werde im mathematisch positiven Sinn mit dem Winkel ωt, $\omega > 0$, $t > 0$, um die z-Achse rotiert. Die Rotation wird durch die Rotationsmatrix $R_z(\omega t)$ beschrieben. Gegeben sei nun die Matrix

$$H(\mathbf{B}(t)) = \underbrace{(R_z(\omega t)\mathbf{B}_0)}_{=:\mathbf{B}(t)}.\boldsymbol{\sigma} = \sum_n B_n(t)\sigma_n, \tag{3.170}$$

wobei $\boldsymbol{\sigma} = (\sigma_x, \sigma_y, \sigma_z)^T \equiv (\sigma_1, \sigma_2, \sigma_3)^T$ der Pauli-Vektor mit den Pauli-Matrizen σ_l (definiert in Aufg. 2.19) ist.

(a) Berechnen Sie die normierten Eigenvektoren $\mathbf{v}^i(\mathbf{B})$ der Matrix $H(\mathbf{B})$.[16]
(b) Berechnen Sie die Kurvenintegrale

$$\gamma_{C,j} = i \oint_C \left\langle \mathbf{v}^j(\mathbf{B}) \middle| \nabla_{\mathbf{B}} \mathbf{v}^j(\mathbf{B}) \right\rangle \cdot d\mathbf{B} \equiv i \sum_{m=1}^3 \oint_C \left\langle \mathbf{v}^j(\mathbf{B}) \middle| \partial_{B_m} \mathbf{v}^j(\mathbf{B}) \right\rangle dB_m \tag{3.171}$$

entlang der geschlossenen Kurve $C := \mathbf{B}([0, 2\pi/\omega])$, die der Vektor $\mathbf{B}$ während einer vollständigen Rotation beschreibt.

(c) In der Physik taucht die Größe γ_C als Phase (genauer: geometrische Phase) $\exp(i\gamma_C)$ auf. Zeigen Sie, dass sich γ_C als Phase durch

$$\gamma_{C,1/2} = \pm\frac{1}{2}\Omega(C) \tag{3.172}$$

schreiben lässt, wobei $\Omega(C)$ der Raumwinkel ist, den $\mathbf{B}(t)$ nach einem Umlauf umschließt.

☜ Def. 2.19 und 3.10, Aufg. 2.15, 2.19 und 3.9

ⓘ *Geometrische Phasen:*

Geometrische Phasen tauchen in sehr unterschiedlichen Bereichen der Physik auf. Eine besondere Phase ist die Berry-Phase, benannt nach Sir Michael Berry (*1941). Letztere taucht bei geschlossenen Pfaden im Parameterraum des

---

[16]Im Folgenden unterdrücken wir die explizite Angabe der Zeitabhängigkeit zugunsten der Lesbarkeit.

Abb. 3.8 Zu Aufg. 3.83:
Anschauliche Darstellung
einer geometrischen Phase

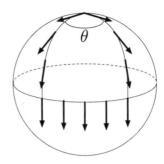

Hamiltonian auf. Das Auftauchen einer geometrische Phase kann aber auch
mithilfe der klassischen Physik veranschaulicht werden: Man nehme dazu eine
Kugel und platziere auf ihrem Nordpol einen Vektor **v** tangential zu ihrer Oberfläche (Tangentialvektor). In Abb. 3.8 ist der Vektor durch einen schwarzen
Pfeil dargestellt. Als Nächstes verschiebe man den Pfeil entlang eines Längengrades bis zum Äquator in einer solchen Weise, dass man ihn lokal (in einer
infinitesimal kleinen Umgebung am Ort des Pfeils) nicht rotiert. Nun führt man
diesen Transport entlang des Äquators und wieder entlang eines Längengrades,
welcher mit dem ursprünglichen einen Winkel θ einschließt, bis zum Nordpol
auf die gleiche Art zurück. Der Vektor zeigt nun (für $\theta \neq 2\pi n$, $n \in \mathbb{Z}$) nicht
in die gleiche Richtung wie zu Beginn des Transports[17]. Genau dieser nun auf-
gesammelte Winkel θ kann als geometrische Phase, interpretiert werden. Ein
weiteres Beispiel ist die Drehung der Schwingungsebene des Foucaultschen
Pendels [8].

3.8   Taylor-Approximation

Definition 3.22. Taylor-Reihe in einer Dimension
Sei $f : I \to \mathbb{R}$ eine glatte Funktion über dem Intervall $I \subset \mathbb{R}$ und $x_0 \in I$.
Dann heißt die unendliche Reihe

$$T f(x; x_0) = \sum_{n=0}^{\infty} \frac{f^{(n)}(x_0)}{n!} (x - x_0)^n \qquad (3.173)$$

die Taylor-Reihe von f in x_0 (Entwicklungsstelle).

---

[17]In der Differentialgeometrie wird ein solcher Transport Paralleltransport genannt.

Definition 3.23. Mehrdimensionale Taylor-Reihe

Sei $f : U \to \mathbb{R}$ eine glatte Funktion auf dem Gebiet $U \subset \mathbb{R}^d$ und $\mathbf{x}_0 \in U$. Dann heißt die Reihe

$$Tf(\mathbf{x}; \mathbf{x}_0) = \sum_{n_1=0}^{\infty} \cdots \sum_{n_d=0}^{\infty} \frac{\prod_{i=1}^{d} (x_i - (\mathbf{x}_0)_i)^{n_i}}{\prod_{i=1}^{d} n_i!} \left(\frac{\partial^{\sum_{i=1}^{d} n_i} f}{\partial x_1^{n_1} \cdots \partial x_d^{n_d}} \right) (\mathbf{x}_0) \tag{3.174}$$

$$= f(\mathbf{x}_0) + \sum_{j=1}^{d} \frac{\partial f(\mathbf{x}_0)}{\partial x_j} (x_j - (\mathbf{x}_0)_j)$$

$$+ \frac{1}{2} \sum_{j=1}^{d} \sum_{k=1}^{d} \frac{\partial^2 f(\mathbf{x}_0)}{\partial x_j \partial x_k} (x_j - (\mathbf{x}_0)_j)(x_k - (\mathbf{x}_0)_k) + \mathcal{O}(|\mathbf{x} - \mathbf{x}_0|^3) \tag{3.175}$$

$$\equiv f(\mathbf{x}_0) + (\mathbf{x} - \mathbf{x}_0)^T f'(\mathbf{x}_0) + \frac{1}{2}(\mathbf{x} - \mathbf{x}_0)^T f''(\mathbf{x}_0)(\mathbf{x} - \mathbf{x}_0)$$

$$+ \mathcal{O}(|\mathbf{x} - \mathbf{x}_0|^3) \tag{3.176}$$

Taylor-Reihe von f in $\mathbf{x}_0$. Dabei ist

$$f'(\mathbf{x}_0) = \begin{pmatrix} \partial_1 f(\mathbf{x}_0) \\ \vdots \\ \partial_d f(\mathbf{x}_0) \end{pmatrix} \tag{3.177}$$

und $f''(\mathbf{x}_0)$ die *Hesse-Matrix*,

$$f''(\mathbf{x}_0) = H_f(\mathbf{x}_0) = \begin{pmatrix} \partial_{11} f(\mathbf{x}_0) & \cdots & \partial_{1d} f(\mathbf{x}_0) \\ \vdots & & \vdots \\ \partial_{d1} f(\mathbf{x}_0) & \cdots & \partial_{dd} f(\mathbf{x}_0) \end{pmatrix} \tag{3.178}$$

wobei die partiellen Ableitungen durch $\partial_{ij} f := \partial_i(\partial_j f)$ gegeben sind.

Aufgabe 3.84. Taylor-Entwicklung von wichtigen Funktionen

Anspruch: ● ○ ○ — ● ● ○

Entwickeln Sie folgende Funktionen $f(x)$ bis zur einschließlich dritten Ordnung in eine Taylor-Reihe um die angegebene Stelle x_0:

(a) $(1 + 2x)^{\beta}$, $\beta \in \mathbb{R}$, um $x_0 = 1$,
(b) a^x, $a \in \mathbb{R}^+ \setminus 0$, um $x_0 = 1$,
(c) $\ln(x)$, um $x_0 = 1$,

(d) $\sin(x)$, um $x_0 = 0$,

(e) $V_0(1 - \cos(x))$, $V_0 \in \mathbb{R}$, um $x_0 = 0$.

(f) Gegeben ist die Funktion

$$f(x) = \sin\left(\ln\left(1 + x\right)\right). \tag{3.179}$$

(i) Entwickeln Sie $f(x)$ um $x_0 = 0$ bis einschließlich zur dritten Ordnung. Nutzen Sie dazu die Lösungen aus den Teilaufgaben (c) und (d).

(ii) Bestimmen Sie an den Stellen $x = -0.1$ und $x = -0.8$ den Fehler des endlichen Taylorpolynoms, indem Sie die Funktion exakt auswerten und mit dem Näherungswert vergleichen.

(iii) Entwickeln Sie $f(x)$ bis zur zweiten Ordnung um das lokale Minimum mit dem kleinsten $|x_0|$ mit $x_0 < 0$.

   Th. 3.22

Aufgabe 3.85. Taylor-Entwicklung von cosh
Anspruch: ● ○ ○

(a) Entwickeln Sie die Funktion $f : \mathbb{R} \to \mathbb{R}$ mit $f(x) = \cosh(x) = (e^x + e^{-x})/2$ um $x_0 \in \mathbb{R}$ bis einschließlich zur dritten Ordnung.

(b) Entwickeln Sie nun $g : \mathbb{R} \to \mathbb{R}$ mit $g(x) = 1/\cosh^2(x)$ bis einschließlich zur dritten Ordnung um $x_0 = 0$.
    ✐ Überlegen Sie sich, welche Ordnungen überhaupt beitragen können.

Aufgabe 3.86. Entwicklung an der Hyperbel
Anspruch: ● ● ○
Himmelskörper bewegen sich annähernd auf Kegelschnitten[18], d. h. auf Ellipsen, Parabeln und Hyperbeln. Für das Zweikörperproblem ist es eine exakte Aussage.

Betrachten Sie die Hyperbel, die durch $x^2 - y^2 = 1$ gegeben ist, im ersten und vierten Quadranten. Finden Sie eine nicht-triviale Approximation[19] $f(x)$ für die Kurve im ersten Quadranten an der Stelle $x = 1$.

✐   Warum scheitert eine Taylor-Entwicklung bei $x = 1$ der Funktion $\sqrt{x^2 - 1}$, die den Kurvenverlauf der Hyperbel im ersten Quadranten beschreibt? Bei welcher anderen Beschreibung des Kurvenverlaufs wäre dies kein Problem?

⇨   Aufg. 3.18☐

---

[18]Ein Kegelschnitt, der eine Kurve darstellt, entsteht, wenn man die Oberfläche eines Doppelkegels mit einer Ebene schneidet.

[19]D. h. einen Ausdruck, der über einen konstanten Term hinaus geht.

Aufgabe 3.87. Relativistische Korrekturen
Anspruch: ● ○ ○
Wir betrachten ein Teilchen der Masse m und Geschwindigkeit v in einer Dimension.
Die relativistischen Ausdrücke des Impulses p und der Energie E lauten [9]

$$p = \frac{mv}{\sqrt{1 - \frac{v^2}{c^2}}}, \qquad E = \frac{mc^2}{\sqrt{1 - \frac{v^2}{c^2}}},$$

mit $c \approx 3 \times 10^8$ m/s.

(a) Wie hängt E vom Impuls p ab?
(b) Entwickeln Sie $E(p)$ im nicht-relativistischen Limes $p/mc \ll 1$ bzw. $v/c \ll 1$,
    bis zur dritten Ordnung in p/mc.

Aufgabe 3.88. Lösen von Gleichungen mittels Approximation
Anspruch: ● ● ○
Oft lassen sich komplizierte Ausdrücke nur mittels Approximation lösen. Hier wollen
wir uns das Verfahren anhand eines Beispiels ansehen, dass der Einfachheit halber
exakt lösbar ist. Im ersten Teil der Aufgaben wollen wir Letzteres ausnutzen, um es
mit dem allgemeinen Verfahren, das in (b) angewendet wird, vergleichen zu können.

(a) Gegeben sei die Gleichung

$$0 = c_0 + c_1 \epsilon x + c_2 x^2. \tag{3.180}$$

Nehmen Sie an, dass $|\epsilon| \ll 1$ und entwickeln Sie $x(\epsilon)$ bis $\mathcal{O}(\epsilon^3)$. Lösen Sie
hierzu Gl. 3.180 zunächst nach x auf.
(b) Bestimmen Sie nun $x(\epsilon)$ bis $\mathcal{O}(\epsilon^3)$ *ohne* Gl. 3.180 nach x aufzulösen. Benutzen
    Sie dazu als Ansatz die allg. Taylor-Entwicklung bis $\mathcal{O}(\epsilon^3)$. Welche Terme, die
    beim Einsetzen entstehen, können vernachlässigt werden?

Aufgabe 3.89. Taylor-Entwicklung über Rekursion
Anspruch: ● ● ○
Gesucht ist die Taylor-Entwicklung am Punkt $x_0 = 0$ der Funktion

$$f(x) = \sin(m \arcsin(x)) \quad \text{mit} \quad m \in \mathbb{N}. \tag{3.181}$$

Um die Reihe aufzustellen, werden wir in mehreren Schritten eine Rekursionsrelation
für die Ableitungen herleiten.

(a) Zeigen Sie durch zweimaliges Differenzieren der Funktion $f(x)$, dass folgende
    Beziehung gilt:

$$(1 - x^2) f^{(2)}(x) - x f^{(1)}(x) + m^2 f(x) = 0, \tag{3.182}$$

wobei wir $f^{(n)}(x) \equiv d^n f(x)/dx^n$ für die n-te Ableitung von $f(x)$ schreiben.

(b) Differenzieren Sie Gl. 3.182 n-mal und zeigen Sie damit die Beziehung

$$f^{(n+2)}(0) = (n^2 - m^2) f^{(n)}(0) \tag{3.183}$$

✍ Benutzen Sie die Leibnizsche Regel für höhere Ableitungen Th. 3.2.

(c) Geben Sie die Taylor-Entwicklung der Funktion $f(x)$ um den Punkt $x = x_0$ bis zur einschließlich siebten Ordnung in x an.

Aufgabe 3.90. Taylor-Reihe von Produkten in mehreren Dimensionen
Anspruch: ● ○ ○
Betrachten Sie die Funktion $f : \mathbb{R}^2 \to \mathbb{R}$ mit

$$f(x, y) = e^{2y} \cos(x) + e^{2y} \sin(x). \tag{3.184}$$

Gesucht ist die Entwicklung von $f(x, y)$ um den Punkt $(x, y) = (0, 0)$ bis zur zweiten Ordnung. Berechnen Sie diese

(a) direkt als zweidimensionale Taylor-Reihe, Def. 3.23.
(b) als Produkt zweier eindimensionaler Taylor-Reihen, Def. 3.22, für $a(x)$ und $b(y)$, indem Sie die Funktion als Produkt $f(x, y) = a(x)b(y)$ auffassen. Vergleichen Sie das Ergebnis mit (a).
(c) Zeigen Sie, dass die Aussage, die aus dem Vergleich von (a) und (b) für die speziellen Funktionen a(x) und b(y) folgt, für beliebige Funktionen gilt, die sich um 0 entwickeln lassen (die Verallgemeinerung auf einen allgemeinen Entwicklungspunkt bereitet keine Schwierigkeiten).

Aufgabe 3.91. Massenmittelpunkt
Anspruch: ● ● ○
In Aufg. 3.92 berechnen wir die y-Komponente des Massenmittelpunkts, y_s, eines Kreissegments. Diese ist gegeben durch

$$y_s = \frac{2}{3(R^2 \arccos\left(\frac{h}{R}\right) - h\sqrt{R^2 - h^2})} (R^2 - h^2)^{\frac{3}{2}}, \tag{3.185}$$

wobei $R \geq h \geq 0$ gilt und $\arccos : [-1, 1] \to [0, \pi]$. Berechnen Sie y_s bis zur ersten Ordnung in h/R. Interpretieren Sie das Ergebnis geometrisch. Wie gut ist die Näherung?

Aufgabe 3.92. Kreisscheibe: Fortsetzung von Aufg. 3.41
Anspruch: ● ● ○ — ● ● ●
Bei welchem Abstand h muss das Kreissegment abgeschnitten werden, sodass die y-Komponente des Schwerpunkts, y_s, gerade bei der Hälfte des Radius liegt?

✍ *Die Massenmittelpunktskomponente y_s hängt von einer inversen Winkelfunktion ab, die das Auffinden einer analytischen Lösung verhindert. Wir müssen also auf eine approximative Methode zurückgreifen. Um dies zu sehen, setzen Sie $h = 0$ und motivieren Sie eine Taylor-Entwicklung von $y_s(h)$ um kleine h/R bis zur ersten Ordnung in h/R.*

🖘 Aufg. 3.41 und 3.91

Aufgabe 3.93. Earnshaw-Theorem oder *Können klassische Kristalle existieren?*
Anspruch: ●●○ — ●●●

Das Earnshaw-Theorem besagt, dass es kein statisches Magnet- oder elektrisches Feld gibt, das Objekte in einem stabilen Gleichgewicht halten kann. Ausnahmen sind Objekte, die eine Rotation durchführen. Gegeben sei ein *konservatives* Vektorfeld $\mathbf{F} : \mathbb{R}^3 \to \mathbb{R}^3$, $\mathbf{r} \mapsto \mathbf{F}(\mathbf{r})$. Die Divergenz des Vektorfeldes verschwinde für alle $\mathbf{r}$ in einem Gebiet G, d.h. $\nabla \cdot \mathbf{F}(\mathbf{r}) = 0$. In diesem Gebiet G ist das Potential $\Phi(\mathbf{r})$, $\mathbf{F}(\mathbf{r}) = -\nabla \Phi(\mathbf{r})$, wohl definiert.

(a) Gibt es stabile Gleichgewichtslagen von Φ im Gebiet G? Hierfür argumentieren Sie, warum die stabile Gleichgewichtspunkte gerade die Punkte sind, an denen das Potential Φ ein Minimum hat und nicht ein Maximum oder einen Sattelpunkt besitzt. Nehmen Sie nun an, dass $\mathbf{r}_0 = (x_0, y_0, z_0)$ ein Gleichgewichtspunkt sei und führen Sie die jeweiligen Taylor-Entwicklungen für kleine Auslenkungen in Richtung $\mathbf{e}_x, \mathbf{e}_y$ und $\mathbf{e}_z$ bis zur zweiten Ordnung durch. Beweisen Sie, dass die Laplace-Gleichung $\Delta \Phi(\mathbf{r}) = 0$ ihre Gültigkeit behält und argumentieren Sie damit und mit dem Ergebnis aus der Taylor-Entwicklung, dass keine stabilen Gleichgewichtspunkte existieren können!

(b) Das durch ruhende Ladungen (z. B. Ionen) hervorgerufene elektrische Feld $\mathbf{E}$ ist ein Beispiel für ein konservatives Vektorfeld, und in räumlichen Gebieten, in denen sich keine Ladungen befinden, erfüllt es $\nabla \cdot \mathbf{E} = 0$. Zeigen Sie diese Aussagen exemplarisch für das elektrische Feld

$$\mathbf{E}(\mathbf{r}) = \frac{1}{4\pi\epsilon_0} \sum_{i=1}^{N} q_i \frac{\mathbf{r} - \mathbf{r}_i}{|\mathbf{r} - \mathbf{r}_i|^3} \tag{3.186}$$

von N punktförmigen Ladungen q_i, die sich an den Punkten $\mathbf{r}_i$ befinden.

(c) Wird ein Ion der Ladung q in ein elektrisches Feld $\mathbf{E}$ gebracht, so wirkt auf dieses die Kraft $\mathbf{F} = q\mathbf{E}$. Ist ein elektrisches Feld mit Eigenschaften wie in Teilaufgabe (b) in der Lage, das Ion „gefangen" zu halten? („Gefangen" bedeutet: das Feld treibt das Ion bei kleinen Auslenkungen aus der Gleichgewichtslage wieder dahin zurück.) Erläutern Sie kurz, welche weiteren Konsequenzen sich aus der Antwort dieser Frage für die Stabilität eines Kristalls ergeben.

3.9   Lösungen zu Kap. 3

Lösung zu Aufgabe 3.1

Wir wollen die Ableitungsregel für Quotienten von Funktionen $h(x) = f(x)/g(x)$ finden. Dazu müssen wir uns nur klarmachen, dass $h(x)$ auch geschrieben werden kann als

$$h(x) = f(x)(g(x))^{-1} = f(x)m(g(x)) \quad \text{mit} \quad m(x) := \frac{1}{x}. \tag{3.187}$$

Nun können wir auf $h(x)$ die Produkt-, Gl. 3.2, und die Kettenregel, Gl. 3.4, bei Ableitungen anwenden,

$$h'(x) = f'(x)m(g(x)) + f(x)m'(g(x)) \tag{3.188}$$

$$= f'(x)m(g(x)) + f(x)\left(\frac{\mathrm{d}m(g)}{\mathrm{d}g}\frac{\mathrm{d}g(x)}{\mathrm{d}x}\right). \tag{3.189}$$

Aus der Definition von $m(x)$ wissen wir, dass

$$\frac{\mathrm{d}m(g)}{\mathrm{d}g} = -\frac{1}{g^2}, \tag{3.190}$$

womit wir für Gl. 3.189

$$h'(x) = \frac{f'(x)}{g(x)} - \frac{f(x)}{g(x)^2}g'(x) = \frac{f'(x)g(x) - f(x)g'(x)}{g(x)^2} \tag{3.191}$$

die gesuchte Quotientenregel, Gl. 3.3, erhalten. ◄

Lösung zu Aufgabe 3.2

Wir können zwei Dinge ausnutzen: die Ableitung der Exponentialfunktion sowie die Linearität der Ableitung, angewendet auf Eulers Formel, Th. 1.1,

(1) $(\exp(\mathrm{i}\,\phi))' = \mathrm{i}\exp(\mathrm{i}\,\phi) = -\sin(\phi) + \mathrm{i}\cos(\phi)$.
(2) $(\exp(\mathrm{i}\,\phi))' = (\cos(\phi) + \mathrm{i}\,\sin(\phi))' = (\cos(\phi))' + \mathrm{i}\,(\sin(\phi))'$.

Aus dem Vergleich von Real- und Imaginärteil von (1) und (2) sehen wir,

$$(\cos(\phi))' = -\sin(x) \text{ für den Realteil und} \tag{3.192}$$

$$(\sin(\phi))' = \cos(x) \text{ für den Imaginärteil,} \tag{3.193}$$

und damit die gesuchten Ableitungen. ◄

Lösung zu Aufgabe 3.3

(a)

$$\frac{\mathrm{d}}{\mathrm{d}x}x^n = nx^{n-1}. \tag{3.194}$$

Bei dem zweiten Ausdruck benutzen wir die Kettenregel. Dazu definieren wir $v(x) := ax + x^3$

$$\frac{\mathrm{d}}{\mathrm{d}x}\left(ax + x^3\right)^2 = \frac{\mathrm{d}v^2}{\mathrm{d}v}\frac{\mathrm{d}v(x)}{\mathrm{d}x} \tag{3.195}$$

$$= 2v(x)(a + 3x^2) = 2\left(ax + x^3\right)\left(a + 3x^2\right). \tag{3.196}$$

Auch für den dritten Ausdruck nutzen wir die Kettenregel, diesmal öfters verschachtelt. Dazu definieren wir

$$v_1(x) := \ln\left(v_2(x)\right), \tag{3.197}$$

$$v_2(x) := v_3(x)^2, \tag{3.198}$$

$$v_3(x) := \sin(v_4(x)), \tag{3.199}$$

$$v_4(x) := 3x. \tag{3.200}$$

$$\frac{\mathrm{d}}{\mathrm{d}x}\left[\ln\left(\sin^2(3x)\right)\right]^{\frac{1}{3}} = \frac{\mathrm{d}(v_1^{\frac{1}{3}})}{\mathrm{d}v_1}\frac{\mathrm{d}\ln(v_2)}{\mathrm{d}v_2}\frac{\mathrm{d}v_3^2}{\mathrm{d}v_3}\frac{\mathrm{d}\sin(v_4)}{\mathrm{d}v_4}\frac{\mathrm{d}(3x)}{\mathrm{d}x} \tag{3.201}$$

$$= \frac{1}{3}\left[\ln\left(\sin^2(3x)\right)\right]^{-\frac{2}{3}}\frac{1}{\sin^2(3x)}2\sin(3x)\cos(3x)3 \tag{3.202}$$

$$= 2[2\ln\left(\sin(3x)\right)]^{-\frac{2}{3}}\cot(3x). \tag{3.203}$$

Wir hätten auch gleich die 2er-Potenz aus dem Logarithmus herausziehen können, um uns eine Substitution zu ersparen.

(b) Bevor man mit dem Ableiten beginnt, sollte stets überprüft werden, ob sich der Ausdruck nicht vereinfachen lässt. Das kann unter Umständen viel Arbeit ersparen, wie in diesem Beispiel:

$$\frac{\mathrm{d}}{\mathrm{d}x}\ln\left(e^x\right) = \frac{\mathrm{d}}{\mathrm{d}x}x = 1. \tag{3.204}$$

Bei $\exp(ax^2)$ wenden wir die Kettenregel an,

$$e^{ax^2} = \frac{\mathrm{d}e^z}{\mathrm{d}z}\frac{\mathrm{d}(ax^2)}{\mathrm{d}x} \tag{3.205}$$

$$= e^z(2ax) = 2axe^{ax^2}. \tag{3.206}$$

Wir führen die Ableitung von $a^{\ln(x)}$ auf die Ableitung der e-Funktion zurück, indem wir ausnutzen, dass $e^{\ln(x)} = x$ ist. Wir formen um:

$$a^{\ln(x)} = \exp\left(\ln\left(a^{\ln(x)}\right)\right) = \exp(\ln(x)\ln(a)) = \left(e^{\ln(x)}\right)^{\ln(a)} = x^{\ln(a)}.$$
$$(3.207)$$

Wir sehen, dass es sich nur um eine Potenzfunktion handelt. Ein anderer Weg, um dies zu zeigen, wäre nach m in $a = e^m$ zu suchen. Damit bringt man das Problem auf eine Basis, bei der wir die Ableitung kennen:

$$a = e^m \tag{3.208}$$

$$\ln(a) = \ln\left(e^m\right) \tag{3.209}$$

$$\ln(a) = m\underbrace{\ln(e)}_{1} = m. \tag{3.210}$$

Das liefert dann auch den Zusammenhang

$$a^{\ln(x)} = \left(e^m\right)^{\ln(x)} = e^{m\ln(x)} = e^{\ln(a)\ln(x)}. \tag{3.211}$$

Die Ableitung vereinfacht sich somit zu

$$\frac{\mathrm{d}x^{\ln(a)}}{\mathrm{d}x} = \ln(a)x^{\ln(a)-1}. \tag{3.212}$$

(c) Hier dürfen wir nicht wie im ersten Teil von (a) vorgehen, da der Exponent keine Konstante ist. Es ist auch kein Ausdruck der Form a^x, da auch hier die Basis keine Konstante ist. Wir können diesen Ausdruck jedoch in die Form $a^{f(x)}$ überführen und dann die Exponentialfunktion mit *Kettenregel* ableiten. Dabei erhoffen wir uns, dass die Ableitung von $f(x)$ keine weitere Schwierigkeit darstellt:

$$\frac{\mathrm{d}}{\mathrm{d}x}x^x = \frac{\mathrm{d}}{\mathrm{d}x}\exp\big(\underbrace{x\ln(x)}_{=:v(x)}\big) \tag{3.213}$$

$$= \frac{\mathrm{d}\exp(v)}{\mathrm{d}v}\frac{\mathrm{d}v(x)}{\mathrm{d}x} \tag{3.214}$$

$$= \exp(x\ln(x))\frac{\mathrm{d}(x\ln(x))}{\mathrm{d}x} \tag{3.215}$$

$$= x^x\left(\ln(x) + \frac{x}{x}\right) = x^x(\ln(x) + 1). \tag{3.216}$$

Im vorletzten Schritt haben wir bei der Ableitung die *Produktregel* ausgenutzt.

(d) Hier können wir das Ergebnis der Ableitungen von sin und cos sowie die *Quotientenregel* benutzen,

$$\frac{d}{dx}\tan(x) = \frac{d}{dx}\frac{\sin(x)}{\cos(x)} \tag{3.217}$$

$$= \frac{\cos^2(x) + \sin^2(x)}{\cos^2(x)} = \frac{1}{\cos^2(x)}. \tag{3.218}$$

$$\frac{d}{dx}\cot(x) = \frac{d}{dx}\frac{1}{\tan(x)} \tag{3.219}$$

$$= -\frac{1}{\tan^2(x)}\frac{d}{dx}\tan(x) \tag{3.220}$$

$$= -\frac{1}{\tan^2(x)}\frac{1}{\cos^2(x)} = -\frac{1}{\sin^2(x)}. \tag{3.221}$$

(e) Die Ableitung der Hyperbelfunktionen kann durch Hinschreiben ihrer Definition, Def. 1.7, auf die Ableitung von Exponentialfunktionen zurückgeführt werden,

$$\frac{d}{dx}\sinh(x) = \frac{d}{dx}\frac{1}{2}\left(e^x - e^{-x}\right) \tag{3.222}$$

$$= \frac{1}{2}\left(e^x + e^{-x}\right) = \cosh(x), \tag{3.223}$$

$$\frac{d}{dx}\cosh(x) = \frac{d}{dx}\frac{1}{2}\left(e^x + e^{-x}\right) \tag{3.224}$$

$$= \frac{1}{2}\left(e^x - e^{-x}\right) = \sinh(x), \tag{3.225}$$

$$\frac{d}{dx}\tanh(x) = \frac{d}{dx}\frac{\sinh(x)}{\cosh} \tag{3.226}$$

$$= \frac{\cosh^2(x) - \sinh^2(x)}{\cosh^2(x)} \tag{3.227}$$

$$= \frac{1}{\cosh^2(x)}. \tag{3.228}$$

◄

Lösung zu Aufgabe 3.4

(a) Wir leiten nach t ab und setzen dann $t = 0$:

$$\frac{d\rho(t)}{dt} = C\frac{k_a}{k_a - k_e}\left(k_a e^{-k_a t} - k_e e^{-k_e t}\right) \qquad (3.229)$$

$$\frac{d\rho(0)}{dt} = C\frac{k_a}{k_a - k_e}(k_a - k_e) \qquad (3.230)$$

$$= Ck_a. \qquad (3.231)$$

Zu Beginn ($t = 0$) hängt die Änderung der Konzentration somit nur von dem Parameter k_a ab. Die zugehörige Tangente an der Stelle 0 ist in Abb. 3.9 als orange Gerade eingezeichnet.

(b) Um herauszufinden, zu welchem Zeitpunkt die Konzentration am größten ist, brauchen wir eine Vorstellung davon, wie die Funktion $\rho(t)$ verläuft, denn es ist nicht nach einem *lokalen*, sondern nach einem *globalen* Maximum (hier die größte Konzentration für alle Zeiten) gefragt. Wir werden sehen, dass hier beide zusammenfallen. Zunächst stellen wir fest:
   – Für $t = 0$ ist $\rho(0) = 0$.
   – Ist $k_a > 0, k_e > 0, C > 0$, so ist die Funktion immer positiv (eine negative Konzentration würde hier auch keinen Sinn machen).
   – Für $t \to \infty$ geht $\rho(t)$ gegen 0, da

$$\lim_{t \to \infty} e^{-k_e t} = 0, \quad \lim_{t \to \infty} e^{-k_a t} = 0. \qquad (3.232)$$

Nun untersuchen wir, ob es lokale Extrema gibt, indem wir nach den Nullstellen der ersten Ableitung, Gl. (3.229), suchen. Dies ist die *notwendige* Bedingung

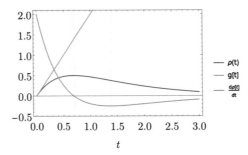

Abb. 3.9 Zu Aufg. 3.4: Bateman-Funktion $\rho(t)$ (blau) mit $k_a = 2$, $k_e = 1$, $C = 1$ und ihre Ableitung $\rho'(t)$ (grün) sowie die lineare Näherung bei $t = 0$ (orange). Die erste vertikale Linie deutet das lokale und hier auch globale Maximum von $\rho(t)$ an; die zweite zeigt eine Wendestelle an

für ein lokales Extremum:

$$0 = \frac{d\rho(t_m)}{dt} = C \frac{k_a}{k_a - k_e}\left(k_a e^{-k_a t_m} - k_e e^{-k_e t_m}\right) \tag{3.233}$$

$$0 = k_a e^{-k_a t_m} - k_e e^{-k_e t_m} \tag{3.234}$$

$$\frac{e^{-k_e t_m}}{e^{-k_a t_m}} = \frac{k_a}{k_e} \tag{3.235}$$

$$e^{t_m(k_a - k_e)} = , \tag{3.236}$$

wir wenden den Logarithmus an:

$$t_m(k_a - k_e) = \ln\left(\frac{k_a}{k_e}\right) \tag{3.237}$$

$$t_m = \frac{\ln\left(\frac{k_a}{k_e}\right)}{k_a - k_e}. \tag{3.238}$$

Um zu bestimmen, ob es sich tatsächlich um ein Extremum handelt und ob es ein Minimum oder Maximum ist, können wir die zweite Ableitung von $\rho(t)$ berechnen und t_m einsetzen. Wir wissen aber, dass die Funktion nur positiv verläuft und bei $(0, 0)$ startet sowie gegen $(\infty, 0)$ läuft. Es kann sich somit nur um ein Maximum handeln![20] Damit ist bei t_m die Konzentration am größten. Als Test berechnen wir den Wert der zweiten Ableitung an t_m. Mit Gl. (3.229):

$$\frac{d^2\rho(t)}{dt^2} = \frac{d}{dt}\left(C \frac{k_a}{k_a - k_e}(k_a e^{-k_a t} - k_e e^{-k_e t})\right) \tag{3.239}$$

$$= C \frac{k_a}{k_a - k_e}\left(k_e^2 e^{-k_e t} - k_a^2 e^{-k_a t}\right). \tag{3.240}$$

An der Stelle t_m ergibt dies

$$\frac{d^2\rho(t_m)}{dt^2} = C \frac{k_a}{k_a - k_e}\left(k_e^2 \exp\left(-k_e \frac{\ln\left(\frac{k_a}{k_e}\right)}{k_a - k_e}\right) - k_a^2 \exp\left(-k_a \frac{\ln\left(\frac{k_a}{k_e}\right)}{k_a - k_e}\right)\right) \tag{3.241}$$

$$= C \frac{k_a}{k_a - k_e}\left(k_e^2 \exp\left(\ln\left(\frac{k_a}{k_e}\right)\right)^{-\frac{k_e}{k_a - k_e}} - k_a^2 \exp\left(\ln\left(\frac{k_a}{k_e}\right)\right)^{-\frac{k_a}{k_a - k_e}}\right) \tag{3.242}$$

$$= C \frac{k_a}{k_a - k_e}\left(k_e^2 \left(\frac{k_a}{k_e}\right)^{-\frac{k_e}{k_a - k_e}} - k_a^2 \left(\frac{k_a}{k_e}\right)^{-\frac{k_a}{k_a - k_e}}\right) \tag{3.243}$$

---

[20]Wäre es z. B. ein Minimum, müssten noch mindestens zwei lokale Maxima auftauchen.

Um den Ausdruck zu vereinfachen, benutzen wir die Umformung

$$\frac{k_a}{k_a - k_e} = \underbrace{1 - 1}_{0} + \frac{k_a}{k_a - k_e} \tag{3.244}$$

$$= 1 - \frac{k_a - k_e}{k_a - k_e} + \frac{k_a}{k_a - k_e} \tag{3.245}$$

$$= 1 + \frac{k_e}{k_a - k_e}. \tag{3.246}$$

Damit können wir in Gl. (3.243) gleiche Exponenten erhalten und
$(k_a/k_e)^{-\frac{k_e}{k_a - k_e}}$ ausklammern:

$$\frac{\mathrm{d}^2 \rho(t_m)}{\mathrm{d}t^2} = C \frac{k_a}{k_a - k_e} \left(k_e^2 \left(\frac{k_a}{k_e}\right)^{-\frac{k_e}{k_a - k_e}} - k_a^2 \left(\frac{k_a}{k_e}\right)^{-1} \left(\frac{k_a}{k_e}\right)^{-\frac{k_e}{k_a - k_e}} \right) \tag{3.247}$$

$$= C \frac{k_a}{k_a - k_e} \left(\frac{k_a}{k_e}\right)^{-\frac{k_e}{k_a - k_e}} \left(k_e^2 - k_a k_e \right) \tag{3.248}$$

$$= C \frac{k_a k_e}{k_a - k_e} (k_e - k_a) \left(\frac{k_a}{k_e}\right)^{-\frac{k_e}{k_a - k_e}} \tag{3.249}$$

$$= - C k_a k_e \left(\frac{k_a}{k_e}\right)^{-\frac{k_e}{k_a - k_e}}. \tag{3.250}$$

Dieser Ausdruck ist immer negativ! Damit ist gezeigt, dass es sich tatsächlich um ein Maximum handelt.

(c) Die Änderung der Konzentration mit der Zeit, nennen wir sie Strom, ist gegeben durch die erste Ableitung $\rho'(t)$, die wir in Gl. (3.229) errechnet haben. Da nach der größten positiven Änderung gefragt ist, suchen wir auch hier ein globales Maximum. Auch hier hilft es, sich anzuschauen, wie der ungefähre Verlauf der Funktion ist:
  – Bei $t = 0$ haben wir

$$\rho'(0) = C k_a > 0. \tag{3.251}$$

  – Für $t \to \infty$ geht $\rho'(t)$ gegen 0 aus dem gleichen Grund wie bei $\rho(t)$.
  – Hat der Strom Nullstellen? Ja, es gibt eine und wir haben sie in (b) errechnet. Es ist die Stelle t_m.

Aus diesen Informationen können wir nun fast alles Notwendige folgern: Da es nur eine Nullstelle gibt, bleibt der Strom für $t > t_m$ immer negativ. Damit liegt die größte positive Änderung bei $t = 0$ vor, wenn der Strom zwischen 0 und t_m kein lokales Extremum hat. Nullsetzen der zweiten Ableitung der Konzentration, Gl. (3.240), liefert $2t_m$ (Ort der Wendestelle der Konzentration), was die Aussage bestätigt.

(d) (i) Die Bioverfügbarkeit $\Lambda(t)$ nach einer Zeit t erhalten wir als Integral über $\rho(t)$:

$$\Lambda(t) = \int_0^t dx\, \rho(x) \tag{3.252}$$

$$= C \frac{k_a}{k_a - k_e} \int_0^t dx \left(e^{-k_e x} - e^{-k_a x} \right) \tag{3.253}$$

$$= \frac{C}{k_a - k_e} \left(e^{-k_a x} - \frac{k_a}{k_e} e^{-k_e x} \right) \Bigg|_0^t \tag{3.254}$$

$$= \frac{C}{k_a - k_e} \left(e^{-k_a t} - \frac{k_a}{k_e} e^{-k_e t} - 1 + \frac{k_a}{k_e} \right). \tag{3.255}$$

(ii) Wenn man nach Einnahme unendlich lange wartet, also $\lim_{t\to\infty} \Lambda(t)$, haben wir mit Gl. (3.232)

$$\lim_{t\to\infty} e^{-k_a t} = 0, \quad \lim_{t\to\infty} e^{-k_e t} = 0, \tag{3.256}$$

da $k_a, k_e > 0$. Damit bleibt dann

$$\lim_{t\to\infty} \Lambda(t) = \frac{C}{k_a - k_e} \left(\frac{k_a}{k_e} - 1 \right) = \frac{C}{k_e}. \tag{3.257}$$

Die absolute Bioverfügbarkeit hängt somit nur noch von C und k_e ab!

(iii) Die *absolute* Bioverfügbarkeit Λ_2 für $\alpha(t) = C e^{-k_e t}$ ergibt sich zu

$$\Lambda_2 = \int_0^\infty dt\, \alpha(t) = C \int_0^\infty dt\, e^{-k_e t} = -\frac{C}{k_e} e^{-k_e t} \Bigg|_0^\infty = \frac{C}{k_e}. \tag{3.258}$$

Damit ist das Ergebnis genau jenes aus Teilaufgabe (ii). Dies sollte auch so sein, denn nur die Art der Aufnahme soll sich durch die Modellierung verändert haben, nicht jedoch die Menge im Limes langer Zeiten bei Verwendung der gleichen Parameter.

◀

Lösung zu Aufgabe 3.5

(a) Wir kennen zwei Punkte, die genügen, um die Gleichung für die Sekante $L(x) = a + bx$ zu bestimmen, in der a und b die Unbekannten sind:

$$L(x_0) = f(x_0) = ax_0 + b, \tag{3.259}$$

$$L(x_0 + h) = f(x_0 + h) = a(x_0 + h) + b. \tag{3.260}$$

Dieses Problem ist äquivalent zu

$$y_1 = ax_1 + b, \tag{3.261}$$

$$y_2 = ax_2 + b, \tag{3.262}$$

wobei $x_1 \neq x_2$. Dies können wir ohne Probleme nach a und b auflösen durch Umstellen der ersten Gleichung nach a und Einsetzen in die zweite Gleichung, die dann nach b aufgelöst wird. Zur Übung abstrahieren wir auch hier das Gleichungssystem auf eine Matrixform, die durch

$$
\begin{matrix} a & b \end{matrix} \\
\begin{pmatrix} x_1 & 1 & | & y_1 \\ x_2 & 1 & | & y_2 \end{pmatrix}
\tag{3.263}
$$

gegeben ist (erste Spalte für a, zweite für b). Mit $x_1 \neq 0$ formen wir um,

$$
\begin{matrix} a & b \end{matrix} \\
\begin{pmatrix} 1 & \frac{1}{x_1} & | & \frac{y_1}{x_1} \\ x_2 & 1 & | & y_2 \end{pmatrix}
\Longleftrightarrow
\begin{pmatrix} 1 & \frac{1}{x_1} & | & \frac{y_1}{x_1} \\ 0 & 1-\frac{x_2}{x_1} & | & y_2 - x_2\frac{y_1}{x_1} \end{pmatrix}
\Longleftrightarrow
\begin{pmatrix} 1 & \frac{1}{x_1} & | & \frac{y_1}{x_1} \\ 0 & 1 & | & \frac{y_2-x_2\frac{y_1}{x_1}}{1-\frac{x_2}{x_1}} \end{pmatrix}
\Longleftrightarrow
$$

$$
\begin{pmatrix} 1 & \frac{1}{x_1} & | & \frac{y_1}{x_1} \\ 0 & 1 & | & \frac{x_1y_2-x_2y_1}{x_1-x_2} \end{pmatrix}
\Longleftrightarrow
\begin{pmatrix} 1 & 0 & | & \frac{y_1}{x_1}-\frac{1}{x_1}(\frac{x_1y_2-x_2y_1}{x_1-x_2}) \\ 0 & 1 & | & \frac{x_1y_2-x_2y_1}{x_1-x_2} \end{pmatrix}
\Longleftrightarrow
\begin{pmatrix} 1 & 0 & | & \frac{y_2-y_1}{x_2-x_1} \\ 0 & 1 & | & \frac{x_1y_2-x_2y_1}{x_1-x_2} \end{pmatrix}.
\tag{3.264}
$$

Wir erhalten die aus der Geradengleichung bekannte Lösung

$$
a = \frac{y_2 - y_1}{x_2 - x_1} \quad \text{(Steigungsdreieck!)},
\tag{3.265}
$$

$$
b = \frac{x_1 y_2 - x_2 y_1}{x_1 - x_2}.
\tag{3.266}
$$

Im Fall von $x_1 = 0$, folgt aus Gl. (3.261) und (3.262) direkt $b = y_1$ und $a = (y_2 - y_1)/x_2$. Somit gelten die zwei Gl. (3.265) und (3.266) auch für diesen Fall.

(b) (i) Nach dem Satz des Pythagoras liegen die Punkte, für die $x^2 + y^2 = 1$ gilt, auf einem Kreis um den Ursprung. Damit haben wir

$$
x^2 + y^2 = 1
\tag{3.267}
$$

$$
y^2 = 1 - x^2
\tag{3.268}
$$

$$
y = \pm \sqrt{1 - x^2}.
\tag{3.269}
$$

Somit beschreibt $N(t)$ mit $0 \leq t_0 \leq 1$ einen Viertel-Kreis im ersten Quadranten des Koordinatensystems, wie Abb. 3.10 zeigt. Eingezeichnet sind Tangenten $n_i(t)$ an drei unterschiedlichen Punkten.

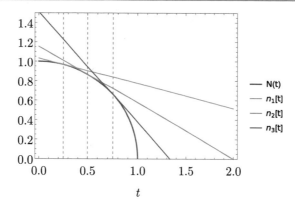

Abb. 3.10 Zu Aufg. 3.5(b.i). Die vertikalen gestrichelten Linien deuten die Stellen an, an welchen die Tangenten den Graphen von $N(t)$ berühren. Es wird offensichtlich: Je näher man $t = 1$ kommt, desto kleiner wird die Abweichung durch die lineare Näherung für die Stelle, an der $N(t) = 0$ wird

(ii) Die Tangente an der Stelle t_0 zu $N(t)$ erhalten wir aus den Informationen über die Ableitung an t_0 und dem Punkt $P_0 = (t_0, N(t_0))$. Die Ableitung erhalten wir mit der Kettenregel, wobei wir $m(t) := 1 - x^2$ definieren.

$$\frac{dN(t)}{dt} = \frac{d\sqrt{m}}{dm}\frac{dm(t)}{dt} \tag{3.270}$$

$$= \frac{1}{2\sqrt{m}}(-2t) = -\frac{t}{\sqrt{1-t^2}}. \tag{3.271}$$

Damit ist die Tangente gegeben durch

$$n(t) = \underbrace{-\frac{t_0}{\sqrt{1-t_0^2}}}_{\text{Steigung bei } t_0} t + b. \tag{3.272}$$

Um b zu erhalten, setzen wir den Punkt P_0 ein,

$$N(t_0) = \sqrt{1-t_0^2} = -\frac{t_0}{\sqrt{1-t_0^2}}t_0 + b \tag{3.273}$$

$$\sqrt{1-t_0^2} + \frac{t_0^2}{\sqrt{1-t_0^2}} = b \tag{3.274}$$

auf einen Nenner gebracht:

$$\frac{(1 - t_0^2) + t_0^2}{\sqrt{1 - t_0^2}} = \tag{3.275}$$

$$\frac{1}{\sqrt{1 - t_0^2}} = b. \tag{3.276}$$

Damit kennen wir die Tangente $n(t)$ vollständig:

$$n(t) = -\frac{t_0}{\sqrt{1 - t_0^2}} t + \frac{1}{\sqrt{1 - t_0^2}}. \tag{3.277}$$

(iii) Die Näherung fällt zum Zeitpunkt $\tilde{t}_e$ auf null, d. h.,

$$n(\tilde{t}_e) = 0. \tag{3.278}$$

Wir kennen $n(t)$ und lösen obige Gleichung nach $\tilde{t}_e$ auf,

$$-\frac{t_0}{\sqrt{1 - t_0^2}}\tilde{t}_e + \frac{1}{\sqrt{1 - t_0^2}} = 0 \tag{3.279}$$

$$-t_0\tilde{t}_e + 1 = \tag{3.280}$$

$$\tilde{t}_e = \frac{1}{t_0}. \tag{3.281}$$

Wir erkennen daraus: Je näher der Berührpunkt der Tangente der Stelle 1 kommt, desto genauer wird unsere Näherung bzgl. der Zeit, zu der $N(t)$ auf null fällt. Der Fehler ξ, den wir machen, ist

$$\xi = \frac{1}{t_0} - 1. \tag{3.282}$$

◀

Lösung zu Aufgabe 3.6

An der Stelle x_0 besitzt $f(x)$ die Steigung $f'(x_0) = 2ax_0$. Dies ist auch die Steigung $A_t := 2ax_0$ der Tangente $t(x) = Ax + B$, die durch den Punkt $(x, y = f(x))$ geht. Die Unbekannte B ergibt sich aus

$$t(x_0) = f(x_0) = Ax_0 + B \tag{3.283}$$

$$B = f(x_0) - Ax_0 = ax_0^2 - 2ax_0^2 = -ax_0^2. \tag{3.284}$$

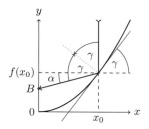

Abb. 3.11 Zu Aufg. 3.6: Brennpunkt B einer Parabel. Ein Strahl (blau) fällt parallel zur y-Achse auf die Parabel und wird reflektiert. Die Tangente am Auftreffpunkt ist rot eingezeichnet. Der Einfallswinkel ist mit γ bezeichnet. Der Winkel α ergibt sich durch Betrachten der Wechselwinkel zu $\alpha = \pi/2 - 2\gamma$

Man kann sich anhand einer Skizze klar machen, siehe z. B. Abb. 3.11: Wenn die Steigung der Tangente $A_t = \tan(\gamma)$ ist, dann beträgt die Steigung des reflektierten Strahls $A_r = -\tan(\pi/2 - 2\gamma)$ mit

$$A_r = -\tan(\pi/2 - 2\gamma) \tag{3.285}$$

$$= -\cot(2\gamma) \tag{3.286}$$

$$= \frac{\tan(\gamma)}{2} - \frac{1}{2\tan(\gamma)} \tag{3.287}$$

$$= \frac{A_t}{2} - \frac{1}{2A_t} \tag{3.288}$$

$$A_r(x_0) = ax_0 - \frac{1}{4ax_0}. \tag{3.289}$$

Nun benötigen wir noch die Geradengleichung der Geraden $g_{x_0}(x) = A_r(x_0)x + C(x_0)$, die durch den Strahl geht. Da diese Gerade ebenfalls durch den Punkt $(x_0, f(x_0))$ geht, wissen wir

$$g_{x_0}(x_0) = f(x_0) \tag{3.290}$$

$$C(x_0) = f(x_0) - A_r(x_0)x_0 \tag{3.291}$$

$$= ax_0^2 - ax_0^2 + \frac{x_0}{4ax_0} \tag{3.292}$$

$$= \frac{1}{4a}. \tag{3.293}$$

Wir sehen, dass $C(x_0) \equiv C$ unabhängig von x_0 ist. Aufgrund der Achsen-Symmetrie der Parabel muss der Brennpunkt (B in Abb. 3.11) auf der y-Achse liegen und somit durch den Punkt $(0, g_{x_0}(0)) = (0, 1/(4a))$ gegeben sein.
◄

Lösung zu Aufgabe 3.7

(a) Wir wollen aus dem Kor. 3.1 die eine Umkehrfunktion definierende Eigen-schaft $f(f^{-1}(y)) = y$ folgern. Kor. 3.1 setzt die Ableitung von jeweils der

Funktion und ihrer Umkehrung in Bezug. Es liegt also nahe, den Ausdruck $f(f^{-1}(y))$ nach y abzuleiten. Dies wird, durch Benutzen der Kettenregel, Th. 3.1, einen Ausdruck liefern, der die Ableitung von f sowie f^{-1} beinhaltet. Da $f(f^{-1}(y))$ gerade y liefern soll, setzen wir, mit $x(y) \equiv f^{-1}(y)$[21], an

$$\frac{\mathrm{d}f(f^{-1}(y))}{\mathrm{d}y} = \frac{\mathrm{d}f(x)}{\mathrm{d}x}\frac{\mathrm{d}x(y)}{\mathrm{d}y} \overset{!}{=} \frac{\mathrm{d}y}{\mathrm{d}y} \tag{3.294}$$

$$\frac{\mathrm{d}f(x)}{\mathrm{d}x}\frac{\mathrm{d}f^{-1}(y)}{\mathrm{d}y} \overset{!}{=} 1 \tag{3.295}$$

$$\frac{\mathrm{d}f^{-1}(y)}{\mathrm{d}y} \overset{!}{=} \frac{1}{\frac{\mathrm{d}f(x)}{\mathrm{d}x}} = \frac{1}{\frac{\mathrm{d}f(x(y))}{\mathrm{d}x(y)}}. \tag{3.296}$$

Die letzte Gleichung kennen wir aber, es ist gerade Kor. 3.1. ∎

(b) Wir benutzen die Umkehrregel Kor. 3.1 für die Umkehrfunktion $f^{-1}(y) = \arccos(y)$. Dazu benötigen wir die Ableitung der zugehörigen Funktion, $f(x) = \cos(x)$, also $f'(x) = -\sin(x)$. Wir müssen die Ableitung von $f^{-1}(y)$ jedoch an der Stelle y auswerten, einem Wert aus dem Definitionsbereich der Umkehrfunktion. Wir benötigen daher den Zusammenhang $x(y) \equiv f^{-1}(y) = \arccos(y)$,

$$\arccos'(x) = -\frac{1}{\sin(x(y))} = -\frac{1}{\sin(\arccos(x))}. \tag{3.297}$$

Der Ausdruck $\sin(\arccos(x))$ kann vereinfacht werden. Simpel wäre es, wenn dort $\cos(\arccos(x))$ stünde, da die Funktion auf die Umkehrfunktion angewendet die Identität liefert. Es ist also hilfreich, wenn wir $\sin$ durch eine Funktion mit $\cos$ ersetzen. Dazu nutzen wir Aufg. 1.22

$$\sin^2(x) + \cos^2(x) = 1 \tag{3.298}$$

$$\sin(x) = \pm\sqrt{1 - \cos^2(x)}. \tag{3.299}$$

Damit wird

$$\sin(\arccos(x)) = \pm\sqrt{1 - \cos^2(\arccos(x))} \tag{3.300}$$

$$\sin(\arccos(x)) = \pm\sqrt{1 - x^2}. \tag{3.301}$$

Im letzten Schritt haben wir (a) ausgenutzt. Da der Wertebereich der arccos-Funktion auf $[0, \pi]$ beschränkt ist und die sin-Funktion auf diesem Intervall

---

[21] Hier wird die in der Physik oft benutzte Identifikation zwischen Wert und Funktion benutzt!

nicht-negativ ist, muss in Gl. 3.299 die positive Wurzel genommen werden.
Damit haben wir

$$\arccos'(x) = - \frac{1}{\sqrt{1 - x^2}} \quad -1 < x < 1. \tag{3.302}$$

Die Werte $x = \pm 1$ müssen aus dem Definitionsbereich herausgenommen
werden, da dort die Ableitung divergiert.

(c) Das Vorgehen ist entsprechend dem Aufgabenteil (b): Gesucht ist $f'(x) =$
d$\arctan(x)/\mathrm{d}x$, also die Ableitung der Umkehrfunktion der tan-Funktion,

$$\frac{\mathrm{d}}{\mathrm{d}x}\arctan(x) = \left. \frac{1}{\frac{\mathrm{d}}{\mathrm{d}y}\tan(y)} \right|_{y=\arctan(x)}. \tag{3.303}$$

Auch hier ist es wieder günstig, wenn wir die Ableitung im Nenner als Funktion
der Umkehrfunktion von arctan, also als Funktion von tan schreiben können.
Daher schreiben wir mit der Quotientenregel

$$\frac{\mathrm{d}}{\mathrm{d}y}\tan(y) = \frac{\cos^2(y) + \sin^2(y)}{\cos^2(y)} = 1 + \tan^2(y) \tag{3.304}$$

und setzen in Gl. 3.303 ein:

$$\frac{\mathrm{d}}{\mathrm{d}x}\arctan(x) = \left. \frac{1}{1 + \tan^2(y)} \right|_{y=\arctan(x)} \tag{3.305}$$

$$= \frac{1}{1 + x^2}. \tag{3.306}$$

Man kann das Problem in Gl. 3.303,

$$\frac{\mathrm{d}}{\mathrm{d}x}\arctan(x) = \cos^2(\arctan(x)), \tag{3.307}$$

auch dadurch lösen, dass man cos umschreibt mit

$$\tan^2(x) = \frac{\sin^2(x)}{\cos^2(x)} = \frac{1 - \cos^2(x)}{\cos^2(x)} = \frac{1}{\cos^2(x)} - 1 \tag{3.308}$$

$$\cos^2(x) = \frac{1}{1 + \tan^2(x)}. \tag{3.309}$$

◄

Lösung zu Aufgabe 3.8

(a) Nach Definition 1.7 können wir die Ableitung des tanh auf die Ableitung der Exponentialfunktion zurückführen,

$$\frac{d}{dx}\tanh(x) = \frac{d}{dx}\frac{e^x - e^{-x}}{e^x + e^{-x}} = \frac{d}{dx}\left(1 - \frac{2}{e^{2x}+1}\right) \tag{3.310}$$

$$= 4\frac{e^{2x}}{(1+e^{2x})^2} \tag{3.311}$$

$$= \left(\frac{2e^x}{1+e^{2x}}\right)^2 = \left(\frac{2}{e^{-x}+e^x}\right)^2 \tag{3.312}$$

$$= \frac{1}{\cosh^2(x)} =: \operatorname{sech}^2(x). \tag{3.313}$$

Die Werte der Sekans-hyperbolicus-Funktion, $\operatorname{sech}(x)$, sind für alle x größer als 0, daher ist $\tanh(x)$ streng monoton steigend, was wir in Aufg. 1.20 in umständlicherer Weise gezeigt haben.

Wir können den Ausdruck 3.313 wieder als Funktion von $\tanh(x)$ schreiben. Dazu nutzen wir die Relation

$$1 = \sin^2(i\,x) + \cos^2(i\,x) \tag{3.314}$$

$$= (i\sinh(x))^2 + \cosh^2(x) \tag{3.315}$$

$$= \cosh^2(x) - \sinh^2(x). \tag{3.316}$$

Diese Beziehung umgeformt,

$$1 = \cosh^2(x) - \sinh^2(x) \tag{3.317}$$

$$\frac{1}{\cosh^2(x)} = 1 - \tanh^2(x) = \frac{d}{dx}\tanh(x), \tag{3.318}$$

erlaubt das Schreiben der Ableitung mit $\tanh(x)$.

(b) Die Ableitung der Umkehrfunktion, die hier $\operatorname{artanh}(x)$ ist, können wir auf zwei Wegen berechnen.

– Über die Regel zur Ableitung von Umkehrfunktionen, Gl. 3.5,

$$\frac{d}{dx}\operatorname{artanh}(x) = \left.\frac{1}{\frac{d\tanh(y)}{dy}}\right|_{y=\operatorname{artanh}(x)} \tag{3.319}$$

$$\overset{[3.313]}{=} \cosh^2(\operatorname{artanh}(x)) \tag{3.320}$$

$$\overset{[3.318]}{=} \frac{1}{1 - \tanh^2(\operatorname{artanh}(x))} = \frac{1}{1 - x^2}. \tag{3.321}$$

– Durch direktes Ableiten,

$$\frac{d}{dx}\operatorname{artanh}(x) = \frac{d}{dx}\frac{1}{2}\ln\left(\frac{1+x}{1-x}\right) \tag{3.322}$$

$$= \frac{1}{2}\frac{d}{dx}\left(\ln(1+x) - \ln(1-x)\right) \tag{3.323}$$

$$= \frac{1}{2}\frac{2}{1-x^2} = \frac{1}{1-x^2}. \tag{3.324}$$

Beide Wege liefern wie erwartet das gleiche Ergebnis.

◄

Lösung zu Aufgabe 3.9

(a) Zunächst ist es am besten, das Offensichtliche aufzuschreiben, nämlich

$$\frac{dv_0}{d\lambda} = 0. \tag{3.325}$$

Was ist v_0? Nach der Definition in der Aufgabenstellung ist $v_0 = |\mathbf{v}(\lambda)|$. Also ist $v_0^2 = \mathbf{v}(\lambda) \cdot \mathbf{v}(\lambda)$. Nun gilt auch

$$\frac{d}{d\lambda}v_0^2 = 2v_0\underbrace{\frac{dv_0}{d\lambda}}_{0} = 0, \tag{3.326}$$

und somit

$$\frac{d}{d\lambda}v_0^2 = \frac{d}{d\lambda}(\mathbf{v}(\lambda) \cdot \mathbf{v}(\lambda)) = 0. \tag{3.327}$$

Wir schreiben die letzte Ableitung einmal aus,

$$\frac{d}{d\lambda}(\mathbf{v}(\lambda) \cdot \mathbf{v}(\lambda)) = \frac{d}{d\lambda}\sum_{m=1}^{n} v_m(\lambda)^2 = \sum_{m=1}^{n} 2v_m(\lambda)\frac{dv_m(\lambda)}{d\lambda} = 2\mathbf{v}(\lambda) \cdot \frac{d\mathbf{v}(\lambda)}{d\lambda}. \tag{3.328}$$

Damit gilt aber

$$\mathbf{v}(\lambda) \cdot \frac{d\mathbf{v}(\lambda)}{d\lambda} = 0, \tag{3.329}$$

was gerade die Bedingung für die Orthogonalität von $\mathbf{v}(\lambda)$ und $d\mathbf{v}(\lambda)/d\lambda$ ist.

(b)

$$0 = \frac{d}{d\lambda} \langle \mathbf{v}(\lambda) | \mathbf{v}(\lambda) \rangle \tag{3.330}$$

$$= \left\langle \frac{d}{d\lambda} \mathbf{v}(\lambda) \middle| \mathbf{v}(\lambda) \right\rangle + \left\langle \mathbf{v}(\lambda) \middle| \frac{d}{d\lambda} \mathbf{v}(\lambda) \right\rangle \tag{3.331}$$

$$-\left\langle \frac{d}{d\lambda} \mathbf{v}(\lambda) \middle| \mathbf{v}(\lambda) \right\rangle = \left\langle \mathbf{v}(\lambda) \middle| \frac{d}{d\lambda} \mathbf{v}(\lambda) \right\rangle \tag{3.332}$$

$$-z^* = z, \quad \text{mit} \quad z := \left\langle \mathbf{v}(\lambda) \middle| \frac{d}{d\lambda} \mathbf{v}(\lambda) \right\rangle \tag{3.333}$$

Da im Allgemeinen nun $z \in \mathbb{C}$, lautet die letzte Gleichung

$$-\mathrm{Re}(z) + \mathrm{i}\,\mathrm{Im}(z) = \mathrm{Re}(z) + \mathrm{i}\,\mathrm{Im}(z) \tag{3.334}$$

$$-\mathrm{Re}(z) = \mathrm{Re}(z) \Rightarrow \mathrm{Re}(z) = 0. \tag{3.335}$$

Folglich können wir im Fall von $\mathbf{v} \in \mathbb{C}^n$ aus der Konstanz der Norm bzgl. λ nur folgern, dass das Skalarprodukt von $\mathbf{v}(\lambda)$ und seiner Ableitung $d\mathbf{v}(\lambda)/d\lambda$ rein imaginär ist.

◄

Lösung zu Aufgabe 3.10

(a) Wir berechnen das Skalarprodukt zwischen den beiden Basisvektoren und nutzen die Eigenschaften der kartesischen Basis $\mathbf{e}_x \cdot \mathbf{e}_y = 0$ und $\|\mathbf{e}_{x/y}\| = 1$ aus, die zeitunabhängig sind,

$$\mathbf{e}_r(t) \cdot \mathbf{e}_\varphi(t) = -\cos(\omega t)\sin(\omega t) + \sin(\omega t)\cos(\omega t) = 0. \tag{3.336}$$

Damit haben wir $\mathbf{e}_r(t) \perp \mathbf{e}_\varphi(t)$ gezeigt, dass für alle t gilt.
Wie die Zeitableitungen der Basisvektoren aussehen, können wir uns überlegen, ohne zu rechnen. Da die Basisvektoren normiert sind, muss nach Aufg. 3.9 die Ableitung senkrecht auf dem abgeleiteten Vektor stehen. Da die Basis zweidimensional ist und Gl. 3.336 gilt, haben wir $d\mathbf{e}_r(t)/dt \sim \mathbf{e}_\varphi(t)$ sowie $d\mathbf{e}_\varphi(t)/dt \sim \mathbf{e}_r(t)$. Die direkte Rechnung ergibt

$$\frac{d\mathbf{e}_r(t)}{dt} = -\omega\sin(\omega t)\mathbf{e}_x + \omega\cos(\omega t)\mathbf{e}_y = \omega\mathbf{e}_\varphi(t), \tag{3.337}$$

$$\frac{d\mathbf{e}_\varphi(t)}{dt} = -\omega\cos(\omega t)\mathbf{e}_x - \omega\sin(\omega t)\mathbf{e}_y = -\omega\mathbf{e}_r(t). \tag{3.338}$$

(b) Die Geschwindigkeit ergibt sich zu

$$\mathbf{v}(t) = \frac{d\mathbf{r}(t)}{dt} = \frac{d}{dt}\left(e^{-\lambda t}\mathbf{e}_r(t)\right) \tag{3.339}$$

$$\overset{[3.337]}{=} -\lambda e^{-\lambda t}\mathbf{e}_r(t) + \omega e^{-\lambda t}\mathbf{e}_\varphi(t). \tag{3.340}$$

Für die Beschleunigung erhalten wir

$$\mathbf{a}(t) = \frac{\mathrm{d}\mathbf{v}(t)}{\mathrm{d}t} \tag{3.341}$$

$$= \lambda^2 e^{-\lambda t}\mathbf{e}_r(t) - \lambda\omega e^{-\lambda t}\mathbf{e}_\varphi(t) - \lambda\omega e^{-\lambda t}\mathbf{e}_\varphi(t) - \omega^2 e^{-\lambda t}\mathbf{e}_r(t) \tag{3.342}$$

$$= (\lambda^2 - \omega^2)e^{-\lambda t}\mathbf{e}_r(t) - 2\lambda\omega e^{-\lambda t}\mathbf{e}_\varphi(t). \tag{3.343}$$

Für die Beträge berechnen wir zunächst

$$\mathbf{v}(t) \cdot \mathbf{v}(t) = \left(-\lambda e^{-\lambda t}\right)^2 + \left(\omega e^{-\lambda t}\right)^2 \tag{3.344}$$

$$= (\lambda^2 + \omega^2)e^{-2\lambda t}, \tag{3.345}$$

$$\text{sowie} \quad \mathbf{a}(t) \cdot \mathbf{a}(t) = \left((\lambda^2 - \omega^2)e^{-\lambda t}\right)^2 + \left(2\lambda\omega e^{-\lambda t}\right)^2 \tag{3.346}$$

$$= v^2(t)(\lambda^2 + \omega^2). \tag{3.347}$$

Damit erhalten wir

$$v(t) = \sqrt{\mathbf{v}(t) \cdot \mathbf{v}(t)} = \sqrt{\lambda^2 + \omega^2}\,e^{-\lambda t} \tag{3.348}$$

$$a(t) = \sqrt{\mathbf{a}(t) \cdot \mathbf{a}(t)} = \sqrt{\lambda^2 + \omega^2}\,v(t). \tag{3.349}$$

(c) Wir betrachten die Komponente der Beschleunigung, die kollinear[22] zum Tangenteneinheitsvektor $\hat{\mathbf{t}} = \mathrm{d}\mathbf{r}/\mathrm{d}t = \mathbf{v}/v$ ist. Diese Komponente bremst oder beschleunigt die momentane Bewegung, die andere ändert die Bewegungs*richtung*. Wir erhalten mit Gl. 3.340 und 3.343

$$\mathbf{a} \cdot \frac{\mathbf{v}}{v} = \frac{1}{\sqrt{\lambda^2 + \omega^2}\,e^{-\lambda t}}\left(-\lambda(\lambda^2 - \omega^2)e^{-2\lambda t} - 2\lambda\omega^2 e^{-2\lambda t}\right) \tag{3.350}$$

$$= \frac{-\lambda(\lambda^2 + \omega^2)e^{-2\lambda t}}{\sqrt{\lambda^2 + \omega^2}\,e^{-\lambda t}} = -\lambda\sqrt{\lambda^2 + \omega^2}\,e^{-\lambda t} \tag{3.351}$$

$$= -\lambda v(t) < 0. \tag{3.352}$$

Damit sehen wir, dass die Beschleunigung $\mathbf{a}$ stets der Bewegungsrichtung *entgegengesetzt* gerichtet ist. Damit wird das Teilchen für alle t abgebremst. Diese Abbremsung wird jedoch mit t exponentiell unterdrückt.

(d) Aus (c) wissen wir, dass die Projektion der Beschleunigung auf den Tangenteneinheitsvektor $-\lambda v(t)$ ergibt, Gl. 3.352. Damit haben wir

$$\mathbf{a}_\parallel(t) = -\lambda v(t)\hat{\mathbf{t}} = -\lambda\mathbf{v}(t). \tag{3.353}$$

---

[22]D. h. sie kann parallel oder anti-parallel sein.

Die zu $\mathbf{a}_\parallel(t)$ senkrechte Komponente erhalten wir mit Gl. 3.343 und 3.340 aus[23]

$$\mathbf{a}_\perp = \mathbf{a} - \mathbf{a}_\parallel \tag{3.354}$$

$$= (\lambda^2 - \omega^2)e^{-\lambda t}\mathbf{e}_r(t) - 2\lambda\omega e^{-\lambda t}\mathbf{e}_\varphi(t)$$

$$+ \lambda(-\lambda e^{-\lambda t}\mathbf{e}_r(t) + \omega e^{-\lambda t}\mathbf{e}_\varphi(t)) \tag{3.355}$$

$$= -\omega \underbrace{\left(\omega e^{-\lambda t}\mathbf{e}_r(t) + \lambda e^{-\lambda t}\mathbf{e}_\varphi(t)\right)}_{(*)}. \tag{3.356}$$

Ziel ist es nun, $(*)$ mit $\mathbf{v}(t)$ auszudrücken. Aus der zyklischen Vertauschung der Basisvektoren $\{\mathbf{e}_\rho,\ \mathbf{e}_\varphi,\ \mathbf{e}_z\}$ in Zylinderkoordinaten, Aufg. 3.55, erhalten wir

$$\mathbf{e}_\rho(t) = \mathbf{e}_\varphi(t) \times \mathbf{e}_z, \quad \mathbf{e}_\varphi(t) = -\mathbf{e}_\rho(t) \times \mathbf{e}_z. \tag{3.357}$$

[24]Ersetzen wir nun in $(*)$ entsprechend $\mathbf{e}_r \equiv \mathbf{e}_\rho$ und $\mathbf{e}_\varphi$ durch die Kreuzprodukte, erhalten wir

$$\mathbf{a}_\perp = -\omega\big(\omega e^{-\lambda t}(\mathbf{e}_\varphi(t) \times \mathbf{e}_z) + \lambda e^{-\lambda t}(-\mathbf{e}_\rho(t) \times \mathbf{e}_z)\big) \tag{3.358}$$

$$= -\omega\big(-\lambda e^{-\lambda t}\mathbf{e}_\rho + \omega e^{-\lambda t}\mathbf{e}_\varphi\big) \times \mathbf{e}_z \tag{3.359}$$

$$= -\omega(\mathbf{v}(t) \times \mathbf{e}_z). \tag{3.360}$$

① Die parallele Komponente der Beschleunigung ist proportional zur Geschwindigkeit. Ein solches Verhalten findet man beim Auftreten der Stokes-Reibung [5]. Die Kraft, die auf ein geladenes Teilchen mit Ladung q und Masse m im Magnetfeld B wirkt, ist die Lorentz-Kraft [6,7] $\mathbf{F} = q\mathbf{v} \times \mathbf{B}$. Damit entspricht die Beschleunigung $\mathbf{a}_\perp$ einer, die durch ein in $\mathbf{e}_z$-Richtung gerichtetes Magnetfeld hervorgerufen wird. Da hier $\mathbf{v}(t) \perp \mathbf{B}$ gilt, erhalten wir $|a_\perp(t)| = |qBv(t)|/m$, womit aus Gl. 3.360 die Relation $|a_\perp| = |v\omega| = |qBv|/m$ folgt. Damit ergibt sich die Zyklotronfrequenz $\omega = |qB|/m$.

(e) Wir kennen die Geschwindigkeit $v(t)$, Gl.(3.348). Damit erhalten wir den Weg zu

$$\sqrt{\lambda^2 + \omega^2}\int_0^\infty dt\, e^{-\lambda t} = \frac{\sqrt{\lambda^2 + \omega^2}}{\lambda}. \tag{3.361}$$

◄

---

[23]Um sich der Richtigkeit dieser Gleichung klar zu werden, einfach mit $\hat{\mathbf{t}}$ auf beiden Seiten skalar multiplizieren.

[24]Es ist wichtig sich klar zu machen, dass nun im $\mathbb{R}^3$ der Basisvektor $\mathbf{e}_r$ aus $\mathbb{R}^2$ als $\mathbf{e}_\rho$ geschrieben werden muss. Der Vektor $\mathbf{e}_r \in \mathbb{R}^3$ zeigt in die Richtung des Ortsvektors $\mathbf{r} \in \mathbb{R}^3$ und liegt nicht notwendig in der x-y-Ebene. Auch ist explizit die Zeitabhängigkeit von $\mathbf{e}_\rho(t)$ und $\mathbf{e}_\varphi(t)$ angegeben.

Lösung zu Aufgabe 3.11

(a) Betrachten wir zunächst die totale zweifache Zeitableitung von $f(x)$,

$$\frac{d^2 f(x)}{dt^2} = \frac{d}{dt}\Big(\underbrace{\frac{\partial f(x)}{\partial x}}_{=:g(x)} \underbrace{\frac{dx}{dt}}_{\dot{x}} \Big) \tag{3.362}$$

$$= \frac{\partial (g(x)\dot{x})}{\partial x}\dot{x} \tag{3.363}$$

$$= \frac{\partial^2 f(x)^2}{\partial x^2} + \frac{\partial f(x)}{\partial x}\frac{\partial \dot{x}}{\partial x}\dot{x}. \tag{3.364}$$

Dieses wenden wir nun auf die von x und y abhängige Funktion an,

$$\frac{d^2 f(x(t), y(t))}{dt^2} = \frac{d}{dt}\Big(\underbrace{\partial_x(f)\dot{x}}_{g(x,y)} + \underbrace{\partial_y(f)\dot{y}}_{m(x,y)} \Big) \tag{3.365}$$

$$= \partial_x(g(x, y) + m(x, y))\dot{x} + \partial_y(g(x, y) + m(x, y))\dot{y} \tag{3.366}$$

$$= [\partial_x^2(f)\dot{x} + \partial_x(f)\partial_x(\dot{x}) + \partial_x\partial_y(f)\dot{y} + \partial_y(f)\partial_x(\dot{y})]\dot{x}$$
$$+ [\partial_y^2(f)\dot{y} + \partial_y(f)\partial_y(\dot{y}) + \partial_y\partial_x(f)\dot{x} + \partial_x(f)\partial_y(\dot{x})]\dot{y}. \tag{3.367}$$

Hier muss beachtet werden, dass die Terme wie $\partial_x(\dot{y})$ *nicht* notwendigerweise null sein müssen, da $\dot{y}$ eine Funktion von x und y sein kann.

(b) Zunächst führen wir die Rechnung aus, indem wir direkt x und y ersetzen und nach t ableiten,

$$\frac{d^2}{dt^2}f(x(t), y(t)) = \frac{d^2}{dt^2}\big((t - 1)^2 + (t - 1)t^3\big) \tag{3.368}$$

$$= 2 + 6t(2t - 1). \tag{3.369}$$

Nun benötigen wir noch

$$\partial_x f = 2x + y, \quad \partial_y f = x,$$
$$\partial_x^2 f = 2, \quad \partial_y^2 f = 0,$$
$$\partial_{xy} f = \partial_{yx} f = 1,$$
$$\dot{x} = 1, \quad \dot{y} = 3t^2. \tag{3.370}$$

Da $\dot{x}$ konstant ist, haben wir $\partial_x \dot{x} = \partial_y \dot{x} = 0$. Die partiellen Ableitungen von $\dot{y}$ nach x und y sind interessanter. Hier müssen wir uns bei dem Ersetzen in

Gl. 3.367 für einen Ausdruck entscheiden. Möglich sind z. B.

$$\dot{y} = 3(x + 1)^2, \tag{3.371}$$

$$\text{oder} \;\; = 3y^{\frac{2}{3}}, \tag{3.372}$$

$$\text{oder} \;\; = 3(x + 1)y^{\frac{1}{3}}. \tag{3.373}$$

Wir führen die Rechnung für die erste Wahl durch,

$$\frac{\mathrm{d}^2 f(x(t), y(t))}{\mathrm{d}t^2} = 2 + 6x(t)(1 + x(t)) + 6(1 + x(t))^2 \tag{3.374}$$

$$= 2 + 6(t - 1)t + 6t^2 = 2 + 6t(2t - 1), \tag{3.375}$$

was unserem Ergebnis bei der direkten Ersetzung entspricht. Wir hätten auch $\dot{y} = 3y^{\frac{2}{3}}$ wählen können, was uns das gleiche Ergebnis liefern würde:

$$\frac{\mathrm{d}^2 f(x(t), y(t))}{\mathrm{d}t^2} = 2 + 3y(t)^{\frac{2}{3}} + 3\left(1 + \frac{2x(t)}{y(t)^{\frac{1}{3}}}\right)y(t)^{\frac{2}{3}} \tag{3.376}$$

$$= 2 + 3t^2 + 3t^2\left(1 + \frac{2(t - 1)}{t}\right) = 2 + 6t(2t - 1). \tag{3.377}$$

◄

Lösung zu Aufgabe 3.12

(a) In Polarkoordinaten $\{r, \varphi\}$, mit

$$\mathbf{e}_r := \frac{\partial \mathbf{r}}{\partial r}, \quad \mathbf{e}_\varphi := \frac{1}{r}\frac{\partial \mathbf{r}}{\partial \varphi}, \tag{3.378}$$

ist der Ortsvektor $\mathbf{r}$ gegeben durch $\mathbf{r} = r\mathbf{e}_r$. Wenn man sich jetzt fragt, wo die Winkelabhängigkeit hin ist, muss man sich erinnern, dass Polarkoordinaten *lokale* Koordinaten sind, d. h., um genau zu sein, ist $\mathbf{e}_r(\varphi)$. Für die totale Zeitableitung erhalten wir somit

$$\frac{\mathrm{d}\mathbf{r}}{\mathrm{d}t} \equiv \dot{\mathbf{r}} = \underbrace{\frac{\partial \mathbf{r}}{\partial r}}_{\mathbf{e}_r}\frac{\mathrm{d}r}{\mathrm{d}t} + \underbrace{\frac{\partial \mathbf{r}}{\partial \varphi}}_{r\mathbf{e}_\varphi}\frac{\mathrm{d}\varphi}{\mathrm{d}t} \tag{3.379}$$

$$= \dot{r}\mathbf{e}_r + r\dot{\varphi}\mathbf{e}_\varphi. \tag{3.380}$$

(b)(i) Wir können den Minimal- und Maximalwert $r_{\text{min/max}}$ direkt aus $r(\varphi)$ ablesen, indem wir schauen, für welchen Winkel φ der Nenner maximal bzw. minimal wird. Der Minimal(Maximal)wert von cos ist $-1(1)$, somit ist

$$r_{\text{min}} = \frac{k}{1+\epsilon} \quad \text{für } \varphi = 2n\pi, \quad \text{mit } n \in \mathbb{Z}, \tag{3.381}$$

$$r_{\text{max}} = \frac{k}{1-\epsilon} \quad \text{für } \varphi = (2n+1)\pi, \quad \text{mit } n \in \mathbb{Z}. \tag{3.382}$$

Formaler erhalten wir das aus der Analyse der ersten und zweiten Ableitung von $r(\varphi)$ nach φ. Für ein Extremum muss die erste Ableitung verschwinden,

$$\frac{dr(\varphi)}{d\varphi} = k\epsilon \frac{\sin(\varphi)}{(1+\epsilon\cos(\varphi))^2} \overset{!}{=} 0. \tag{3.383}$$

Dies ist gegeben für $\varphi = \pi n$ mit $n \in \mathbb{N}$. Wir betrachten nun die zweite Ableitung nach φ, um zu überprüfen, ob es sich um ein Minimum oder Maximum handelt,

$$\frac{d^2 r(\varphi)}{d\varphi^2} = \frac{k\epsilon}{1+\epsilon\cos(\varphi)}\left(\frac{\cos(\varphi)}{1+\epsilon\cos(\varphi)}\right) + \frac{2\epsilon\sin^2(\varphi)}{(1+\epsilon\cos(\varphi))^2}. \tag{3.384}$$

Setzen wir in letzteren Ausdruck ein gerades Vielfaches von π ein, $\varphi = 2n\pi$, erhalten wir

$$\left.\frac{d^2 r(\varphi)}{d\varphi^2}\right|_{\varphi=2n\pi} = \frac{k\epsilon}{(1+\epsilon)^2} > 0, \tag{3.385}$$

und für ungerades $$\left.\frac{d^2 r(\varphi)}{d\varphi^2}\right|_{\varphi=(2n+1)\pi} = -\frac{k\epsilon}{(1-\epsilon)^2} < 0. \tag{3.386}$$

Damit haben wir unsere anfängliche Analyse bestätigt!

(b)(ii) Zu zeigen ist, dass $r(\varphi)$ eine Ellipse beschreibt, also beschrieben werden kann durch die implizite Gleichung

$$\left(\frac{x}{a}\right)^2 + \left(\frac{y}{b}\right)^2 = 1. \tag{3.387}$$

Dazu gehen wir zunächst in das verschobene Koordinatensystem $\{\tilde{x}, \tilde{y}\}$ mit $(\tilde{x}, \tilde{y}) = (x - \sqrt{a^2 - b^2}, y)$ und transformieren anschließend dieses von kartesischen zu Polarkoordinaten. Damit haben wir

$$\begin{pmatrix} x \\ y \end{pmatrix} = \begin{pmatrix} \sqrt{a^2 - b^2} \\ 0 \end{pmatrix} + r(\varphi)\begin{pmatrix} \cos(\varphi) \\ \sin(\varphi) \end{pmatrix}. \tag{3.388}$$

Dies eingesetzt in Gl. 3.387 und nach Potenzen von r sortiert, liefert eine quadratische Gleichung für r (im Folgenden unterdrücken wir die φ-Abhängigkeit von r)

$$-\frac{b^2}{a^2} + 2\frac{e\cos(\varphi)}{a^2}r + r^2\left(\frac{\cos^2(\varphi)}{a^2} + \frac{\sin^2(\varphi)}{b^2}\right) = 0 \quad \text{mit} \quad e := \sqrt{a^2 - b^2}. \tag{3.389}$$

Auch wenn es etwas mühselig ist, können die zwei Lösungen $r_\pm$ direkt hingeschrieben werden:

$$r_\pm = -\frac{b^2 e\cos(\varphi)}{b^2\cos^2(\varphi) + a^2\sin^2(\varphi)} \pm \sqrt{\frac{a^2 b^4}{(b^2\cos^2(\varphi) + a^2\sin^2(\varphi))^2}}. \tag{3.390}$$

Beide Lösungen lassen sich weiter vereinfachen. Zunächst schauen wir uns r_+ genauer an,

$$r_+ = b^2\frac{a - e\cos(\varphi)}{b^2\cos^2(\varphi) + a^2\sin^2(\varphi)} \tag{3.391}$$

$$= b^2\frac{a - \cos(\varphi)}{(a + \cos(\varphi))(a - e\cos(\varphi))} \tag{3.392}$$

$$= \frac{b^2}{a + e\cos(\varphi)} = \frac{b^2}{a}\frac{1}{1 + \frac{\sqrt{a^2 - b^2}}{a}\cos(\varphi)} \tag{3.393}$$

$$= \frac{k}{1 + \epsilon\cos(\varphi)}. \tag{3.394}$$

Wir haben somit gezeigt, dass es sich tatsächlich um die Bahn einer Ellipse handelt. Durch den Vergleich beider letzten Gleichungen sehen wir, dass für r_+ die Beziehungen

$$k = \frac{b^2}{a}, \tag{3.395}$$

$$\epsilon = \frac{\sqrt{a^2 - b^2}}{a} \tag{3.396}$$

gelten. Bleibt der Fall r_-. Hier haben wir

$$r_- = -b^2\frac{a + e\cos(\varphi)}{(a + e\cos(\varphi))(a - e\cos(\varphi))} \tag{3.397}$$

$$= \frac{b^2}{-a + e\cos(\varphi)}. \tag{3.398}$$

Ist die Größe positiv? Betrachten wir den Nenner $(-a + e\cos(\varphi))$ für den Fall, wo $\cos(\varphi)$ maximal ist, also 1. Da $a > b > 0$, können wir $b = am$ mit $1 > m > 0$ ersetzen. Wir erhalten

$$-a + e = a(-1 + \sqrt{1 - m^2}) < 0. \tag{3.399}$$

Da der Radius positiv sein muss, ist diese Lösung ausgeschlossen.
Nun betrachten wir nochmals r_{max} und r_{min} als Funktion von a und b,

$$r_{\text{min}} = \frac{k}{1 + \epsilon} \tag{3.400}$$

$$= \frac{b^2}{a + \sqrt{a^2 - b^2}} = \frac{b^2(a - \sqrt{a^2 - b^2})}{(a + \sqrt{a^2 - b^2})(a - \sqrt{a^2 - b^2})} \tag{3.401}$$

$$= a - e, \tag{3.402}$$

$$r_{\text{max}} = \frac{k}{1 - \epsilon} \tag{3.403}$$

$$= a + e. \tag{3.404}$$

Diese beiden Größen lassen sich leicht aus Abb. 3.12 ablesen. Die Gleichungen können wir kombinieren,

$$r_{\text{max}} - r_{\text{min}} = 2e \tag{3.405}$$

$$\frac{r_{\text{max}} - r_{\text{min}}}{2a} = \epsilon. \tag{3.406}$$

Die Größe ϵ wird *numerische Exzentrizität* genannt, e die *lineare Exzentrizität*. Im Fall eines Kreises ist r unabhängig von φ, also $r_{\text{max}} - r_{\text{min}} = 0 = e = \epsilon$. Im anderen Extremfall, wo b/a gegen 0 strebt, geht ϵ gegen 1 (wir landen bei der Parabel, was man in der Grafik nicht sieht, da der Abstand der Brennpunkte endlich bleibt und der Plot zu einer Linie kollabiert).

(b)(iii) Der Tangenteneinheitsvektor $\hat{\mathbf{t}}$ ist gegeben durch $\hat{\mathbf{t}} = \mathrm{d}\mathbf{r}(s)/\mathrm{d}s$, wobei s die Bogenlänge ist. Wir können aber auch einen anderen Parameter nehmen und hier bietet sich der Winkel φ an, wobei wir die Normierung nicht vergessen dürfen:

$$\hat{\mathbf{t}} = \frac{\frac{\mathrm{d}\mathbf{r}(\varphi)}{\mathrm{d}\varphi}}{\left| \frac{\mathrm{d}\mathbf{r}(\varphi)}{\mathrm{d}\varphi} \right|}. \tag{3.407}$$

Wir können die Ableitung direkt ausführen,

$$\frac{\mathrm{d}\mathbf{r}(\varphi)}{\mathrm{d}\varphi} = \frac{\mathrm{d}}{\mathrm{d}\varphi} \left(\frac{k}{1 + \epsilon\cos(\varphi)} \begin{pmatrix} \cos(\varphi) \\ \sin(\varphi) \end{pmatrix} \right) \tag{3.408}$$

$$= \frac{k}{(1 + \epsilon\cos(\varphi))^2} \begin{pmatrix} -\sin(\varphi) \\ \epsilon + \cos(\varphi) \end{pmatrix}. \tag{3.409}$$

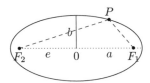

Abb. 3.12 Zu Aufg. 3.12: Ellipse mit großer Halbachse a (rot), kleiner Halbachse b (blau) und den Brennpunkten $F_1 = (e, 0)$ und $F_2 = (-e, 0)$ wobei $e = \sqrt{a^2 - b^2}$ (Länge der gepunkteten Linie) für $a > b$. Die Länge der gestrichelten Linie, die sich aus der Summe der Entfernungen von den Brennpunkten zu einem beliebigen Punkt P auf der Ellipse ergibt, ist unabhängig von der Wahl von P konstant

Mit

$$\frac{\mathrm{d}\mathbf{r}(\varphi)}{\mathrm{d}\varphi} \cdot \frac{\mathrm{d}\mathbf{r}(\varphi)}{\mathrm{d}\varphi} = \frac{k^2(1 + \epsilon^2 + 2\epsilon \cos(\varphi))}{(1 + \epsilon \cos(\varphi))^4} \tag{3.410}$$

ergibt sich somit folgender Tangenteneinheitsvektor

$$\hat{\mathbf{t}} = \frac{1}{(1 + \epsilon \cos(\varphi))^2 \sqrt{\frac{1+\epsilon^2+2\epsilon\cos(\varphi)}{(1+\epsilon\cos(\varphi))^4}}} \begin{pmatrix} -\sin(\varphi) \\ \epsilon + \cos(\varphi) \end{pmatrix} \tag{3.411}$$

$$= \frac{1}{\sqrt{1 + \epsilon^2 + 2\epsilon \cos(\varphi)}} \begin{pmatrix} -\sin(\varphi) \\ \epsilon + \cos(\varphi) \end{pmatrix}. \tag{3.412}$$

Das gleiche Ergebnis erhalten wir, wenn man $\mathbf{r}$ zunächst in Polarkoordinaten ausdrückt und dann ableitet,

$$\frac{\mathrm{d}\mathbf{r}}{\mathrm{d}\varphi} = \frac{\mathrm{d}(r\mathbf{e}_r)}{\mathrm{d}\varphi} \tag{3.413}$$

$$= \frac{\mathrm{d}r}{\mathrm{d}\varphi}\mathbf{e}_r + r \underbrace{\frac{\mathrm{d}\mathbf{e}_r}{\mathrm{d}\varphi}}_{\mathbf{e}_\varphi} \tag{3.414}$$

$$= \frac{k\epsilon \sin(\varphi)}{(1 + \epsilon \cos(\varphi))^2} \begin{pmatrix} \cos(\varphi) \\ \sin(\varphi) \end{pmatrix} + \frac{k}{1 + \epsilon \cos(\varphi)} \begin{pmatrix} -\sin(\varphi) \\ \cos(\varphi) \end{pmatrix} \tag{3.415}$$

$$= \frac{k}{(1 + \epsilon \cos(\varphi))^2} \begin{pmatrix} -\sin(\varphi) \\ \epsilon + \cos(\varphi) \end{pmatrix}. \tag{3.416}$$

Nach Normierung erhalten wir das gleiche Ergebnis wie oben, Gl. 3.412.

◄

Lösung zu Aufgabe 3.13

(a) Das Integral I lässt sich auf einfachste Weise durch Ausnutzen der Beziehung zwischen sin und cos lösen. Aufgrund der Periodizität muss nämlich

$$\int_0^{2\pi} \mathrm{d}\phi \, \sin^2(\phi) = \int_0^{2\pi} \mathrm{d}\phi \, \cos^2(\phi) \tag{3.417}$$

gelten. Damit gilt dann aber auch

$$\int_0^{2\pi} d\phi \, \sin^2(\phi) = \frac{1}{2} \int_0^{2\pi} d\phi \, \underbrace{(\sin^2(\phi) + \cos^2(\phi))}_{1} \tag{3.418}$$

$$= \pi. \tag{3.419}$$

(b) Die sin-Funktion ist eine ungerade Funktion, da $\sin(-x) = -\sin(x)$. Für ungerade Funktionen $f(x)$ lässt sich mittels Substitution Folgendes zeigen:

$$I = \int_{-a}^a dx \, f(x) = - \int_{-a}^a dx \, f(-x). \tag{3.420}$$

Mit $y := -x \iff dy = -dx$,

$$I = - \int_a^{-a} d(-y) \, f(y) = \int_a^{-a} d(y) \, f(y) \tag{3.421}$$

$$= - \int_{-a}^a d(y) \, f(y) = -I. \tag{3.422}$$

Damit muss $I = 0$ sein. Nun können wir bei dem zu lösenden Integral die Variable durch Substitution so verschieben, dass das Integral von $-\pi$ bis π geht: $y := x - \pi \iff dy = dx$,

$$\int_0^{2\pi} dx \, \sin^n(x) = \int_{-\pi}^{\pi} dy \, \sin^n(y + \pi). \tag{3.423}$$

Mit $\sin(y + \pi) = -\sin(y)$,

$$\int_0^{2\pi} dx \, \sin^n(x) = - \int_{-\pi}^{\pi} dy \, \sin^n(y) \text{ da } n \text{ ungerade ist.} \tag{3.424}$$

Mit Gl. 3.422 folgt dann direkt, dass

$$\int_0^{2\pi} dx \, \sin^n(x) = 0. \tag{3.425}$$

◄

Lösung zu Aufgabe 3.14

(a1) Wählen wir entsprechend Th. 3.27 $g(x) = x$, ist uns ein einfaches Integral auf der rechten Seite von Th. 3.27 garantiert,

$$\int dx \, \underbrace{x}_{g(x)} \, \underbrace{\sin(ax)}_{f'(x)} = f(x)g(x) - \int dx \, f(x)g'(x) \tag{3.426}$$

Mit $g'(x) = 1$ und

$$f(x) = \int \mathrm{d}x \, \sin(ax) \tag{3.427}$$

$$= \frac{1}{a} \int \mathrm{d}v \, \sin(v) \quad \text{mit} \quad v(x) = ax, \quad \mathrm{d}v \frac{1}{a} = \mathrm{d}x \tag{3.428}$$

$$= -\frac{1}{a} \cos(v) + C = -\frac{1}{a} \cos(ax) + C \tag{3.429}$$

erhalten wir

$$\int \mathrm{d}x \, x \sin(ax) = -\frac{x}{a} \cos(ax) + \frac{1}{a} \int \mathrm{d}x \, \cos(ax) \tag{3.430}$$

$$= \frac{1}{a} \left(-a \cos(ax) + \frac{1}{a} \sin(ax) \right) + C. \tag{3.431}$$

(a2) Wie bei den meisten Integralen haben wir mehrere Lösungsmöglichkeiten. **Weg 1** Zunächst versuchen wir es über die partielle Integration:

$$\int \mathrm{d}x \, \underbrace{\sin(x)}_{g(x)} \underbrace{\cos(x)}_{f'(x)} = \sin^2(x) - \int \mathrm{d}x \, \cos(x) \sin(x). \tag{3.432}$$

Wir sehen, dass das Integral, was wir suchen, nochmals auf der rechten Seite der letzten Gleichung auftaucht. Damit sind wir fertig, denn wir müssen es nun nur noch auf die linke Seite bringen und durch den entstehenden Faktor 2 dividieren,

$$\int \mathrm{d}x \, \sin(x) \cos(x) = \frac{1}{2} \sin^2(x) + C. \tag{3.433}$$

Weg 2 Eine andere Möglichkeit ist das Ausnutzen von trigonometrischen Beziehungen. Hier bietet sich das Resultat aus Aufg. 1.23 an: $\sin(x) \cos(x) = \sin(2x)/2$. Damit erhalten wir

$$\int \mathrm{d}x \, \sin(x) \cos(x) = \frac{1}{2} \int \mathrm{d}x \, \sin(2x) \tag{3.434}$$

$$= -\frac{1}{4} \cos(2x) + C. \tag{3.435}$$

Jetzt sieht es aber so aus, als würden Gl. 3.433 und 3.435 zwei unterschiedliche Lösungen sein. Aus Aufg. 1.23 (b) sehen wir jedoch, dass

$$\frac{1}{2} \sin^2(x) = \frac{1}{4} - \frac{1}{4} \cos(2x). \tag{3.436}$$

Damit unterscheiden sich Gl. 3.433 und 3.435 nur durch eine Konstante, und die ist (auch wenn man sie der Übersicht halber manchmal weglässt) bei unbestimmten Integralen immer dabei! Somit sind beide Lösungen gleichwertig.

(a3) Auch hier können wir uns der Relation Gl. 3.436 bedienen und sind schnell fertig. Zum Üben der partiellen Integration hier aber nochmal der andere Weg:

$$\int dx \, \sin^2(x) = \int dx \, \underbrace{\sin(x)}_{u} \, \underbrace{\sin(x)}_{v'} \tag{3.437}$$

$$= -\sin(x)\cos(x) - \int dx \, \cos(x)(-\cos(x)) \tag{3.438}$$

$$= -\sin(x)\cos(x) + \int dx \, \cos^2(x). \tag{3.439}$$

Es scheint, als wären wir nicht weitergekommen, da wir nun vor dem Problem stehen, das Integral über $\cos^2(x)$ auszurechnen. Mittels der trigonometrischen Beziehung $1 = \sin^2(x) + \cos^2(x)$ können wir jedoch dieses Integral auf das gesuchte zurückführen,

$$\int dx \, \sin^2(x) = -\sin(x)\cos(x) + \int dx \, (1 - \sin^2(x)) \tag{3.440}$$

$$= -\sin(x)\cos(x) + x + \text{const.} - \int dx \, \sin^2(x) \tag{3.441}$$

$$2\int dx \, \sin^2(x) = x - \sin(x)\cos(x) + \text{const.} \tag{3.442}$$

$$\int dx \, \sin^2(x) = \frac{x - \sin(x)\cos(x)}{2} + \text{const.} \tag{3.443}$$

(a4) Wir schreiben den cos mittels Exponentialfunktionen, so ist nur über Exponentialfunktionen zu integrieren, und wir können $\int dx \, \exp(\xi x) = \exp(\xi x)/\xi$ nutzen,

$$\int dx \, e^{ax} \cos(2x) = \frac{1}{2} \int dx \, e^{ax} \left(e^{2ix} + e^{-2ix} \right) \tag{3.444}$$

$$= \frac{1}{2} \int dx \, \left(e^{(a+2i)x} + e^{(a-2i)x} \right) \tag{3.445}$$

$$= \frac{1}{2} \left(\frac{e^{(a+2i)x}}{(a+2i)} + \frac{e^{(a-2i)x}}{(a-2i)} \right) + C \tag{3.446}$$

$$= \frac{e^{ax}}{a^2+4} \left[\frac{a}{2} \left(e^{2ix} + e^{-2ix} \right) + \frac{2i}{2} \left(e^{-2ix} - e^{2ix} \right) \right] + C \tag{3.447}$$

$$= \frac{e^{ax}}{a^2+4} (a\cos(2x) + 2\sin(2x)) + C. \tag{3.448}$$

(a5) Die wichtige Beobachtung für das Lösen dieses Integrals ist, dass es die Form

$$\int dx \, f'(x) e^{f(x)} \tag{3.449}$$

hat, wobei hier $f(x) = \cos(x)$. Aus der Kettenregel der Ableitung wissen wir nämlich, dass $\frac{d}{dx}(\exp(f(x))) = f'(x)\exp(f(x))$ gilt. Damit haben wir aber auch schon unsere Stammfunktion,

$$\int dx \, \sin(x)e^{\cos(x)} = -\int dx \, (-\sin(x))e^{\cos(x)} \tag{3.450}$$

$$= -e^{\cos(x)} + C. \tag{3.451}$$

(a6) Potenzen von Winkelfunktionen lassen sich als Linearkombinationen von Winkelfunktionen mit Vielfachem des Arguments schreiben (siehe allgemeiner Zusammenhang in Gl. 3.9 und 3.9). Aus Aufg. 1.8 wissen wir, dass $\cos^4(\phi) = \frac{3}{8} + \frac{1}{2}\cos(2\phi) + \frac{1}{8}\cos(4\phi)$. Damit vereinfacht sich das Integral zu

$$\int_{-\pi/2}^{\pi/2} d\phi \, \cos^4(\phi) = \frac{3}{8}x\Big|_{\pi/2}^{\pi/2} + \frac{1}{2}\int_{-\pi/2}^{\pi/2} d\phi \, \cos(2\phi) + \frac{1}{8}\int_{-\pi/2}^{\pi/2} d\phi \, \cos(4\phi) \tag{3.452}$$

mit den Substitutionen $y := 2\phi$, $x := 4\phi$:

$$= \frac{3}{8}\pi + \frac{1}{4}\int_{-\pi}^{\pi} dy \, \cos(y) + \frac{1}{32}\int_{-2\pi}^{2\pi} dx \, \cos(x) \tag{3.453}$$

$$= \frac{3}{8}\pi, \tag{3.454}$$

denn die Integrale über $\cos(x)$ tragen nichts bei, da $\cos(x + \pi) = -\cos(x)$. Im zweiten Teil der Aufgabe bestimmen wir das Integral ohne die Identität aus Aufg. 1.8. Dazu schreiben wir $\cos^4(\phi) = \cos^3(\phi)\cos(\phi)$ und wenden partielle Integration an,

$$\Lambda := \int d\phi \, \cos^4(\phi) = \int d\phi \, \underbrace{\cos^3(\phi)}_{v} \underbrace{\cos(\phi)}_{u'} \tag{3.455}$$

$$= \sin(\phi)\cos^3(\phi) - \int d\phi \, \sin(\phi)[3\cos(\phi)^2(-\sin(\phi))] \tag{3.456}$$

mit $\sin^2(\phi) = 1 - \cos^2(\phi)$:

$$= \sin(\phi)\cos^3(\phi) + 3\int d\phi \, (1 - \cos^2(\phi))\cos(\phi)^2 \tag{3.457}$$

$$\Lambda = \sin(\phi)\cos^3(\phi) + 3\int d\phi \, \cos^2(\phi) - 3\underbrace{\int d\phi \, \cos(\phi)^4}_{\Lambda} \tag{3.458}$$

$$4\Lambda = \sin(\phi)\cos^3(\phi) + 3\int d\phi \, \cos^2(\phi) \tag{3.459}$$

$$\Lambda = \frac{1}{4}\sin(\phi)\cos^3(\phi) + \frac{3}{4}\int d\phi \, \cos^2(\phi). \tag{3.460}$$

Es bleibt somit das Integral über $\cos^2(\phi)$. Hier können wir uns der Lösung Gl. 3.443 des Integrals über $\sin^2(\phi)$ bedienen. Dazu können wir
(I) die Variable mittels Substitution um $\pi/2$ verschieben,

$$\int d\phi \; \cos^2(\phi) = \int d\gamma \; \cos^2\left(\gamma - \frac{\pi}{2}\right) \quad \text{mit} \quad \gamma := \phi + \frac{\pi}{2} \tag{3.461}$$

$$= \int d\gamma \; \sin^2(\gamma) \tag{3.462}$$

$$\overset{[3.442]}{=} \frac{\gamma - \sin(\gamma)\cos(\gamma)}{2} + C = \frac{\phi - \cos(\phi)(-\sin(\phi))}{2} + \tilde{C} \tag{3.463}$$

$$\overset{[1.23]}{=} \frac{\phi}{2} + \frac{1}{4}\sin(2\phi) + \tilde{C}, \tag{3.464}$$

(II) oder wir nutzen $\cos^2(\phi) = 1 - \sin^2(\phi)$ aus,

$$\int d\phi \; \cos^2(\phi) = \int d\phi \, 1 - \int d\phi \; \sin^2(\phi) \tag{3.465}$$

$$\overset{[3.442]}{=} \phi - \frac{\phi - \sin(\phi)\cos(\phi)}{2} + C \tag{3.466}$$

$$\overset{[1.23]}{=} \frac{\phi}{2} + \frac{1}{4}\sin(2\phi) + C. \tag{3.467}$$

Damit, in Gl. 3.460 eingesetzt, erhalten wir schließlich das Ergebnis

$$\Lambda = \frac{1}{4}\sin(\phi)\cos^3(\phi) + \frac{3}{4}\left(\frac{\phi}{2} + \frac{1}{4}\sin(2\phi)\right) \tag{3.468}$$

$$\overset{[1.23]}{=} \frac{3}{8}\phi + \frac{1}{4}\sin(2\phi) + \frac{1}{32}\sin(4\phi). \tag{3.469}$$

Ⓐ $\sin^n(x) = \frac{1}{2^n}\sum_{m=0}^{n}\binom{n}{m}\sin\left((n-2m)\left(x - \frac{\pi}{2}\right)\right)$ mit $n \in \mathbb{N}$,

$$\cos^n(x) = \frac{1}{2^n}\sum_{m=0}^{n}\binom{n}{m}\cos((n-2m)x) \quad \text{mit} \quad n \in \mathbb{N}.$$

(b1) Wir sehen, dass sich unter der Wurzel eine quadratische Funktion verbirgt. Wäre es ein Quadrat, würden wir den Integranden gleich vereinfachen können. Wir haben jedoch

$$(2y - y^2)^{3/2} = \left(-(y-1)^2 + 1\right)^{3/2}. \tag{3.470}$$

Als erste Vereinfachung bietet sich die Substitution $w = y - 1 \Rightarrow dw = dy$ an,

$$\int_0^2 dy \, (2y - y^2)^{3/2} = \int_{-1}^1 dw \, (1 - w^2)^{3/2}. \tag{3.471}$$

Wir hätten nun gerne $1 - w^2 = v^2$. Das ist aber nichts anderes als $1 = w^2 + v^2$ und wir kennen Funktionen, die diese Eigenschaft besitzen: sin und cos. Die nächste Substitution ist daher $w = \sin(u) \Rightarrow dw = \cos(u)du$. Wir erhalten

$$\int_{-1}^1 dw \, (1 - w^2)^{3/2} = \int_{\arcsin(-1)}^{\arcsin(1)} du \, \cos(u) \, (1 - \sin^2(u))^{3/2} \tag{3.472}$$

$$= \int_{-\pi/2}^{\pi/2} du \, \cos(u) \cos^3(u) = \int_{-\pi/2}^{\pi/2} du \, \cos^4(u) \tag{3.473}$$

$$= \frac{\pi}{2}. \tag{3.474}$$

Das letzte Integral kennen wir aus (a6).

(b2) Wir vereinfachen mit der Substitution $y(x) = c + x^2$, was $dy[1/(2x)] = dx$ liefert,

$$\int_a^b dx \, \frac{x}{\sqrt{c + x^2}} = \int_{y(a)}^{y(b)} dy \, y'(x) \frac{x}{\sqrt{y(x)}} \tag{3.475}$$

$$= \frac{1}{2} \int_{y(a)}^{y(b)} dy \, \frac{1}{\sqrt{y}} = \int_{y(a)}^{y(b)} dy \, y^{-\frac{1}{2}} \tag{3.476}$$

$$= \left. (\sqrt{y}) \right|_{y(a)}^{y(b)} \tag{3.477}$$

$$= \sqrt{c + b^2} - \sqrt{c + a^2}. \tag{3.478}$$

(b3) Dieses Integral gehört zu denen, die wir in Aufg. 3.15 intensiver betrachten. Das Entscheidende ist: Die Ableitung des Nenners ist proportional zum Zähler, deshalb ist die Substitution $y := a + x^3 \Rightarrow dy = 3x^2 \, dx$ günstig,

$$\int dx \, \frac{x^2}{a + x^3} = \int \frac{dy}{3x^2} \frac{x^2}{y} = \frac{1}{3} \int dy \frac{1}{y} \tag{3.479}$$

$$= \frac{1}{3} \ln(y) + C = \frac{1}{3} \ln(a + x^3) + C. \tag{3.480}$$

(b4) Hat man sich mit Aufg. 3.7 beschäftigt, kennt man die Lösung aus der Ableitung. Hier ist die Lösung mittels Substitution durch Tangens gefordert,

$x = \tan(y) \Rightarrow dx = (1/\cos^2(y)) \, dy$. Damit ergibt sich

$$\int dx \, \frac{1}{1+x^2} = \int dy \frac{1}{\cos^2(y)} \, \frac{1}{1+\tan^2(y)} = \int dy \, \frac{1}{\cos^2(y)} \, \frac{1}{\frac{\cos^2(y)}{\cos^2(y)} + \frac{\sin^2(y)}{\cos^2(y)}} \tag{3.481}$$

$$= \int dy \, \frac{1}{\frac{\cos^2(y)+\sin^2(y)}{\cos^2(y)}} \, \frac{1}{\cos^2(y)} \tag{3.482}$$

$$= \int dy \, 1 = y + C \tag{3.483}$$

$$= \arctan(x) + C. \tag{3.484}$$

(c1) Durch partielle Integration, wobei $u' = x^n$ und $v = \ln(x)$ gewählt werden (und damit $u = x^{n+1}/(n+1)$, $v' = 1/x$), kann das Problem auf ein Integral über eine Potenzfunktion reduziert werden,

$$\int dx \, x^n \ln(x) = \frac{x^{n+1}}{n+1} \ln(x) - \int dx \, \frac{x^{n+1}}{n+1} \frac{1}{x} \tag{3.485}$$

$$= \frac{x^{n+1}}{n+1} \ln(x) - \frac{1}{n+1} \int dx \, x^n \tag{3.486}$$

$$= \frac{x^{n+1}}{n+1} \ln(x) - \frac{x^{n+1}}{(x+1)^2} + C \tag{3.487}$$

$$= \frac{x^{n+1}}{n+1} \left(\ln(x) - \frac{1}{n+1} \right) + C. \tag{3.488}$$

(c2) Hier ist die Substitution $y := x^2 \Rightarrow dy = 2x \, dx$ hilfreich, denn

$$\int_0^a dx \, x \ln\left(x^2\right) = \int_{0^2}^{a^2} \frac{dy}{2x} x \ln(y) = \frac{1}{2} \int_0^{a^2} dy \, \ln(y). \tag{3.489}$$

Wenn wir das Integral vom natürlichen Logarithmus ln nicht kennen, wälzen wir die Integration auf die 1 ab,

$$\int dy \, \underbrace{1}_{v'} \cdot \underbrace{\ln(y)}_{u} = y \ln(y) - \int dy \, y \frac{1}{y} \tag{3.490}$$

$$= y \ln(y) - y + C. \tag{3.491}$$

Gl. 3.491 in 3.489 eingesetzt, liefert

$$\int_0^a dx \, x \ln\left(x^2\right) = \frac{1}{2} \left(y \ln(y) - y \right) \Big|_0^{a^2}. \tag{3.492}$$

Hier müssen wir beachten, dass $\lim_{y\to 0} \ln(y)$ divergiert und wir somit $y\ln(y)$ für $y = 0$ über Grenzwertbildung bestimmen müssen. Dazu nutzen wir die Regel von de L'Hôpital, Th. 3.3,

$$\lim_{y\to 0} y\ln(y) = \lim_{y\to 0} \frac{\ln(y)}{(1/y)} \tag{3.493}$$

$$= \lim_{y\to 0} \frac{(\ln(y))'}{(1/y)'} = \lim_{y\to 0} \frac{1/y}{-1/y^2} \tag{3.494}$$

$$= -\lim_{y\to 0} y = 0. \tag{3.495}$$

Damit können wir Gl. 3.492 auswerten und erhalten

$$\int_0^a dx\, x\ln\left(x^2\right) = \frac{1}{2}(a^2\ln(a^2) - a^2) = \frac{a^2}{2}(2\ln(a) - 1). \tag{3.496}$$

◄

Lösung zu Aufgabe 3.15

(a) Da bei einer Substitution stets eine Ableitung auftaucht, ist es hier passend, $z = f(x)$ zu substituieren. Dadurch haben wir

$$dz = f'(x)dx. \tag{3.497}$$

Damit wird das gesuchte Integral zu

$$\int dx\, \frac{f'(x)}{f(x)} = \int dz\, \frac{1}{z} \tag{3.498}$$

$$= \ln|z| + C = \ln|f(x)| + C. \tag{3.499}$$

(b1) Der Tangens hyperbolicus (Hyperbeltangens) ist definiert als (Def. 1.7) $\tanh(x) = \sinh(x)/\cosh(x)$ und damit hat er die Struktur $\tanh(x) = f'(x)/f(x)$ mit $f(x) = \cosh(x)$. Damit liefert das Integral

$$\int dx\, \tanh(x) = \int dx\, \frac{f'(x)}{f(x)} \quad \text{mit} \quad f(x) = \cosh(x) \tag{3.500}$$

$$= \ln(\cosh(x)) + C. \tag{3.501}$$

Da $\cosh(x) > 0$ für $x \in \mathbb{R}$, müssen wir uns keine Gedanken um negative Argumente im Logarithmus machen.

Ⓐ   Im Gegensatz zu den Funktionen sin und cos mussten wir hier dem Vorzeichen bei der Ableitung keine Beachtung schenken, da hier $\sinh'(x) = \cosh(x)$ und $\sinh(x) = \cosh'(x)$ gelten. Man kann zeigen, dass sie eine eindeutige Lösung des Gleichungssystems

$$c'(x) = s(x) \tag{3.502}$$

$$s'(x) = c(x) \tag{3.503}$$

mit $c(0) = 1$ und $s(0) = 0$ bilden.

(b2) Gehen wir dem Hinweis nach und leiten $f(x) := x + \sqrt{c + x^2}$ ab,

$$\frac{\mathrm{d}}{\mathrm{d}x}\left(x + \sqrt{c + x^2}\right) = 1 + \frac{x}{\sqrt{c + x^2}} \tag{3.504}$$

$$= \left(x + \sqrt{c + x^2}\right)\frac{1}{\sqrt{c + x^2}}. \tag{3.505}$$

Der erste Faktor im letzten Ausdruck ist also wieder $f(x)$ und der zweite Faktor die Funktion, über die wir integrieren wollen. Somit kann Gl. 3.505 umgeschrieben werden in

$$\frac{f'(x)}{f(x)} = \frac{1}{\sqrt{c + x^2}}, \tag{3.506}$$

was uns erlaubt die Integration mithilfe der logarithmischen Ableitung durchzuführen,

$$\int \mathrm{d}x\, \frac{1}{\sqrt{c + x^2}} = \int \mathrm{d}x\, \frac{f'(x)}{f(x)} \tag{3.507}$$

$$= \ln|f(x)| + C = \ln|x + \sqrt{c + x^2}| + C. \tag{3.508}$$

(b3) Hier ist eine Lösung durch Substitution nicht direkt sichtbar, aber wir kennen die Ableitung der Funktion $g(x) = \arctan(x)$ (siehe Aufg. 3.7),

$$\frac{\mathrm{d}g(x)}{\mathrm{d}x} = \frac{1}{1 + x^2}. \tag{3.509}$$

Wenn wir nun $g(x)$ mit der Funktion $g(x)$ aus Th. 3.5 identifizieren, muss die zweite Funktion $f'(x) = 1$ sein. Wir schreiben Letzteres um und integrieren,

$$\mathrm{d}f(x) = \mathrm{d}x \tag{3.510}$$

$$f(x) = x + C. \tag{3.511}$$

Nun müssen wir nur alles zusammensetzen,

$$\int dx \arctan(x) = \int dx \underbrace{1}_{f'} \cdot \underbrace{\arctan(x)}_{g} \tag{3.512}$$

$$= \underbrace{x}_{f} \underbrace{\arctan(x)}_{g} - \int dx \underbrace{x}_{f} \underbrace{\frac{1}{1+x^2}}_{g'} \cdot \tag{3.513}$$

Wir sehen, dass im letzten noch zu berechnenden Integral der Zähler (bis auf einen Faktor 2) die Ableitung des Nenners ist, $(1+x^2)' = 2x$. Wir können somit die Eigenschaft der logarithmischen Ableitung aus (a) auszunutzen. Damit erhalten wir

$$\int dx \frac{x}{1+x^2} = \frac{1}{2} \ln(1+x^2) + C. \tag{3.514}$$

Das Endergebnis ist somit

$$\int dx \arctan(x) = x \arctan(x) - \frac{1}{2} \ln(1+x^2) + C. \tag{3.515}$$

(c) Wir benutzen den Hinweis und berechnen die Ableitung der Funktion $f(x) = \sec(x) + \tan(x)$,

$$f'(x) = \frac{d(\sec(x) + \tan(x))}{dx} = \sec(x)\tan(x) + \sec^2(x) \tag{3.516}$$

$$= \sec(x)(\tan(x) + \sec(x)) = \sec(x)f(x). \tag{3.517}$$

Damit haben wir das Problem auf eine Gleichung gebracht, die nur noch von der zu integrierenden Funktion sec und $f(x)$ sowie deren Ableitung abhängt. Das erlaubt uns, auch hier die Eigenschaft der logarithmischen Ableitung auszunutzen. Nun liefert Gl. 3.517 gerade

$$\frac{f'(x)}{f(x)} = \sec(x). \tag{3.518}$$

Einsetzen in (3.31) liefert schließlich direkt das Ergebnis,

$$\int dx \sec(x) = \ln|f| + C = \ln|\sec(x) + \tan(x)| + C. \tag{3.519}$$

(d) Bei Ausdrücken wie $1 - x^2$ kommt oft eine Substitution mit sin oder cos infrage, da $1 = \cos^2(x) + \sin^2(x)$. Hier haben wir unter der Wurzel jedoch, nach einer ersten einfachen Substitution, den Ausdruck $1 + y^2$. Wir können aber die Relation für sin und cos umschreiben,

$$\underbrace{\frac{1}{\cos^2(x)}}_{\sec^2(x)} = 1 + \tan^2(x). \tag{3.520}$$

Für die Vorarbeit benötigen wir nun noch die Ableitung $\frac{d}{dx}\tan(x) = \sec^2(x)$, (siehe Aufg. 3.3). Damit können wir alles zusammensetzen,

$$\int dx\, \frac{1}{\sqrt{c + x^2}} = \frac{1}{\sqrt{c}} \int dx\, \frac{1}{\sqrt{1 + \left(\frac{x}{\sqrt{c}}\right)^2}} \tag{3.521}$$

$$= \frac{1}{\sqrt{c}} \int d(\sqrt{c}\, y)\, \frac{1}{\sqrt{1 + y^2}} \quad \text{mit} \quad y = \frac{x}{\sqrt{c}} \tag{3.522}$$

Mit $y = \tan(z) \Rightarrow dy = \sec^2(z)dz$:

$$= \int dz\, \sec^2(z) \frac{1}{|\sec(z)|} = \int dz\, |\sec(z)|. \tag{3.523}$$

Nun können wir Gl. 3.519 aus (c) anwenden, müssen uns aber noch Gedanken über den Absolutbetrag im letzten Ausdruck machen. Um mit y den ganzen $\mathbb{R}$ abdecken zu können, benötigen wir z nur aus dem Intervall $(-\pi/2, \pi/2)$. In diesem Intervall gilt $\sec(z) > 0$. Somit können wir auf den Absolutbetrag in Gl. 3.523 verzichten, müssen nun nur noch zurück substituieren, d. h.,

$$\ln|\sec(z) + \tan(z)| = \ln|\sec(\arctan(y)) + \tan(\arctan(y))| \tag{3.524}$$

$$= \ln\left|\sqrt{1 + y^2} + y\right| \tag{3.525}$$

$$= \ln\left|\frac{1}{\sqrt{c}}\left(\sqrt{c + x^2} + x\right)\right|. \tag{3.526}$$

Damit erhalten wir schließlich

$$\int dx\, \frac{1}{\sqrt{c + x^2}} = \ln\left|\frac{1}{\sqrt{c}}\left(\sqrt{c + x^2} + x\right)\right| + C \tag{3.527}$$

$$= \ln\left|\sqrt{c + x^2} + x\right| + \tilde{C}. \tag{3.528}$$

Im letzten Schritt wurde $\ln(1/\sqrt{c})$ (eine Konstante) in die Integrationskonstante eingefügt.

◀

Lösung zu Aufgabe 3.16

(a) Aus der Differentiation kennen wir $\frac{dx^n}{dx} = nx^{n-1}$. Hier nutzen wir die Umkehrung

$$\int dx\,(a + bx) = a \int dx + b \int dx\,x = ax + \frac{b}{2}x^2 + C. \qquad (3.529)$$

(b) Wir kennen die Ableitung von $\ln(x)$, sie ist $1/x$. Hier haben wir aber $a + bx$ im Nenner. Wir nutzen die Substitution: $z(x) := a + bx$. Damit haben wir

$$\frac{dz}{dx} = \frac{d(a + bx)}{dx} = b \qquad (3.530)$$

$$dz = b\,dx \qquad (3.531)$$

$$\frac{1}{b}dz = dx. \qquad (3.532)$$

Damit vereinfacht sich das Integral zu

$$\int dx\,\frac{1}{a + bx} = \int \left(\frac{1}{b}dz\right)\frac{1}{z} = \frac{1}{b}\ln(z) + C = \frac{1}{b}\ln(a + bx) + C. \qquad (3.533)$$

(c) Aus der Ableitung von Potenzfunktionen wissen wir, dass

$$\int dx\,\frac{1}{x^2} = \int dx\,x^{-2} = -x^{-1} + C \qquad (3.534)$$

liefern muss. Um

$$\int dx\,\frac{1}{(a + bx)^2} \qquad (3.535)$$

zu lösen, substituieren wir wieder: $z = a + bx$. Damit erhalten wir, entsprechend (b),

$$\int dx\,\frac{1}{(a + bx)^2} = \int \left(\frac{1}{b}dz\right)\frac{1}{z^2} = -\frac{1}{b}z^{-1} + C = -\frac{1}{b(a + bx)} + C. \qquad (3.536)$$

(d) Hier multiplizieren wir den Integranden aus:

$$\int dx\,(a + bx^2)^2 = \int dx\,(a^2 + 2abx^2 + b^2x^4) \qquad (3.537)$$

$$= a^2 \int dx\,1 + 2ab \int dx\,x^2 + b^2 \int dx\,x^4 \qquad (3.538)$$

$$= a^2x + 2ab\frac{1}{3}x^3 + b^2\frac{1}{5}x^5 + C. \qquad (3.539)$$

(e) Wir integrieren über y, daher ist $\sin\!\left(x^{\tan(x)}\right)$ einfach eine Konstante, die wir vor das Integral ziehen können. Damit ergibt sich:

$$\int dy\, \sin\!\left(x^{\tan(x)}\right) = \sin\!\left(x^{\tan(x)}\right) \int dy\, 1 = \sin\!\left(x^{\tan(x)}\right) y + C. \quad (3.540)$$

(f) Hier nutzen wir den Zusammenhang $a^x = e^{\ln(a^x)} = e^{\ln(a)x}$:

$$\int dk\, 3^k = \int dk\, e^{\ln(3^k)} = \int dk\, e^{\ln(3)k}. \quad (3.541)$$

Wir können nun substituieren: $z = \ln(3)k \iff (1/\ln(3))dz = dk$. Damit haben wir

$$\int dk\, 3^k = \int \frac{1}{\ln(3)} dz\, e^z = \frac{1}{\ln(3)} e^z + C = \frac{1}{\ln(3)} e^{\ln(3)k} + C = \frac{1}{\ln(3)} 3^k + C. \quad (3.542)$$

Das hätten wir auch auf andere Weise sehen können: Da $\frac{da^x}{dx} = a^x \ln(a)$ ist, muss die Stammfunktion zu a^x

$$\int dx\, a^x = \frac{1}{\ln(a)} a^x + C \quad (3.543)$$

sein. Hier ist $a = 3$.

(g) Eine der wichtigen Ableitungen ist $\frac{d\tan(x)}{dx} = 1/\cos^2(x)$. Hier ist das Argument im cos jedoch x^2. Der Faktor x im Zähler deutet aber schon darauf hin, dass man hier mittels Substitution das Integral lösen kann. Wir substituieren also mit $z := x^2 \iff dz/(2x) = dx$:

$$\int dx\, \frac{x}{\cos^2(x^2)} = \int \left(\frac{1}{2x} dz\right) \frac{x}{\cos^2(z)} = \frac{1}{2} \int dz\, \frac{1}{\cos^2(z)} \quad (3.544)$$

$$= \frac{1}{2}\tan(z) + C = \frac{1}{2}\tan(x^2) + C. \quad (3.545)$$

Im zweiten Schritt hätte man der Vollständigkeit halber

$$\int \left(\frac{1}{2(\pm\sqrt{z})} dz\right) \frac{\pm\sqrt{z}}{\cos^2(z)} \quad (3.546)$$

schreiben können, da jedes x ersetzt werden soll, wir sehen aber, dass sich hier x kürzt und können uns diese Ersetzung sparen.

(h) Wir vereinfachen mittels Partialbruchzerlegung, Aufg. 3.19. Dazu faktorisieren wir zunächst den Nenner,

$$14 - 9x + x^2 = (x - 7)(x - 2). \tag{3.547}$$

Damit schreiben wir den Bruch um,

$$\frac{-11 - 2x}{14 - 9x + x^2} = \frac{A}{x - 2} + \frac{B}{x - 7} \tag{3.548}$$

$$= \frac{-7A - 2B + (A + B)x}{(x - 2)(x - 7)}. \tag{3.549}$$

Das liefert uns die beiden Gleichungen für A und B,

$$-7A - 2B = -11, \tag{3.550}$$

$$A + B = -2. \tag{3.551}$$

Die Lösung des Gleichungssystems ist $A = 3$, $B = -5$. Mit diesem vereinfachten Integranden können wir schreiben,

$$\int \mathrm{d}x \, \frac{-11 - 2x}{14 - 9x + x^2} = 3 \int \mathrm{d}x \, \frac{1}{x - 2} - 5 \int \mathrm{d}x \, \frac{1}{x - 7}. \tag{3.552}$$

Mit den beiden Substitutionen $v = x - 2 \iff \mathrm{d}v = \mathrm{d}x$ und $w = x - 7$ $\iff \mathrm{d}w = \mathrm{d}x$ haben wir

$$\int \mathrm{d}x \, \frac{-11 - 2x}{14 - 9x + x^2} = 3 \int \mathrm{d}v \, \frac{1}{v} - 5 \int \mathrm{d}w \, \frac{1}{w} \tag{3.553}$$

$$= 3 \ln(v) - 5 \ln(w) + C \tag{3.554}$$

$$= 3 \ln(|x - 2|) - 5 \ln(|x - 7|) + C. \tag{3.555}$$

(i) Das Vorgehen ist äquivalent zu (h):

$$-100 - 99y + y^2 = (y + 1)(y - 100). \tag{3.556}$$

Damit schreiben wir den Bruch um,

$$\frac{4y - 299}{-100 - 99y + y^2} = \frac{A}{y + 1} + \frac{B}{y - 100} \tag{3.557}$$

$$= \frac{-100A + B + (A + B)y}{(y + 1)(y - 100)}. \tag{3.558}$$

Das liefert uns die beiden Gleichungen für A und B,

$$-100A + B = -299, \tag{3.559}$$

$$A + B = 4. \tag{3.560}$$

Die Lösung des Gleichungssystems ist $A = 3$, $B = 1$. Mit diesem vereinfachten Integranden können wir schreiben,

$$\int dy \frac{4y - 299}{-100 - 99y + y^2} = 3 \int dy \frac{1}{y + 1} + \int dy \frac{1}{y - 100} \tag{3.561}$$

$$= 3\ln(|y + 1|) + \ln(|y - 100|) + C. \tag{3.562}$$

◀

Lösung zu Aufgabe 3.17

Wir wollen die Gleichung

$$(fg)'(x) = f'(x)g'(x) \tag{3.563}$$

nach $f(x)$ auflösen. Dazu nutzen wir die korrekte Produktregel bei Ableitungen aus, Gl. 3.2, und formen so um, dass wir den Term $f'(x)/f(x)$ auf einer Seite haben. Das ermöglicht uns dann die Integration mittels logarithmischer Ableitung (Gl. 3.31),

$$f'(x)g(x) + f(x)g'(x) = f'(x)g'(x) \tag{3.564}$$

$$\frac{f'(x)}{f(x)}g(x) + g'(x) = \frac{f'(x)}{f(x)}g'(x) \text{ für } f(x) \neq 0 \tag{3.565}$$

$$\frac{f'(x)}{f(x)} = \frac{g'(x)}{g'(x) - g(x)} \text{ für } g'(x) - g(x) \neq 0. \tag{3.566}$$

Falls $f(x)$ eine positive Funktion ohne Nullstellen ist, können wir integrieren und erhalten

$$\int dx \frac{f'(x)}{f(x)} = \ln|f(x)| + C = \int dx \frac{g'(x)}{g'(x) - g(x)} \tag{3.567}$$

$$f(x) = \exp(-C)\exp\left(\int dx \frac{g'(x)}{g'(x) - g(x)}\right). \tag{3.568}$$

Jetzt schauen wir uns noch die Sonderfälle an:

(1) Für $f(x) \equiv 0$ ist Gl. 3.563 trivialerweise erfüllt, da dann $f'(x) \equiv 0$. Gleiches gilt für $g(x) \equiv 0$.
(2) Im Fall $g'(x) - g(x) = 0$ mit $g(x) \neq 0$, also $g'(x) = g(x)$, vereinfacht sich Gl. 3.564 zu

$$f'(x) + f(x) = f'(x) \tag{3.569}$$

$$\forall x : \quad f(x) = 0, \tag{3.570}$$

was uns also wieder zu dem trivialen obigen Fall führt.

Nun wollen wir die gefundene Beziehung an $g(x) = \exp(ax)$ testen. Entsprechend Gl. 3.568 haben wir

$$f(x) = \exp(-C)\exp\left(\int dx\, \frac{ag(x)}{ag(x) - g(x)}\right) \tag{3.571}$$

$$= \exp(-C)\exp\left(\int dx\, \frac{a}{a - 1}\right) \tag{3.572}$$

$$= \exp(\tilde{C})\exp\left(\frac{a}{a - 1}x\right), \quad \text{mit} \quad \tilde{C} = \text{const.} \tag{3.573}$$

Wir sehen hier auch, dass bei $a = 1$ eine Divergenz auftaucht. Dies entspricht gerade dem Fall (2), also $f(x) \equiv 0$. Wir haben somit

$$\frac{d}{dx}(f(x)g(x)) \overset{!}{=} f'(x)g'(x) \tag{3.574}$$

$$\left(\frac{a}{a - 1}f(x)g(x) + af(x)g(x)\right) \overset{!}{=} \frac{a^2}{a - 1}f(x)g(x) \tag{3.575}$$

$$\frac{a + a(a - 1)}{a - 1}f(x)g(x) = \frac{a^2}{a - 1}f(x)g(x) = \frac{a^2}{a - 1}f(x)g(x). \tag{3.576}$$

Das Funktionenpaar aus $g(x) = \exp(ax)$ und $f(x)$ aus Gl. 3.573 erfüllen also die spezielle Produktregel, bei der die Steigung des Produkts gleich dem Produkt der Steigungen ist. ◄

Lösung zu Aufgabe 3.18

(a) Die Hyperbel ist implizit durch die Gleichung $x^2 - y^2 = 1$ gegeben. Diese Gleichung ändert sich nicht, wenn wir $x \to -x$ anwenden, was einer Spiegelung an der y-Achse entspricht. Das Gleiche gilt für $y \to -y$, was einer Spiegelung an der x-Achse entspricht. Somit können wir uns auf einen Quadranten, den ersten, beschränken. Wir lösen die implizite Gleichung nach y auf, wobei wir beim Wurzelziehen nicht die zweite Lösung vergessen dürfen,

$$x^2 - y^2 = 1 \tag{3.577}$$

$$y = f_{\pm}(x) := \pm\sqrt{x^2 - 1}. \tag{3.578}$$

Aus den oben genannten Symmetriegründen können wir uns auf die Lösung im ersten Quadranten, f_+, beschränken. Um einen reellen Wertebereich der Funktion zu garantieren, muss der Definitionsbereich D auf $D = \{x \in \mathbb{R} | x \geq 1\}$ eingeschränkt werden.

(b) Nach der Def. 1.8 gilt

$$A = \operatorname{artanh}\left(\frac{f_+(x)}{x}\right) = \frac{1}{2}\ln\left(\frac{1 + \frac{f_+(x)}{x}}{1 - \frac{f_+(x)}{x}}\right) \tag{3.579}$$

$$= \frac{1}{2}\ln\left(\frac{x + \sqrt{x^2 - 1}}{x - \sqrt{x^2 - 1}}\right). \tag{3.580}$$

Es bietet sich an, das Argument des Logarithmus mit $(x + \sqrt{x^2 - 1})$ zu erweitern, da dadurch der Nenner 1 wird,

$$A = \frac{1}{2}\ln\left(\frac{(x + \sqrt{x^2 - 1})(x - \sqrt{x^2 - 1})}{(x - \sqrt{x^2 - 1})(x + \sqrt{x^2 - 1})}\right) \tag{3.581}$$

$$= \frac{1}{2}\ln\left(\left(x + \sqrt{x^2 - 1}\right)^2\right) = \ln\left(x + \sqrt{x^2 - 1}\right).$$

∎

(c) Die gesuchte Fläche A ist spiegelsymmetrisch bzgl. der x-Achse, was aus $f_+(x) = -f_-(x)$ folgt. Wir können uns also auf den Teil der Fläche $S_1 = A/2$ im ersten Quadranten beschränken. Aus der Abb. 3.1 sehen wir, dass man die blaue Fläche S erhalten kann, indem von der Fläche des Dreiecks $S_\triangle$ mit den Ecken $\{(0, 0), (x_0, 0), (x_0, y_0)\}$ die Fläche S_2 unter dem Graphen der Funktion $f_-(x)$,

$$S_2 = \int_1^{x_0} \mathrm{d}x\,\sqrt{x^2 - 1}, \tag{3.582}$$

bis zur Stelle $x = x_0$ abgezogen wird. Wir haben also $A = 2(S_\triangle - S_2)$. Die Fläche des Dreiecks ist schnell angegeben, $S_\triangle = x_0 y_0/2$. Die Schwierigkeit besteht in der Berechnung von S_2. Eine Lösung des Integrals scheint mittels trigonometrischer Funktionen möglich. Doch die Substitution $x = \sin(y)$ oder $x = \cos(y)$ ist nicht hilfreich, denn für x muss $x \geq 1$ gelten. Diese Beschränkung ist für $\tan(y) > 0$ kein Problem und wir wissen,

$$\tan(y) = \frac{\sin(y)}{\cos(y)} = \sqrt{\frac{1 - \cos^2(y)}{\cos^2(y)}} = \sqrt{\frac{1}{\cos^2(y)} - 1}. \tag{3.583}$$

Aus der letzten Darstellung des Tangens sehen wir, dass uns die Substitution $x = 1/\cos(y) \equiv \sec(y)$ den Integranden vereinfachen kann: Mit

$$\frac{\mathrm{d}x}{\mathrm{d}y} = \frac{\sin(y)}{\cos^2(y)} = \frac{\tan(y)}{\cos(y)} \tag{3.584}$$

erhalten wir

$$S_2 = \int_{\arccos(1)}^{\arccos(1/x_0)} dy\, |\tan(y)| \frac{\tan(y)}{\cos(y)} = \int_0^{\tilde{x}_0} dy\, \frac{\tan^2(y)}{\cos(y)}, \qquad (3.585)$$

wobei wir $\tilde{x}_0 := \arccos(1/x_0)$ definiert haben. Natürlich mussten wir auch die Integrationsgrenzen entsprechend transformieren. Der Betrag kann fallen gelassen werden, da $\tan(y) > 0$ für $y > 0$. Den letzten Ausdruck können wir mit Gl. 3.583 noch weiter vereinfachen,

$$S_2 = \int_0^{\tilde{x}_0} dy \left(\sec^2(y) - 1\right)\sec(y) \qquad (3.586)$$

$$= \underbrace{\int_0^{\tilde{x}_0} dy\, \sec^3(y)}_{I_1} - \underbrace{\int_0^{\tilde{x}_0} dy\, \sec(y)}_{I_2}. \qquad (3.587)$$

Wir haben das Problem auf zwei einfachere Integrale zurückführen können. Das entsprechende unbestimmte Integral zu I_2 haben wir in Aufg. 3.15 mit Hilfe der logarithmischen Ableitung lösen können, wir wissen hier also

$$I_2 = \ln\left(\sec(y) + \tan(y)\right)\Big|_0^{\tilde{x}_0} \qquad (3.588)$$

$$= \ln\left(\sec\left(\arccos\left(x_0^{-1}\right)\right) + \tan\left(\arccos\left(x_0^{-1}\right)\right)\right) - \ln(1 + 0). \qquad (3.589)$$

Da $\sec(\arccos(x)) = (\cos(\arccos(x)))^{-1} = 1/x$ und mithilfe von Gl. 3.583

$$\tan(\arccos(x)) = \sqrt{\frac{1}{x^2} - 1}, \qquad (3.590)$$

erhalten wir durch Einsetzen in Gl. 3.589

$$I_2 = \ln\left(x_0 + \sqrt{x_0^2 - 1}\right). \qquad (3.591)$$

Das erste Integral, I_1, lösen wir durch partielle Integration. Dabei können wir ausnutzen, dass die Ableitung von $\tan(x)$ gerade $1/\cos^2(x) = \sec^2(x)$ liefert,

$$I_1 = \int_0^{\tilde{x}_0} dy\, \sec(y)\sec^2(y) \qquad (3.592)$$

$$= \sec(y)\tan(y)\Big|_0^{\tilde{x}_0} - \underbrace{\int_0^{\tilde{x}_0} dy\, \frac{\sin(y)}{\cos^2(y)}\tan(y)}_{I_3}. \qquad (3.593)$$

Um das letzte Integral I_3 zu lösen, vereinfachen wir den Integranden, indem wir abermals Gl. 3.583 benutzen,

$$\frac{\sin(y)}{\cos^2(y)}\tan(y) = \tan^2(y)\sec(y) = (\sec^2(y) - 1)\sec(y) = \sec^3(y) - \sec(y).$$
(3.594)

Wir sehen also, dass das Integral I_3 in das zerfällt, was wir gerade versuchen zu lösen, nämlich I_1, und in das uns schon bekannte I_2. Das Integral, dessen Lösung wir suchen, bringen wir auf die linke Seite. Wir haben also

$$I_1 = \sec(y)\tan(y)\Big|_0^{\tilde{x}_0} - I_1 + I_2 \tag{3.595}$$

$$= \frac{1}{2}\left(\sec(y)\tan(y)\Big|_0^{\tilde{x}_0} + I_2\right). \tag{3.596}$$

Nun packen wir alles zurück in die Gl. 3.587 für die Fläche unter $f_+(x)$,

$$S_2 = I_1 - I_2 \tag{3.597}$$

$$= \frac{1}{2}\left(\sec(y)\tan(y)\Big|_0^{\tilde{x}_0} - I_2\right). \tag{3.598}$$

Wir vereinfachen den Ausdruck $\sec(y)\tan(y)\Big|_0^{\tilde{x}_0}$ nun auf die gleiche Weise, wie wir es mit Gl. 3.588 gemacht haben,

$$\sec(y)\tan(y)\Big|_0^{\tilde{x}_0} = x_0\sqrt{x_0^2 - 1} - 0. \tag{3.599}$$

Damit erhalten wir schließlich

$$S_2 = \underbrace{\frac{1}{2}x_0\sqrt{x_0^2 - 1}}_{S_\triangle} - \frac{1}{2}\ln\left(x_0 + \sqrt{x_0^2 - 1}\right). \tag{3.600}$$

Der erste Term ist gerade die Dreiecksfläche $S_\triangle$. Da die gesuchte Fläche $A = 2(S_\triangle - S_2)$ ist, gilt

$$A = \ln\left(x_0 + \sqrt{x_0^2 - 1}\right) \tag{3.601}$$

$$= \text{artanh}\left(\frac{f_+(x_0)}{x_0}\right).$$

∎

Der letzte Schritt schließlich erfolgte mithilfe unserer Umformung aus Teilaufgabe (b).

◀

Lösung zu Aufgabe 3.19

(a:i) Die Nullstellen von $f(x)$ sind die Nullstellen des Zählers:

$$22x - 26 = 0 \tag{3.602}$$

$$x = \frac{26}{22} = \frac{13}{11}. \tag{3.603}$$

Es gibt nur eine Nullstelle, nämlich bei $x_0 = 13/11$.
Die Polstellen ergeben sich aus den Nullstellen des Nenners. Sie können aufgehoben werden, falls sie mit Nullstellen des Nenners und deren Vielfachheit[25] identisch sind. Die Nullstellen des Nenners ergeben sich aus

$$x^2 - 4 = 0 \tag{3.604}$$

$$(x - 2)(x + 2) = . \tag{3.605}$$

Damit haben wir als Polstellen $x_{p1} = 2$, $x_{p2} = -2$.

(a:ii) In (a:i) haben wir den Nenner faktorisiert. Beide Nullstellen des Nenners sind einfache Nullstellen. Wir machen somit den Ansatz

$$\frac{22x - 26}{x^2 - 4} = \frac{A_1}{(x + 2)} + \frac{A_2}{(x - 2)}. \tag{3.606}$$

Auf gleichen Nenner bringen:

$$= \frac{A_1(x - 2) + A_2(x + 2)}{x^2 - 4}. \tag{3.607}$$

Nach Potenzen von x sortieren:

$$= \frac{2(A_2 - A_1) + (A_1 + A_2)x}{x^2 - 4}. \tag{3.608}$$

Der konstante Term, $2(A_2 - A_1)$, gehört zur 0-ten Potenz von x, da $x^0 = 1$. Nun vergleichen wir die Terme der Zähler beider Seiten[26], wir erhalten zwei Gleichungen,

$$-26 = 2(A_2 - A_1), \tag{3.609}$$

$$22x = (A_1 + A_2)x \iff 22 = A_1 + A_2, \tag{3.610}$$

die für alle x erfüllt werden müssen. Aus Gl. (3.609) erhalten wir

$$A_1 = \frac{2A_2 + 26}{2} = A_2 + 13. \tag{3.611}$$

---

[25]Z.B. ist bei $(x - 1)^3$ die Nullstelle $x_0 = 1$, 3-fach.
[26]Bei dem Vergleich sortieren wir nach Potenzen der Variable, hier x.

Gl. (3.611) in (3.610) eingesetzt liefert

$$A_2 = 22 - (A_2 + 13) \iff A_2 = \frac{22 - 13}{2} = \frac{9}{2}. \qquad (3.612)$$

Damit haben wir $A_1 = 35/2$ und

$$\frac{22x - 26}{x^2 - 4} = \frac{35}{2(x + 2)} + \frac{9}{2(x - 2)}. \qquad (3.613)$$

Diese Umformung ist z. B. sehr hilfreich bei der Integration solcher Funktionen.

(a:iii)

$$\left(\begin{array}{c} x^2 \qquad\qquad - 4 \end{array} \right) / \left(22x - 26 \right) = \frac{1}{22}x + \frac{13}{242} + \frac{-\frac{315}{121}}{22x - 26}$$

$$\underline{-x^2 + \frac{13}{11}x}$$

$$\frac{13}{11}x \quad - 4$$

$$\underline{-\frac{13}{11}x + \frac{169}{121}}$$

$$-\frac{315}{121}$$

(b:i) Um den Zählergrad zu reduzieren, führen wir eine Polynomdivision durch:

$$\left(\begin{array}{c} 12x^5 - 45x^4 + 33x^3 - 15x^2 + 25x + 24 \end{array} \right) : \left(3x^2 - 9x \right) = 4x^3 - 3x^2 + 2x + 1 + \frac{34x + 24}{3x^2 - 9x}$$

$$\underline{-12x^5 + 36x^4}$$

$$-9x^4 + 33x^3$$

$$\underline{9x^4 - 27x^3}$$

$$6x^3 - 15x^2$$

$$\underline{-6x^3 + 18x^2}$$

$$3x^2 + 25x$$

$$\underline{-3x^2 + 9x}$$

$$34x + 24$$

Nun nehmen wir uns den letzten Term vor und faktorisieren den Nenner,

$$\frac{34x + 24}{3x(x - 3)} = \frac{A}{x - 3} + \frac{B}{3x}. \qquad (3.614)$$

Auf den gleichen Nenner bringen:

$$= \frac{-3B + (3A + B)x}{3x(x - 3)}. \qquad (3.615)$$

Vergleich der Zähler auf beiden Seiten liefert die zwei Gleichungen

$$24 = -3B \quad \text{und} \quad 34 = 3A - B. \qquad (3.616)$$

Das liefert die Lösung

$$A = 14, \quad B = -8. \qquad (3.617)$$

Damit haben wir

$$\frac{24 + 25x - 15x^2 + 33x^3 - 45x^4 + 12x^5}{-9x + 3x^2} = 4x^3 - 3x^2 + 2x + 1$$

$$+ \frac{14}{x - 3} - \frac{8}{3x}. \qquad (3.618)$$

(b:ii) Wir gehen hier wie in (a:i) vor und führen eine Polynomdivision durch,

$$\begin{array}{l} (2x^2 - 3x\,) : (x^2 - 3x + 2) = 2 + \dfrac{3x - 4}{x^2 - 3x + 2}. \\[2pt] \underline{-2x^2 + 6x - 4} \\[2pt] 3x - 4 \end{array}$$

Nun nehmen wir uns den zweiten Term vor und faktorisieren den Nenner,

$$\frac{3x - 4}{x^2 - 3x + 2} = \frac{3x - 4}{(x - 1)(x - 2)} = \frac{A}{x - 1} + \frac{B}{x - 2}. \qquad (3.619)$$

Auf den gleichen Nenner bringen:

$$= \frac{-(2A + B) + (A + B)x}{(x - 1)(x - 2)}. \qquad (3.620)$$

Vergleich der Zähler auf beiden Seiten liefert die zwei Gleichungen

$$4 = 2A + B \quad \text{und} \quad 3 = A + B. \qquad (3.621)$$

Das liefert die Lösung

$$A = 1, \quad B = 2. \qquad (3.622)$$

Damit haben wir

$$\frac{2x^2 - 3x}{2 - 3x + x^2} = 2 + \frac{1}{x - 1} + \frac{2}{x - 2}. \qquad (3.623)$$

(c:i) Da der Zählergrad des Integranden größer als sein Nennergrad ist, vereinfachen wir zunächst mittels Polynomdivision

$$\begin{array}{l} (x^3 + x^2 - 3x + 3) : (x^2 + x - 2) = x + \dfrac{-x + 3}{x^2 + x - 2}. \\[2pt] \underline{-x^3 - x^2 + 2x} \\[2pt] -x \end{array}$$

Damit bleibt noch die Partialbruchzerlegung des letzten Terms,

$$\frac{3 - x}{x^2 + x - 2} = \frac{3 - x}{(x - 1)(x + 2)} \qquad (3.624)$$

$$\stackrel{!}{=} \frac{A}{x - 1} + \frac{B}{x + 2} = \frac{A(x + 2) + B(x - 1)}{(x - 1)(x + 2)}. \qquad (3.625)$$

Der Vergleich der Zähler liefert uns

$$3 - x \overset{!}{=} (2A - B) + (A + B)x. \tag{3.626}$$

Wir haben somit die beiden Gleichungen

$$3 = (2A - B) \quad \text{und} \quad -1 = A + B. \tag{3.627}$$

Die Lösung ist $A = 2/3$ und $B = -5/3$. Das vereinfacht das zu lösende Integral zu

$$\int dx \, \frac{x^3 + x^2 - 3x + 3}{x^2 + x - 2} = \int dx \, x + \frac{2}{3} \int dx \, \frac{1}{x - 1} - \frac{5}{3} \int dx \, \frac{1}{x + 2}. \tag{3.628}$$

Integrale der Form $\int dx \, (x + a)^{-1}$ können wir durch Substitution $y = x + a$ auf $\int dy \, y^{-1} = \ln(|y|) + C = \ln(|x + a|) + C$ bringen. Damit haben wir als Lösung

$$\int dx \, \frac{x^3 + x^2 - 3x + 3}{x^2 + x - 2} = x^2 + \frac{2}{3} \ln(|x - 1|) - \frac{5}{3} \ln(|x + 2|) + C. \tag{3.629}$$

(c:ii) Um den Integranden zu vereinfachen, faktorisieren wir zunächst den Nenner. Eine Nullstelle von $x^3 - 1$ lässt sich leicht erraten, nämlich die 1. Damit haben wir

$$\begin{array}{l}
(\quad x^3 \qquad - 1) : (x - 1) = x^2 + x + 1 \\
\underline{- x^3 + x^2} \\
\qquad x^2 \\
\qquad \underline{- x^2 + x} \\
\qquad \qquad x - 1 \\
\qquad \qquad \underline{- x + 1} \\
\qquad \qquad \qquad 0
\end{array}$$

und somit

$$x^3 - 1 = (x^2 + x + 1)(x - 1) =: Q(x). \tag{3.630}$$

Die Nullstellen des ersten Faktors, $x_{\pm} = -1/2 \pm \sqrt{1/4 - 1}$, sind komplex, weshalb man im Ansatz für die Partialbruchzerlegung für diesen Faktor den Ansatz $Ax + B$ statt nur einen Konstante wählt. Das ergibt dann

$$\frac{x^2+1}{(x^3-1)(x+2)} \overset{!}{=} \frac{Ax+B}{x^2+x+1} + \frac{C}{x-1} + \frac{D}{x+2} \tag{3.631}$$

$$\overset{!}{=} \frac{(Ax+B)(x-1)(x+2) + C(x^2+x+1)(x+2) + D(x^2+x+1)(x-1)}{(x^2+x+1)(x-1)(x+2)} \tag{3.632}$$

$$\overset{!}{=} \frac{(-2B+2C-D) + (-2A+B+3C)x + (A+B+3C)x^2 + (A+C+D)x^3}{(x^2+x+1)(x-1)(x+2)}. \tag{3.633}$$

Ein Vergleich der Zähler auf rechter und linker Seite der letzten Gleichung
liefert uns folgende Bedingungen,

$$-2B + 2C - D = 1, \tag{3.634}$$

$$-2A + B + 3C = 0, \tag{3.635}$$

$$A + B + 3C = 1, \tag{3.636}$$

$$A + C + D = 0. \tag{3.637}$$

Übersichtlicher lassen sich die Gleichungen in einer *erweiterten Koeffizientenmatrix* darstellen,

$$\begin{matrix} A & B & C & D \\ \end{matrix}$$
$$\left(\begin{array}{cccc|c} 0 & -2 & 2 & -1 & 1 \\ -2 & 1 & 3 & 0 & 0 \\ 1 & 1 & 3 & 0 & 1 \\ 1 & 0 & 1 & 1 & 0 \end{array} \right). \tag{3.638}$$

Wenn wir direkt die Determinante der 4×4-Matrix (bestehend aus den Spalten unter A,B,C und D) berechnen (siehe Aufg. 2.9), erhalten wir -27. Damit muss sich eine eindeutige Lösung ergeben. Durch Addition von Vielfachen einer Zeile (Zeile $n =: Z(n)$) zur anderen in der erweiterten Koeffizientenmatrix bringen wir die 4×4-Matrix in Diagonalform und erhalten damit die Unbekannten.

$$[1] \begin{matrix} A & B & C & D \\ \end{matrix} \left(\begin{array}{cccc|c} 0 & -2 & 2 & -1 & 1 \\ -3 & 0 & 0 & 0 & -1 \\ 1 & 1 & 3 & 0 & 1 \\ 1 & 0 & 1 & 1 & 0 \end{array} \right), \quad [2] \begin{matrix} A & B & C & D \\ \end{matrix} \left(\begin{array}{cccc|c} 0 & -2 & 2 & -1 & 1 \\ 1 & 0 & 0 & 0 & 1/3 \\ 0 & 1 & 3 & 0 & 2/3 \\ 0 & 0 & 1 & 1 & -1/3 \end{array} \right) \tag{3.639}$$

$$[3] \begin{matrix} A & B & C & D \\ \end{matrix} \left(\begin{array}{cccc|c} 0 & 0 & 8 & -1 & 7/3 \\ 1 & 0 & 0 & 0 & 1/3 \\ 0 & 1 & 3 & 0 & 2/3 \\ 0 & 0 & 1 & 1 & -1/3 \end{array} \right), \quad [4] \begin{matrix} A & B & C & D \\ \end{matrix} \left(\begin{array}{cccc|c} 0 & 0 & 0 & -9 & 5 \\ 1 & 0 & 0 & 0 & 1/3 \\ 0 & 1 & 3 & 0 & 2/3 \\ 0 & 0 & 1 & 1 & -1/3 \end{array} \right) \tag{3.640}$$

$$[5] \begin{pmatrix} A & B & C & D \\ 0 & 0 & 0 & 1 & -5/9 \\ 1 & 0 & 0 & 0 & 1/3 \\ 0 & 1 & 0 & 0 & 0 \\ 0 & 0 & 1 & 0 & 2/9 \end{pmatrix}, \quad [6] \begin{pmatrix} A & B & C & D \\ 1 & 0 & 0 & 0 & 1/3 \\ 0 & 1 & 0 & 0 & 0 \\ 0 & 0 & 1 & 0 & 2/9 \\ 0 & 0 & 0 & 1 & -5/9 \end{pmatrix}. \tag{3.641}$$

Dabei wurden folgende Operationen durchgeführt: [1] $Z(2) - Z(3)$; [2] $Z(2) \rightarrow Z(2)/(-3)$, $Z(3) - Z(2)$, $Z(4) - Z(2)$; [3] $Z(1) + 2Z(3)$; [4] $Z(1) - 8Z(4)$; [5] $Z(1) \rightarrow Z(1)/(-9)$, $Z(4) - Z(1)$, $Z(3) - 3Z(4)$; [6] Umordnung der Zeilen. Wir können nach [6] direkt die Lösung ablesen:

$$A = \frac{1}{3}, \quad B = 0, \quad C = \frac{2}{9}, \quad D = -\frac{5}{9}. \tag{3.642}$$

Damit zerfällt unser Integral in einfachere, die wir direkt angeben können,

$$\int dx \, \frac{x^2 + 1}{(x^3 - 1)(x + 2)} = \underbrace{\frac{1}{3} \int dx \, \frac{x}{x^2 + x + 1}}_{I_1} + \frac{2}{9} \int dx \, \frac{1}{x - 1}$$

$$- \frac{5}{9} \int dx \, \frac{1}{x + 2} \tag{3.643}$$

$$= I_1 + \frac{2}{9} \ln |x - 1| - \frac{5}{9} \ln |x + 2|. \tag{3.644}$$

Die Lösung für I_1 könnten wir auch sofort angeben, wäre es von der Form $\int dx \, f'(x)/f(x)$. Daher erweitern wir

$$I_1 = \frac{1}{6} \int dx \, \frac{2x + 1 - 1}{x^2 + x + 1} \tag{3.645}$$

$$= \frac{1}{6} \int dx \, \frac{2x + 1}{x^2 + x + 1} - \frac{1}{6} \underbrace{\int dx \, \frac{1}{x^2 + x + 1}}_{I_2} \tag{3.646}$$

$$= \frac{1}{6} \ln |x^2 + x + 1| - \frac{1}{6} I_2. \tag{3.647}$$

Bleibt I_2 zu berechnen. Aus Aufg. 3.7 wissen wir, dass $d(\arctan(x))/dx = 1/(1 + x^2)$. Somit sollten wir I_2 auf die Form des letzten Ausdrucks bringen,

$$I_2 = \int dx \, \frac{1}{x^2 + x + 1} \tag{3.648}$$

$$= \int dx \, \frac{1}{\left(x + \frac{1}{2}\right)^2 + \frac{3}{4}} = \frac{4}{3} \int dx \, \frac{1}{\left(\frac{2x+1}{\sqrt{3}}\right)^2 + 1} \tag{3.649}$$

$$= \frac{4}{3} \frac{\sqrt{3}}{2} \int du \, \frac{1}{1 + u^2} \tag{3.650}$$

$$= \frac{2}{\sqrt{3}} \arctan(u) + C = \frac{2}{\sqrt{3}} \arctan\left(\frac{2x+1}{\sqrt{3}}\right) + C. \tag{3.651}$$

Zusammengefasst, erhalten wir

$$\int dx \, \frac{x^2 + 1}{(x^3 - 1)(x + 2)} = \frac{1}{6} \ln|x^2 + x + 1| - \frac{1}{3\sqrt{3}} \arctan\left(\frac{2x+1}{\sqrt{3}}\right)$$
$$+ \frac{2}{9} \ln|x - 1| - \frac{5}{9} \ln|x + 2| + C. \tag{3.652}$$

◀

Lösung zu Aufgabe 3.20

(a) Zu zeigen ist, Th. 3.6 entsprechend,

$$\frac{d}{d\lambda} \int_{a(\lambda)}^{b(\lambda)} dx \, f(x) = f(b(\lambda)) \frac{db(\lambda)}{d\lambda} - f(a(\lambda)) \frac{da(\lambda)}{d\lambda}. \tag{3.653}$$

Nach dem Fundamentalsatz der Differential- und Integralrechnung, Th. 3.4, haben wir

$$\frac{d}{d\lambda} \int_{a(\lambda)}^{b(\lambda)} dx \, f(x) = \frac{d}{d\lambda} [F(b(\lambda)) - F(a(\lambda))], \tag{3.654}$$

wobei F die Stammfunktion zu f ist, d. h. $F'(x) = f(x)$. Nun können wir auf der rechten Seite ableiten, wobei die Kettenregel, Th. 3.1, angewendet wird. Wir erhalten

$$\frac{d}{d\lambda}(F(b(\lambda)) - F(a(\lambda))) = \frac{dF(b)}{db} \frac{db(\lambda)}{d\lambda} - \frac{dF(a)}{da} \frac{da(\lambda)}{d\lambda} \tag{3.655}$$

$$\frac{d}{d\lambda} \int_{a(\lambda)}^{b(\lambda)} dx \, f(x) = f(b(\lambda)) \frac{db(\lambda)}{d\lambda} - f(a(\lambda)) \frac{da(\lambda)}{d\lambda}.$$

■

(b) Der Integrand hängt nicht von x ab, daher bleibt die Ableitung nach der oberen Grenze, $x' = 1$. Somit liefert Th. 3.6

$$\frac{2}{\sqrt{\pi}} \left(e^{-t^2} \right) \Big|_{t=x} \frac{dx}{dx} = \frac{2}{\sqrt{\pi}} e^{-x^2}. \tag{3.656}$$

(c) Hier hängt der Integrand sowohl von x als auch ω ab und wir müssen neben der Ableitung des oberen Grenzwertes ω auch eine partielle Ableitung des Integranden nach ω durchführen. Letzteres bedeutet: Wir behandeln x wie einen Parameter, wenn wir nach ω ableiten. Wir benötigen

$$\frac{\partial}{\partial \omega} \left(\ln(x\omega^2) + \frac{\sin(3x)}{x} \right) = \frac{2}{\omega}. \tag{3.657}$$

Damit erhalten wir

$$\frac{d}{d\omega} \int_1^\omega dx \left[\ln(x\omega^2) + \frac{\sin(3x)}{x} \right] = \int_1^\omega dx \frac{2}{\omega}$$
$$+ \left[\ln(x\omega^2) + \frac{\sin(3x)}{x} \right] \Big|_{x=\omega} \frac{d\omega}{d\omega} \tag{3.658}$$

$$= 2 - \frac{2}{\omega} + 3\ln(\omega) + \frac{\sin(3\omega)}{\omega}. \tag{3.659}$$

◀

Lösung zu Aufgabe 3.21

Zu zeigen ist

$$\int_{-\infty}^\infty dx \, e^{-n^2(x-x_0)^2} \overset{!}{=} \frac{\sqrt{\pi}}{|n|}. \tag{3.660}$$

Zunächst stellen wir fest, dass eine Substitution $y := n(x - x_0) \Rightarrow dx = dy/|n|$ die zu zeigende Aussage vereinfacht. Dabei müssen wir beachten, dass für $n < 0$ sich die Integrationsgrenzen umkehren, da in diesem Fall $y(\infty) = -\infty$. Da ebenfalls $\int_\infty^{-\infty} dy\,. = - \int_{-\infty}^\infty dy\,.$ gilt, können wir beide Fälle, also $n > 0$ und $n < 0$ mit einem Absolutbetrag zusammenfassen,

$$\int_{-\infty}^\infty dx \, e^{-n^2(x-x_0)^2} = \frac{1}{|n|} \int_{-\infty}^\infty dy \, e^{-y^2}. \tag{3.661}$$

Damit wird Gl. 3.660 zu

$$\int_{-\infty}^\infty dy \, e^{-y^2} = \sqrt{\pi}. \tag{3.662}$$

Um Letzteres zu zeigen, sind die Funktionen, die Parameterintegrale darstellen

$$F(t) = \left(\int_0^t dy\, e^{-y^2} \right)^2, \quad G(t) = \int_0^1 dx\, \frac{e^{-t^2(1+x^2)}}{1+x^2} \qquad (3.663)$$

gegeben. Ihre besondere Eigenschaft ist dem Hinweis nach $F'(t) = -G'(t)$. Die Idee hinter dem Hinweis ist folgende: Offensichtlich haben wir Gl. 3.662 gezeigt, wenn wir $\lim_{t\to\infty} F(t)$ kennen. Aus dem Hinweis folgt nun

$$F'(t) + G'(t) = 0 \qquad (3.664)$$
$$\Rightarrow F(t) + G(t) = C, \qquad (3.665)$$

wobei C ein von t unabhängiger Parameter ist. Die Aufgabe ist somit
  (i) C zu finden,
  (ii) zu analysieren, was $\lim_{t\to\infty} G(t)$ liefert.
Doch zeigen wir zunächst die Gültigkeit von Gl. 3.664. Dazu benötigen wir die Leibniz-Regel für Parameterintegrale, Th. 3.6. Wir erhalten

$$F'(t) = 2 \left(\int_0^t dy\, e^{-y^2} \right) \frac{d}{dt} \int_0^t dy\, e^{-y^2} \qquad (3.666)$$

$$= 2 \left(\int_0^t dy\, e^{-y^2} \right) e^{-t^2} \frac{dt}{dt} = 2e^{-t^2} \int_0^t dy\, e^{-y^2}, \qquad (3.667)$$

$$G'(t) = \int_0^1 dx\, \frac{d}{dt} \frac{e^{-t^2(1+x^2)}}{1+x^2} \qquad (3.668)$$

$$= \int_0^1 dx\, (-2t) e^{-t^2(1+x^2)}. \qquad (3.669)$$

Da wir $F'(t) = -G'(t)$ zeigen wollen, ist nun die Substitution $y := tx$ im letzten Integral günstig. Mit $dx = (1/t)dy$ und $y(0) = 0$, $y(1) = t$, erhalten wir

$$G'(t) = -2e^{-t^2} \int_0^t dy\, e^{-y^2} = -F'(t). \qquad (3.670)$$

Um als Nächstes (i) zu zeigen, machen wir uns zunächst klar, dass $F(t) + G(t) = C$ für alle t gelten muss. Damit können wir oBdA ein t wählen, z. B. $t = 0$,

$$C = F(0) + G(0) \qquad (3.671)$$

$$= \underbrace{\left(\int_0^0 dy\, e^{-y^2} \right)^2}_{0} + \int_0^1 dx\, \frac{e^0}{1+x^2}. \qquad (3.672)$$

Das letzte Integral können wir entweder mit dem Wissen über die Ableitung von arctan lösen (Aufg. 3.7) oder mittels Substitution wie in Aufg. 3.14. Wir erhalten

$$C = \arctan(x)\Big|_0^1 = \frac{\pi}{4}. \tag{3.673}$$

Schließlich fehlt noch (ii),

$$\lim_{t \to \infty} G(t) = \lim_{t \to \infty} \int_0^1 dx \, \frac{e^{-t^2(1+x^2)}}{1+x^2} \tag{3.674}$$

$$= \lim_{t \to \infty} e^{-t^2} \int_0^1 dx \, \frac{e^{-(tx)^2}}{1+x^2}. \tag{3.675}$$

Wir können das Integral abschätzen: Dazu nehmen wir den maximalen Wert des Integranden. Der größte Wert des Zählers ist 1, der kleinste des Nenners 1 und beides ist für $x = 0$ gegeben. Somit haben wir

$$\max\left(\frac{e^{-(tx)^2}}{1+x^2}\right) = 1. \tag{3.676}$$

Eine Abschätzung des Integrals ist somit

$$\lim_{t \to \infty} e^{-t^2} \int_0^1 dx \, \frac{e^{-(tx)^2}}{1+x^2} \le \lim_{t \to \infty} e^{-t^2} \int_0^1 dx \, 1 = \lim_{t \to \infty} e^{-t^2}(1-0) = 0. \tag{3.677}$$

Somit gilt

$$\lim_{t \to \infty} G(t) = 0 \tag{3.678}$$

und wir haben nach $F(t) + G(t) = C = \pi/4$ das Resultat

$$\lim_{t \to \infty} [F(t) + G(t)] = \lim_{t \to \infty} F(t) = \frac{\pi}{4} \tag{3.679}$$

$$\left(\int_0^\infty dy \, e^{-y^2}\right)^2 = \tag{3.680}$$

$$\frac{1}{4}\left(\int_{-\infty}^\infty dy \, e^{-y^2}\right)^2 = \frac{\pi}{4}. \tag{3.681}$$

Dabei haben wir ausgenutzt, dass der Integrand eine gerade Funktion ist. Aus letzter Gleichung folgt schließlich

$$\int_{-\infty}^\infty dy \, e^{-y^2} = \sqrt{\pi}, \tag{3.682}$$

was wiederum Gl. 3.660 beweist. ◀

Lösung zu Aufgabe 3.22

(a) Wir benutzen die Definition und schreiben um,

$$\Gamma(x+1) = \int_0^\infty dt\, t^{(x+1)-1} e^{-t} = \int_0^\infty dt\, t^x e^{-t}. \qquad (3.683)$$

Auf der rechten Seite der Gleichung sollte $\Gamma(x)$ auftauchen. Dazu benötigen wir $t^x \to t^{x-1}$. Dies erreicht man durch partielle Integration,

$$\Gamma(x+1) = \left. -t^x e^{-t} \right|_0^\infty + \int_0^\infty dt\, x t^{x-1} e^{-t} = \Lambda + x\Gamma(x). \qquad (3.684)$$

Im letzten Schritt haben wir x aus dem Integral gezogen, da die Integration bzgl. t stattfindet. Es bleibt zu zeigen, dass $\Lambda = 0$. Dazu schreiben wir den Term als $t^x e^{-t} = \exp(x \ln(t) - t)$. Wir erinnern uns, dass der Logarithmus langsamer als jede Potenz gegen ∞ strebt. Damit ist

$$\lim_{t\to\infty} (x \ln(t) - t) = -\infty. \qquad (3.685)$$

Für $t \to 0$ geht $-t$ gegen 0 und $x \ln(t)$ gegen $-\infty$, da wir voraussetzen, dass $x > 0$. Somit haben wir

$$\Lambda = \lim_{t\to 0} \left(t^x e^{-t} \right) - \lim_{t\to\infty} \left(t^x e^{-t} \right) \qquad (3.686)$$

$$= \lim_{t\to 0} \exp\left[(x \ln(t)) - t \right] - \lim_{t\to\infty} \exp\left[(x \ln(t) - t) \right] \qquad (3.687)$$

$$= 0 - 0 = 0. \qquad (3.688)$$

(b) Wir wollen $\Gamma(n+1) = n!,\, n \in \mathbb{N} \setminus \{0\}$ zeigen. Aus (a) wissen wir, dass $\Gamma(n+1) = n\Gamma(n)$. Das können wir so fortführen, also

$$\Gamma(n+1) = n\Gamma(n) = n(n-1)\Gamma(n-1) = \ldots = n(n-1) \cdot \ldots \cdot 2 \cdot 1\Gamma(1). \qquad (3.689)$$

Den letzten Faktor können wir direkt mit der Definition berechnen,

$$\Gamma(1) = \int_0^\infty dt\, e^{-t} = \left. -e^{-t} \right|_0^\infty = 1. \qquad (3.690)$$

Damit haben wir $\Gamma(n+1) = n(n-1) \cdot \ldots \cdot 2 \cdot 1 = n!$.
Sauber[27] lässt sich der Beweis mittels vollständiger Induktion führen:
Induktionsanfang: $n = 0$

$$\Gamma(0+1) = 1, \qquad (3.691)$$

---

[27] Problematisch ist immer die *black box*, die sich an der Stelle der Punkte „. . ." befindet. Denn was offensichtlich einleuchtend ist und was nicht, liegt oft im Auge des Betrachters.

was wir in Gl. 3.690 aus der Definition heraus gezeigt haben.
Induktionsschritt: $n \to n + 1$

$$\Gamma((n + 1) + 1) = (n + 1)\Gamma(n + 1) \leftarrow \text{nach (a)} \qquad (3.692)$$

$$= (n + 1)n! \leftarrow \text{nach Voraussetzung} \qquad (3.693)$$

$$= (n + 1)!$$

■

(c) Nach Aufg. 3.21 wissen wir, dass

$$\int_{-\infty}^{\infty} \mathrm{d}x \, e^{-n^2(x-x_0)^2} = \frac{\sqrt{\pi}}{|n|}. \qquad (3.694)$$

Hier haben wir dagegen

$$\Gamma(1/2) = \int_{0}^{\infty} \mathrm{d}t \, t^{-\frac{1}{2}} e^{-t}. \qquad (3.695)$$

Um den Integranden auf eine Gauß-Funktion zu überführen, hilft die Substitution $u = \sqrt{x} \Rightarrow \mathrm{d}u = \mathrm{d}t/(2\sqrt{t})$. Die Integralgrenzen ändern sich nicht und wir erhalten

$$\Gamma(1/2) = 2 \int_{0}^{\infty} \mathrm{d}u \, e^{-u^2} = \int_{-\infty}^{\infty} \mathrm{d}u \, e^{-u^2}. \qquad (3.696)$$

Im letzten Schritt haben wir ausgenutzt, dass die Funktion e^{-u^2} gerade ist. Wir erhalten somit das Gaußsche Integral mit $n = 1$ und können angeben

$$\Gamma(1/2) = \sqrt{\pi}. \qquad (3.697)$$

◀

Lösung zu Aufgabe 3.23

(a) Der Flächeninhalt F der roten Fläche ist zweimal der Flächeninhalt S unter der Sinuskurve von 0 bis π:

$$S = \int_{0}^{\pi} \mathrm{d}\varphi \, \sin(\varphi) = -\cos(\varphi) \Big|_{0}^{\pi} = -\cos(\pi) - (-\cos(0)) = 2. \quad (3.698)$$

Damit ist $F = 4$.

(b) Gegeben ist die Relation[28]

$$\pi \stackrel{\frown}{=} 7000 \,\mu\text{m} =: L \qquad (3.699)$$

$$1 \stackrel{\frown}{=} \frac{7000}{\pi} \cdot 10^{-6}\text{m} =: a. \qquad (3.700)$$

Da wir 4 Flächeneinheiten haben, entspricht die rote Fläche somit

$$F = 4a^2 \qquad (3.701)$$

$$= \frac{49}{2.5 \cdot 10^5 \pi^2} \text{m}^2 = 1.986 \cdot 10^{-5}\,\text{m}^2. \qquad (3.702)$$

Wenn wir die Längeneinheit direkt in das Integral einbauen, müssten wir den Integranden wie folgt abändern:

$$S = \int_0^L \mathrm{d}(xa)\, \sin\left(\frac{x}{a}\right), \qquad (3.703)$$

da damit garantiert ist, dass bei $x = 7000\,\mu\text{m}$ das Argument von sin gerade $7000\,\mu\text{m}/(7000\,\mu\text{m}/\pi) = \pi$ ist. Wir müssen auch bedenken, dass $\mathrm{d}x$ einer Länge entspricht; einer infinitesimal kleinen, aber sie besitzt eine Einheit! Das Integral können wir wieder mittels Substitution $z := x/a \iff a\,\mathrm{d}z = \mathrm{d}x$ lösen. Damit haben wir

$$S = a \int_0^{\pi a} \mathrm{d}x\, \sin\left(\frac{x}{a}\right) = a^2 \int_{z(0)}^{z(\pi a)} \mathrm{d}z\, \sin(z) = a^2 \int_0^{\pi} \mathrm{d}z\, \sin(z) = 2a^2. \qquad (3.704)$$

Dies entspricht genau unserem obigen Ergebnis.

◄

Lösung zu Aufgabe 3.24

Wir berechnen zunächst die Geraden, die jeweils durch AC und BC gehen. Sind zwei Punkte (x_1, y_1), (x_2, y_2) gegeben, so die Gerade $g(x) = ax + b$ durch diese mit

$$a = \frac{y_2 - y_1}{x_2 - x_1}, \qquad (3.705)$$

$$b = \frac{x_1 y_2 - x_2 y_1}{x_1 - x_2}. \qquad (3.706)$$

---

[28] $1\,\mu\text{m}$ entsprechen 10^{-6} m.

Damit erhalten wir für die Gerade $g_1(x)$ durch AC und $g_2(x)$ durch BC

$$g_1(x) = \frac{10}{17}x, \tag{3.707}$$

$$g_2(x) = -\frac{10}{3}x + \frac{200}{3}. \tag{3.708}$$

Nun müssen wir integrieren. Dabei teilen wir die Integration in zwei Intervalle ein: Über g_1 integrieren wir nur im Intervall $x \in [0, 17]$, über g_2 über das verbleibende Stück, $x \in [17, 20]$. Wir erhalten die Fläche F somit durch

$$F = \int_0^{17} dx\, g_1(x) + \int_{17}^{20} dx\, g_2(x) \tag{3.709}$$

$$= \frac{5}{17}x^2 \Big|_0^{17} + \left(\frac{200}{3}x - \frac{5}{3}x^2\right)\Big|_{17}^{20} \tag{3.710}$$

$$= 100. \tag{3.711}$$

Das können wir leicht überprüfen: Die Grundseite des Dreiecks ist $L = 20$, die Höhe $h = 10$. Damit ist seine Fläche $F = L \cdot h/2 = 100$, was mit unserem Integrationsergebnis übereinstimmt. ◄

Lösung zu Aufgabe 3.25

Gegeben seien

$$f_1(x) = -x^2 + 10x - 14 \quad \text{und} \quad f_2(x) = x^2 - 6x + 10. \tag{3.712}$$

Die Schnittpunkte von $f_1(x)$ und $f_2(x)$ erhalten wir aus

$$f_1(x) = f_2(x) \tag{3.713}$$

$$f_1(x) - f_2(x) = 0 \tag{3.714}$$

$$-2(12 - 8x + x^2) = \tag{3.715}$$

$$(x - 2)(x - 6) = . \tag{3.716}$$

Somit sind die Schnittpunkte $P_1 = (2, 2)$, $P_2 = (6, 10)$.

(a) Mit den oben errechneten Schnittpunkten können wir die Steigung der Funktionen an diesen sofort berechnen. An P_1 haben wir

$$\text{für } f_1 : \frac{df_1(x)}{dx}\Big|_{x=2} = 6, \tag{3.717}$$

$$\text{für } f_2 : \frac{df_2(x)}{dx}\Big|_{x=2} = -2. \tag{3.718}$$

An P_2 haben wir

$$\text{für } f_1 : \left. \frac{\mathrm{d}f_1(x)}{\mathrm{d}x} \right|_{x=6} = -2, \tag{3.719}$$

$$\text{für } f_2 : \left. \frac{\mathrm{d}f_2(x)}{\mathrm{d}x} \right|_{x=6} = 6. \tag{3.720}$$

(b) Gesucht ist die in Abb. 3.3 schraffierte Fläche Λ. Wir erhalten sie als Differenz zwischen der Fläche F_{f_1} unterhalb $f_1(x)$ und der Fläche F_{f_2} unterhalb $f_2(x)$ im Intervall $[2, 6]$:

$$\Lambda = F_{f_1} - F_{f_2} = \int_2^6 \mathrm{d}x \, f_1(x) - \int_2^6 \mathrm{d}x \, f_2(x) \tag{3.721}$$

$$= \int_2^6 \mathrm{d}x \, (f_1(x) - f_2(x)) \tag{3.722}$$

$$= -2 \int_2^6 \mathrm{d}x \, \left(12 - 8x + x^2 \right) = -2 \left(12x - 4x^2 + \frac{1}{3}x^3 \right) \Big|_2^6 \tag{3.723}$$

$$= \frac{64}{3}. \tag{3.724}$$

◀

Lösung zu Aufgabe 3.26

Da in der Rekursionsformel der Grad von $\cos^m(\theta)$ oder $\sin^n(\theta)$ um zwei erniedrigt auftaucht, bietet sich partielle Integration (wie im Hinweis erwähnt) an. Mit

$$\frac{\mathrm{d}\cos^{m+1}(\theta)}{\mathrm{d}\theta} = (m+1) \cos^m(\theta)(-\sin(\theta)) \tag{3.725}$$

$$-\frac{1}{(m+1)\sin(\theta)} \frac{\mathrm{d}\cos^{m+1}(\theta)}{\mathrm{d}\theta} = \cos^m(\theta) \tag{3.726}$$

erhalten wir

$$\int_0^{\pi/2} \mathrm{d}\theta \, \cos^m(\theta) \sin^n(\theta) = -\frac{1}{m+1} \int_0^{\pi/2} \mathrm{d}\theta \, \underbrace{\frac{\mathrm{d}\cos^{m+1}(\theta)}{\mathrm{d}\theta}}_{v'} \underbrace{\frac{1}{\sin(\theta)} \sin^n(\theta)}_{u} \tag{3.727}$$

$$= -\frac{1}{m+1} \underbrace{\underbrace{\cos^{m+1}(\theta)}_{v} \underbrace{\sin^{n-1}(\theta)}_{u} \Big|_0^{\pi/2}}_{0}$$

$$+ \frac{1}{m+1} \int_0^{\pi/2} \mathrm{d}x \, \underbrace{\cos^{m+1}(\theta)}_{v} \underbrace{(n-1)\sin^{n-2}(\theta)\cos(\theta)}_{u'} \tag{3.728}$$

$$= \frac{n-1}{m+1} \int_0^{\pi/2} \mathrm{d}x \, \cos^{m+2}(\theta) \sin^{n-2}(\theta). \tag{3.729}$$

Ziel ist es nun, auf der rechten Seite den Integranden $\cos^m(\theta)\sin^{n-2}(\theta)$ zu erhalten, sodass das Integral $J(m, n-2)$ auftaucht. Dazu schreiben wir den Integranden um,

$$\cos^{m+2}(\theta)\sin^{n-2}(\theta) = \cos^2(\theta)\cos^m(\theta)\sin^{n-2}(\theta) \tag{3.730}$$

$$= (1 - \sin^2(\theta))\cos^m(\theta)\sin^{n-2}(\theta) \tag{3.731}$$

$$= \cos^m(\theta)\sin^{n-2}(\theta) - \cos^m(\theta)\sin^n(\theta). \tag{3.732}$$

Der zweite Term ist unser ursprünglicher Integrand. Damit wird Gl. 3.729 zu

$$J(m, n) = \frac{n-1}{m+1}(J(m, n-2) - J(m, n)) \tag{3.733}$$

$$\left(1 + \frac{n-1}{m+1}\right)J(m, n) = \frac{n-1}{m+1}J(m, n-2) \tag{3.734}$$

$$J(m, n) = \frac{n-1}{m+n}J(m, n-2). \tag{3.735}$$

Damit haben wir die erste Rekursionsformel bewiesen. Die andere erhalten wir analog. Der Unterschied ist, dass wir mit der Ableitung nach sin beginnen, also

$$\frac{d\sin^{n+1}(\theta)}{d\theta} = (n+1)\sin^n(\theta)\cos(\theta) \tag{3.736}$$

$$\frac{1}{(n+1)\cos(\theta)}\frac{d\sin^{n+1}(\theta)}{d\theta} = \sin^n(\theta). \tag{3.737}$$

Dies wird nun entsprechend für die partielle Integration ausgenutzt. ◄

Lösung zu Aufgabe 3.27

(a) Es ist immer hilfreich, sich ein Bild von dem Problem zu machen: Es kann viel Arbeit ersparen, wenn man z. B. die Symmetrien in einem Problem ausnutzen kann. Hier beschreibt $f(x) = \sqrt{R^2 - x^2}$ für $x \in [-R, R]$ gerade einen Halbkreis mit Radius R in der oberen Halbebene. Es ist also günstig, eine Substitution $x \to \cos(\varphi)$ vorzunehmen, bei der wir ϕ als Polarwinkel auffassen können. Damit wir jedoch die Relation

$$1 - \cos^2(\varphi) = \sin^2(\varphi) \tag{3.738}$$

ausnutzen können, substituieren wir zunächst $x = Ry$, $dx = R\,dy$

$$\int dx\,\sqrt{R^2 - x^2} = \int dy\,\frac{dx}{dy}R\sqrt{1 - y^2} \tag{3.739}$$

$$= \int dy\,R^2\sqrt{1 - y^2}. \tag{3.740}$$

Nun können wir die Substitution $y = \cos(\varphi)$, $dy = -\sin(\varphi)d\varphi$ benutzen und Relation (3.738) anwenden. Da die cos-Funktion bei reellen Argumenten immer zwischen -1 und 1 liegt, scheint es, als müsse man φ nicht einschränken. Da wir die Transformation $y(\varphi)$ jedoch mittels der Umkehrfunktion arccos am Ende wieder rückgängig machen wollen, benötigen wir eine eineindeutige Zuordnung, also eine *bijektive Funktion*. Dies erreichen wir mit der Einschränkung $\varphi \in [0, \pi]$.

$$\int dx \sqrt{R^2 - x^2} = R^2 \int d\varphi \frac{dx}{d\varphi} \sqrt{1 - \cos^2(\varphi)} \qquad (3.741)$$

$$= -R^2 \int d\varphi \sin(\varphi) |\sin(\varphi)|. \qquad (3.742)$$

Da nun aber $\varphi \in [0, \pi]$, gilt $|\sin(\varphi)| = \sin(\varphi)$ und wir können vereinfachen auf

$$\int dx \sqrt{R^2 - x^2} = -R^2 \int d\varphi \sin^2(\varphi) \qquad (3.743)$$

$$\overset{[3.14]}{=} R^2 \frac{\sin(\varphi)\cos(\varphi) - \varphi}{2} + \text{const.} \qquad (3.744)$$

Nun machen wir die durchgeführten Substitutionen rückgängig, also $\varphi = \arccos(y)$ und $y = x/R$. Dazu vereinfachen wir den letzten Ausdruck zu

$$\int dx \sqrt{R^2 - x^2} = R^2 \frac{\sqrt{1 - \cos^2(\varphi)}\cos(\varphi) - \varphi}{2} + \text{const.} \qquad (3.745)$$

$$= R^2 \frac{\sqrt{1 - y^2}\,y - \arccos(y)}{2} + \text{const.} \qquad (3.746)$$

$$= R^2 \frac{\sqrt{1 - \left(\frac{x}{R}\right)^2}\frac{x}{R} - \arccos\left(\frac{x}{R}\right)}{2} + \text{const.} \qquad (3.747)$$

$$= \frac{x\sqrt{R^2 - x^2} - R^2 \arccos\left(\frac{x}{R}\right)}{2} + \text{const.} \qquad (3.748)$$

Dabei haben wir ausgenutzt, dass $\sin(\varphi) \geq 0$, daher taucht in Gl. 3.745 nur die positiv Wurzel auf.
Wir hätten in Gl. 3.740 auch die Substitution $y = \sin(\varphi)$ durchführen können. Wie man sich schnell überzeugen kann, liefert diese Wahl das Ergebnis

$$\int dx \sqrt{R^2 - x^2} = \frac{x\sqrt{R^2 - x^2} + R^2 \arcsin\left(\frac{x}{R}\right)}{2} + \text{const.} \qquad (3.749)$$

Die Wahl der Substitution sollte jedoch nicht das Ergebnis ändern. Da sich $\arcsin(y)$ gegenüber $(-\arccos(y))$ nur um eine Konstante unterscheiden, ist dies erfüllt.

(b) Durch das Einsetzen der Grenzen $\pm R$ fällt gerade der Wurzelterm weg. Bei der Auswertung der arccos-Funktion müssen wir uns an die gemachte Einschränkung für φ halten, da für die Umkehrfunktion i. A. keine eindeutige Festlegung vorliegt, also: $\arccos(-1) = \pi$ und $\arccos(1) = 0$. Damit erhalten wir mit Gl. 3.748

$$-\frac{R^2}{2}\arccos\left(\frac{x}{R}\right)\bigg|_{-R}^{R} = \frac{\pi}{2}R^2. \tag{3.750}$$

Wie schon in (a) festgestellt, beschreibt die Funktion $f(x)$ einen Halbkreis und Gl. 3.750 liefert somit die Fläche eines Halbkreises mit Radius R.

◀

Lösung zu Aufgabe 3.28

Wir schreiben die Quadratsumme aus

$$f(y) = \sum_{k=1}^{n}(x_k - y)^2 = \sum_{k=1}^{n}\left(x_k^2 - 2x_k y + y^2\right) \tag{3.751}$$

$$= \underbrace{\sum_{k=1}^{n}x_k^2}_{C_1} - 2y\underbrace{\sum_{k=1}^{n}x_k}_{C_2} + y^2\underbrace{\sum_{k=1}^{n}1}_{n}. \tag{3.752}$$

Bezüglich einer Ableitung nach y, die wir ausführen, um zu schauen, ob es Extrema gibt, sind C_1 und C_2 Konstanten,

$$\frac{\mathrm{d}f(y)}{\mathrm{d}y} = 0 \tag{3.753}$$

$$\frac{\mathrm{d}}{\mathrm{d}y}(C_1 - 2y + ny^2) = -2 + 2ny = \tag{3.754}$$

$$y = \frac{1}{n}C_2 = \frac{1}{n}\sum_{k=1}^{n}x_k = \bar{x}. \tag{3.755}$$

Die zweite Ableitung liefert

$$\frac{\mathrm{d}^2 f(y)}{\mathrm{d}y^2} = 2n > 0. \tag{3.756}$$

Damit handelt es sich bei $\bar{x}$ tatsächlich um ein lokales Minimum in $f(y)$. ◀

Lösung zu Aufgabe 3.29

(a) Wir nutzen den Hinweis,

$$\sum_{k=1}^{n}(x_k - c)^2 = \sum_{k=1}^{n}(x_k - \bar{x} + \bar{x} - c)^2 \tag{3.757}$$

$$= \sum_{k=1}^{n}\left[(x_k - \bar{x})^2 + 2(x_k - \bar{x})(\bar{x} - c) + (\bar{x} - c)^2\right] \tag{3.758}$$

$$= \sum_{k=1}^{n}(x_k - \bar{x})^2 + 2\sum_{k=1}^{n}(x_k\bar{x} - cx_k - \bar{x}^2 + c\bar{x})$$

$$+ \sum_{k=1}^{n}(\bar{x} - c)^2 \tag{3.759}$$

$$= \sum_{k=1}^{n}(x_k - \bar{x})^2 + 2(\bar{x}\bar{x} - c\bar{x} - \bar{x}^2 + c\bar{x}) + n(\bar{x} - c)^2 \tag{3.760}$$

$$= \sum_{k=1}^{n}(x_k - \bar{x})^2 + n(\bar{x} - c)^2. \quad\blacksquare \tag{3.761}$$

(b) Wir sehen aus (a), dass für $c = 0$ uns Gl. 3.761 die Relation

$$\frac{1}{n}\sum_{k=1}^{n}x_k^2 = \frac{1}{n}\sum_{k=1}^{n}(x_k - \bar{x})^2 + \bar{x}^2 \tag{3.762}$$

liefert. Die Varianz ist damit

$$\tilde{s}^2 = \frac{1}{n}\sum_{k=1}^{n}x_k^2 - \bar{x}^2 \tag{3.763}$$

$$= 4.123 - 1.1 = 3.023. \tag{3.764}$$

Die Stichprobenvarianz s^2 ist

$$s^2 = \frac{1}{n-1}\sum_{k=1}^{n}(x_k - \bar{x})^2 = \frac{1}{n-1}(\tilde{s}^2 n) \tag{3.765}$$

$$= \frac{n}{n-1}3.023 \tag{3.766}$$

und hängt von n ab. Für $n \to \infty$ unterscheiden sich beide Größen nicht, aber dann handelt es sich auch nicht mehr um eine Stichprobe, sondern um die gesamte Population.

◀

Lösung zu Aufgabe 3.30

Gegeben sei die Dichtefunktion

$$p(x) = \begin{cases} -1 \leq x \leq 4 & : \quad \frac{1}{N}\left(36 - (x-2)^2(x-1)^2\right) \\ \text{sonst} & : \quad 0 \end{cases} \tag{3.767}$$

(a) Damit es sich bei $p(x)$ um eine Wahrscheinlichkeitsverteilung handelt, muss (neben der Bedingung $\forall x : \; p(x) > 0$) das Integral über ganz $p(x)$ 1 liefern,

$$1 = \frac{1}{N} \int_{-1}^{4} dx \left(36 - (x-2)^2(x-1)^2\right) \tag{3.768}$$

$$N = \int_{-1}^{4} dx \left(36 - (x-2)^2(x-1)^2\right) \tag{3.769}$$

$$= 32x + 6x^2 - \frac{13}{3}x^3 + \frac{3}{2}x^4 - \frac{1}{5}x^5 \Big|_{-1}^{4} \tag{3.770}$$

$$= \frac{875}{6}. \tag{3.771}$$

(b) Der Mittelwert dieser Wahrscheinlichkeitsverteilung ergibt sich aus

$$\hat{x} = \int_{-1}^{4} dx \, x p(x) = \frac{3}{2}. \tag{3.772}$$

Wir erkennen das auch an der Symmetrie der verschobenen Funktion

$$N p\left(x + \frac{3}{2}\right) = \frac{575}{16} + \frac{1}{2}x^2 - x^4 \tag{3.773}$$

für die gilt

$$p\left(x + \frac{3}{2}\right) = p\left(-x + \frac{3}{2}\right), \tag{3.774}$$

also symmetrisch bzgl. der y-Achse.

(c) Die Varianz ergibt sich aus

$$\sigma^2 = \int_{-1}^{4} dx \left(x - \hat{x}\right)^2 p(x) \tag{3.775}$$

$$= \frac{6}{875}\left(72x - \frac{69}{2}x^2 - \frac{133}{12}x^3 + \frac{129}{8}x^4 - \frac{133}{20}x^5 + \frac{3}{2}x^6 - \frac{1}{7}x^7\right)\Big|_{-1}^{4} \tag{3.776}$$

$$= \frac{295}{196} \approx 1.5, \tag{3.777}$$

und damit die Standardabweichung zu $\sigma = 1.23$.

(d) Um die Schiefe $\gamma_3 := \mu_3/\sigma^3$ zu berechnen, müssen wir das Integral

$$\gamma_3 = \int_{-1}^{4} dx \left(\frac{x - \hat{x}}{\sigma}\right)^3 p(x) \tag{3.778}$$

auswerten. Wir können, wie der Hinweis andeutet, aber auch mit der Symmetrie argumentieren: Wie wir gesehen haben, ist $p(x + 3/2)$ achsensymmetrisch, also eine gerade Funktion. Damit ist der entsprechend nach links verschobene Integrand von Gl. (3.778) $((x - 3/2) + 3/2)^3 p(x + 3/2) = x^3 p(x + 3/2)$ eine punktsymmetrische Funktion bzgl. des Ursprungs. Da die verschobenen Integrationsgrenzen $-5/2, 5/2$ lauten, liefert das Integral 0, da

$$\int_{-\frac{5}{2}}^{0} dx\, x^3 p\left(x + \frac{3}{2}\right) = -\int_{0}^{\frac{5}{2}} dx\, x^3 p\left(x + \frac{3}{2}\right) \tag{3.779}$$

und damit $\quad \displaystyle\int_{-\frac{5}{2}}^{\frac{5}{2}} dx\, x^3 p\left(x + \frac{3}{2}\right) = 0 \tag{3.780}$

$$\int_{-1}^{4} dx \left(x - \frac{3}{2}\right)^3 p(x) = 0. \tag{3.781}$$

Im letzten Schritt haben wir die Verschiebung, die nichts anderes als eine Substitution $x \to z := x + 3/2$ ist, rückgängig gemacht.

(e) Die Verteilungsfunktion $F(x)$ ist gegeben durch

$$F(x) = \int_{-1}^{x} dy\, p(y) \tag{3.782}$$

$$= \frac{6}{875}\left(\frac{599}{30} + 32x + 6x^2 - \frac{13}{3}x^3 + \frac{3}{2}x^4 - \frac{1}{5}x^5\right). \tag{3.783}$$

(f) In der vorgegebenen Situation hat die Zufallsvariable X endliche Wahrscheinlichkeiten für das Intervall $[-1, 4]$. Gesucht ist die Wahrscheinlichkeit dafür, dass X in den Bereich $[-1, 0]$ fällt. Das ist gerade $F(0) = 599/4375 \approx 13{,}7\%$.

◄

Lösung zu Aufgabe 3.31

Gegeben ist die folgende Dichtefunktion

$$p(x) = \begin{cases} 0 \le x \le \pi & : \quad \frac{1}{2}\sin(x) \\ \text{sonst} & : \quad 0 \end{cases} \tag{3.784}$$

(a) Das m-Quantil ist gerade der x-Wert, bei dem

$$m = \int_{-\infty}^{x} dt\, p(t) \tag{3.785}$$

gilt. Hier haben wir

$$0.3 = \frac{1}{2} \int_{0}^{x} dt\, \sin(t) \tag{3.786}$$

$$= -\frac{1}{2} \cos(t) \Big|_{0}^{x} \tag{3.787}$$

$$= \frac{1}{2}(1 - \cos(x)) \tag{3.788}$$

$$\frac{2}{5} = \cos(x) \tag{3.789}$$

$$x = \arccos\left(\frac{2}{5}\right) \approx 1.1593 = x_{0.3}. \tag{3.790}$$

(b) Offensichtlich ist aufgrund der Achsen-Symmetrie bzgl. $x = \pi/2$ der Mittelwert $\bar{x} = \pi/2$. Wir wollen dies durch Integration zeigen:

$$\bar{x} = \int_{-\infty}^{\infty} dx\, x\, p(x) \tag{3.791}$$

$$= \frac{1}{2} \int_{0}^{\pi} dx\, x \sin(x). \tag{3.792}$$

Dieses Integral können wir z. B. durch partielle Integration lösen, indem wir $u = x$ und $v' = \sin(x)$ definieren. Mit $u' = 1$ und

$$v = \int dx\, \sin(x) = -\cos(x) \tag{3.793}$$

haben wir dann

$$\int dx\, x \sin(x) = -x \cos(x) + \int dx\, \cos(x) = \sin(x) - x \cos(x) + C. \tag{3.794}$$

Dies in Gl. (3.792) eingesetzt, liefert uns wie zu erwarten $\bar{x} = \pi/2$.

(c) Wir gehen hier sehr ähnlich zu (b) vor. Wir haben

$$\sigma^2 = \int_{-\infty}^{\infty} dx\, (x - \bar{x})^2 p(x) \tag{3.795}$$

$$= \frac{1}{2} \int_{0}^{\pi} dx\, \left(x - \frac{\pi}{2}\right)^2 \sin(x). \tag{3.796}$$

Auch hier können wir das Integral auf fast die gleiche Weise über partielle Integration lösen, wir erhalten

$$\frac{1}{2}\int dx \left(x - \frac{\pi}{2}\right)^2 \sin(x) = \frac{1}{2}\int dx\, x^2 \sin(x) - \int dx\, \frac{\pi}{2}x \sin(x)$$
$$+ \frac{1}{2}\left(\frac{\pi}{2}\right)^2 \int dx\, \sin(x). \tag{3.797}$$

Den zweiten Term haben wir (bis auf den Faktor) in Gl. (3.794) ausgerechnet, der letzte liefert $\propto \cos(x)$. Den ersten Term behandeln wir wie in Gl. (3.794):

$$\int dx\, \underbrace{x^2}_{u}\, \underbrace{\sin(x)}_{v'} = -x^2 \cos(x) + \int dx\, (2x) \cos(x). \tag{3.798}$$

Nun müssen wir hier beim letzten Term erneut die partielle Integration durchführen,

$$\int dx\, \underbrace{x}_{u}\, \underbrace{\cos(x)}_{v'} = x \sin(x) - \int dx\, \sin(x) \tag{3.799}$$
$$= x \sin(x) + \cos(x) + C. \tag{3.800}$$

Setzt man alles zusammen, erhalten wir schließlich

$$\frac{1}{2}\int dx \left(x - \frac{\pi}{2}\right)^2 \sin(x) = \frac{1}{8}(8 - \pi^2 + 4\pi x - 4x^2) \cos(x)$$
$$+ \frac{2x - \pi}{2} \sin(x) + C. \tag{3.801}$$

Damit haben wir

$$\sigma^2 = \frac{\pi^2 - 8}{4} \tag{3.802}$$

$$\sigma = \frac{1}{2}\sqrt{\pi^2 - 8} \approx 0.68. \tag{3.803}$$

Im Falle einer Dichtefunktion der Form

$$p(x) = \begin{cases} 0 \leq x \leq \pi & : \frac{1}{\pi} \\ \text{sonst} & : \quad 0 \end{cases} \tag{3.804}$$

die eine konstante Wahrscheinlichkeitsverteilung im Intervall $[0, \pi]$ beschreibt (man beachte die Normierung!), haben wir aus Symmetriegründen $\bar{x} = \pi/2$

und damit

$$\sigma^2 = \frac{1}{\pi} \int_0^\pi dx \left(x - \frac{\pi}{2} \right)^2 \tag{3.805}$$

$$= \frac{\pi^2}{12} \tag{3.806}$$

$$\sigma = \frac{\pi}{2\sqrt{3}} \approx 0.91. \tag{3.807}$$

Wir sehen, dass die Standardabweichung zugenommen hat. Sie nimmt bei einer konstanten Dichtefunktion sogar den größtmöglichen Wert an.

◀

Lösung zu Aufgabe 3.32

Die Gauß-Funktion, die die Dichtefunktion der Normalverteilung darstellt, ist gegeben durch

$$f(x, \mu, \sigma) = \frac{1}{\sigma \sqrt{2\pi}} \exp\left(-\frac{1}{2} \left(\frac{x - \mu}{\sigma} \right)^2 \right). \tag{3.808}$$

(a) Der Wendepunkt hat folgende notwendige sowie hinreichende Bedingung:

$$f''(x_w, \mu, \sigma) = 0 \quad \text{und} \quad f'''(x_w, \mu, \sigma) \neq 0. \tag{3.809}$$

Diese überprüfen wir im Folgenden.

$$0 = f''(x_w, \mu, \sigma) = \frac{d}{dx} \left(-\frac{x - \mu}{\sigma^3 \sqrt{2\pi}} \exp\left(-\frac{1}{2} \left(\frac{x - \mu}{\sigma} \right)^2 \right) \right) \tag{3.810}$$

$$= \frac{1}{\sigma \sqrt{2\pi}} \left(\frac{(x - \mu)^2}{\sigma^4} \exp\left(-\frac{1}{2} \left(\frac{x - \mu}{\sigma} \right)^2 \right) - \frac{1}{\sigma^2} \exp\left(-\frac{1}{2} \left(\frac{x - \mu}{\sigma} \right)^2 \right) \right) \tag{3.811}$$

$$= \frac{(x - \mu)^2 - \sigma^2}{\sigma^5 \sqrt{2\pi}} \exp\left(-\frac{1}{2} \left(\frac{x - \mu}{\sigma} \right)^2 \right) \tag{3.812}$$

$$= \frac{(x - \mu)^2 - \sigma^2}{\sigma^5 \sqrt{2\pi}} \tag{3.813}$$

$$x_{w,\pm} = \mu \pm \sigma. \tag{3.814}$$

Jetzt müssen wir noch zeigen, dass bei $x_{w,\pm} = \mu \pm \sigma$ die dritte Ableitung nicht verschwindet,

$$f'''(x_{w,\pm}, \mu, \sigma) = \frac{\sqrt{2}}{\sigma^5 \sqrt{\pi}} (x_{w,\pm} - \mu) \exp\left(-\frac{1}{2}\left(\frac{w,\pm - \mu}{\sigma}\right)^2\right)$$

$$- \frac{(x_{w,\pm} - \mu)((x_{w,\pm} - \mu)^2 - \sigma^2)}{\sigma^7 \sqrt{2\pi}} \exp\left(-\frac{1}{2}\left(\frac{x_{w,\pm} - \mu}{\sigma}\right)^2\right)$$

$$\tag{3.815}$$

$$= \frac{\sqrt{2}}{\sigma^5 \sqrt{\pi}} (x_{w,\pm} - \mu) \exp\left(-\frac{1}{2}\left(\frac{w,\pm - \mu}{\sigma}\right)^2\right). \tag{3.816}$$

Im letzten Schritt haben wir ausgenutzt, dass $x_{w,\pm} = \mu \pm \sigma$. Da $x_{w,\pm} - \mu \neq 0$ (sonst müsste $\sigma = 0$ sein) haben wir gezeigt, dass es sich bei $x_{w,\pm}$ um Wendestellen der Gauß-Verteilung handelt.

(b) Wir berechnen die Substitution

$$z = \frac{-4 - 0.7}{3.5} = -\frac{47}{35} \approx -1.34286. \tag{3.817}$$

Mit $\Phi(z) = 1 - \Phi(-z)$ und dem Wert $\Phi(1.3) \approx 0.90988$ aus der Tabelle erhalten wir $\Phi(-1.34286) = 0.090$. [Der numerisch berechnete Wert ist 0.08966]

(c) Da das Intervall $[a, b] = [-3, -1]$ symmetrisch um den Mittelwert liegt, ist der Mittelwert $\mu = -2$. Aus der Φ-Tabelle entnehmen wir, dass $\Phi(2) = 0.97725$. Wir wissen auch, dass

$$P(\mu - 2\sigma \leq x \leq \mu + 2\sigma) = \mathrm{erf}(2/\sqrt{2}) = 2\Phi(2) - 1. \tag{3.818}$$

Somit gilt

$$\mu - 2\sigma = -3 \quad \text{und} \quad \mu + 2\sigma = -1. \tag{3.819}$$

Damit ergibt sich

$$\sigma = \frac{-3 - \mu}{-2} = \frac{1}{2}. \tag{3.820}$$

(d) Wir bekommen die notwendigen Parameter aus dem Vergleich von

$$\frac{1}{3.5\sqrt{2\pi}} \int_{-4}^{3} dx \exp\left(-\frac{1}{2}\left(\frac{x - 0.7}{3.5}\right)^2\right) = \frac{1}{\sigma\sqrt{2\pi}} \int_{a}^{b} dx \exp\left(-\frac{1}{2}\left(\frac{x - \mu}{\sigma}\right)^2\right)$$

$$\tag{3.821}$$

$$= \Phi\left(\frac{b - \mu}{\sigma}\right) - \Phi\left(\frac{a - \mu}{\sigma}\right). \tag{3.822}$$

Wir haben also $\mu = 0.7$, $\sigma = 3.5$, $a = -4$, $b = 3$. Mittels Φ-Tabelle erhalten wir damit (siehe auch (b))

$$\Phi\left(\frac{b-\mu}{\sigma}\right) - \Phi\left(\frac{a-\mu}{\sigma}\right) = \Phi(0.65714) - \Phi(-1.34286) \tag{3.823}$$

$$= \Phi(0.65714) - 1 + \Phi(1.34286) \tag{3.824}$$

$$= 0.74215 - 1 + 0.90988 = 0.65203. \tag{3.825}$$

Damit haben wir

$$\frac{1}{3.5\sqrt{2\pi}} \int_{-4}^{3} dx \, \exp\left(-\frac{1}{2}\left(\frac{x-0.7}{3,5}\right)^2\right) \approx 0.65203. \tag{3.826}$$

[Der numerisch genauere Wert ist ≈ 0.6548.]

◀

Lösung zu Aufgabe 3.33

(a) Wir wollen den Zusammenhang

$$\Phi(x) = \frac{1}{2}\left(1 + \text{erf}\left(\frac{x}{\sqrt{2}}\right)\right) \tag{3.827}$$

herleiten, siehe Def. 3.6. Wir schreiben die rechte Seite der Gleichung nun um und zeigen, dass wir bei $\Phi(x)$ landen:

$$\frac{1}{2}\left(1 + \text{erf}\left(\frac{x}{\sqrt{2}}\right)\right) = \frac{1}{2}\left(1 + \frac{2}{\sqrt{\pi}} \int_0^{\frac{x}{\sqrt{2}}} dy \, e^{-y^2}\right). \tag{3.828}$$

Wir substituieren

$$y = t/\sqrt{2} \iff dy = dt/\sqrt{2} \tag{3.829}$$

und haben damit

$$\frac{1}{2}\left(1 + \text{erf}\left(\frac{x}{\sqrt{2}}\right)\right) = \frac{1}{2}\left(1 + \frac{1}{\sqrt{2}}\frac{2}{\sqrt{\pi}} \int_0^x dt \, e^{-\frac{t^2}{2}}\right) \tag{3.830}$$

$$= \underbrace{\frac{1}{2}}_{\Phi(0)} + \frac{1}{\sqrt{2\pi}} \int_0^x dt \, e^{-\frac{t^2}{2}} \tag{3.831}$$

$$= \underbrace{\frac{1}{\sqrt{2\pi}} \int_{-\infty}^{0} dt \, e^{-\frac{t^2}{2}}}_{\Phi(0)} + \frac{1}{\sqrt{2\pi}} \int_0^x dt \, e^{-\frac{t^2}{2}} \tag{3.832}$$

$$= \frac{1}{\sqrt{2\pi}} \int_{-\infty}^{x} dt \, e^{-\frac{t^2}{2}} \tag{3.833}$$

$$= \Phi(x). \quad \blacksquare \tag{3.834}$$

(b) Als erstes führen wir das Problem auf die Verteilungsfunktion der Standardnormalverteilung zurück und nutzen Gl. 3.827. Jetzt wissen wir, dass $\operatorname{erf}(x) = 1/2$ sein soll. Das setzen wir ein:

$$\Phi(\sqrt{2}x) = \frac{1}{2}\left(1 + \frac{1}{2}\right) = \frac{3}{4}. \tag{3.835}$$

Wir schauen nun in der Φ-Tabelle nach, welcher z-Wert auf $3/4$ führt. Die beste Approximation erhalten wir mit dem Wert $3/4 \approx 0.75175$, den wir in der Tabelle für $z = 0.68$ finden. Damit haben wir

$$\sqrt{2}x = 0.68 \iff x = 0.480. \tag{3.836}$$

◀

Lösung zu Aufgabe 3.34

Da die Wahrscheinlichkeitsdichtefunktion immer positiv sein muss, können wir eine Konstante $C > 0$ (die aber noch von k abhängen kann) für unsere Zwecke nehmen,

$$f_k(x) = C x^{\frac{k}{2}-1} e^{-\frac{x}{2}} \quad \text{mit} \quad x \in \mathbb{R}^+. \tag{3.837}$$

Die erste Ableitung muss verschwinden,

$$0 \stackrel{!}{=} \frac{\mathrm{d}}{\mathrm{d}x} f_k(x) \tag{3.838}$$

$$= \frac{\mathrm{d}}{\mathrm{d}x} x^{\frac{k}{2}-1} e^{-\frac{x}{2}} \tag{3.839}$$

$$= \left(\frac{\mathrm{d}}{\mathrm{d}x} x^{\frac{k}{2}-1}\right) e^{-\frac{x}{2}} + x^{\frac{k}{2}-1}\left(\frac{\mathrm{d}}{\mathrm{d}x} e^{-\frac{x}{2}}\right) \tag{3.840}$$

$$= \left(\frac{k}{2} - 1\right) x^{\frac{k}{2}-2} e^{-\frac{x}{2}} - \frac{1}{2} x^{\frac{k}{2}-1} e^{-\frac{x}{2}} \tag{3.841}$$

$$= \frac{1}{2}(k - 2 - x) x^{\frac{k}{2}-2} e^{-\frac{x}{2}} \tag{3.842}$$

$$= \frac{1}{2}(k - 2 - x) \quad \text{wenn} \quad x \neq 0 \tag{3.843}$$

$$x = x_m = k - 2. \tag{3.844}$$

Da $x \in \mathbb{R}^+$, haben wir erst ab $k = 2$ potenzielle Extrema. Wir testen dies mit der zweiten Ableitung,

$$0 \overset{!}{\neq} \frac{d^2}{dx^2} f_k(x) \bigg|_{x=x_m} \tag{3.845}$$

$$= \frac{d}{dx} \frac{C}{2} (k - 2 - x) x^{\frac{k}{2} - 2} e^{-\frac{x}{2}} \bigg|_{x=x_m} \tag{3.846}$$

$$= -\frac{C}{2} x^{\frac{k}{2} - 2} e^{-\frac{x}{2}} + \frac{C}{2} (k - 2 - x) \left(\frac{k}{2} - 2 \right) x^{\frac{k}{2} - 3} e^{-\frac{x}{2}}$$

$$- \frac{C}{4} (k - 2 - x) x^{\frac{k}{2} - 2} e^{-\frac{x}{2}} \bigg|_{x=x_m} \tag{3.847}$$

$$= \frac{C}{4} \left(8 + k^2 - 2k(3 + x) + x(4 + x) \right) x^{\frac{k}{2} - 3} e^{-\frac{x}{2}} \bigg|_{x=x_m} \tag{3.848}$$

$$= -\frac{C}{2} (k - 2)^{\frac{k}{2} - 2} e^{1 - \frac{k}{2}}. \tag{3.849}$$

Damit liegt bei x_m für $k > 2$ ein lokales Maximum vor, da für diese k der Ausdruck stets negativ ist. Betrachten wir den Fall $k = 2$ separat, da in Gl. 3.849 in diesem Fall ein unbestimmter Ausdruck, 0^0, steht. Dazu betrachten wir die Funktion selbst, also $f_2(x) = Ce^{-\frac{x}{2}}$. Wir sehen, dass es sich um eine abfallende Exponentialfunktion handelt. Damit liegt ein globales Maximum bei $x = 0$ vor.
◄

Lösung zu Aufgabe 3.35

Wir haben die Flächen $\mathcal{M}$, über die integriert wird, für jede Teilaufgabe in Abb. 3.13 dargestellt. Der Kernsatz, den wir hier stets anwenden, ist der *Satz von Fubini*. Dies ist möglich, da die zu integrierenden Funktionen stetig sind (Voraussetzung für die Anwendung des Satzes).

(a) Da die Integrationsgrenzen für x Konstanten sind, integrieren wir zunächst über y,

$$\int_{\mathcal{M}} dx\, dy\, x y^2 = \int_0^1 dx \int_x^{\sqrt{x}} dy\, x y^2 \tag{3.850}$$

$$= \int_0^1 dx \left(\frac{1}{3} y^3 \right) \bigg|_x^{\sqrt{x}} = \frac{1}{3} \int_0^1 dx \left(x^{5/2} - x^4 \right) \tag{3.851}$$

$$= \frac{1}{3} \left(\frac{2}{7} x^{7/2} - \frac{1}{5} x^5 \right) \bigg|_0^1 = \frac{1}{35}. \tag{3.852}$$

(b) Die Integrationsgrenzen können hier wie folgt aufgeschlüsselt werden: Für x haben wir $0 \leq x \leq 1$ und für y die Bedingungen $1 \leq y \wedge y \leq 3 - x^2$.

Damit teilen wir das Integral wie folgt auf

$$\int_{\mathcal{M}} dxdy\, x^2 = \int_0^1 dx \int_1^{3-x^2} dy\, x^2 = \int_0^1 dx\, x^2(3 - x^2 - 1) \qquad (3.853)$$

$$= \int_0^1 dx\,(2x^2 - x^4) = \left(-\frac{1}{5}x^5 + \frac{2}{3}x^3\right)\bigg|_0^1 = \frac{7}{15}. \qquad (3.854)$$

(c) Dieser Fall ist sehr ähnlich zum Fall (a). Für x haben wir $0 \le x \le 2$ und für y die Bedingung $0 \le y \wedge y \le x^2$. Damit erhalten wir

$$\int_{\mathcal{M}} dxdy\,(x^2 + y^2) = \int_0^2 dx \int_0^{x^2} dy\,(x^2 + y^2) \qquad (3.855)$$

$$= \int_0^2 dx \left(x^2 y + \frac{1}{3}y^3\right)\bigg|_0^{x^2} \qquad (3.856)$$

$$= \int_0^2 dx \left(x^4 + \frac{1}{3}x^6\right) = \left(\frac{1}{5}x^5 + \frac{1}{21}x^7\right)\bigg|_0^2 = \frac{1312}{105}. \qquad (3.857)$$

(d) Aus der Bedingung $x^2 + y^2 \le 1$ können wir schließen, dass sich die Fläche $\mathcal{M}$ innerhalb des Kreises mit Radius 1 um $(0, 0)$ befindet (roter Kreis in Abb. 3.13 (d)). Der Rand lässt sich durch Umformung auf zwei Funktionen von $y(x)$ bringen,

$$y_{1,\pm}(x) = \pm\sqrt{1 - x^2} \quad \text{mit} \quad |x| \le 1. \qquad (3.858)$$

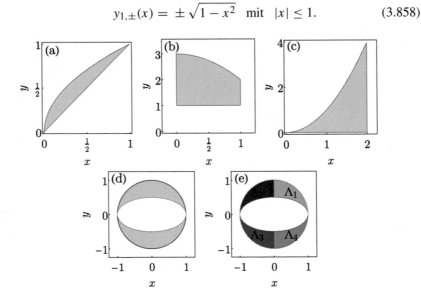

Abb. 3.13 Zu Aufg. 3.35: Dargestellt sind die Flächen $\mathcal{M}$, über die in den Teilaufgaben integriert wird

Die Fläche $\mathcal{M}$ befindet sich also oberhalb der Kurve (und sie einschließend) $y_{1,-}(x)$ (grüne Linie in Abb. 3.13 (d)) und unterhalb der Kurve (und sie einschließend) $y_{1,+}(x)$. Nun müssen wir noch die Bedingung

$$1 \le x^2 + 4y^2 \tag{3.859}$$

$$1 \le \left(\frac{x}{1}\right)^2 + \left(\frac{y}{2^{-1}}\right)^2 \tag{3.860}$$

verarbeiten. So umgeschrieben, erkennen wir, dass die Bedingung die Fläche außerhalb einer Ellipse (siehe auch Aufg. 3.12) mit den Halbachsen der Länge 1 und 1/2 beschreibt. Die expliziten Funktionen, die die Ellipse beschreiben, lauten hier nach Umstellung nach y

$$y_{2,\pm}(x) = \pm \frac{1}{2}\sqrt{1 - x^2} \quad \text{mit} \ |x| \le 1. \tag{3.861}$$

Die werden durch die orange (grüne) Linie in Abb. 3.13 (d) dargestellt. Der Integrand lautet $|x| + |y|$, damit ist das Integral in jedem Quadranten gleich, es genügt also, es nur für einen zu berechnen und das Ergebnis mal 4 zu nehmen. Da die Integrationsgrenzen von x 0 und 1 sind, werten wir die x-Integration als letztes aus. Für die y-Integration im ersten Quadranten ist die untere Grenze durch die Ellipse $y_{2,+}$, die obere durch den Kreis $y_{1,+}$ gegeben. Damit haben wir insgesamt

$$\int_{\mathcal{M}} \mathrm{d}x\mathrm{d}y\,(|x| + |y|) = 4 \int_0^1 \mathrm{d}x \int_{\frac{1}{2}\sqrt{1-x^2}}^{\sqrt{1-x^2}} \mathrm{d}y\,(x + y) \ \text{(hier ist } x, y \ge 0)$$
$$\tag{3.862}$$

$$= 4 \int_0^1 \mathrm{d}x \left. \left(xy + \frac{1}{2}y^2\right) \right|_{\frac{1}{2}\sqrt{1-x^2}}^{\sqrt{1-x^2}} \tag{3.863}$$

$$= 4 \int_0^1 \mathrm{d}x \left(x\sqrt{1 - x^2} + \frac{1}{2}(1 - x^2) \right.$$
$$\left. - \left(\frac{x}{2}\sqrt{1 - x^2} + \frac{1 - x^2}{8}\right)\right) \tag{3.864}$$

$$= 4 \int_0^1 \mathrm{d}x \left(\frac{x}{2}\sqrt{1 - x^2} + \frac{3}{8}(1 - x^2) \right). \tag{3.865}$$

Das Integral über den ersten Term lösen wir mittels Substitution, $u = 1 - x^2$ $\Rightarrow x\mathrm{d}x = (-1/2)\mathrm{d}u$,

$$\int_0^1 \mathrm{d}x \, \frac{x}{2}\sqrt{1 - x^2} = -\frac{1}{4}\int_{u(0)=1}^{u(1)=0} \mathrm{d}u\,\sqrt{u} \tag{3.866}$$

$$= \frac{2}{3 \cdot 4}\,u^{3/2}\Big|_0^1 = \frac{1}{6}. \tag{3.867}$$

Der zweite Term in Gl. 3.865 liefert

$$\int_0^1 dx\, \frac{3}{8}(1 - x^2) = \frac{3}{8}\left(x - \frac{x^3}{3}\right)\Big|_0^1 = \frac{1}{4}. \tag{3.868}$$

Damit ist Gl. 3.865

$$\int_{\mathcal{M}} dxdy\,(|x| + |y|) = 4\left(\frac{1}{4} + \frac{1}{6}\right) = \frac{5}{3}. \tag{3.869}$$

(e) Diese Teilaufgabe entspricht fast der (d), jedoch ist der Integrand ein anderer. Hier bedienen wir uns der Symmetrie der Fläche $\mathcal{M}$: Aus der Funktion $y(x)$ können wir ablesen, dass die Fläche spiegelsymmetrisch bzgl. sowohl der x- als auch der y-Achse ist, siehe dazu auch Abb. 3.13 (d) und (e). Betrachten wir nun die einzelnen Flächen in den Quadranten, die mit Λ_1 bis Λ_4 Abb. 3.13 (e) bezeichnet sind. Was sich nun bei der Integration über die einzelnen Teilflächen Λ_i ändert, ist das Vorzeichen des Integranden xy. Wir können daher schreiben,

$$\int_{\mathcal{M}} dxdy\,xy = \int_{\Lambda_1} dxdy\,|xy| - \int_{\Lambda_2} dxdy\,|xy|$$

$$+ \int_{\Lambda_3} dxdy\,|xy| - \int_{\Lambda_4} dxdy\,|xy| \tag{3.870}$$

$$= \int_{\Lambda_1} dxdy\,xy - \int_{\Lambda_1} dxdy\,xy$$

$$+ \int_{\Lambda_1} dxdy\,xy - \int_{\Lambda_1} dxdy\,xy \tag{3.871}$$

$$= 0. \tag{3.872}$$

Im vorletzten Schritt haben wir die Symmetrie der Fläche $\mathcal{M}$ ausgenutzt, die uns erlaubt eine beliebige Teilfläche Λ_i für die Integration auszuwählen. Ohne explizit das Integral auszurechnen, sehen wir, dass es verschwinden muss.

Zur Übung geben wir noch das Integral über die Teilfläche im ersten Quadranten an,

$$\int_{\Lambda_1} dxdy\,xy = \int_0^1 dx \int_{\frac{1}{2}\sqrt{1-x^2}}^{\sqrt{1-x^2}} dy\,xy \text{ (hier ist } x, y \geq 0) \tag{3.873}$$

$$= -\frac{3}{8} \int_0^1 dx\,x(-1 + x^2) \tag{3.874}$$

$$= -\frac{3}{8}\left(-\frac{x^2}{2} + \frac{x^4}{4}\right)\Big|_0^1 = \frac{3}{32}. \tag{3.875}$$

◀

Lösung zu Aufgabe 3.36

Zunächst stellen wir fest, dass das Ergebnis nicht von der Verschiebung x_0 abhängt. Des Weiteren dürfen wir mit dem *Satz von Fubini*, Th. 3.7, schreiben

$$\int_{-\infty}^{+\infty} dx\, e^{-n^2 x^2} \int_{-\infty}^{+\infty} dy\, e^{-n^2 y^2} = \int_{\mathbb{R}^2} dx dy\, e^{-n^2 x^2} e^{-n^2 y^2} \tag{3.876}$$

$$= \int_{\mathbb{R}^2} dx dy\, e^{-n^2 (x^2 + y^2)}. \tag{3.877}$$

Jetzt sehen wir, warum die Wahl von Polarkoordinaten so günstig ist: Mit $x = r\cos(\varphi)$, $y = r\sin(\varphi)$ und der Jacobi-Determinante r haben wir nämlich

$$\int_{\mathbb{R}^2} dx dy\, e^{-n^2 (x^2 + y^2)} = \int_0^{2\pi} d\varphi \int_0^{\infty} dr\, r\, e^{-n^2 ((r\cos(\varphi))^2 + (r\sin(\varphi))^2)} \tag{3.878}$$

$$= \int_0^{2\pi} d\varphi \int_0^{\infty} dr\, r\, e^{-n^2 r^2} \tag{3.879}$$

$$= 2\pi \int_0^{\infty} dr\, \left[\frac{1}{-2n^2} \frac{d\left(e^{-n^2 r^2}\right)}{dr} \right] \tag{3.880}$$

$$= 2\pi \frac{1}{2n^2} = \frac{\pi}{n^2}. \tag{3.881}$$

Da wir unser ursprüngliches Integral quadriert haben, erhalten wir schließlich

$$\int_{-\infty}^{+\infty} dx\, e^{-n^2 (x - x_0)^2} = \frac{\sqrt{\pi}}{|n|}, \tag{3.882}$$

was dem Ergebnis aus Aufg. 3.21 entspricht. ◄

Lösung zu Aufgabe 3.37

Der Schnitt zwischen dem Paraboloid und einer Ebene ist in Abb. 3.14 dargestellt. Nach dem Satz von Fubini können wir die Reihenfolge der Integrationen über x, y und z frei wählen. Wir beginnen mit der x-Integration. Die untere und obere Integrationsgrenze sind durch die Schnittlinie der beiden Objekte gegeben. Diese Schnittlinie erhalten wir, wenn $z = x^2 + y^2$ (Paraboloid) mit $z = 2y$ (Ebene) gleich gesetzt wird,

$$x^2 + y^2 = 2y \tag{3.883}$$

$$x = \pm \sqrt{z(y) - y^2}. \tag{3.884}$$

Als Nächstes wählen wir die z-Integration. Der kleinstmögliche Wert für z kann nur noch von y abhängen und ist weiterhin durch das Paraboloid gegeben, also

Abb. 3.14 Zu Aufg. 3.37:
Schnitt zwischen einem
Paraboloid und einer Ebene
(beachte: z-Achse zeight
nach unten)

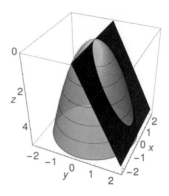

$z_{\min} = y^2$, da wir $x = 0$ wählen können, denn dieser Wert wird bei der x-Integration „getroffen". Der größtmögliche Wert ist durch die Ebene gegeben, also $z_{\max} = 2y$. Es bleibt die y-Integration, die nun weder von x noch von z abhängen darf. Der unter entsprechender Wahl von x und z kleinstmögliche Wert für y ist $y_{\min} = 0$. Der maximale Wert ergibt sich aus dem Gleichungssystem $\{z = 0 + y^2_{\max}, z = 2y_{\max}\}$, denn der höchste Punkt für die Schnittlinie liegt – aufgrund der Symmetrie – bei $x = 0$. Somit ist $y_{\max} = 2$ und wir können zusammenfassen und erhalten das Volumen V aus

$$V = \int_0^2 \mathrm{d}y \int_{y^2}^{2y} \mathrm{d}z \int_{-\sqrt{z-y^2}}^{\sqrt{z-y^2}} \mathrm{d}x. \qquad (3.885)$$

Die Integrale arbeiten wir nacheinander ab,

$$V = \int_0^2 \mathrm{d}y \int_{y^2}^{2y} \mathrm{d}z \, 2\sqrt{z - y^2} \qquad (3.886)$$

$$= \int_0^2 \mathrm{d}y \left[\frac{4}{3}(z - y^2)^{3/2} \right]_{y^2}^{2y} = \frac{4}{3} \int_0^2 \mathrm{d}y \, (2y - y^2)^{3/2}. \qquad (3.887)$$

Das letzte Integral kennen wir aus Aufg. 3.14 (b). Wir erhalten somit $V = \pi/2$.
◄

Lösung zu Aufgabe 3.38

(a) Die Transformation von den kartesischen zu Zylinderkoordinaten ist gegeben durch Def. 3.2

$$x = \rho \cos(\varphi), \qquad (3.888)$$

$$y = \rho \sin(\varphi), \qquad (3.889)$$

$$z = z. \qquad (3.890)$$

Mit Def. 3.7 erhalten wir folgende Jacobi-Matrix

$$\frac{\partial(x, y, z)}{\partial(\rho, \varphi, z)} = \begin{pmatrix} \cos(\varphi) & -\rho\sin(\varphi) & 0 \\ \sin(\varphi) & \rho\cos(\varphi) & 0 \\ 0 & 0 & 1 \end{pmatrix}. \tag{3.891}$$

Die Jacobi-Determinante Def. 3.8 erhalten wir aus $\det(\partial(x, y, z)/\partial(\rho, \varphi, z))$. Wir entwickeln mit dem Laplaceschen Entwicklungssatz Gl. 2.18 nach der letzten Zeile (äquivalent nach der letzten Spalte), da sich dort Nullen befinden,

$$\det\left(\frac{\partial(x, y, z)}{\partial(r, \theta, \varphi)}\right) = 1(-1)^{3+3} \begin{vmatrix} \cos(\varphi) & -\rho\sin(\varphi) \\ \sin(\varphi) & \rho\cos(\varphi) \end{vmatrix} \tag{3.892}$$

$$= \rho(\cos^2(\varphi) + \sin^2(\varphi)) = \rho. \tag{3.893}$$

(b) Die Transformation von den kartesischen zu Kugelkoordinaten ist gegeben durch Def. 3.2

$$x = r\sin(\theta)\cos(\varphi), \tag{3.894}$$

$$y = r\sin(\theta)\sin(\varphi), \tag{3.895}$$

$$z = r\cos(\theta). \tag{3.896}$$

Mit Def. 3.7 erhalten wir folgende Jacobi-Matrix

$$\frac{\partial(x, y, z)}{\partial(r, \theta, \varphi)} = \begin{pmatrix} \sin(\theta)\cos(\varphi) & r\cos(\theta)\cos(\varphi) & -r\sin(\theta)\sin(\varphi) \\ \sin(\theta)\sin(\varphi) & r\cos(\theta)\sin(\varphi) & r\sin(\theta)\cos(\varphi) \\ \cos(\theta) & -r\sin(\theta) & 0 \end{pmatrix}. \tag{3.897}$$

Die Jacobi-Determinante Def. 3.8 erhalten wir somit aus $\det(\partial(x, y, z)/\partial(r, \theta, \varphi))$. Wir entwickeln mit dem Laplaceschen Entwicklungssatz Th. 2.18 nach der letzten Zeile (äquivalent nach der letzten Spalte), da sich dort eine Null befindet,

$$\det\left(\frac{\partial(x, y, z)}{\partial(r, \theta, \varphi)}\right) = \cos(\theta) \begin{vmatrix} r\cos(\theta)\cos(\varphi) & -r\sin(\theta)\sin(\varphi) \\ r\cos(\theta)\sin(\varphi) & r\sin(\theta)\cos(\varphi) \end{vmatrix}$$

$$+ r\sin(\theta) \begin{vmatrix} \sin(\theta)\cos(\varphi) & -r\sin(\theta)\sin(\varphi) \\ \sin(\theta)\sin(\varphi) & r\sin(\theta)\cos(\varphi) \end{vmatrix} \tag{3.898}$$

$$= r^2\sin(\theta)\cos^2(\theta)\cos^2(\varphi) + r^2\sin(\theta)\cos^2(\theta)\sin^2(\varphi)$$

$$+ r^2\sin(\theta)\cos^2(\varphi)\sin^2(\theta) + r^2\sin(\theta)\sin^2(\theta)\sin^2(\varphi) \tag{3.899}$$

$$= r^2\sin(\theta). \tag{3.900}$$

◄

(a) Für die Transformation von dV benötigen wir die Jacobi-Determinante J, Def. 3.8. Diese haben wir in Aufg. 3.38 zu $J = \rho$ errechnet. Damit erhalten wir $dV = dx \, dy \, dz = \rho \, d\rho \, d\phi \, dz$. Geometrisch ist das infinitesimale Volumen in Abb. 3.17 skizziert.

(b) Das Trägheitsmoment in Zylinderkoordinaten ist gegeben durch

$$I_x = \rho_0 \int_V dV \, l^2 \tag{3.901}$$

$$= \rho_0 \int_{-L/2}^{L/2} dz \int_0^R d\rho \, \rho \int_0^{2\pi} d\phi \, \underbrace{(\rho^2 \sin^2(\phi) + z^2)}_{l^2} \tag{3.902}$$

$$= \rho_0 \left(z \Big|_{-L/2}^{L/2} \frac{\rho^4}{4} \Big|_0^R \underbrace{\int_0^{2\pi} d\phi \, \sin^2(\phi)}_{A} + \frac{z^3}{3} \Big|_{-L/2}^{L/2} \frac{\rho^2}{2} \Big|_0^R 2\pi \right). \tag{3.903}$$

Das Integral A lässt sich auf einfachste Weise durch Ausnutzen der Beziehung zwischen sin und cos lösen, siehe Aufg. 3.13, und man erhält $A = \pi$. Somit haben wir

$$I_x = \frac{M}{\pi R^2 L} \left(L \frac{R^4}{4} \pi + \frac{L^3}{12} \pi R^2 \right) \tag{3.904}$$

$$= \frac{1}{4} M R^2 + \frac{1}{12} M L^2. \tag{3.905}$$

◄

(a) Um den Massenmittelpunkt (Schwerpunkt) der Luftsäule zu berechnen, müssen zunächst günstige Koordinaten gewählt werden. Da es sich bei dem Körper um einen Zylinder (Höhe h, Radius R) handelt, liegen Zylinderkoordinaten $\{\rho, \varphi, z\}$ auf der Hand, wobei man nun die Dichte $\rho(z)$ nicht mit dem Radius ρ verwechseln darf! Die Jacobi-Determinante, Th. 3.8, ist $|\mathbf{J}| = \rho$ (siehe Aufg. 3.39). Den Massenmittelpunkt ist gegeben durch

$$\mathbf{r}_s = \frac{1}{M} \int_V \mathbf{r} \rho(\mathbf{r}) \, dV, \tag{3.906}$$

wobei M die Gesamtmasse des Körpers ist, also

$$M = \int_V \rho(\mathbf{r}) \, dV \tag{3.907}$$

und V das Volumen. Wir benötigen somit zunächst M, wobei wir die exponentiell abfallende Dichte aus der Angabe benutzen,

$$M = \int_V dV \, \rho_0 e^{-z/z_0} \tag{3.908}$$

$$= \int_0^h dz \int_0^{2\pi} d\varphi \int_0^R d\rho \, \rho \, \underset{\underset{|\mathbf{J}|}{\uparrow}}{\rho_0 e^{-z/z_0}} \tag{3.909}$$

$$= 2\pi\rho_0 \int_0^h dz \, e^{-z/z_0} \left(\frac{1}{2}\rho^2 \right) \Big|_0^R \tag{3.910}$$

$$= \rho_0 \pi R^2 \int_0^h dz \, e^{-z/z_0} = \rho_0 \pi R^2 \left(-z_0 e^{-z/z_0} \right) \Big|_0^h \tag{3.911}$$

$$= \rho_0 \pi R^2 z_0 \left(1 - e^{-h/z_0} \right). \tag{3.912}$$

Bei einer Höhe von $h = 0$ erhalten wir korrekterweise $M \propto (1 - 1) - 0$. Für die Berechnung des Schwerpunktes wird der Integrand mit $\mathbf{r}$ gewichtet, ansonsten bleibt die Integration die gleiche. Die resultierende Größe ist hier ein Vektor. Wir werden das Integral daher komponentenweise auswerten. Dazu erinnern wir uns, dass der Ortsvektor in Zylinderkoordinaten die Form

$$\mathbf{r} = \begin{pmatrix} \rho \cos(\varphi) \\ \rho \sin(\varphi) \\ z \end{pmatrix} \tag{3.913}$$

hat. Bevor wir jedoch die Komponenten von $\mathbf{r}_s = r_{s,x}\mathbf{e}_x + r_{s,y}\mathbf{e}_y + r_{s,z}\mathbf{e}_z$ berechnen, können wir durch Symmetriebetrachtung schon im Voraus sagen, welche Komponenten verschwinden: Die angegebene Dichte hängt nur von z ab, daher ist es gleichgültig, wie wir die Koordinaten x und y um die z-Achse rotieren, das Problem ist *rotationsinvariant* bzgl. der z-Achse. Somit muss der Schwerpunkt auf der Achse liegen und damit $r_{s,x} = r_{s,y} = 0$. Rechnen wir es direkt aus:

$$r_{s,x} = \frac{1}{M} \int_0^h dz \int_0^{2\pi} d\varphi \int_0^R d\rho \, \rho \, \underset{r_{s,x}}{\underbrace{\rho \cos(\varphi)}} \rho_0 e^{-z/z_0} \tag{3.914}$$

$$= \frac{\rho_0}{M} \int_0^h dz \, e^{-z/z_0} \int_0^R d\rho \, \rho^2 \underset{0}{\underbrace{\int_0^{2\pi} d\varphi \, \cos(\varphi)}} \tag{3.915}$$

$$= 0, \tag{3.916}$$

$$r_{s,y} = \frac{1}{M} \int_0^h dz \int_0^{2\pi} d\varphi \int_0^R d\rho \, \rho \, \underset{r_{s,y}}{\underbrace{\rho \cos(\varphi)}} \rho_0 e^{-z/z_0} \tag{3.917}$$

$$= \frac{\rho_0}{M} \int_0^h dz\, e^{-z/z_0} \int_0^R d\rho\, \rho^2 \underbrace{\int_0^{2\pi} d\varphi\, \sin(\varphi)}_{0} \tag{3.918}$$

$$= 0. \tag{3.919}$$

Wir sehen an diesen Rechnungen auch, dass die Form der z-Abhängigkeit der Dichtefunktion keine Rolle spielt, d. h., beide Komponenten verschwinden, falls $\rho(\mathbf{r}) = \rho(z)$. Nicht-trivial ist nur die z-Komponente,

$$r_{s,z} = \frac{1}{M} \int_0^h dz \int_0^{2\pi} d\varphi \int_0^R d\rho\rho\, z\rho_0 e^{-z/z_0} \tag{3.920}$$

$$= \frac{1}{M} 2\pi \frac{1}{2} R^2 \rho_0 \underbrace{\int_0^h dz\, z e^{-z/z_0}}_{(*)}. \tag{3.921}$$

Das Integral $(*)$ lösen wir mittels Substitution, $z/z_0 = u \Rightarrow dz = z_0 du$, und partieller Integration (Th. 3.5),

$$\int_0^h dz\, z e^{-z/z_0} = z_0^2 \int_{u(0)=0}^{u(h)=h/z_0} du\, \underbrace{u}_{f}\, \underbrace{e^{-u}}_{g'} \tag{3.922}$$

$$= z_0^2 \left(-u e^{-u} \Big|_0^{h/z_0} - \int_0^{h/z_0} du\, (-e^{-u}) \right) \tag{3.923}$$

$$= z_0^2 \left(-\frac{h}{z_0} e^{-h/z_0} + (-e^{-u}) \Big|_0^{h/z_0} \right) \tag{3.924}$$

$$= z_0^2 \left(1 - e^{-h/z_0} \left(1 + \frac{h}{z_0} \right) \right). \tag{3.925}$$

Damit haben wir, nun mit dem Ergebnis aus Gl. 3.912,

$$r_{s,z} = \underbrace{\frac{1}{\rho_0 \pi R^2 z_0 \left(1 - e^{-h/z_0}\right)}}_{1/M} \pi R^2 \rho_0 z_0^2 \left(1 - e^{-h/z_0} \left(1 + \frac{h}{z_0} \right) \right) \tag{3.926}$$

$$= \frac{z_0 \left(1 - e^{-h/z_0} \left(1 + \frac{h}{z_0} \right) \right)}{1 - e^{-h/z_0}} \tag{3.927}$$

$$= \frac{z_0\left(1 - e^{-h/z_0}\right)}{1 - e^{-h/z_0}} - \frac{h e^{-h/z_0}}{1 - e^{-h/z_0}} = z_0 + \frac{h}{1 - e^{+h/z_0}}. \tag{3.928}$$

Im Limes $h \to 0$ gehen Nenner und Zähler des letzten Terms gegen 0, daher benutzen wir die Regel von de L'Hôpital, Th. 3.3,

$$\lim_{h \to 0} \frac{1}{\frac{-1}{z_0} e^{h/z_0}} = -z_0 . \tag{3.929}$$

Damit ist $r_{s,z}$ wie zu erwarten 0. Im Fall von $h \to \infty$ wird der Nenner im letzten Term dagegen 0 und wir erhalten $r_{s,z} = z_0$.

(b) Für das Trägheitsmoment $I_z \equiv \theta_{zz}$ rechnen wir

$$I_z = \int_V \rho(\mathbf{r})(x^2 + y^2)\,\mathrm{d}x\mathrm{d}y\mathrm{d}z \tag{3.930}$$

$$= \int_0^h \mathrm{d}z \int_0^{2\pi} \mathrm{d}\varphi \int_0^R \mathrm{d}\rho\rho\, \rho_0 e^{-z/z_0} \rho^2 \tag{3.931}$$

$$= \frac{2\pi}{4} R^4 \rho_0 \int_0^h \mathrm{d}z\, e^{z/z_0} \tag{3.932}$$

$$= \frac{\pi R^4 \rho_0 z_0}{2}(1 - e^{-h/z_0}) = \frac{R^2}{2} M\,. \tag{3.933}$$

◄

Lösung zu Aufgabe 3.41

In dieser Aufgabe haben wir es mit einem zweidimensionalen Problem zu tun. Da die Kreisscheibe der Masse M homogen ist, gilt für die Dichte (hier Masse/Fläche) $\rho(\mathbf{r}) = \rho_0 = M/A$. Daher vereinfacht sich die Berechnung des Massenmittelpunktes, Gl. 3.10, zu

$$\mathbf{r}_s = \frac{1}{A} \int \mathrm{d}F\, \mathbf{r}\,. \tag{3.934}$$

Zunächst zur Berechnung der Fläche A:

(a) Wir erhalten die Fläche A des Segments mit dem Mittelpunktswinkel ϕ, wenn wir vom zugehörigen Kreissektor das gleichschenklige Dreieck mit den zwei gleich langen Seiten der Länge R und der Höhe h subtrahieren,

$$A = A_{\triangleleft} - A_{\triangle} \tag{3.935}$$

$$= \pi R^2 \frac{\phi}{2\pi} - \frac{h}{2} \underbrace{2\sqrt{R^2 - h^2}}_{\text{Grundseite}}\,. \tag{3.936}$$

Der Mittelpunktswinkel ϕ ergibt sich aus dem Zusammenhang $\cos(\phi/2) = h/R$ (wir halbieren das Dreieck),

$$\arccos\left(\frac{h}{R}\right) = \frac{\phi}{2}\,. \tag{3.937}$$

Wir sehen, dass bei $h = 0$ der Winkel ϕ gerade π ist. Das passt, denn dann liegt gerade ein Halbkreis vor. Mit Gl. 3.936 in 3.937 erhalten wir

$$A = R^2 \arccos\left(\frac{h}{R}\right) - h\sqrt{R^2 - h^2} \tag{3.938}$$

$$\frac{A}{R^2} = \arccos(\xi) - \xi\sqrt{1 - \xi^2}, \quad \xi := \frac{h}{R}. \tag{3.939}$$

(b) Da die Rotationssymmetrie durch den Schnitt zerstört wird, können wir in kartesischen Koordinaten rechnen. Ein infinitesimales Flächenelement ist geben durch $\mathrm{d}x\mathrm{d}y$. Die Integration über y hängt hier an den Integrationsgrenzen von der x-Koordinate ab: Wir integrieren über alle vertikalen Streifen der Breite $\mathrm{d}x$, die in y-Richtung von der Schnittlinie bei $y = h$ bis zur Scheibengrenze bei $\sqrt{R^2 - x^2}$ verlaufen. Ein solcher Streifen hat die Fläche

$$\mathrm{d}x \int_h^{\sqrt{R^2 - x^2}} \mathrm{d}y. \tag{3.940}$$

Für die Gesamtfläche A muss nun über x integriert werden. Beschränkt ist x durch $x_\pm = \pm\sqrt{R^2 - h^2}$. Damit haben wir

$$A = \int_{x_-}^{x_+} \mathrm{d}x \int_h^{\sqrt{R^2 - x^2}} \mathrm{d}y \tag{3.941}$$

$$= \int_{x_-}^{x_+} \mathrm{d}x \, y \Big|_h^{\sqrt{R^2 - x^2}} \tag{3.942}$$

$$= \int_{x_-}^{x_+} \mathrm{d}x \left(\sqrt{R^2 - x^2} - h\right) \tag{3.943}$$

$$\overset{[3.27]}{=} hx_+ + \underbrace{\frac{R^2}{2}\left(\arccos\left(\frac{x_+}{R}\right) - \arccos\left(\frac{-x_+}{R}\right)\right)}_{(*)} - 2hx_+. \tag{3.944}$$

Der Ausdruck $(*)$ kann mit der in Aufg. 1.21 gefundenen Relation Gl. 1.25 vereinfacht werden, sodass wir

$$A = R^2 \arcsin\left(\frac{x_+}{R}\right) - hx_+ \tag{3.945}$$

erhalten. Es sieht noch nicht so aus wie in Gl. 3.938, wir müssen die arcsin-Funktion noch umwandeln: Da das Argument $x_+/R = \sqrt{R^2 - h^2}/R$ in der arcsin-Funktion das Verhältnis aus Gegenkathete zu Hypotenuse darstellt, können wir auch das Verhältnis aus Ankathete zur Hypotenuse wählen und dafür die arccos-Funktion nutzen. Die Ankathete ist in unserem Fall gerade h. Dies liefert schließlich Gl. 3.938.

(c) Vom Massenmittelpunkt $\mathbf{r}_s$ ist bisher nur die x-Komponente bekannt. Nun
wollen wir y_s berechnen und benutzen dafür Gl. 3.934. Das Vorgehen ist fast
identisch mit der Rechnung im Aufgabenteil (a), mit der Ausnahme, dass der
Integrand nun nicht 1, sondern y ist,

$$(\mathbf{r}_s)_y = y_s = \frac{1}{A} \int_{x_-}^{x_+} dx \int_{h}^{\sqrt{R^2-x^2}} dy \, y \tag{3.946}$$

$$= \frac{1}{A} \int_{x_-}^{x_+} dx \left[\frac{1}{2} y^2 \right]_{h}^{\sqrt{R^2-x^2}} \tag{3.947}$$

$$= \frac{1}{A} \int_{x_-}^{x_+} dx \left(-\frac{1}{2} x^2 - \frac{1}{2}(R^2 - h^2) \right) \tag{3.948}$$

$$= \frac{1}{A} \left[-\frac{1}{6} x^3 + \frac{1}{2}(R^2 - h^2) x \right]_{x_-}^{x_+} \tag{3.949}$$

$$= \frac{2}{A} \left(-\frac{1}{6}(R^2 - h^2)^{\frac{3}{2}} + \frac{1}{2}(R^2 - h^2)\sqrt{R^2 - h^2} \right) \tag{3.950}$$

$$= \frac{2}{A} \left(\frac{1}{2} - \frac{1}{6} \right) (R^2 - h^2)^{\frac{3}{2}} \tag{3.951}$$

$$= \frac{2}{3A} (R^2 - h^2)^{\frac{3}{2}}. \tag{3.952}$$

◀

Lösung zu Aufgabe 3.42

(a) Wir stellen zunächst fest, dass die Koordinaten $\{u, v\}$ als Funktionen von w
und z geschrieben werden können, also $u(w, z), v(w, z)$. Damit lässt sich z. B.
die partielle Ableitung $\partial_x u$ mittel Kettenregel schreiben als

$$\frac{\partial u}{\partial x} = \frac{\partial u}{\partial w}\frac{\partial w}{\partial x} + \frac{\partial u}{\partial z}\frac{\partial z}{\partial x}. \tag{3.953}$$

Entsprechend haben wir

$$\begin{vmatrix} \frac{\partial u}{\partial x} & \frac{\partial v}{\partial x} \\ \frac{\partial u}{\partial y} & \frac{\partial v}{\partial y} \end{vmatrix} = \begin{vmatrix} \frac{\partial u}{\partial w}\frac{\partial w}{\partial x} + \frac{\partial u}{\partial z}\frac{\partial z}{\partial x} & \frac{\partial v}{\partial w}\frac{\partial w}{\partial x} + \frac{\partial v}{\partial z}\frac{\partial z}{\partial x} \\ \frac{\partial u}{\partial w}\frac{\partial w}{\partial y} + \frac{\partial u}{\partial z}\frac{\partial z}{\partial y} & \frac{\partial v}{\partial w}\frac{\partial w}{\partial y} + \frac{\partial v}{\partial z}\frac{\partial z}{\partial y} \end{vmatrix} \tag{3.954}$$

$$= \left(\frac{\partial u}{\partial w}\frac{\partial w}{\partial x} + \frac{\partial u}{\partial z}\frac{\partial z}{\partial x} \right)\left(\frac{\partial v}{\partial w}\frac{\partial w}{\partial y} + \frac{\partial v}{\partial z}\frac{\partial z}{\partial y} \right)$$
$$- \left(\frac{\partial u}{\partial w}\frac{\partial w}{\partial y} + \frac{\partial u}{\partial z}\frac{\partial z}{\partial y} \right)\left(\frac{\partial v}{\partial w}\frac{\partial w}{\partial x} + \frac{\partial v}{\partial z}\frac{\partial z}{\partial x} \right) \tag{3.955}$$

$$= \frac{\partial u}{\partial w}\frac{\partial v}{\partial z}\left(\frac{\partial w}{\partial x}\frac{\partial z}{\partial y} - \frac{\partial w}{\partial y}\frac{\partial z}{\partial x} \right) + \frac{\partial u}{\partial z}\frac{\partial v}{\partial w}\left(\frac{\partial z}{\partial x}\frac{\partial w}{\partial y} - \frac{\partial z}{\partial y}\frac{\partial w}{\partial x} \right) \tag{3.956}$$

$$= \left(\frac{\partial u}{\partial w}\frac{\partial v}{\partial z} - \frac{\partial u}{\partial z}\frac{\partial v}{\partial w} \right)\left(\frac{\partial w}{\partial x}\frac{\partial z}{\partial y} - \frac{\partial w}{\partial y}\frac{\partial z}{\partial x} \right) \tag{3.957}$$

$$= \begin{vmatrix} \frac{\partial u}{\partial w} & \frac{\partial v}{\partial w} \\ \frac{\partial u}{\partial z} & \frac{\partial v}{\partial z} \end{vmatrix} \cdot \begin{vmatrix} \frac{\partial w}{\partial x} & \frac{\partial z}{\partial x} \\ \frac{\partial w}{\partial y} & \frac{\partial z}{\partial y} \end{vmatrix} \tag{3.958}$$

$$\det\left(\frac{\partial(u,v)}{\partial(x,y)}\right) = \det\left(\frac{\partial(u,v)}{\partial(w,z)}\right) \det\left(\frac{\partial(w,z)}{\partial(x,y)}\right). \tag{3.959}$$

(b) In Bezug auf den Aufgabenteil (a) wählen wir die Bezeichnungen

$$R_\varphi : (x,y) \mapsto (w,z), \tag{3.960}$$

$$S_{a,b} : (w,z) \mapsto (s,t), \tag{3.961}$$

$$R_{-\varphi} : (s,t) \mapsto (u,v). \tag{3.962}$$

Die Jacobi-Determinanten der Einzeltransformationen ergeben sich zu

$$\det\left(\frac{\partial(w,z)}{\partial(x,y)}\right) = \begin{vmatrix} \cos(\varphi) & \sin(\varphi) \\ -\sin(\varphi) & \cos(\varphi) \end{vmatrix} = \cos^2(\varphi) + \sin^2(\varphi) = 1, \tag{3.963}$$

$$\det\left(\frac{\partial(s,t)}{\partial(w,z)}\right) = \begin{vmatrix} a & 0 \\ 0 & b \end{vmatrix} = ab, \tag{3.964}$$

$$\det\left(\frac{\partial(u,v)}{\partial(s,t)}\right) = 1. \tag{3.965}$$

Die letzte Gleichung beinhaltet, entsprechend zu Gl. 3.963, ebenfalls die Determinante einer Rotation und ist damit 1, (siehe z. B. Aufg. 2.15).
Hier liegt nun die Verkettung

$$(x,y) \mapsto (w,z) \mapsto (s,t) \mapsto (u,v). \tag{3.966}$$

Sukzessives Anwenden der in (a) hergeleiteten Kettenregel auf die Jacobi-Determinante der Gesamtabbildung M liefert uns

$$\det\left(\frac{\partial(u,v)}{\partial(x,y)}\right) = \det\left(\frac{\partial(u,v)}{\partial(s,t)}\right) \det\left(\frac{\partial(s,t)}{\partial(x,y)}\right) \tag{3.967}$$

$$= \det\left(\frac{\partial(u,v)}{\partial(s,t)}\right) \det\left(\frac{\partial(s,t)}{\partial(w,z)}\right) \det\left(\frac{\partial(w,z)}{\partial(x,y)}\right) \tag{3.968}$$

$$= 1 \cdot ab \cdot 1 = ab. \tag{3.969}$$

◄

Lösung zu Aufgabe 3.43

Um in den Koordinaten (u, φ) integrieren zu können, benötigen wir die Jacobi-Determinante, Def. 3.8,

$$\left| \det\left(\frac{\partial(x, y)}{\partial(u, \varphi)} \right) \right| = \left| \det\begin{pmatrix} \frac{\partial x}{\partial u} & \frac{\partial x}{\partial \varphi} \\ \frac{\partial y}{\partial u} & \frac{\partial y}{\partial \varphi} \end{pmatrix} \right| \tag{3.970}$$

$$= \left| \det\begin{pmatrix} a\cos(\varphi) & -au\sin(\varphi) \\ b\sin(\varphi) & bu\cos(\varphi) \end{pmatrix} \right| \tag{3.971}$$

$$= |abu\cos^2(\varphi) + abu\sin^2(\varphi)| = abu. \tag{3.972}$$

Das gesuchte Integral I vereinfacht sich zu

$$I = \int_0^\infty du \int_0^{2\pi} d\varphi \, abu \, \theta(1 - u) \text{ mit der Heaviside Funktion } \theta \tag{3.973}$$

$$= ab \int_0^1 du \int_0^{2\pi} d\varphi u \tag{3.974}$$

$$= 2\pi ab \frac{1}{2} u^2 \Big|_0^1 = \pi ab. \tag{3.975}$$

Das ist gerade die Fläche der Ellipse mit den Halbachsen a und b. ◀

Lösung zu Aufgabe 3.44

(a) Das Volumen können wir natürlich direkt aus der Differenz zweier Halbkugeln erhalten,

$$V = \frac{2}{3}\pi R_a^3 - \frac{2}{3}\pi R_i^3 = \frac{2\pi}{3}\left(R_a^3 - R_i^3\right). \tag{3.976}$$

Gefragt ist aber nach der expliziten Integration. Dabei parametrisieren wir die Halbkugelschale Ω mit dem Radius $R_i \leq r \leq R_a$, dem Azimutwinkel $0 \leq \theta \leq \pi/2$ sowie dem Polarwinkel $0 \leq \varphi < 2\pi$,

$$V = \int_\Omega dV = \int_{R_i}^{R_a} dr \int_0^{\pi/2} d\theta \int_0^{2\pi} d\varphi \, r^2 \sin(\theta) \tag{3.977}$$

$$= \frac{r^3}{3}\Big|_{R_i}^{R_a} (-\cos(\theta))\Big|_0^{\pi/2} 2\pi \tag{3.978}$$

$$= \frac{2\pi}{3}\left(R_a^3 - R_i^3\right), \tag{3.979}$$

was, wie es sein soll, gleich unserem Ergebnis in Gl. 3.976 ist. Damit haben wir eine Dichte von $\rho_0 = M/V = 3\,M/(2\pi)/(R_a^3 - R_i^3)$.

(b) Wir zerlegen das Problem in die Berechnung der einzelnen Komponenten des Massenmittelpunkts $\mathbf{R}$. Dabei schreiben wir die Komponenten von $\mathbf{r}$ ebenfalls in Kugelkoordinaten,

$$R_x = \frac{1}{M} \int_\Omega dV \, \rho_0 x \tag{3.980}$$

$$= \frac{\rho_0}{M} \int_{R_i}^{R_a} dr \int_0^{\pi/2} d\theta \int_0^{2\pi} d\varphi \, r^2 \sin(\theta)[r\cos(\varphi)]. \tag{3.981}$$

Da

$$\int_0^{2\pi} \mathrm{d}\varphi \, \cos(\varphi) = \int_0^{2\pi} \mathrm{d}\varphi \, \sin(\varphi) = 0, \tag{3.982}$$

ist $R_x = 0$. Dies können wir uns auch damit erklären, dass die Schale rotationssymmetrisch ist. Das Gleiche erwarten wir somit auch für R_y,

$$R_y = \frac{1}{M} \int_\Omega \mathrm{d}V \, \rho_0 y \tag{3.983}$$

$$= \frac{\rho_0}{M} \int_{R_i}^{R_a} \mathrm{d}r \int_0^{\pi/2} \mathrm{d}\theta \underbrace{\int_0^{2\pi} \mathrm{d}\varphi \, r^2 \sin(\theta)[r \sin(\varphi)]}_{0}. \tag{3.984}$$

Schließlich für die z-Komponente,

$$R_z = \frac{1}{M} \int_\Omega \mathrm{d}V \, \rho_0 z \tag{3.985}$$

$$= \frac{\rho_0}{M} \int_{R_i}^{R_a} \mathrm{d}r \int_0^{\pi/2} \mathrm{d}\theta \int_0^{2\pi} \mathrm{d}\varphi \, r^2 \sin(\theta)[r \cos(\theta)] \tag{3.986}$$

$$= 2\pi \frac{\rho_0}{M} \left(\int_{R_i}^{R_a} \mathrm{d}r \, r^3 \right) \left(\int_0^{\pi/2} \mathrm{d}\theta \, \sin(\theta) \cos(\theta) \right) \tag{3.987}$$

mit Aufg. 3.14 $\quad = \frac{2\pi}{V} \frac{R_a^4 - R_i^4}{4} \frac{1}{2} \tag{3.988}$

$$= \frac{3}{8} \frac{R_a^4 - R_i^4}{R_a^3 - R_i^3}. \tag{3.989}$$

Damit lassen sich die Grenzfälle bestimmen:
- Für $R_i \to 0$: $R_z = (3/8) R_a$.
- Für $R_i \to R_a$ müssen wir die Regel von de L'Hôpital, Th. 3.3, nutzen, da wir sonst einen unbestimmten Ausdruck der Form $0/0$ erhalten.

$$\lim_{R_i \to R_a} \frac{3}{8} \frac{R_a^4 - R_i^4}{R_a^3 - R_i^3} = \lim_{R_i \to R_a} \frac{3}{8} \frac{\frac{\mathrm{d}}{\mathrm{d}R_i}(R_a^4 - R_i^4)}{\frac{\mathrm{d}}{\mathrm{d}R_i}(R_a^3 - R_i^3)} \tag{3.990}$$

$$= \lim_{R_i \to R_a} \frac{3}{8} \frac{4}{3} \frac{R_i^3}{R_i^2} = \frac{1}{2} R_a. \tag{3.991}$$

(c) Wir nutzen die gleiche Parametrisierung wie in Teilaufgabe (b), bei der die Symmetrieachse die z-Achse ist. Damit gilt für die Komponente in der x-y-Ebene, $\mathbf{r}_\perp$,

$$(\mathbf{r}_\perp)^2 = x^2 + y^2 = r^2 \sin^2(\theta) \cos^2(\varphi) + r^2 \sin^2(\theta) \sin^2(\varphi) \tag{3.992}$$
$$= r^2 \sin^2(\theta). \tag{3.993}$$

Dies nutzen wir nun für die Berechnung des Trägheitsmoments I,

$$I = \int_\Omega dV \, (\mathbf{r}_\perp)^2 \rho(\mathbf{r}) \tag{3.994}$$

$$= \rho_0 \int_{R_i}^{R_a} dr \int_0^{\pi/2} d\theta \int_0^{2\pi} d\varphi \, r^2 \sin(\theta)[r^2 \sin^2(\theta)] \tag{3.995}$$

$$= 2\pi \rho_0 \frac{R_a{}^5 - R_i{}^5}{5} \int_0^{2\pi} d\varphi \, \sin^3(\varphi). \tag{3.996}$$

Das θ-Integral können wir z. B. mit der Rekursionsbeziehung in Gl. 3.51 aus Aufg. 3.26 lösen:

$$\int_0^{2\pi} d\varphi \, \sin^3(\varphi) = J(0, 3) \tag{3.997}$$

$$= \frac{2}{3} J(0, 1) = \frac{2}{3} \int_0^{2\pi} d\varphi \, \sin(\varphi) = \frac{2}{3}. \tag{3.998}$$

Oder man schreibt die sin-Funktion mittels Eulerscher Formel, Th. 1.1, um und expandiert zu

$$\sin^3(\varphi) = \frac{1}{4}(3 \sin(\varphi) - \sin(2\varphi)). \tag{3.999}$$

Dieser Ausdruck lässt sich dann mittels einfacher Substitution lösen. Es gibt noch unzählige andere Möglichkeiten.
Mit Gl. 3.998 lautet das Trägheitsmoment

$$I = \frac{4\pi}{15} \rho_0 (R_a^5 - R_i^5) \tag{3.1000}$$

$$\text{mit Gl. 3.973:} \quad = \frac{2}{5} M \frac{R_a^5 - R_i^5}{R_a^3 - R_i^3}. \tag{3.1001}$$

Dies liefert uns folgende Grenzfälle:
- Für $R_i \to 0$: $I = (2/5) M R_a^2$.

– Für $R_i \to R_a$: Wir rechnen in der gleichen Weise wie in (b), nur diesmal mit

$$\frac{\frac{\mathrm{d}}{\mathrm{d}R_i}(R_a^5 - R_i^5)}{\frac{\mathrm{d}}{\mathrm{d}R_i}(R_a^3 - R_i^3)} = \frac{5}{3}R_i^2. \qquad (3.1002)$$

Das liefert

$$I = \lim_{R_i \to R_a} \frac{2}{5}M\frac{R_a^5 - R_i^5}{R_a^3 - R_i^3} = \frac{2}{3}MR_a^2. \qquad (3.1003)$$

◄

Lösung zu Aufgabe 3.45

(a) Der Tetraeder mit den Punkten $A = (1, -1, 2)$, $B = (2, -1, 2)$, $C = (1, 0, 2)$, $D = (1, -1, 3)$ ist in Abb. 3.15 abgebildet. Man erkennt, dass er aus einer Verschiebung des Tetraeders mit den Punkten $\tilde{A} = (0, 0, 0)$, $\tilde{B} = (1, 0, 0)$, $\tilde{C} = (0, 1, 0)$, $\tilde{D} = (0, 0, 1)$ entsteht. Der Verschiebungsvektor, $\mathbf{v} = (1, -1, 2)^T$, ist in Abb. 3.15 rot eingezeichnet (Koordinaten des Punktes A).

(b) Für die Integration wählen wir die Reihenfolge, bei der wir zunächst über die z-Koordinate integrieren. Das ist nicht zwingend, es kann auch eine andere Reihenfolge gewählt werden. Somit wird für jeden Punkt mit (x, y)-Koordinaten aus dem Dreieck ABC das z-Integral ausgeführt. Die obere Begrenzung ist durch das Dreieck BCD gegeben. Um die Randbedingungen zu erhalten, berechnen wir zunächst die Ebenengleichung für die Ebene, in der das Dreieck BCD liegt. Aus Abb. 3.15, die den verschobenen Tetraeder enthält, erkennen wir, dass der Normalenvektor $\mathbf{n}$ durch $\mathbf{n} = (1, 1, 1)^T$ gegeben ist. Das können wir auch verifizieren, indem wir das Kreuzprodukt aus zwei Vektoren nehmen,

Abb. 3.15 Zu Aufg. 3.45

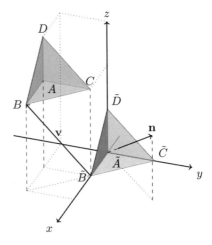

die die Ebene aufspannen, z. B. $\mathbf{a} = \overrightarrow{BC}$ und $\mathbf{b} = \overrightarrow{BD}$. Mit

$$\mathbf{a} = \begin{pmatrix} 1 \\ 0 \\ 2 \end{pmatrix} - \begin{pmatrix} 2 \\ -1 \\ 2 \end{pmatrix} = \begin{pmatrix} -1 \\ 1 \\ 0 \end{pmatrix}, \tag{3.1004}$$

$$\mathbf{b} = \begin{pmatrix} 1 \\ -1 \\ 3 \end{pmatrix} - \begin{pmatrix} 2 \\ -1 \\ 2 \end{pmatrix} = \begin{pmatrix} -1 \\ 0 \\ 1 \end{pmatrix}, \tag{3.1005}$$

erhalten wir[29]

$$\mathbf{n} = \mathbf{a} \times \mathbf{b} = \begin{pmatrix} 1 \\ 1 \\ 1 \end{pmatrix}. \tag{3.1006}$$

Mit dem Normalenvektor sowie einem Stützvektor, z. B. $\mathbf{r}_C = (1, 0, 2)^T$, können wir die Geradengleichung aufstellen,

$$0 \overset{!}{=} \begin{pmatrix} 1 \\ 1 \\ 1 \end{pmatrix} \cdot \left(\begin{pmatrix} x \\ y \\ z \end{pmatrix} - \begin{pmatrix} 1 \\ 0 \\ 2 \end{pmatrix} \right) = x - 1 + y + z - 2 = x + y + z - 3. \tag{3.1007}$$

Das liefert uns die obere Grenze des Integrationsintervalls für die z-Koordinate, nämlich $z_o = 3 - x - y$. Der untere Wert ist durch die Ebene gegeben, in der das Dreieck ABC liegt, und ist $z_u = 2$. Damit ist das Integrationsintervall $z \in [2, 3 - x - y]$. Es bleibt die Integration über x und y. Betrachten wir dazu den verschobenen Tetraeder. Erlauben wir $x \in [0, 1]$, so ist für einen x-Wert der y-Wert eingeschränkt durch die Werte $y = 1 - x$, was der Linie von $\tilde{B}$ nach $\tilde{C}$ entspricht. Somit ist $y \in [0, 1 - x]$. Die entsprechende Bedingung für den ursprünglichen Tetraeder erhalten wir mit dem Verschiebungsvektor $\mathbf{v}$: $x \to x + 1$, $y \to y - 1$. Damit gilt $x \in [1, 2]$ und $y \in [-1, 1 - x]$. Nun

---

[29]Rechte-Hand-Regel beachten: Der *Einheits*normalenvektor muss nach außen vom geschlossenen Körper zeigen.

können wir das Volumenintegral über die Funktion $f(x, y, z) = z$ auswerten,

$$I = \iiint_{\mathcal{T}} dx\,dy\,dz\,f(x, y, z) \tag{3.1008}$$

$$= \int_1^2 dx \int_{-1}^{1-x} dy \int_2^{3-x-y} dz\,z \tag{3.1009}$$

$$= \int_1^2 dx \int_{-1}^{1-x} dy \left(\frac{1}{2}z^2 \Big|_2^{3-x-y}\right) \tag{3.1010}$$

$$= \frac{1}{2} \int_1^2 dx \int_{-1}^{1-x} dy\big((3 - x - y)^2 - 4\big) \tag{3.1011}$$

$$= \frac{1}{2} \int_1^2 dx \left(\frac{32}{3} - 12x + 4x^2 - \frac{x^3}{3}\right) \tag{3.1012}$$

$$= \frac{3}{8}. \tag{3.1013}$$

Betrachten wir noch einmal kurz den verschobenen Tetraeder. Die Reihenfolge der Integrationen ist uns überlassen. Nur die Integrationsgrenzen müssen entsprechend angepasst werden. Wir hätten auch zuerst über x und dann über y integrieren können. Mit $y \in [0, 1]$ ist die Einschränkung für x entsprechend $x \in [0, 1 - y]$. Für den unverschobenen Tetraeder ergibt dies $y \in [-1, 0]$ und $x \in [1, 1 - y]$. Am Ergebnis ändert dies nichts, wie folgende Rechnung zeigt, bei der wir bei Gl. 3.1011 mit entsprechender Vertauschung fortsetzen,

$$I = \frac{1}{2} \int_{-1}^0 dy \int_1^{1-y} dx\big((3 - x - y)^2 - 4\big) \tag{3.1014}$$

$$= \frac{1}{2} \int_{-1}^0 dy \left(2y^2 - \frac{y^3}{3}\right) = \frac{3}{8}. \tag{3.1015}$$

◄

Lösung zu Aufgabe 3.46

(a) In der Summe, in welcher der Nenner $(2n + 1)^2$ ist, wird offensichtlich nur über die ungeraden reziproken Quadrate summiert. Um auf diese Summe zu kommen, muss somit von der Summe, in der alle natürlichen Zahlen vorkommen, jene Summe abgezogen werden, die nur die geraden positiven Zahlen enthält:

$$\sum_{n=0}^{\infty} \frac{1}{(2n+1)^2} = \sum_{n=1}^{\infty} \frac{1}{n^2} - \sum_{n=1}^{\infty} \frac{1}{(2n)^2} \qquad (3.1016)$$

$$= \sum_{n=1}^{\infty} \frac{1}{n^2} - \frac{1}{4} \sum_{n=1}^{\infty} \frac{1}{n^2} \qquad (3.1017)$$

$$= \frac{3}{4} \sum_{n=1}^{\infty} \frac{1}{n^2}. \qquad (3.1018)$$

Wir kennen den Wert der Summe über $1/n^2$, nämlich S. Damit haben wir gezeigt, dass

$$\sum_{n=0}^{\infty} \frac{1}{(2n+1)^2} = \frac{3}{4} S. \qquad (3.1019)$$

(b) Wir schreiben den Integranden $1/(1-xy)$ als geometrische Reihe hin. Dies ist möglich, da die Bedingung hierfür $|xy| < 1$ ist. Da sowohl x als auch y zwischen 0 und 1 liegen und der Fall $xy = 1$ zunächst durch die spätere Limesbildung herausgenommen wurde, können wir schreiben

$$\lim_{a \to 1} \int_0^1 \int_0^a \frac{dx\,dy}{1-xy} = \lim_{a \to 1^-} \int_0^1 \int_0^a dx\,dy \sum_{n=0}^{\infty} (xy)^n \qquad (3.1020)$$

$$= \sum_{n=1}^{\infty} \left(\int_0^1 dy\, y^n \right) \left(\lim_{a \to 1^-} \int_0^a dx\, x^n \right). \qquad (3.1021)$$

Im letzten Schritt haben wir die in diesem Fall erlaubte Vertauschung von Summe und Integral ausgenutzt und das Doppelintegral in zwei separate Integrale aufgeteilt. Letzteres ist möglich, da der Integrand in einen nur von x abhängigen Teil und einen nur von y abhängigen faktorisiert werden kann und die Integrationsgrenzen unabhängig von x und y sind. Es ist auch gleichgültig, ob die Integration über $dx\,dy$ stattfindet oder über $dy\,dx$,[30] da der Integrand invariant gegenüber der Vertauschung $x \leftrightarrow y$ ist. Wir haben somit

---

[30]I. A. ist dies *nicht* gleichgültig, da diese Reihenfolge an die umgekehrte Reihenfolge (Zwiebelschalenprinzip) der Integralzeichen zur Linken gekoppelt ist.

$$\lim_{a\to 1}\int_0^1\int_0^a\frac{\mathrm{d}x\mathrm{d}y}{1-xy} = \sum_{n=0}^{\infty}\left(\frac{1}{n+1}\right)\left(\lim_{a\to 1^-}\frac{1}{n+1}a^{n+1}\right) \tag{3.1022}$$

$$= \sum_{n=0}^{\infty}\frac{1}{(n+1)^2} \tag{3.1023}$$

$$= \sum_{n=1}^{\infty}\frac{1}{n^2}. \tag{3.1024}$$

Wir sehen, dass der Grenzwert von a gegen 1 ohne Schwierigkeiten ausgeführt werden kann. Im darauf folgendem Schritt wurde der Index verschoben, $n \to n-1$. Daher muss aber die Summation bei 1 beginnen. Wir erhalten den gesuchten ersten Zusammenhang zwischen Summe und Doppelintegral. Diesen wandeln wir nun noch etwas um, da wir in der nächsten Teilaufgabe eine Substitution ausnutzen können, die das Integral über $1/(1-(xy)^2)$ trivialisiert. Dafür nutzen wir aus, dass

$$\sum_{n=0}^{\infty}A^{2n} = \sum_{n=0}^{\infty}(A^2)^n = \frac{1}{1-A^2} \tag{3.1025}$$

gilt. Das liefert schließlich äquivalent zu Gl. 3.1020 die gesuchte Beziehung

$$\lim_{a\to 1}\int_0^1\int_0^a\frac{\mathrm{d}x\mathrm{d}y}{1-(xy)^2} = \lim_{a\to 1^-}\int_0^1\int_0^a\mathrm{d}x\mathrm{d}y\sum_{n=0}^{\infty}((xy)^2)^n \tag{3.1026}$$

$$= \sum_{n=1}^{\infty}\left(\int_0^1\mathrm{d}y\,y^{2n}\right)\left(\lim_{a\to 1^-}\int_0^a\mathrm{d}x\,x^{2n}\right) \tag{3.1027}$$

$$= \sum_{n=0}^{\infty}\frac{1}{(2n+1)^2}. \tag{3.1028}$$

(c) Im ersten Schritt benötigen wir den Zusammenhang zwischen den Variablen $\{x, y\}$ und $\{v, w\}$, wir suchen $x(v, w)$ und $y(v, w)$. Ausgehend von

$$\tan(v) = x\sqrt{\frac{1-y^2}{1-x^2}}, \quad \tan(w) = y\sqrt{\frac{1-x^2}{1-y^2}} \tag{3.1029}$$

quadrieren wir beide Gleichungen und bringen sie in die Form

$$(1-x^2)\tan^2(v) = x^2(1-y^2), \tag{3.1030}$$

$$(1-y^2)\tan^2(w) = (1-x^2)y^2. \tag{3.1031}$$

Damit es übersichtlicher wird, definieren wir $a := x^2$, $b := y^2$ und $\lambda_1 :=$ $\tan^2(v)$, $\lambda_2 := \tan^2(w)$. Damit können wir die beiden letzten Gleichungen schreiben als

$$(1 - a)\lambda_1 = a(1 - b), \tag{3.1032}$$

$$(1 - b)\lambda_2 = (1 - a)b. \tag{3.1033}$$

Auflösen der beiden Gleichungen nach a und b liefert

$$a = \frac{\lambda_1(1 + \lambda_2)}{1 + \lambda_1}, \quad b = \frac{\lambda_2(1 + \lambda_1)}{1 + \lambda_2}. \tag{3.1034}$$

Nun wird die Substitution rückgängig gemacht und wir vereinfachen die entstehenden Ausdrücke

$$x^2 = \frac{\tan^2(v)(1 + \tan^2(w))}{1 + \tan^2(v)} \tag{3.1035}$$

$$= \sin^2(v)\frac{\frac{\cos^2(w) + \sin^2(w)}{\cos^2(w)}}{\cos^2(v) + \sin^2(v)} \tag{3.1036}$$

$$= \frac{\sin^2(v)}{\cos^2(w)} \tag{3.1037}$$

$$x = \pm\frac{\sin(v)}{\cos(w)}. \tag{3.1038}$$

Da der Arkustangens auf dem Intervall $(-\pi/2, \pi/2)$ definiert ist und der Faktor von x in Gl. 3.1029 nur positiv sein kann, kommt in der letzten Gleichung nur das positive Vorzeichen infrage. Da das Ergebnis für b sich nur durch eine Vertauschung von λ_1 und λ_2 ergibt, muss im Ergebnis für y nur v und w vertauscht werden und wir erhalten schließlich

$$x = \frac{\sin(v)}{\cos(w)}, \quad y = \frac{\sin(w)}{\cos(v)}. \tag{3.1039}$$

Nun kann die Jacobi-Matrix aufgestellt werden:

$$\frac{\partial(x, y)}{\partial(v, w)} = \begin{pmatrix} \frac{\cos(v)}{\cos(w)} & \frac{\sin(v)\sin(w)}{\cos^2(w)} \\ \frac{\sin(v)\sin(w)}{\cos^2(v)} & \frac{\cos(w)}{\cos(v)} \end{pmatrix}. \tag{3.1040}$$

Damit errechnen wir die Funktionaldeterminante,

$$\det\left[\frac{\partial(x, y)}{\partial(v, w)}\right] = 1 - \frac{\sin^2(v)\sin^2(w)}{\cos^2(w)\cos^2(v)} \tag{3.1041}$$

$$= 1 - (xy)^2. \tag{3.1042}$$

Hier sehen wir, dass sich der Aufwand der Transformation gelohnt hat. Die Funktionaldeterminante kürzt gerade den Integranden im zu lösenden Integral Gl. 3.1026 und wir haben (zusammen mit der Information aus (a) und (b))

$$\frac{3}{4} S = \iint_{\mathcal{F}} \frac{dxdy}{1 - (xy)^2} = \iint_{\tilde{\mathcal{F}}} \left| \det \left[\frac{\partial(x, y)}{\partial(v, w)} \right] \right| dvdw \frac{1}{1 - (xy)^2}$$

$$= \iint_{\tilde{\mathcal{F}}} dvdw. \tag{3.1043}$$

Um das Problem endgültig zu lösen, müssen wir nun noch herausfinden, über welche Fläche $\tilde{\mathcal{F}}$ im neuen Koordinatensystem eigentlich integriert werden soll. Im x-y-System ist es ein Quadrat mit den Eckpunkten $\{(0, 0), (0, 1), (1, 1), (1, 0)\}$. Da $\arctan(0) = 0$ und

$$\lim_{x \to 1} \arctan(x/\sqrt{1 - x^2}) = \pi/2, \tag{3.1044}$$

wird die untere Seite des Quadrats $\{(x, y)|0 \leq x \leq 1, y = 0\}$ bei der Transformation auf $\{(v, w)|0 \leq v \leq \pi/2, w = 0\}$ abgebildet. Für die linke Seite $\{(x, y)|x = 0, 0 \leq y \leq 1\}$ gilt entsprechend die Abbildung auf $\{(v, w)|v = 0, 0 \leq w \leq \pi/2\}$. Die rechte und die obere Seite des Quadrats werden dagegen auf die entsprechenden Punkte $(\pi/2, 0)$ und $(0, \pi/2)$ abgebildet, uns fehlt also noch eine Information über die weitere Abgrenzung des Gebietes. Wir wissen bisher nur, dass das Gebiet innerhalb von $\{(v, w)|0 \leq v \leq \pi/2, 0 \leq w \leq \pi/2\}$ liegt, da der Wertebereich der arctan-Funktion bei positivem Argument $\{0, \pi/2\}$ ist. Die fehlende Information ist im Hinweis der Aufgabe gegeben:

$$v + w = \arctan\left(x \sqrt{\frac{1 - y^2}{1 - x^2}}\right) + \arctan\left(y \sqrt{\frac{1 - x^2}{1 - y^2}}\right) \leq \frac{\pi}{2} \tag{3.1045}$$

Dies definiert die noch fehlende Begrenzung, die durch die Gerade $w = \pi/2 - v$, gegeben ist. Damit ist das Gebiet $\tilde{\mathcal{F}}$ eine Dreiecksfläche (siehe Abb. 3.16) mit den Eckpunkten $\{(0, 0), (0, \pi/2), (\pi/2, 0)\}$. Die Fläche ist somit

$$\iint_{\tilde{\mathcal{F}}} dvdw = \frac{1}{2}\left(\frac{\pi}{2}\right)^2. \tag{3.1046}$$

Damit können wir schließlich mit Gl. 3.1043 S berechnen,

$$\frac{3}{4} S = \iint_{\tilde{\mathcal{F}}} dvdw = \frac{\pi^2}{8} \tag{3.1047}$$

$$S = \frac{\pi^2}{6}. \tag{3.1048}$$

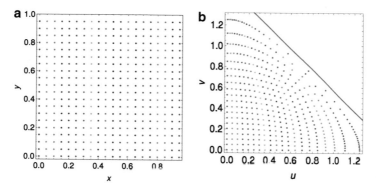

Abb. 3.16 Zu Aufg. 3.46: **a** Punktmenge innerhalb des Quadrats in der x-y-Ebene. **b** Abbildung der Punktmenge aus **a** in die v-w-Ebene. Die Gerade ist gegeben durch $w = \pi/2 - v$

Wenn wir dieses Ergebnis auf das Problem der äquidistant angeordneten Ladungen anwenden, sehen wir, dass die resultierende Kraft auf die Probeladung endlich ist. Man kann zeigen[31], dass dies stets der Fall ist, wenn für die Potenz σ in der langreichweitigen Wechselwirkung $\sim 1/n^\sigma$ gerade $\sigma > 1$ gilt.

Es bleibt noch, Gl. 3.1045 zu zeigen. Dazu bedienen wir uns der in Auf. 1.24 hergeleiteten Relation

$$
\arctan(a) + \arctan(b) =
\begin{cases}
\arctan\left(\frac{a+b}{1-ab}\right) : \text{ für } ab < 1 \\
\frac{\pi}{2}\,\mathrm{sgn}(a) : \text{ für } ab = 1 \\
\arctan\left(\frac{a+b}{1-ab}\right) + \mathrm{sgn}(a)\pi : \text{ für } ab > 1.
\end{cases}
\tag{3.1049}
$$

In unserem Fall ist

$$
ab = x\sqrt{\frac{1-y^2}{1-x^2}}\,y\sqrt{\frac{1-x^2}{1-y^2}} = xy \leq 1,
\tag{3.1050}
$$

daher wird das Argument des Arkustangens nie negativ und das Ergebnis $v+w$ (den divergenten Fall $xy = 1$ mit eingeschlossen) ist stets kleiner gleich $\pi/2$.

◀

Lösung zu Aufgabe 3.47

Wir müssen nur zeigen, dass $d\hat{\mathbf{b}}(s)/ds \propto \hat{\mathbf{n}}$, denn die Proportionalitätskonstante ergibt sich im konkreten Fall und das Vorzeichen ist reine Definition.

---

[31] Siehe Konvergenzverhalten der Dirichlet-Reihe.

Damit die Proportionalität gilt, muss

$$\frac{d\hat{\mathbf{b}}}{ds} \perp \hat{\mathbf{b}} \quad \wedge \quad \frac{d\hat{\mathbf{b}}}{ds} \perp \hat{\mathbf{t}} \tag{3.1051}$$

erfüllt sein. Die erste Bedingung kennen wir aus Aufg. 3.9: Da $\hat{\mathbf{b}} \in \mathbb{R}^3$ und $\|\hat{\mathbf{b}}\| = 1$, steht die Ableitung des Binormalenvektors senkrecht auf ihm selbst. Bleibt die zweite Bedingung aus Gl. 3.1051 zu zeigen. Da am Ende auch die Beziehung zu $\hat{\mathbf{t}}$ auftauchen sollte, stellen wir $\hat{\mathbf{b}}$ mit $\hat{\mathbf{t}}$ und $\hat{\mathbf{n}}$ dar. Dies folgt direkt aus der Definition, Gl. 3.109,

$$\hat{\mathbf{b}} = \hat{\mathbf{t}} \times \hat{\mathbf{n}}, \tag{3.1052}$$

$$\text{und damit} \quad \frac{d\hat{\mathbf{b}}}{ds} = \frac{d\hat{\mathbf{t}}}{ds} \times \hat{\mathbf{n}} + \hat{\mathbf{t}} \times \frac{d\hat{\mathbf{n}}}{ds} \tag{3.1053}$$

$$\overset{[3.108]}{=} \kappa \underbrace{\hat{\mathbf{n}} \times \hat{\mathbf{n}}}_{0} + \hat{\mathbf{t}} \times \frac{d\hat{\mathbf{n}}}{ds}. \tag{3.1054}$$

Da das Ergebnis eines Kreuzproduktes stets senkrecht auf den Faktoren steht, folgt aus der letzten Gleichung

$$\frac{d\hat{\mathbf{b}}}{ds} \perp \hat{\mathbf{t}}. \tag{3.1055}$$

Damit sind beide Bedingungen in Gl. 3.1051 erfüllt. Mit der Wahl $(-\tau)$ als Proportionalitätskonstante erhalten wir schließlich die gesuchte Bedingung. ◄

Lösung zu Aufgabe 3.48

(a) Mit Def. 3.11 benötigen wir zunächst

$$\left\| \frac{d\mathbf{r}(t)}{dt} \right\| = \left\| \begin{pmatrix} -R\omega \sin(\omega t) \\ R\omega \cos(\omega t) \\ v \end{pmatrix} \right\| = \sqrt{(R\omega)^2 + v^2}. \tag{3.1056}$$

Damit ergibt sich die Länge zu

$$L = \int_{t_0}^{t} dt \sqrt{(R\omega)^2 + v^2} = \sqrt{(R\omega)^2 + v^2}(t - t_0). \tag{3.1057}$$

Die entsprechende Parametertransformation ist somit

$$t = t_0 + \frac{1}{\sqrt{(R\omega)^2 + v^2}} s. \tag{3.1058}$$

(b) Mit den Definitionen Def. 3.12 berechnen wir die einzelnen Einheitsvektoren:
Aus Gl. 3.1058 folgt $dt/ds = 1/\sqrt{(R\omega)^2 + v^2}$.
- Tangenteneinheitsvektor:

$$\hat{t} = \frac{d\mathbf{r}(s)}{ds} = \frac{d\mathbf{r}}{dt}\frac{dt}{ds} \tag{3.1059}$$

$$= \begin{pmatrix} -R\omega\sin(\omega t) \\ R\omega\cos(\omega t) \\ v \end{pmatrix} \frac{1}{\sqrt{(R\omega)^2 + v^2}}. \tag{3.1060}$$

- Hauptnormalenvektor:
Wie bei dem Tangenteneinheitsvektor rechnen wir

$$\frac{d\hat{t}(s)}{ds} = \frac{d\hat{t}(t)}{dt}\frac{dt}{ds} \tag{3.1061}$$

$$= \begin{pmatrix} -R\omega^2\cos(\omega t) \\ -R\omega^2\sin(\omega t) \\ 0 \end{pmatrix} \frac{1}{\sqrt{(R\omega)^2 + v^2}^2}. \tag{3.1062}$$

Dies ergibt eine Krümmung von

$$\kappa = \left\| \frac{d\hat{t}(s)}{ds} \right\| = \frac{R\omega^2}{(R\omega)^2 + v^2} = \frac{1}{R}\frac{1}{1 + \left(\frac{v}{R\omega}\right)^2} \tag{3.1063}$$

und somit den Hauptnormalenvektor

$$\hat{n} = \frac{1}{\kappa}\frac{d\hat{t}(s)}{ds} = \begin{pmatrix} -\cos(\omega t) \\ -\sin(\omega t) \\ 0 \end{pmatrix}. \tag{3.1064}$$

- Binormalenvektor:
Da wir wissen, dass $\{\hat{t}, \hat{n}, \hat{b}\}$ ein orthonormales Rechtssystem bildet,

$$\hat{b} := \hat{t} \times \hat{n} \quad \text{nach Gl. 3.109} \tag{3.1065}$$

$$= \frac{1}{\sqrt{(R\omega)^2 + v^2}} \begin{pmatrix} -R\omega\sin(\omega t) \\ R\omega\cos(\omega t) \\ v \end{pmatrix} \times \begin{pmatrix} -\cos(\omega t) \\ -\sin(\omega t) \\ 0 \end{pmatrix} \tag{3.1066}$$

$$= \frac{1}{\sqrt{(R\omega)^2 + v^2}} \begin{pmatrix} v\sin(\omega t) \\ -v\cos(\omega t) \\ Rw \end{pmatrix}. \tag{3.1067}$$

Die Torsion erhalten wir nun mit Gl. 3.111 (Beweis siehe Aufg. 3.47),

$$-\tau \underbrace{\hat{\mathbf{n}} \cdot \hat{\mathbf{n}}}_{1} = \frac{d\hat{\mathbf{b}}(s)}{ds} \cdot \hat{\mathbf{n}} \tag{3.1068}$$

$$\tau = -\left(\frac{d\hat{\mathbf{b}}(t)}{dt} \frac{dt}{ds}\right) \cdot \hat{\mathbf{n}} \tag{3.1069}$$

$$= -\left(\frac{1}{\sqrt{(R\omega)^2 + v^2}} \begin{pmatrix} v\omega \cos(\omega t) \\ v\omega \sin(\omega t) \\ 0 \end{pmatrix} \frac{1}{\sqrt{(R\omega)^2 + v^2}}\right) \cdot \begin{pmatrix} -\cos(\omega t) \\ -\sin(\omega t) \\ 0 \end{pmatrix}$$
$$\tag{3.1070}$$

$$= \frac{v\omega}{(R\omega)^2 + v^2}(\cos^2(\omega t) + \sin^2(\omega t)) = \frac{v\omega}{(R\omega)^2 + v^2} = \frac{1}{R}\frac{\gamma}{1 + \gamma^2}, \tag{3.1071}$$

wobei $\gamma := v/(R\omega)$ ist.

(c) Wir betrachten die Krümmung κ zunächst für konstantes $R\omega =: \lambda =$const.,

$$\kappa = \frac{1}{R}\text{const.} \tag{3.1072}$$

Wir sehen, dass für $R \to 0$ die Krümmung divergiert und für $R \to \infty$ zu Null wird. Aus physikalischer Sicht halten wir hier die Geschwindigkeit $(2\pi R)/(2\pi/\omega)$, mit der sich das Teilchen in der x-y-Ebene bewegt, das sich am Ort $\mathbf{r}(t)$ befindet, fest.

Für den Fall, wo die Zeit $T = 2\pi/\omega$, die für eine Umrundung benötigt wird, festgehalten wird, erhalten wir im Limes kleiner Radien R

$$\lim_{R \to 0} \kappa = \lim_{R \to 0} \frac{1}{R}\frac{1}{\left(\frac{v}{R\omega}\right)^2} = \lim_{R \to 0} \frac{R\omega^2}{v^2} = 0. \tag{3.1073}$$

Dabei haben wir benutzt, dass für $R \to 0$ wir $1 + (v/(R\omega))^2 \approx (v/(R\omega))^2$ approximieren können. Sauberer ist eine Taylor Entwicklung von κ in R um 0,

$$T\kappa(R, 0) = \frac{R\omega^2}{v^2} + \mathcal{O}(R^3). \tag{3.1074}$$

Für kleine Radien spielen die $\mathcal{O}(R^3)$-Terme keine Rolle und wir sehen eine Abnahme von $\kappa \propto R$.

Für den Fall großer Radien schätzen wir ab

$$\lim_{R \to \infty} \kappa = \lim_{R \to \infty} \frac{1}{R}\frac{1}{1 + 0} = 0. \tag{3.1075}$$

Wie im obigen Fall betrachten wir hier noch einmal die Taylor-Entwicklung (siehe mehr dazu in Kapitel 3.8) von κ in $\Lambda := 1/R$ um 0,[32]

$$T\kappa(\Lambda, 0) = \Lambda + \mathcal{O}(\Lambda^3). \tag{3.1076}$$

Hier können wir in entsprechender Weise argumentieren wie für $R \to 0$. Zusammenfassend sehen wir, dass im Fall von $\omega = $ const. wir sowohl für $R \to 0$ als auch für $R \to \infty$ bei einer verschwindenden Krümmung landen. Zwischen diesen extremen Werten für R finden wir ein Maximum für einen bestimmten Wert der Geschwindigkeit in z-Richtung, wie wir gleich sehen werden:

$$\frac{d\kappa}{dR} \overset{!}{=} 0 \tag{3.1077}$$

$$\frac{\omega^2((R\omega)^2 + v^2) - R\omega^2 2(R\omega^2)}{((R\omega)^2 + v^2)^2} = \tag{3.1078}$$

$$\omega^2(v - R\omega)(v + R\omega) = 0 \quad \text{da} \quad (R\omega)^2 + v^2 \neq 0. \tag{3.1079}$$

Damit liegt ein Maximum[33] der Krümmung genau dann vor, wenn $v = R\omega$, also wenn die Geschwindigkeit in z-Richtung, v, gleich der lateralen Geschwindigkeit (= Umlaufgeschwindigkeit) ist.

(d) Wir müssen nur (3.1071) nach einem Maximum in γ absuchen,

$$\frac{d\tau}{d\gamma} \overset{!}{=} 0 \tag{3.1080}$$

$$\frac{1}{R}\frac{(1 - \gamma)(1 + \gamma)}{(1 + \gamma^2)^2} = \tag{3.1081}$$

$$1 = \gamma \quad \text{da} \quad \gamma > 0. \tag{3.1082}$$

Bei gegebenem R ist somit die Torsion maximal, wenn die Krümmung κ maximal ist.

(e) Wir wollen beweisen, dass die Änderung des Hauptnormalenvektors mit der Bogenlänge s sich als Linearkombination der zwei anderen lokalen Basisvektoren schreiben lässt. Dazu drücken wir $\hat{\mathbf{n}}$ zunächst mittels $\hat{\mathbf{t}}$ und $\hat{\mathbf{b}}$ aus. Das gelingt am einfachsten über das Kreuzprodukt, da die drei Vektoren orthonormal sind. Aus der Definition des Binormalenvektors, Gl. 3.109, wissen wir,

$$\hat{\mathbf{b}} := \hat{\mathbf{t}} \times \hat{\mathbf{n}}. \tag{3.1083}$$

---

[32]Dies entspricht gerade der Entwicklung in R um ∞.
[33]Etwas anderes kann es nicht sein, da $\kappa > 0$ für ein endliches R.

Durch zyklisches Vertauschen, Gl. 2.11, erhalten wir $\hat{\mathbf{n}} = \hat{\mathbf{b}} \times \hat{\mathbf{t}}$. Damit ergibt sich

$$\frac{d\hat{\mathbf{n}}}{ds} = \frac{d}{ds}(\hat{\mathbf{b}} \times \hat{\mathbf{t}}) \tag{3.1084}$$

$$= \frac{d}{ds}\left(\epsilon_{mnk}\hat{b}_m\hat{t}_n\mathbf{e}_k\right) \tag{3.1085}$$

$$\overset{*}{=} \epsilon_{mnk}\mathbf{e}_k\left(\frac{d\hat{b}_m}{ds}\hat{t}_n + \hat{b}_n\frac{d\hat{t}_m}{ds}\right) = \underbrace{\frac{d\hat{\mathbf{b}}}{ds}}_{-\tau\hat{\mathbf{n}}}\times\hat{\mathbf{t}} + \hat{\mathbf{b}} \times \underbrace{\frac{d\hat{\mathbf{t}}}{ds}}_{\kappa\hat{\mathbf{n}}} \tag{3.1086}$$

$$= \tau\,\hat{\mathbf{t}} \times \hat{\mathbf{n}} - \kappa\,\hat{\mathbf{n}} \times \hat{\mathbf{b}} \tag{3.1087}$$

$$= \tau\,\hat{\mathbf{b}} - \kappa\,\hat{\mathbf{t}}.$$

∎

In Gl. 3.1086 haben wir Gl. 3.110 und 3.111 ausgenutzt. (*Die Produktregel gilt für jeden *bilinearen Operator*, daher auch für das Kreuzprodukt.)

◄

Lösung zu Aufgabe 3.49

(a) Zunächst stellen wir fest, dass $1 + n^2(x - x_0)^2 > 0$ für alle $n \in \mathbb{N}^*$ und $x \in \mathbb{R}$ und somit die erste Bedingung $\delta_n(x) \geq 0$ erfüllt ist. Wir überprüfen als Nächstes die Normierungsbedingung (2). Dazu substituieren mit $y := n(x - x_0) \Rightarrow dx = dy/n$, wobei sich die Grenzwerte nicht ändern, da $n > 0$

$$\frac{1}{\pi}\int_{-\infty}^{\infty} dx \frac{n}{1 + n^2(x - x_0)^2} = \frac{1}{\pi}\int_{-\infty}^{\infty} dy \frac{1}{1 + y^2} \tag{3.1088}$$

mit Aufg. 3.14: $$= \frac{1}{\pi}\arctan(y)\Big|_{-\infty}^{\infty} = 1. \tag{3.1089}$$

Damit ist (2) erfüllt. Um Bedingung (3) zu zeigen, betrachten wir eine ϵ-Umgebung um x_0, wobei wir durch Substitution das Problem auf die Umgebung um 0 zurückführen,

$$\lim_{n\to\infty}\int_{x_0-\epsilon}^{x_0+\epsilon} dx\,\delta_n(x - x_0) = \lim_{n\to\infty}\int_{-\epsilon}^{\epsilon} dy\,\delta_n(y) \quad \text{mit} \quad y = x - x_0 \Rightarrow dy = dx \tag{3.1090}$$

$$= \lim_{n\to\infty}\frac{1}{\pi}\arctan(ny)\Big|_{-\epsilon}^{\epsilon} = \lim_{n\to\infty}\frac{2}{\pi}\arctan(\epsilon n) \tag{3.1091}$$

$$= 1. \tag{3.1092}$$

Letzteres ist für beliebiges $\epsilon > 0$ erfüllt. Da wir gezeigt haben, dass das Integral über ganz $\mathbb{R}$ den Wert 1 ergibt, liefert das Integral außerhalb der U_ϵ-Umgebung keinen Beitrag.

(b) Die Eigenschaft Gl. 3.118 besagt, dass für eine genügend schnell abfallende Funktion[34]

$$\int_{-\infty}^{\infty} \mathrm{d}x\, f(x)\delta(x - x_0) = f(x_0) \tag{3.1093}$$

gilt. Wir betrachten nun den Fall mit $\delta(x_0 - x)$ und führen diesen durch Substitution $y = x_0 - x \Rightarrow \mathrm{d}y = -\mathrm{d}x$ auf den Fall mit $\delta(x)$ zurück:

$$\int_{-\infty}^{\infty} \mathrm{d}x\, f(x)\delta(x_0 - x) = \int_{\infty}^{-\infty} (-\mathrm{d}y)\, f(x_0 - y)\delta(y) \tag{3.1094}$$

$$= \int_{-\infty}^{\infty} \mathrm{d}y\, f(x_0 - y)\delta(y) \tag{3.1095}$$

$$= f(x_0 - 0) = f(x_0). \tag{3.1096}$$

Damit stimmen Gl. 3.1093 und 3.1096 überein, was die Symmetrie $\delta(x - x_0) = \delta(x_0 - x)$ beweist. Diese Eigenschaft sehen wir auch direkt aus der Eigenschaft Gl. 3.121: In beiden Fällen $\delta(x - x_0)$ und $\delta(x_0 - x)$ hat das Argument der Delta-Distribution die gleiche Nullstelle x_0 und $|(x - x_0)'| = |(x_0 - x)'|$. Damit ist in beiden Fällen die rechte Seite von Gl. 3.121 gleich.

◄

Lösung zu Aufgabe 3.50

(a) Die Funktion $\exp(x - 1)$ hat keine Nullstelle im Integrationsintervall, da sie nur im Limes $x \to -\infty$ gegen 0 geht. Somit liefert das Integral entsprechend Gl. 3.119 den Wert 0.

(b) Wir benutzen die Relation Gl. 3.121, wobei hier $f(x) = 1$ und $g(x) = \tan(x)$ ist. Die Nullstellen von $\tan(x)$ in $x \in [-\pi/4, \pi/4]$ sind $\{0\}$ und $g'(x) = 1/\cos^2(x)$ (siehe Aufg. 3.3). Somit haben wir als Ergebnis $1 \cdot \cos^2(0) = 1$.

(c) Wir benutzen die Relation Gl. 3.121, wobei hier $f(x) = (x + 1)^2$ und $g(x) = \sin(\pi x)$ ist. Die Nullstellen von $\sin(\pi x)$ sind $x = n$ mit $n \in \mathbb{N}$. Mit $\pi/2 \approx 1.5$ haben wir im Intervall $[-\pi/2, \pi/2]$ somit die Nullstellen $\{-1, 0, 1\}$ und $g'(x) = \pi \cos(\pi x)$. Das liefert

$$\int_{-\pi/2}^{\pi/2} \mathrm{d}x\, (x + 1)^2 \delta(\sin(\pi x)) = \sum_{x_0 = -1}^{1} \frac{(x_0 + 1)^2}{\pi |\cos(\pi x_0)|} \tag{3.1097}$$

$$= 0 + \frac{1}{\pi} + \frac{2^2}{\pi} = \frac{5}{\pi}. \tag{3.1098}$$

---

[34]Genauer: Es muss sich um eine Testfunktion handeln.

(d) Wir benutzen die Relation Gl. 3.121, wobei hier $f(y) = y$ und $g(y) = y - \pi$ ist. Da $g(y) = 0$ uns $y_0 = \pi$ als Nullstelle liefert und $\pi > 3$, liegt die Nullstelle außerhalb des Integrationsintervalls und das Integral ist Null.

(e) Wir benutzen die Relation Gl. 3.121, wobei $\exp(x) - 1 = 0 \Rightarrow x = \ln(1) = 0$ uns die einzige Nullstelle liefert. Mit $d(\exp(x) - 1)/dx = \exp(x)$ erhalten wir

$$\int_{-\infty}^{\infty} dx\ f(x)\delta(e^x - 1) = \frac{f(0)}{|\exp(0)|} = f(0). \tag{3.1099}$$

(f) Wir benutzen die Relation Gl. 3.121, wobei hier $f(x) = \sin(x)$ und $g(x) = x^2 - \pi^2/4$ ist. Die Nullstellen von $g(x)$ sind $\{-\pi/2, \pi/2\}$ und $g'(x) = 2x$. Dabei liegt jedoch nur die Nullstelle $x_0 = \pi/2$ im Integrationsintervall. Wir erhalten

$$\int_1^{100} dx\ \sin(x)\delta\left(x^2 - \frac{\pi^2}{4}\right) = \frac{\sin\left(\frac{\pi}{2}\right)}{2 \cdot \frac{\pi}{2}} = \frac{1}{\pi}. \tag{3.1100}$$

(g) Wir benutzen die Relation Gl. 3.121. Hier ist $g(x) = x^2 + 5x + 6 = (x + 2)(x + 3)$ und damit $x_1 = -2$, $x_2 = -3$. Die Ableitung ist gegeben durch $g'(x) = 2x + 5$. Das hier zu berechnende Integral I beginnt jedoch erst bei -2.5, damit wird nur die Nullstelle x_1 mitgenommen. Somit haben wir $I = 1/|-4 + 5| = 1$.

◄

Lösung zu Aufgabe 3.51

Zu zeigen ist

$$\int_{-\infty}^{\infty} dx\ f(x)\delta(g(x)) = \sum_{i=1}^{n} \frac{f(x_i)}{|g'(x_i)|}, \tag{3.1101}$$

wobei wir die n einfachen Nullstellen x_i von g kennen. Nur in einer kleinen Umgebung um diese Nullstellen ist $\delta(g(x))$ endlich. Wir betrachten daher nur Intervalle $(x_i - \epsilon, x_i + \epsilon)$ mit $0 < \epsilon \ll 1$ um diese Nullstellen, da alle anderen Intervalle im Integral nichts liefern. Wir können also auf

$$\int_{-\infty}^{\infty} dx\ f(x)\delta(g(x)) = \sum_{i=1}^{n} \int_{x_i-\epsilon}^{x_i+\epsilon} dx\ f(x)\delta(g(x)) \tag{3.1102}$$

vereinfachen. Ziel ist es nun, das Problem auf die fundamentale Eigenschaft Def. 3.118 zurückzuführen. Dies bewerkstelligen wir mit einer Substitution

$$y = g(x) \Rightarrow dy = g'(x)dx. \tag{3.1103}$$

Wir wissen zudem, dass in den kleinen Umgebungen Umkehrfunktionen $g_{x_i}^{-1}(y) = x$ existieren (sie können sich von Nullstelle zu Nullstelle unterscheiden!). Beides ausgenutzt, können wir umformen zu

$$\sum_{i=1}^{n} \int_{x_i-\epsilon}^{x_i+\epsilon} dx \, f(x) \delta(g(x)) = \sum_{i=1}^{n} \int_{g(x_i-\epsilon)}^{g(x_i+\epsilon)} dy \, \frac{f(g_{x_i}^{-1}(y))}{g'(g_{x_i}^{-1}(y))}. \tag{3.1104}$$

In der Nähe der Nullstellen kann die Ableitung von g unterschiedliches Vorzeichen haben. Wir betrachten eine solche Nullstelle x_i genauer und machen eine Fallunterscheidung

(1) $g'(x) < 0$ mit $x \in (x_i - \epsilon, x_i + \epsilon)$. Das bedeutet aber nichts anderes, als dass $g(x_i - \epsilon) > g(x_i + \epsilon)$. Letzteres bedeutet, dass wir die Integrationsgrenzen in Gl. 3.1104 vertauschen müssen. Das Vorzeichen dieser Vertauschung hebt sich mit dem negativen Vorzeichen der Ableitung auf.

(2) $g'(x) > 0$ mit $x \in (x_i - \epsilon, x_i + \epsilon)$. Das bedeutet aber hier wiederum, dass $g(x_i - \epsilon) < g(x_i + \epsilon)$. Positives Vorzeichen der Ableitung und richtige Relation der Integrationsgrenzen.

Aus beiden Aussagen können wir nun schlussfolgern, dass ein Absolutbetrag der Ableitung $g'(x)$ in den infinitesimalen Umgebungen der Nullstelle uns erlaubt, stets die gleiche Reihenfolge der Integrationsgrenzen zu benutzen. Des Weiteren können wir die Umkehrfunktion ausnutzen, also $g_{x_i}^{-1}(y = 0) = x_i$ mit

$$\sum_{i=1}^{n} \frac{f(g_{x_i}^{-1}(0))}{g'(g_{x_i}^{-1}(0))} = \sum_{i=1}^{n} \frac{f(x_i)}{|g'(x_i)|}. \tag{3.1105}$$

Schließlich, da es mit dem Betrag nicht auf die Reihenfolge der Integrationsgrenzen bei der Integration um die x_i ankommt, können wir das Integral auf ganz $\mathbb{R}$ ausdehnen und erhalten

$$\int_{-\infty}^{\infty} dx \, f(x) \delta(g(x)) = \sum_{i=1}^{n} \frac{f(x_i)}{|g'(x_i)|}. \tag{3.1106}$$

◄

Lösung zu Aufgabe 3.52

Die Dirac-δ-Distribution hat die Eigenschaft $\delta(ax) = \delta(x)/|a|$. Das sehen wir aus der allgemeineren Eigenschaft 3.121: Hier ist die Funktion $f(x) = 1$ und $g(x) = ax$. Die Funktion g hat nur 0 als Nullstelle und $g'(x) = a$. Nimmt man nun x als einheitenlose Größe an, so hat $\delta(x \, \text{kg}) = \delta(x)/|1 \, \text{kg}|$ die Einheit 1/kg.

◄

Lösung zu Aufgabe 3.53

Gesucht ist, entsprechend der Definition 3.76,

$$\hat{\mathbf{n}} = \frac{\mathbf{r}_u \times \mathbf{r}_v}{\|\mathbf{r}_u \times \mathbf{r}_v\|}. \tag{3.1107}$$

Wir haben

$$\mathbf{r}_u = -3\sin(u)\mathbf{e}_x + 3\cos(u)\mathbf{e}_y, \quad \mathbf{r}_v = \mathbf{e}_z. \tag{3.1108}$$

Damit haben wir

$$\mathbf{r}_u \times \mathbf{r}_v = (-3\sin(u)\mathbf{e}_x + 3\cos(u)\mathbf{e}_y) \times \mathbf{e}_z \tag{3.1109}$$
$$= 3\sin(u)\mathbf{e}_y + 3\cos(u)\mathbf{e}_x. \tag{3.1110}$$

Der Betrag ist somit $\|\mathbf{r}_u \times \mathbf{r}_v\| = 3$ und der Flächennormalenvektor ist gegeben durch

$$\hat{\mathbf{n}}(u) = \cos(u)\mathbf{e}_x + \sin(u)\mathbf{e}_y. \tag{3.1111}$$

Der Punkt $\mathbf{r}(u = \pi, v = 2)$ ist nach $\mathbf{r}(u, v) = 3\cos(u)\mathbf{e}_x + 3\sin(u)\mathbf{e}_y + v\mathbf{e}_z$ in kartesischen Koordinaten gegeben durch $\mathbf{r}(u = \pi, v = 2) = (-3, 0, 2)^T$. Damit haben wir

$$\hat{\mathbf{n}}(\pi) = -\mathbf{e}_x. \tag{3.1112}$$

◄

Lösung zu Aufgabe 3.54

(a) Nehmen wir einen Punkt $\mathbf{x} = (x, y, z)^T$, der zur Fläche $\mathcal{F}$ gehört. Dann steht der Vektor $\mathbf{x}_\parallel := \mathbf{x} - \mathbf{x}_0$ senkrecht zum Normalenvektor $\mathbf{n}$ dieser Ebene und es gilt

$$(\mathbf{x} - \mathbf{x}_0) \cdot \mathbf{n} = 0 \tag{3.1113}$$
$$ax + by + cz - x_0a - y_0b - z_0c = 0. \tag{3.1114}$$

Ein Vergleich von Gl. 3.1114 mit 3.148 liefert uns $d = -x_0a - y_0b - z_0c$.

(b) Wir benötigen die Länge des Vektors, der zur Ebene gehört und kollinear zum Normalenvektor ist. Der gegebene Vektor $\mathbf{x}_0$ kann geschrieben werden als Summe dieses Vektors und eines, der in der Ebene liegt. Letzterer steht senkrecht auf $\mathbf{n}$. Normieren wir den Normalenvektor, erhalten wir den Normaleneinheitsvektor $\hat{\mathbf{n}}$. Das Skalarprodukt $\hat{\mathbf{n}} \cdot \mathbf{x}_0 = D$ liefert uns dann den gesuchten Abstand D: Es ist die Projektion des Vektors $\mathbf{x}_0$ auf den Normaleneinheitsvektor,

$$D = |\hat{\mathbf{n}} \cdot \mathbf{x}_0| = \left| \frac{ax_0 + by_0 + cz_0}{\sqrt{a^2 + b^2 + c^2}} \right| = \left| \frac{d}{\sqrt{a^2 + b^2 + c^2}} \right|. \tag{3.1115}$$

c) Die Lösung zum Problem erhalten wir, wenn wir uns Folgendes überlegen: Würde $\mathbf{p}$ sein Vektor sein, der seinen Anfang in der Ebene hat und bei $(p_x, p_y, p_z)^T$ endet, müssten wir $\mathbf{p}$ nur auf den Normaleneinheitsvektor projizieren und wir würden den Abstand der Ebene von $(p_x, p_y, p_z)^T$ erhalten. So ein Vektor ist gerade durch $\mathbf{v} := \mathbf{p} - \mathbf{x}$ gegeben! Somit kann der gesuchte Abstand D_p errechnet werden durch

$$D_p = |\hat{\mathbf{n}} \cdot \mathbf{v}| \tag{3.1116}$$

$$= \frac{|a(x - p_x) + b(y - p_y) + c(z - p_z)|}{\sqrt{a^2 + b^2 + c^2}} \tag{3.1117}$$

$$= \frac{|ap_x + bp_y + cp_z + d|}{\sqrt{a^2 + b^2 + c^2}}. \tag{3.1118}$$

(d) Die Ebene ist in der *Dreipunkteform* (auch Parameterform genannt) dargestellt, im Gegensatz zur *Koordinatenform* der vorigen Teilaufgabe. Eine solche implizite Gleichung erhalten wir durch das Aufstellen der Gl. 3.1113. Dazu benötigen wir den Normalenvektor sowie einen zur Ebene gehörenden Punkt. Führen wir die folgenden Bezeichnungen ein

$$\mathbf{x}_0 + \lambda \mathbf{v}_1 + \mu \mathbf{v}_2 = \begin{pmatrix} 2 \\ 2 \\ -5 \end{pmatrix} + \lambda \begin{pmatrix} 1 \\ 1 \\ 1 \end{pmatrix} + \mu \begin{pmatrix} 1 \\ 2 \\ 3 \end{pmatrix}. \tag{3.1119}$$

Ein offensichtlicher, zu $\mathcal{F}$ gehörender Punkt ist der Stützpunkt $\mathbf{x}_0$ (wir können $\lambda = \mu = 0$ setzen). Aufgespannt wird die Ebene durch die $\mathbf{v}_i$. Somit steht das Kreuzprodukt dieser beiden senkrecht auf der Ebene. Wir erhalten somit der Normalenvektor aus

$$\mathbf{n} = (a, b, c)^T := \mathbf{v}_1 \times \mathbf{v}_2 \tag{3.1120}$$

$$= \begin{pmatrix} 1 \\ -2 \\ 1 \end{pmatrix}. \tag{3.1121}$$

Nun können wir die implizite Gleichung aufstellen,

$$(\mathbf{x} - \mathbf{x}_0) \cdot \mathbf{n} = 0 \tag{3.1122}$$

$$\left(\begin{pmatrix} x \\ y \\ z \end{pmatrix} - \begin{pmatrix} 2 \\ 2 \\ -5 \end{pmatrix} \right) \cdot \begin{pmatrix} 1 \\ -2 \\ 1 \end{pmatrix} = 0 \tag{3.1123}$$

$$x - 2y + z + 7 = 0. \tag{3.1124}$$

Damit haben wir in diesem Fall die Parameter $a = 1, b = -2, c = 1$ und $d = 7$. Diese müssen wir nur noch, zusammen mit den Koordinaten des Punktes $\mathbf{p} = \left(3 = p_x, 1 = p_y, -7 = p_z\right)^T$, in Gl. 3.1118 einsetzen. Wir erhalten damit für den Abstand D_p des Punktes $\mathbf{p}$ von der Ebene $\mathcal{F}$

$$D_p = \frac{|ap_x + bp_y + cp_z + d|}{\sqrt{a^2 + b^2 + c^2}} = \frac{1}{\sqrt{6}}. \tag{3.1125}$$

◄

Lösung zu Aufgabe 3.55

(a) Für Zylinderkoordinaten haben wir nach Def. 3.2 und 3.9 mit $\mathbf{r} = \rho \cos(\varphi)\mathbf{e}_x + \rho \sin(\varphi)\mathbf{e}_y + z\mathbf{e}_z$

$$\frac{\partial \mathbf{r}}{\partial \rho} = \cos(\varphi)\mathbf{e}_x + \sin(\varphi)\mathbf{e}_y, \tag{3.1126}$$

$$\Rightarrow g_\rho = \left|\frac{\partial \mathbf{r}}{\partial \rho}\right| = \cos^2(\varphi) + \sin^2(\varphi) = 1, \tag{3.1127}$$

$$\frac{\partial \mathbf{r}}{\partial \varphi} = -\rho \sin(\varphi)\mathbf{e}_x + \rho \cos(\varphi)\mathbf{e}_y, \tag{3.1128}$$

$$\Rightarrow g_\varphi = \left|\frac{\partial \mathbf{r}}{\partial \varphi}\right| = \rho, \tag{3.1129}$$

$$\frac{\partial \mathbf{r}}{\partial z} = \mathbf{e}_z, \tag{3.1130}$$

$$\Rightarrow g_z = \left|\frac{\partial \mathbf{r}}{\partial z}\right| = 1. \tag{3.1131}$$

Damit haben wir die lokalen Basisvektoren

$$\mathbf{e}_\rho = \frac{1}{g_\rho}\frac{\partial \mathbf{r}}{\partial \rho} = \cos(\varphi)\mathbf{e}_x + \sin(\varphi)\mathbf{e}_y, \tag{3.1132}$$

$$\mathbf{e}_\varphi = \frac{1}{g_\varphi}\frac{\partial \mathbf{r}}{\partial \varphi} = -\sin(\varphi)\mathbf{e}_x + \cos(\varphi)\mathbf{e}_y, \tag{3.1133}$$

$$\mathbf{e}_z = \frac{1}{g_z}\frac{\partial \mathbf{r}}{\partial z} = \mathbf{e}_z. \tag{3.1134}$$

Wir überprüfen nun, ob sie paarweise orthogonal sind, und nutzen dabei die Orthogonalität der kartesischen Basis aus,

$$\mathbf{e}_\rho \cdot \mathbf{e}_\varphi = -\sin(\varphi)\cos(\varphi)\mathbf{e}_x \cdot \mathbf{e}_x + \sin(\varphi)\cos(\varphi)\mathbf{e}_y \cdot \mathbf{e}_y = 0. \tag{3.1135}$$

Da $\mathbf{e}_\rho$ und $\mathbf{e}_\varphi$ Linearkombinationen der Basisvektoren $\mathbf{e}_x$ und $\mathbf{e}_y$ sind, steht $\mathbf{e}_z$ auf ihnen senkrecht. Damit ist die lokale Basis der Zylinderkoordinaten

orthonormal.
Das Linienelement ergibt sich nun durch

$$dr = \sum_m \frac{\partial \mathbf{r}}{\partial q_m} dq_m = \frac{\partial \mathbf{r}}{\partial \rho} d\rho + \frac{\partial \mathbf{r}}{\partial \varphi} d\varphi + \frac{\partial \mathbf{r}}{\partial z} dz \qquad (3.1136)$$

$$= \mathbf{e}_\rho d\rho + \mathbf{e}_\varphi \rho d\varphi + \mathbf{e}_z dz. \qquad (3.1137)$$

Da die lokale Basis der Zylinderkoordinaten orthonormal ist, fallen in der Berechnung von $|dr|^2 = dr \cdot dr$ alle Mischterme weg und wir erhalten

$$|dr|^2 = d\rho^2 + \rho^2 d\varphi^2 + dz^2. \qquad (3.1138)$$

(b) Für Kugelkoordinaten gehen wir in der gleichen Weise wie eben vor: Nach Def. 3.2 und 3.9 haben wir mit $\mathbf{r} = r\sin(\theta)\cos(\varphi)\mathbf{e}_x + r\sin(\theta)\sin(\varphi)\mathbf{e}_y + r\cos(\theta)\mathbf{e}_z$

$$\frac{\partial \mathbf{r}}{\partial r} = \sin(\theta)\cos(\varphi)\mathbf{e}_x + \sin(\theta)\sin(\varphi)\mathbf{e}_y + \cos(\theta)\mathbf{e}_z, \qquad (3.1139)$$

$$\Rightarrow g_r = \left| \frac{\partial \mathbf{r}}{\partial r} \right| = (\sin^2(\theta)(\sin^2(\varphi) + \cos^2(\varphi)) + \cos^2(\theta))^{\frac{1}{2}} = 1, \qquad (3.1140)$$

$$\frac{\partial \mathbf{r}}{\partial \theta} = r(\cos(\theta)\cos(\varphi)\mathbf{e}_x + \cos(\theta)\sin(\varphi)\mathbf{e}_y - \sin(\theta)\mathbf{e}_z), \qquad (3.1141)$$

$$\Rightarrow g_\theta = \left| \frac{\partial \mathbf{r}}{\partial \theta} \right| = r(\cos^2(\theta)(\sin^2(\varphi) + \cos^2(\varphi)) + \sin^2(\theta))^{\frac{1}{2}} = r, \qquad (3.1142)$$

$$\frac{\partial \mathbf{r}}{\partial \varphi} = r(-\sin(\theta)\sin(\varphi)\mathbf{e}_x + \sin(\theta)\cos(\varphi)\mathbf{e}_y), \qquad (3.1143)$$

$$\Rightarrow g_\varphi = \left| \frac{\partial \mathbf{r}}{\partial \varphi} \right| = r(\sin^2(\theta)(\sin^2(\varphi) + \cos^2(\varphi)))^{\frac{1}{2}} = r\sin(\theta). \qquad (3.1144)$$

Dies liefert die lokalen Basisvektoren

$$\mathbf{e}_r = \frac{1}{g_r}\frac{\partial \mathbf{r}}{\partial r} = \sin(\theta)\cos(\varphi)\mathbf{e}_x + \sin(\theta)\sin(\varphi)\mathbf{e}_y + \cos(\theta)\mathbf{e}_z, \qquad (3.1145)$$

$$\mathbf{e}_\theta = \frac{1}{g_\theta}\frac{\partial \mathbf{r}}{\partial \theta} = \cos(\theta)\cos(\varphi)\mathbf{e}_x + \cos(\theta)\sin(\varphi)\mathbf{e}_y - \sin(\theta)\mathbf{e}_z, \qquad (3.1146)$$

$$\mathbf{e}_\varphi = \frac{1}{g_\varphi}\frac{\partial \mathbf{r}}{\partial \varphi} = -\sin(\varphi)\mathbf{e}_x + \cos(\varphi)\mathbf{e}_y. \qquad (3.1147)$$

Wir überprüfen nun, ob sie paarweise orthogonal sind, und nutzen dabei die Orthogonalität der kartesischen Basis aus,

$$\mathbf{e}_r \cdot \mathbf{e}_\theta = \sin(\theta)\cos(\theta)\cos^2(\varphi)\mathbf{e}_x \cdot \mathbf{e}_x + \sin(\theta)\cos(\theta)\sin^2(\varphi)\mathbf{e}_y \cdot \mathbf{e}_y$$
$$- \sin(\theta)\cos(\theta)\mathbf{e}_z \cdot \mathbf{e}_z \tag{3.1148}$$
$$= \sin(\theta)\cos(\theta) - \sin(\theta)\cos(\theta) = 0, \tag{3.1149}$$
$$\mathbf{e}_r \cdot \mathbf{e}_\varphi = - \sin(\theta)\cos(\varphi)\sin(\varphi)\mathbf{e}_x \cdot \mathbf{e}_x + \sin(\theta)\sin(\varphi)\cos(\varphi)\mathbf{e}_y \cdot \mathbf{e}_y \tag{3.1150}$$
$$= 0, \tag{3.1151}$$
$$\mathbf{e}_\theta \cdot \mathbf{e}_\varphi = - \cos(\theta)\cos(\varphi)\sin(\varphi)\mathbf{e}_x \cdot \mathbf{e}_x + \cos(\theta)\sin(\varphi)\cos(\varphi)\mathbf{e}_y \cdot \mathbf{e}_y \tag{3.1152}$$
$$= 0. \tag{3.1153}$$

Somit ist die lokale Basis der Kugelkoordinaten orthonormal.
Das Linienelement ergibt sich nun durch

$$\mathrm{d}\mathbf{r} = \sum_m \frac{\partial \mathbf{r}}{\partial q_m}\,\mathrm{d}q_m = \frac{\partial \mathbf{r}}{\partial r}\,\mathrm{d}r + \frac{\partial \mathbf{r}}{\partial \theta}\,\mathrm{d}\theta + \frac{\partial \mathbf{r}}{\partial \varphi}\,\mathrm{d}\varphi \tag{3.1154}$$

$$= \mathbf{e}_r\,\mathrm{d}r + \mathbf{e}_\theta r\,\mathrm{d}\theta + \mathbf{e}_\varphi r \sin(\theta)\,\mathrm{d}\varphi. \tag{3.1155}$$

Da die lokale Basis der Kugelkoordinaten orthonormal ist, fallen in der Berechnung von $|\mathrm{d}\mathbf{r}|^2 = \mathrm{d}\mathbf{r} \cdot \mathrm{d}\mathbf{r}$ alle Mischterme weg und wir erhalten

$$|\mathrm{d}\mathbf{r}|^2 = \mathrm{d}r^2 + r^2\mathrm{d}\theta^2 + r^2\sin^2(\theta)\mathrm{d}\varphi^2. \tag{3.1156}$$

◄

Lösung zu Aufgabe 3.56

(a) Wie sich die Basisvektoren transformieren, können wir direkt aus Gl. 3.1145–3.1147 ablesen, wenn wir die Basisvektoren als Komponenten eines Vektors aufschreiben, der durch eine Matrix M transformiert wird,

$$\begin{pmatrix} \mathbf{e}_r \\ \mathbf{e}_\theta \\ \mathbf{e}_\varphi \end{pmatrix} = M \begin{pmatrix} \mathbf{e}_x \\ \mathbf{e}_y \\ \mathbf{e}_z \end{pmatrix} \tag{3.1157}$$

$$= \begin{pmatrix} \sin(\theta)\cos(\varphi) & \sin(\theta)\sin(\varphi) & \cos(\theta) \\ \cos(\theta)\cos(\varphi) & \cos(\theta)\sin(\varphi) & -\sin(\theta) \\ -\sin(\varphi) & \cos(\varphi) & 0 \end{pmatrix} \begin{pmatrix} \mathbf{e}_x \\ \mathbf{e}_y \\ \mathbf{e}_z \end{pmatrix}. \tag{3.1158}$$

(b) Das Vektorfeld ist nach Def. 77 eine Funktion, die jedem Punkt $\mathbf{r}$ einer Teilmenge des (hier) $\mathbb{R}^3$ einen Vektor $\mathbf{F}(\mathbf{r}) \in \mathbb{R}^3$ zuordnet. Das Vektorfeld selbst ist also koordinatenunabhängig! Es gilt daher

$$F_x\mathbf{e}_x + F_y\mathbf{e}_y + F_z\mathbf{e}_z = F_r\mathbf{e}_r + F_\theta\mathbf{e}_\theta + F_\varphi\mathbf{e}_\varphi. \tag{3.1159}$$

Mit der Transformation der Basisvektoren, Gl. 3.1145–3.1147, kann die rechte Seite von Gl. 3.1159 wie folgt umgeschrieben werden,

$$
\begin{aligned}
F_r \mathbf{e}_r + F_\theta \mathbf{e}_\theta + F_\varphi \mathbf{e}_\varphi = & \\
F_r (\sin(\theta) \cos(\varphi) \mathbf{e}_x &+ \sin(\theta) \sin(\varphi) \mathbf{e}_y + \cos(\theta) \mathbf{e}_z) \\
+ F_\theta (\cos(\theta) \cos(\varphi) \mathbf{e}_x &+ \cos(\theta) \sin(\varphi) \mathbf{e}_y - \sin(\theta) \mathbf{e}_z) \\
+ F_\varphi (-\sin(\varphi) \mathbf{e}_x &+ \cos(\varphi) \mathbf{e}_y) \\
= \quad (F_r \sin(\theta) \cos(\varphi) &+ F_\theta \cos(\theta) \cos(\varphi) - F_\varphi \sin(\varphi)) \mathbf{e}_x \\
+ (F_r \sin(\theta) \sin(\varphi) &+ F_\theta \cos(\theta) \sin(\varphi) + F_\varphi \cos(\varphi)) \mathbf{e}_y \\
+ (F_r \cos(\theta) &- F_\theta \sin(\theta)) \mathbf{e}_z \\
= \quad F_x \mathbf{e}_x + F_y \mathbf{e}_y &+ F_z \mathbf{e}_z.
\end{aligned}
$$

$$(3.1160)$$
$$(3.1161)$$
$$(3.1162)$$

Für die Transformation der Vektorfeldkomponenten suchen wir nun die Matrix S, die folgende Gleichung erfüllt,

$$
\begin{pmatrix} F_x \\ F_y \\ F_z \end{pmatrix} = S \begin{pmatrix} F_r \\ F_\theta \\ F_\varphi \end{pmatrix}.
\tag{3.1163}
$$

Aus dem direkten Vergleich der Koeffizienten der kartesischen Basisvektoren in Gl. 3.1161 und 3.1162 lassen sich die Einträge von S in Gl. 3.1163 ablesen, wir erhalten

$$
S = \begin{pmatrix}
\sin(\theta) \cos(\varphi) & \cos(\theta) \cos(\varphi) & -\sin(\varphi) \\
\sin(\theta) \sin(\varphi) & \cos(\theta) \sin(\varphi) & \cos(\varphi) \\
\cos(\theta) & -\sin(\theta) & 0
\end{pmatrix}.
\tag{3.1164}
$$

(c) Die Matrix S ist dann eine Rotationsmatrix, wenn sie reell und sowohl orthogonal, $SS^T = \mathbb{1}_3$, als auch orientierungserhaltend ist, $\det(S) = 1$. Offensichtlich ist S reell. Wir überprüfen die Orthogonalität,

$$
SS^T = \begin{pmatrix}
\sin(\theta) \cos(\varphi) & \cos(\theta) \cos(\varphi) & -\sin(\varphi) \\
\sin(\theta) \sin(\varphi) & \cos(\theta) \sin(\varphi) & \cos(\varphi) \\
\cos(\theta) & -\sin(\theta) & 0
\end{pmatrix}
\begin{pmatrix}
\sin(\theta) \cos(\varphi) & \sin(\theta) \sin(\varphi) & \cos(\varphi) \\
\cos(\theta) \cos(\varphi) & \cos(\theta) \sin(\varphi) & -\sin(\varphi) \\
-\sin(\varphi) & \cos(\varphi) & 0
\end{pmatrix}
\tag{3.1165}
$$

$$
= \begin{pmatrix}
\cos^2(\varphi)(\cos^2(\theta) + \sin^2(\theta)) + \sin^2(\varphi) & \cos(\varphi) \sin(\varphi)(\cos^2(\theta) + \sin^2(\theta) - 1) & 0 \\
\text{cc} & \cos^2(\varphi) + \sin^2(\varphi)(\sin^2(\theta) + \cos^2(\theta)) & 0 \\
0 & 0 & \cos^2(\theta) + \sin^2(\theta)
\end{pmatrix}
\tag{3.1166}
$$

$$
= \mathbb{1}_3.
\tag{3.1167}
$$

Mit den Ergebnissen aus (a) und (b) können wir nun die Transformationsmatrix M, Gl. 3.1158, mit S vergleichen. Es gilt $S = M^T$.

◀

Lösung zu Aufgabe 3.57

In kartesischen Koordinaten x_i wissen wir

$$(\nabla f) \cdot d\mathbf{r} = \sum_m \frac{\partial f}{\partial x_m} dx_m = df. \qquad (3.1168)$$

Dieser Zusammenhang ist auch für ein beliebiges orthonormales Koordinatensystem gültig (df ist ein Skalar an jedem $\mathbf{r}$). Wir wissen zwar noch nicht, wie ∇f in der Basis der $\mathbf{e}_{q_i}$ aussieht, können aber formal schreiben

$$\nabla f = \sum_n (\nabla f)_{q_n} \mathbf{e}_{q_n}. \qquad (3.1169)$$

Damit können wir df auf zweierlei Arten schreiben

$$df = \begin{cases} = (\nabla f) \cdot d\mathbf{r} = \sum_k (\nabla f)_{q_k} g_k dq_k \\ = \sum_k \frac{\partial f}{\partial q_k} dq_k \end{cases} \qquad (3.1170)$$

Dabei haben wir für das Linienelement $d\mathbf{r}$ Gl. 3.74 benutzt und

$$\underbrace{\left(\sum_n (\nabla f)_{q_n} \mathbf{e}_{q_n}\right)}_{\nabla f} \cdot \underbrace{\left(\sum_k g_k dq_k \mathbf{e}_{q_k}\right)}_{d\mathbf{r}} = \sum_{n,k} (\nabla f)_{q_n} g_k dq_k \underbrace{(\mathbf{e}_{q_k} \cdot \mathbf{e}_{q_k})}_{\delta_{nk}} \quad (3.1171)$$

$$= \sum_k (\nabla f)_{q_k} g_k dq_k. \qquad (3.1172)$$

Vergleicht man die zwei Darstellungen in Gl. 3.1170, folgt

$$(\nabla f)_{q_k} g_k = \frac{\partial f}{\partial q_k} \qquad (3.1173)$$

$$(\nabla f)_{q_k} = \frac{1}{g_k} \frac{\partial f}{\partial q_k}. \qquad (3.1174)$$

Damit gilt

$$\nabla = \sum_k \mathbf{e}_{q_k} \frac{1}{g_k} \frac{\partial}{\partial q_k}. \qquad (3.1175)$$

◄

Lösung zu Aufgabe 3.58

(a) Die Divergenz ergibt sich zu (wobei $\mathbf{r} = (x, y, z)^T \equiv (x_1, x_2, x_3)^T$)

$$\sum_{n=1}^{3} \partial_{x_n} x_n = \sum_{n=1}^{3} 1 = 3. \tag{3.1176}$$

Wir können auch schreiben

$$\begin{pmatrix} \partial_x \\ \partial_y \\ \partial_z \end{pmatrix} \cdot \begin{pmatrix} x \\ y \\ z \end{pmatrix} = \partial_x x + \partial_y y + \partial_z z = 3. \tag{3.1177}$$

Für die Rotation erhalten wir

$$\begin{pmatrix} \partial_x \\ \partial_y \\ \partial_z \end{pmatrix} \times \begin{pmatrix} x \\ y \\ z \end{pmatrix} = \begin{pmatrix} \partial_y z - \partial_z y \\ \partial_z x - \partial_x z \\ \partial_x y - \partial_y x \end{pmatrix} = \mathbf{0} \tag{3.1178}$$

(b) Mit $\mathbf{A}(\mathbf{r}) = (x + 3y, \, y - 2z, \, x + \alpha z)^T$ erhalten wir

$$\nabla \cdot \mathbf{A}(\mathbf{r}) = \partial_x(x + 3y) + \partial_y(y - 2z) + \partial_z(x + \alpha z) = 1 + 1 + \alpha \overset{!}{=} 0. \tag{3.1179}$$

Damit haben wir $\alpha = -2$. Für diesen Wert ist das Vektorfeld quellenfrei (auch quellfrei genannt).

(c) Die Rotation des Vektorfeldes $\mathbf{A}(\mathbf{r}) = (xz^3, \, -2x^2yz, \, 2yz^4)^T$ ist gegeben durch

$$\nabla \times \mathbf{A}(\mathbf{r}) = \begin{pmatrix} \partial_x \\ \partial_y \\ \partial_z \end{pmatrix} \times \begin{pmatrix} xz^3 \\ -2x^2yz \\ 2yz^4 \end{pmatrix} = \begin{pmatrix} 2z^4 + 2x^2y \\ 3xz^2 - 0 \\ -4xyz - 0 \end{pmatrix}. \tag{3.1180}$$

Dies, am Punkt $(1, -1, 1)^T$ ausgewertet, liefert $(0, 3, 4)^T$.

(d) Wir berechnen die Rotation des Vektorfeldes $\mathbf{A}(\mathbf{r}) = (x + 2y + \alpha z)\mathbf{e}_x + (\beta x - 3y - z)\mathbf{e}_y + (4x + \gamma y + 2z)\mathbf{e}_z$:

$$\nabla \times \mathbf{A}(\mathbf{r}) = \begin{pmatrix} \partial_x \\ \partial_y \\ \partial_z \end{pmatrix} \times \begin{pmatrix} x + 2y + \alpha z \\ \beta x - 3y - z \\ 4x + \gamma y + 2z \end{pmatrix} = \begin{pmatrix} \gamma + 1 \\ \alpha - 4 \\ \beta - 2 \end{pmatrix}. \tag{3.1181}$$

Damit die Rotation verschwindet, muss somit $\gamma = -1$, $\alpha = 4$ und $\beta = 2$ sein. In diesem Fall wird das Vektorfeld rotationsfrei (auch wirbelfrei genannt) genannt und ist.

◄

Lösung zu Aufgabe 3.69

(a) Bezeichnen wir $\mathbf{A}(\mathbf{0}) = \mathbf{w}$. Da das Vektorfeld rotationssymmetrisch ist, muss für jede Rotationsmatrix[35] M

$$\forall M \in \mathrm{SO}(3): \quad M\mathbf{w} \stackrel{!}{=} \mathbf{w} \tag{3.1182}$$

gelten. Das wird nur vom Nullvektor $\mathbf{0}$ erfüllt und wir haben die Bedingung $A(\mathbf{0}) \stackrel{!}{=} \mathbf{0}$.

(b) Die Divergenz des Vektorfeldes $\mathbf{A}$, bei dem $A_\varphi = A_\theta = 0$ und $A_r = A(r)$ gilt, ist mit Aufg. 3.68 in Kugelkoordinaten (r, θ, φ) gegeben durch

$$\nabla \cdot \mathbf{A} = \frac{1}{r^2}\partial_r\left(r^2 A_r\right) + \frac{1}{r\sin(\theta)}\partial_\theta(A_\theta \sin(\theta)) + \frac{1}{r\sin(\theta)}\partial_\varphi A_\varphi \tag{3.1183}$$

$$= \frac{2}{r}A(r) + A'(r). \tag{3.1184}$$

Für einen Ausdruck bei $r = 0$ benötigen wir die Regel von L'Hôpital, da wir sonst im ersten Term von Gl. 3.1184 den unbestimmten Ausdruck $0/0$ erhalten:

$$\lim_{r \to 0} \nabla \cdot \mathbf{A} = \lim_{r \to 0}\left(\frac{2}{r}A(r) + A'(r)\right) \tag{3.1185}$$

$$\stackrel{\text{l'H}}{=} \lim_{r \to 0}\left(\frac{2}{1}A'(r) + A'(r)\right) = 3A'(0). \tag{3.1186}$$

(c) Da es sich bei ∂V um eine Kugeloberfläche handelt, zeigt das Flächenelement $\mathrm{d}\mathbf{F}$ stets radial nach außen, d. h. $\mathrm{d}\mathbf{F} = \mathbf{e}_r \mathrm{d}F$. Damit ist der Integrand

$$\mathrm{d}\mathbf{F} \cdot \mathbf{A}(\mathbf{r}) = (\mathbf{e}_r \mathrm{d}F) \cdot (A(r)\mathbf{e}_r) = A(r)\mathrm{d}F \tag{3.1187}$$

und das Oberflächenintegral

$$\oint_{\partial(V)} \mathrm{d}\mathbf{F} \cdot \mathbf{A}(\mathbf{r}) = \oint_{\partial(V)} \mathrm{d}F\, A(r) \tag{3.1188}$$

$$= A(r)\oint_{\partial(V)} \mathrm{d}F = A(r)(4\pi r^2). \tag{3.1189}$$

Im letzten Schritt haben wir ausgenutzt, dass $r = $ const. auf der Kugeloberfläche ist. Mit dem Kugelvolumen $V = (4/3)\pi r^3$ haben wir schließlich

$$\frac{1}{V}\oint_{\partial(V)} \mathrm{d}\mathbf{F} \cdot \mathbf{A}(\mathbf{r}) = \frac{3}{r}A(r). \tag{3.1190}$$

---

[35] SO(3) ist die Menge der orthogonalen Matrizen aus $\mathbb{R}^{3\times 3}$ mit Determinante eins. Sie wird spezielle orthogonale Gruppe genannt.

(d) Es bleibt, den Limes $V \to 0$ für Gl. 3.1190 auszuführen, was bei einer Kugel $r \to 0$ entspricht:

$$\lim_{r \to 0} \frac{1}{V} \oint_{\partial(V)} d\mathbf{F} \cdot \mathbf{A}(\mathbf{r}) = \lim_{r \to 0} \frac{3}{r} A(r) \tag{3.1191}$$

$$\overset{\text{l'H}}{=} 3A'(0). \tag{3.1192}$$

Da dies dem Ergebnis für die rechte Seite, Gl. 3.1186, entspricht, ist die Gleichheit gezeigt.

◀

Lösung zu Aufgabe 3.59

(a)

$$\nabla(\varphi\mathbf{A}) = \sum_{ijk} \epsilon_{ijk} \frac{\partial}{\partial x_i}(\varphi A_j)\mathbf{e}_k \tag{3.1193}$$

$$= \sum_{ijk} \epsilon_{ijk}\left(\varphi\left(\frac{\partial A_j}{\partial x_i}\right) + \underbrace{\frac{\partial \varphi}{\partial x_i}}_{(\nabla\varphi)_i} A_j\right)\mathbf{e}_k \tag{3.1194}$$

$$= \varphi \sum_{ijk} \epsilon_{ijk} \frac{\partial A_j}{\partial x_i}\mathbf{e}_k + \sum_{ijk} \epsilon_{ijk}(\nabla\varphi)_i A_j \mathbf{e}_k \tag{3.1195}$$

$$= \varphi\nabla \times \mathbf{A} + (\nabla\varphi) \times \mathbf{A}$$

∎

(b)

$$\nabla \cdot (A \times B) = \sum_i \frac{\partial}{\partial x_i}(A \times B)_i \tag{3.1196}$$

$$= \sum_{ijk} \frac{\partial}{\partial x_i}\left(\epsilon_{jki} A_j B_k\right) \tag{3.1197}$$

$$= \sum_{ijk} \epsilon_{jki} \frac{\partial A_j}{\partial x_i} B_k + \sum_{ijk} \epsilon_{jki} \frac{\partial B_k}{\partial x_i} A_j \tag{3.1198}$$

$$= \mathbf{B} \cdot \sum_{ijk} \epsilon_{jki} \frac{\partial A_j}{\partial x_i}\mathbf{e}_k + \mathbf{A} \cdot \sum_{ijk} \underbrace{\epsilon_{jki}}_{-\epsilon_{ikj}} \frac{\partial B_k}{\partial x_i}\mathbf{e}_j \tag{3.1199}$$

$$= \mathbf{B} \cdot (\nabla \times \mathbf{A}) - \mathbf{A} \cdot (\nabla \times \mathbf{B}).$$

∎

(c) Gradientenfelder sind rotationsfrei,

$$\nabla \times (\nabla \varphi) = \sum_{ijk} \epsilon_{ijk} \frac{\partial (\nabla \varphi)_j}{\partial x_i} \mathbf{e}_k = \sum_{ijk} \epsilon_{ijk} \partial_i \partial_j \varphi \mathbf{e}_k \quad \text{wobei gilt} \quad \partial_n \equiv \frac{\partial}{\partial x_n}$$

(3.1200)

$$= - \sum_{ijk} \epsilon_{jik} \partial_j \partial_i \varphi \mathbf{e}_k . \tag{3.1201}$$

Im letzten Schritt haben wir $\epsilon_{ijk} = -\epsilon_{jik}$ ersetzt und die partiellen Ableitungen vertauscht. Letzteres dürfen wir nach dem Satz von Schwarz, Theorem 3.8, da φ als zweimal stetig differenzierbar gegeben ist. Wir dürfen auch auf der rechten Seite den Indizes neue Namen geben, damit aber auch überall i und j vertauschen,

$$\nabla \times (\nabla \varphi) = - \sum_{ijk} \epsilon_{ijk} \partial_i \partial_j \varphi \mathbf{e}_k . \tag{3.1202}$$

Damit gilt aber, nach Vergleich mit Gl. 3.1200,

$$\nabla \times (\nabla \varphi) = - \nabla \times (\nabla \varphi) \tag{3.1203}$$
$$= \mathbf{0} .$$

∎

(d) Diese Teilaufgabe ist das Pendant zu (c). Wir wollen zeigen, dass die Rotation des Vektorfeldes $\mathbf{A}$ (mit den genannten Eigenschaften), keine Quellen hat. Auch hier nutzen wir wie in (c) den Satz von Schwarz sowie die Umbenennung der Indizes aus,

$$\nabla \cdot (\nabla \times \mathbf{A}) = \sum_{l} \partial_l (\nabla \times \mathbf{A})_l \tag{3.1204}$$

$$= \sum_{l} \partial_l \sum_{mn} \epsilon_{mnl} \partial_m A_n \tag{3.1205}$$

$$= \sum_{lmn} \epsilon_{mnl} \partial_l \partial_m A_n . \tag{3.1206}$$

Nach dem Satz von Schwarz, Theorem 3.8:

$$= \sum_{lmn} \epsilon_{mnl} \partial_m \partial_l A_n . \tag{3.1207}$$

Aus der Eigenschaft des Levi-Civita-Symbols:

$$= - \sum_{lmn} \epsilon_{lnm} \partial_m \partial_l A_n . \tag{3.1208}$$

Umbenennen der Indizes liefert:

$$= -\sum_{lmn} \epsilon_{mnl}\partial_l\partial_m A_n \qquad (3.1209)$$

$$= -\nabla \cdot (\nabla \times \mathbf{A}). \qquad (3.1210)$$

Damit muss $\nabla \cdot (\nabla \times \mathbf{A}) = 0$.

(e) Im Folgenden nutzen wir die Einsteinsche Summenkonvention, Def. 2.2, aus,

$$\nabla \times (\nabla \times \mathbf{A}) = \epsilon_{ijk}\frac{\partial(\nabla \times \mathbf{A})_j}{\partial x_i}\mathbf{e}_k \qquad (3.1211)$$

$$= \epsilon_{ijk}\frac{\partial[\overbrace{\epsilon_{lmn}\partial_l A_m \mathbf{e}_n}^{\nabla \times \mathbf{A}} \cdot \mathbf{e}_j]}{\partial x_i}\mathbf{e}_k, \qquad (3.1212)$$

durch $\mathbf{e}_n \cdot \mathbf{e}_j = \delta_{nj}$ entfällt die Summe über n,

$$= \epsilon_{ijk}\partial_i(\epsilon_{lmj}\partial_l A_m)\mathbf{e}_k. \qquad (3.1213)$$

Da das Levi-Civita-Symbol nicht von Koordinaten abhängt, können wir die Ableitung mit ihm kommutieren. Das Produkt $\epsilon_{ijk}\epsilon_{lmj}$ kann nun mit den Relationen aus Aufg. 2.10 vereinfacht werden.[36] Mit

$$\epsilon_{ijk}\epsilon_{lmj} = \epsilon_{kij}\epsilon_{lmj} = \delta_{kl}\delta_{im} - \delta_{km}\delta_{il} \qquad (3.1214)$$

erhalten wir

$$\nabla \times (\nabla \times \mathbf{A}) = (\delta_{kl}\delta_{im} - \delta_{km}\delta_{il})\partial_i\partial_l A_m \mathbf{e}_k \qquad (3.1215)$$

$$= \partial_k \underbrace{\partial_i A_i}_{\nabla \cdot \mathbf{A}} \mathbf{e}_k - \underbrace{\partial_i\partial_i \overbrace{A_k\mathbf{e}_k}^{\mathbf{A}}}_{=\Delta\mathbf{A}} \qquad (3.1216)$$

$$= \nabla(\nabla \cdot \mathbf{A}) - \Delta\mathbf{A}.$$

■

(f) Wir betrachten alle Terme zunächst separat,

$$\nabla(\mathbf{A} \cdot \mathbf{B}) = \mathbf{e}_i\partial_i(A_j B_j) = \mathbf{e}_i(\partial_i A_j)B_j + \mathbf{e}_i(\partial_i B_j)A_j, \qquad (3.1217)$$

$$\mathbf{A} \times (\nabla \times \mathbf{B}) = \epsilon_{ijk}A_i(\nabla \times \mathbf{B})_j\mathbf{e}_k \qquad (3.1218)$$

$$= A_i\epsilon_{ijk}\epsilon_{lmj}(\partial_l B_m)\mathbf{e}_k. \qquad (3.1219)$$

---

[36]Man beachte, dass der Index, über den summiert wird in den Relationen, nicht an anderen Termen hängt!

Auch hier können wir die Relation Gl. 3.1214 aus Aufg. 2.10 ausnutzen, da über j summiert wird und dieser Index an keinem anderen Term hängt,

$$\mathbf{A} \times (\nabla \times \mathbf{B}) = A_i(\delta_{kl}\delta_{im} - \delta_{km}\delta_{il})\partial_l B_m \mathbf{e}_k \qquad (3.1220)$$

$$= A_i \partial_k B_i \mathbf{e}_k - A_i \partial_i B_k \mathbf{e}_k \qquad (3.1221)$$

$$= A_i \partial_k B_i \mathbf{e}_k - (\mathbf{A} \cdot \nabla)\mathbf{B}. \qquad (3.1222)$$

Entsprechend haben wir, durch Hinzufügen des Terms, der durch Vertauschen von $\mathbf{A}$ und $\mathbf{B}$ entsteht,

$$\mathbf{A} \times (\nabla \times \mathbf{B}) + \mathbf{B} \times (\nabla \times \mathbf{A}) = A_i \partial_k B_i \mathbf{e}_k + B_i \partial_k A_i \mathbf{e}_k$$
$$- (\mathbf{A} \cdot \nabla)\mathbf{B} - (\mathbf{B} \cdot \nabla)\mathbf{A} \qquad (3.1223)$$
$$= \nabla(\mathbf{A} \cdot \mathbf{B}) - (\mathbf{A} \cdot \nabla)\mathbf{B} - (\mathbf{B} \cdot \nabla)\mathbf{A}. \qquad (3.1224)$$

Damit haben wir

$$\mathbf{A} \times (\nabla \times \mathbf{B}) + \mathbf{B} \times (\nabla \times \mathbf{A}) + (\mathbf{A} \cdot \nabla)\mathbf{B} + (\mathbf{B} \cdot \nabla)\mathbf{A} = \nabla(\mathbf{A} \cdot \mathbf{B}).$$

∎

(g) Das Vorgehen ist ähnlich zu (e),

$$\nabla \times (\mathbf{A} \times \mathbf{B}) = \epsilon_{ijk}\partial_i (\mathbf{A} \times \mathbf{B})_j \mathbf{e}_k \qquad (3.1225)$$

$$= \epsilon_{ijk}\partial_i (\epsilon_{lmj} A_l B_m)\mathbf{e}_k \qquad (3.1226)$$

$$= \underbrace{\epsilon_{kij}\epsilon_{lmj}}_{\delta_{kl}\delta_{im}-\delta_{km}\delta_{il}} \partial_i (A_l B_m)\mathbf{e}_k \qquad (3.1227)$$

$$= \partial_i (A_k B_i)\mathbf{e}_k - \partial_i (A_i B_k)\mathbf{e}_k \qquad (3.1228)$$

$$= B_i \partial_i \underbrace{A_k \mathbf{e}_k}_{\mathbf{A}} + \underbrace{A_k \mathbf{e}_k}_{\mathbf{A}} \underbrace{\partial_i B_i}_{\nabla \cdot \mathbf{B}} - \underbrace{B_k \mathbf{e}_k}_{\mathbf{B}} \underbrace{\partial_i A_i}_{\nabla \cdot \mathbf{A}} - A_i \partial_i \underbrace{B_k \mathbf{e}_k}_{\mathbf{B}} \qquad (3.1229)$$

$$= (\mathbf{B} \cdot \nabla)\mathbf{A} + \mathbf{A}(\nabla \cdot \mathbf{B}) - \mathbf{B}(\nabla \cdot \mathbf{A}) - (\mathbf{A} \cdot \nabla)\mathbf{B}. \qquad (3.1230)$$

(h) Wenn ein Ausdruck $f(A, B)$ symmetrisch unter der Vertauschung von A und B ist, so können wir ihn auch wie folgt aufteilen mithilfe einer passenden Funktion g,

$$f(A, B) = g(A, B) + g(B, A). \qquad (3.1231)$$

Dabei muss die Symmetrie unter der Vertauschung von A und B auf beiden Seiten gleich sein,

$$f(B, A) \stackrel{!}{=} g(B, A) + g(A, B). \qquad (3.1232)$$

Man beachte, dass die Funktion g dabei keine bestimmte Symmetrie bzgl. der Vertauschung von A und B haben muss!

Da wir von einem symmetrischen Fall ausgehen, ist die linke Seite gleich $f(A, B)$. Auf der rechten Seite kommutieren beide Ausdrücke und wir haben wieder

$$f(A, B) = g(A, B) + g(B, A), \qquad (3.1233)$$

was dem ursprünglichen Ausdruck entspricht.

Ist dagegen $f(A, B)$ antisymmetrisch unter der Vertauschung von A und B, also $f(A, B) = -f(B, A)$, so muss die Summation mit der Hilfsfunktion g entsprechend einen Vorzeichenwechsel beinhalten,

$$f(B, A) = g(B, A) - g(A, B) \qquad (3.1234)$$

$$-f(A, B) \overset{!}{=} g(B, A) - g(A, B) \qquad (3.1235)$$

$$-f(A, B) \overset{!}{=} -(g(A, B) - g(B, A)) \qquad (3.1236)$$

$$-f(A, B) = -f(A, B).$$

∎

In den obigen Teilaufgaben muss das Vorzeichen vor dem Term $(\mathbf{A} \leftrightarrow \mathbf{B})$ somit entsprechend der Symmetrie der linken Seite bzgl. der Vertauschung von $\mathbf{A}$ und $\mathbf{B}$ ausgewählt werden. Wir sehen z. B. in Teilaufgabe (b), dass für die linke Seite, aufgrund der Antisymmetrie des Kreuzproduktes,

$$\nabla \cdot (\mathbf{A} \times \mathbf{B}) = -\nabla \cdot (\mathbf{B} \times \mathbf{A}) \qquad (3.1237)$$

gilt. Folglich muss die Aufteilung entsprechend Gl. 3.1234 vorgenommen werden.

◄

Lösung zu Aufgabe 3.60

(a) Es ist angegeben, dass ein Potential V zum Vektorfeld $\mathbf{F}$ existiert. Da Gradientenfelder (Def. 3.21) rotationsfrei sind (siehe Aufg. 3.59), ist $\nabla \times \mathbf{F} = \mathbf{0}$. Für die Quellen berechnen wir die Divergenz,

$$\nabla \cdot \mathbf{F} = \sum_{l=1}^{3} \partial_{x_l} x_l e^{x_1^2 + x_2^2 + x_3^2} = e^{r^2}(3 + 2r^2). \qquad (3.1238)$$

Diese Größe ist für alle r größer als Null.

Da das Vektorfeld rotationssymmetrisch ist,

$$\mathbf{F} = F_r \hat{\mathbf{r}} + \underbrace{F_\theta \hat{\boldsymbol{\theta}} + F_\varphi \hat{\boldsymbol{\varphi}}}_{\text{hier } 0} \qquad (3.1239)$$

$$= \hat{\mathbf{r}} \, r e^{r^2}, \qquad (3.1240)$$

sind die passenden Koordinaten hier die Kugelkoordinaten, Def. 3.2. Unter Benutzung von Th. 3.18 errechnet sich die Divergenz in diesen zu

$$\nabla \cdot \mathbf{F} = \frac{1}{r^2}\partial_r\left(r^2 F_r\right) + \frac{1}{r\sin(\theta)}\partial_\theta(F_\theta\sin(\theta)) + \frac{1}{r\sin(\theta)}\partial_\varphi F_\varphi \quad (3.1241)$$

mit $F_\theta = F_\varphi = 0$

$$= \frac{1}{r^2}\partial_r\left(r^2\left(re^{r^2}\right)\right) \quad (3.1242)$$

$$= \frac{1}{r^2}e^{r^2}r^2(3 + 2r^2) = e^{r^2}(3 + 2r^2). \quad (3.1243)$$

(b) Der Gradient des Potentials gibt die Richtung des stärksten Anstiegs von V, also ist $\nabla V = -\mathbf{F}$. Da $\mathbf{F}$ proportional zu $\mathbf{r}$ ist, liegt der stärkste Anstieg im Punkt $(1, 1, 0)^T$ in $(-1, -1, 0)^T$-Richtung.

(c) Da das Vektorfeld $\mathbf{F}$ senkrecht auf den Äquipotentialflächen liegt und $\mathbf{F}$ nur aus einer radialen Komponente besteht, sind die Äquipotentialflächen Kugeloberflächen um den Ursprung.

◀

Lösung zu Aufgabe 3.61

(a) Wir wenden den Laplace-Operator $\Delta = \sum_i \partial_{x_i}^2$ auf das skalare Feld $U(\mathbf{r}) = \sum_i r^{-3}p_i x_i$ an. Hier bietet es sich an, mit Indizes zu rechnen, wobei wir z.B.

$$\partial_{x_i} r = \partial_{x_i}\left(\sum_l x_l^2\right)^{\frac{1}{2}} = \frac{1}{2}r^{-1}\left(\sum_l 2x_l\delta_{il}\right) = \frac{1}{2}r^{-1}2x_i = \frac{x_i}{r} \quad (3.1244)$$

nutzen:

$$\Delta U(\mathbf{r}) = \sum_{ij}\partial_{x_i}^2\frac{p_j x_j}{\left(\sum_k x_k^2\right)^{\frac{3}{2}}} \quad (3.1245)$$

$$= \sum_{ij}p_j\partial_{x_i}\left(\frac{\delta_{ij}r^3 - x_j 3r^2\frac{x_i}{r}}{r^6}\right) \quad (3.1246)$$

$$= \sum_{ij}p_j\partial_{x_i}\left(\frac{\delta_{ij}}{r^3} - \frac{3x_j x_i}{r^5}\right) \quad (3.1247)$$

$$= \sum_{ij}p_j\left(-3\delta_{ij}r^{-4}\frac{x_i}{r} - 3\frac{(\delta_{ij}x_i + x_j)r^5 - x_j x_i 5r^4\frac{x_i}{r}}{r^{10}}\right) \quad (3.1248)$$

$$= \sum_{ij}p_j\left(-3\delta_{ij}\frac{x_i}{r^5} - 3\frac{\delta_{ij}x_i + x_j}{r^5} - 15\frac{x_j x_i^2}{r^7}\right) \quad (3.1249)$$

$$= \sum_{j}p_j\left(-6\frac{x_j}{r^5} - 3\frac{x_j}{r^5}\underbrace{\sum_i 1}_{3} + 15\frac{x_j}{r^7}\underbrace{\sum_i x_i^2}_{r^2}\right) \quad (3.1250)$$

$$= \sum_{j}p_j \cdot 0 = 0. \quad (3.1251)$$

(b) Auch hier ist es sehr viel übersichtlicher und eleganter, mit Indizes zu rechnen. Selbst eine Änderung der Dimension ist in der Schreibweise kein Problem. Wir erhalten in zwei Dimensionen:

$$\Delta\phi(r) = \sum_k \partial^2_{x_k} \ln\left(\sqrt{\sum_j x_j^2}\right) = \frac{1}{2}\sum_k \partial^2_{x_k} \ln\left(\sum_j x_j^2\right) \tag{3.1252}$$

$$= \sum_k \partial_{x_k}\left(\underbrace{\frac{1}{r^2}\sum_j 2x_j\delta_{kj}}_{2x_k}\right) \tag{3.1253}$$

mit Gl. 3.1244

$$= 2\sum_k \frac{r^2 - x_k 2r\frac{x_k}{r}}{r^4} \tag{3.1254}$$

$$= 2\frac{2r^2 - 2r^2}{r^4} = 0. \tag{3.1255}$$

Damit handelt es sich bei ϕ um eine harmonische Funktion.

◄

Lösung zu Aufgabe 3.62

(a) Ein Vektorfeld ist konservativ, wenn Wirbelfreiheit des Feldes vorliegt, d. h., wenn die Rotation verschwindet,

$$\nabla \times \mathbf{F} \overset{!}{=} 0 \tag{3.1256}$$

$$\begin{pmatrix} \partial_x \\ \partial_y \\ \partial_z \end{pmatrix} \times \begin{pmatrix} ye^{xy} \\ xe^{xy} \\ 0 \end{pmatrix} = \sum_{n,m,k=1}^{3} (\partial_n F_m(x,y,z))\epsilon_{nmk}\mathbf{e}_k \overset{!}{=} 0 \tag{3.1257}$$

$$\begin{pmatrix} 0 \\ 0 \\ e^{xy} + xye^{xy} - e^{xy} - xye^{xy} \end{pmatrix} = 0, \tag{3.1258}$$

wobei ϵ_{nmk} das *Levi-Civita-Symbol* (manchmal *total anti-symmetrischer Tensor* genannt) darstellt (siehe Def. 2.5). Damit ist das Feld wirbelfrei!

(b) Die kürzeste Verbindung von $\mathbf{P}$ nach $\mathbf{Q}$ ist entlang der x-Achse, d. h., wählen wir als Parameter t, so ist die einfachste Parametrisierung $x(t) = t$, wobei t durch $t \in [-1, 1]$ eingeschränkt werden muss. Dies entspricht in der Physik bei der Wahl von Einheiten $[x] = m$, $[t] = s$ der Bewegungsgleichung $x(t) = vt$, wobei die Geschwindigkeit gerade $v = 1\,\text{m/s}$ entspricht. Die y- und die z-Koordinate sollten sich nicht ändern, also $y(t) = z(t) = 0$. Um die Arbeit W

zu berechnen, muss

$$W = \int_C \mathbf{F}(t) \cdot d\mathbf{r} \tag{3.1259}$$

ausgewertet werden. Das Differential $d\mathbf{r}$ ergibt sich mittels (man erinnere sich an die *totale Zeitableitung*)

$$d\mathbf{r} = \dot{\mathbf{r}}(t)dt = \begin{pmatrix} \dot{x}(t) \\ \dot{y}(t) \\ \dot{z}(t) \end{pmatrix} dt = \begin{pmatrix} 1 \\ 0 \\ 0 \end{pmatrix} dt \tag{3.1260}$$

Wird nun die Parametrisierung in $\mathbf{F}$ eingesetzt, erhalten wir
$\mathbf{F}(x(t), y(t), z(t)) = (0, t, 0)^T$. Man sieht nun, dass der Integrand in

$$\int_{C(t)} \underbrace{\mathbf{F}(t) \cdot \dot{\mathbf{r}}(t)}_{0} \, dt \tag{3.1261}$$

identisch Null ist, da $\dot{\mathbf{r}} \cdot \mathbf{F}(t) = 0$. Damit wird keine Arbeit verrichtet, $W = 0$.

(c) Da das Vektorfeld $\mathbf{F}$ konservativ ist, existiert ein Potential ϕ. Und weil es sich hier um ein Kraftfeld handelt, gilt die Definition $-\nabla\phi(\mathbf{r}) = \mathbf{F}(\mathbf{r})$. In der Mathematik wird das Potential *ohne* negatives Vorzeichen definiert. Nun muss also

$$-\partial_i \phi = F_i, \quad \text{mit} \quad i \in x, y, z \tag{3.1262}$$

gelten. Man kann erraten, dass $\phi(x, y, z) = -e^{xy} + c$ sein muss, da es Gl. 3.1262 erfüllt. Die Konstante c wird im Allgemeinen nicht angegeben, man sollte jedoch im Hinterkopf behalten, dass sie einem die Freiheit gibt, den Energienullpunkt zu wählen.

Formal würde man an die Aufgabe jedoch wie folgt herangehen: Durch Integration sollte gelten

$$\phi(x, y, z) = -\int dx \, y e^{xy} \tag{3.1263}$$

$$\phi(x, y, z) = -\int dy \, x e^{xy} \tag{3.1264}$$

$$\phi(x, y, z) = -\int dz \, 0. \tag{3.1265}$$

Aus Gl. 3.1265 wird klar, dass hier die Integrationsvariable eine wichtige Rolle spielt. Offensichtlich ist $\phi(x, y, z)$ unabhängig von z, jedoch muss die Integrationsvariable (im Folgenden mit h bezeichnet) in Gl. 3.1265 als Funktion der beiden Variablen x und y aufgefasst werden,

$$\phi(x, y, z) = -\int dz \, 0 = h_1(x, y). \tag{3.1266}$$

Dies ist gerade die Aussage, dass ϕ unabhängig von z ist. Nun können wir mit einer der anderen Gleichungen fortfahren. Aus Gl. 3.1263 folgt

$$\phi(x, y, z) = -\int dx\, y e^{xy} = -e^{xy} + h_2(y). \qquad (3.1267)$$

Jetzt nutzen wir aus, dass der letzte Ausdruck auch Gl. 3.1262 erfüllen muss, also

$$-\partial_y(-e^{xy} + h_2(y)) = xe^{xy} - \partial_y h_2(y) \overset{!}{=} xe^{xy}. \qquad (3.1268)$$

Damit können wir nun folgern, das $h_2(y) = c$ und, wie schon zu Beginn erraten, $\phi(x, y, z) = -e^{xy} + c$.

Um (a) zu verifizieren, nutzen wir aus, dass die verrichtete Arbeit bei konservativen Kraftfeldern nur vom Anfangs- und Endpunkt abhängt. Setzen wir die beiden Punkte **P** und **Q** also ein, erhalten wir

$$\phi(\mathbf{Q}) - \phi(\mathbf{P}) = \phi(1, 0, 0) - \phi(-1, 0, 0) = -e^0 + e^0 = 0. \qquad (3.1269)$$

(d) Das Vorgehen ist äquivalent zur Teilaufgabe (c). Der Einfachheit halber berechnen wir $\tilde{\Phi}$ mit $\nabla\tilde{\Phi} = \mathbf{A}$ und setzen zum Schluss $\Phi = -\tilde{\Phi}$. Mit $\mathbf{A} = (x + 2y + 4z)\mathbf{e}_x + (2x - 3y - z)\mathbf{e}_y + (4x - y + 2z)\mathbf{e}_z$ haben wir drei äquivalente Gleichungen

$$(I): \quad \tilde{\Phi} = \int dx\, A_x$$

$$= \int dx\, (x + 2y + 4z) = \frac{x^2}{2} + 2xy + 4xz + h_1(y, z), \qquad (3.1270)$$

$$(II): \quad \tilde{\Phi} = \int dy\, A_y$$

$$= \int dx\, (2x - 3y - z) = 2xy - \frac{3}{2}y^2 - yz + h_2(x, z), \qquad (3.1271)$$

$$(III): \quad \tilde{\Phi} = \int dz\, A_z$$

$$= \int dz\, (4x - y + 2z) = 4xz - yz + z^2 + h_3(x, y). \qquad (3.1272)$$

Wir betrachten zunächst die Gleichung (I): Um die unbekannte Funktion $h_1(y, z)$ zu finden, benutzen wir die zwei Bedingungen

$$\partial_y \underbrace{\left(\frac{x^2}{2} + 2xy + 4xz + h_1(y, z)\right)}_{\tilde{\Phi}} \overset{!}{=} A_y = 2x - 3y - z \qquad (3.1273)$$

$$\partial_y h_1(y, z) = -3y - z \qquad (3.1274)$$

sowie

$$\partial_z\left(\frac{x^2}{2} + 2xy + 4xz + h_1(y,z)\right) \overset{!}{=} A_z = 4x - y + 2z \qquad (3.1275)$$

$$\partial_z h_1(y,z) = -y + 2z. \qquad (3.1276)$$

Nun integrieren wir Gl. 3.1274 sowie 3.1276 und beachten abermals, dass eine entsprechende Integrationskonstante mit der korrekten Abhängigkeit gesetzt werden muss. Aus Gl. 3.1274 erhalten wir

$$h_1(y,z) = \int dy\,(-3y - z) = -\frac{3}{2}y^2 - yz + c_1(z). \qquad (3.1277)$$

Entsprechend für Gl. 3.1276,

$$h_1(y,z) = \int dz\,(-y + 2z) = -yz - z^2 + c_2(y). \qquad (3.1278)$$

Da beide Gleichungen übereinstimmen müssen, muss gelten

$$-\frac{3}{2}y^2 - yz + c_1(z) = -yz - z^2 + c_2(y) \qquad (3.1279)$$

$$-\frac{3}{2}y^2 + c_1(z) = -z^2 + c_2(y) \qquad (3.1280)$$

$$z^2 + c_1(z) = \frac{3}{2}y^2 + c_2(y). \qquad (3.1281)$$

Da dies für alle y, z gelten muss und wir die Variablen trennen konnten, muss auf beiden Seiten eine Konstante stehen, nennen wir sie c. Daraus folgt

$$c_1(z) = -z^2 + c, \qquad (3.1282)$$

$$c_1(z) = -\frac{3}{2}y^2 + c. \qquad (3.1283)$$

Damit ist $h_1(y,z)$ gegeben durch

$$h_1(y,z) = -\frac{3}{2}y^2 - yz + c_1(z) = -yz - z^2 + c_2(y) = -\frac{3}{2}y^2 + z^2 - yz + c. \qquad (3.1284)$$

Dies können wir jetzt in Gl. 3.1270 einsetzen und erhalten schließlich das Potential Φ

$$\Phi = -\tilde{\Phi} = -\left(\frac{x^2}{2} + 2xy + 4xz + \left(-\frac{3}{2}y^2 + z^2 - yz\right)\right) + C \qquad (3.1285)$$

$$= -\frac{1}{2}\left(x^2 - 3y^2 - 2yz + 2z^2 + 4x(y + 2z)\right) + C, \qquad (3.1286)$$

wobei C eine beliebige Konstante ist.

Dieses Potential muss konsistent mit den Gleichungen (II) und (III) sein[37]. D. h., für $h_2(x, z)$ sollte nach Gl. 3.1271 gelten

$$h_2(x, z) = \tilde{\Phi} - \left(2xy - \frac{3}{2}y^2 - yz\right) \tag{3.1287}$$

$$= 4xz + z^2 + \frac{x^2}{2}. \tag{3.1288}$$

Wir wollen das überprüfen, indem wir das Prozedere, das wir für das Auffinden von h_1 benutzt haben, nun nochmals für h_2 durchführen: Zunächst benötigen wir die zwei Ableitungen von Gl. 3.1271 nach x und z,

$$\partial_x \left(2xy - \frac{3}{2}y^2 - yz + h_2(x, z)\right) \overset{!}{=} A_x = x + 2y + 4z \tag{3.1289}$$

$$\partial_x h_2(x, z) = x + 4z \tag{3.1290}$$

sowie

$$\partial_z \left(2xy - \frac{3}{2}y^2 - yz + h_2(x, z)\right) \overset{!}{=} A_z = 4x - y + 2z \tag{3.1291}$$

$$\partial_z h_2(x, z) = 4x + 2z. \tag{3.1292}$$

Als Nächstes wird wieder integriert mit den entsprechenden Integrationskonstanten,

$$h_2(x, z) = \int dx \, (x + 4z) = \frac{1}{2}x^2 + 4xz + c_3(z), \tag{3.1293}$$

$$h_2(x, z) = \int dz \, (4x + 2z) = 4xz + z^2 + c_4(x). \tag{3.1294}$$

Ein Gleichsetzen liefert uns dann

$$c_4(x) - \frac{1}{2}x^2 = c_3(z) - z^2, \tag{3.1295}$$

und damit die beiden Funktionen

$$c_3(z) = z^2 + c, \tag{3.1296}$$

$$c_4(x) = \frac{1}{2}x^2 + c. \tag{3.1297}$$

---

[37] Man beachte, dass in der vorhergehenden Teilaufgabe ein Integral, dort war es Gl. 3.1265, nicht notwendigerweise genügt!

Damit ist

$$h_2(x, z) = \frac{1}{2}x^2 + 4xz + z^2 + c, \qquad (3.1298)$$

was Gl. 3.1288 bestätigt.

◄

Lösung zu Aufgabe 3.63

Gesucht ist der Fluss ϕ durch eine bestimmte Fläche $\mathcal{F}$,

$$\phi = \int_{\mathcal{F}} \mathbf{v} \cdot d\mathbf{F}. \qquad (3.1299)$$

Wir halten zunächst fest, dass uns zur Beschreibung der Fläche die Koordinaten x und y genügen und jeder Punkt auf dieser durch

$$\mathbf{r}(x, y) = \begin{pmatrix} x \\ y \\ z(x, y) \end{pmatrix} \quad \text{mit} \quad z(x, y) = -\frac{1}{2}\cos\left(\frac{\pi}{2}\sqrt{x^2 + y^2}\right), \quad x^2 + y^2 \le 1 \qquad (3.1300)$$

festgelegt ist. Das Flächeninfinitesimal $d\mathbf{F}(x, y)$ kann somit mittels x und y berechnet werden,

$$d\mathbf{F} = \left(\partial_x \mathbf{r}(x, y) \times \partial_y \mathbf{r}(x, y)\right) dx dy. \qquad (3.1301)$$

Wir erhalten für die Richtungsableitungen

$$\partial_x \mathbf{r}(x, y) = \begin{pmatrix} 1 \\ 0 \\ \frac{\pi x}{4\sqrt{x^2+y^2}} \sin\left(\frac{\pi}{2}\sqrt{x^2 + y^2}\right) \end{pmatrix}, \qquad (3.1302)$$

$$\partial_y \mathbf{r}(x, y) = \begin{pmatrix} 0 \\ 1 \\ \frac{\pi y}{4\sqrt{x^2+y^2}} \sin\left(\frac{\pi}{2}\sqrt{x^2 + y^2}\right) \end{pmatrix}. \qquad (3.1303)$$

Damit kann das Kreuzprodukt berechnet werden,

$$\partial_x \mathbf{r}(x, y) \times \partial_y \mathbf{r}(x, y) = \begin{pmatrix} -\frac{\pi x}{4\sqrt{x^2+y^2}} \sin\left(\frac{\pi}{2}\sqrt{x^2 + y^2}\right) \\ -\frac{\pi y}{4\sqrt{x^2+y^2}} \sin\left(\frac{\pi}{2}\sqrt{x^2 + y^2}\right) \\ 1 \end{pmatrix}. \qquad (3.1304)$$

Damit haben wir $d\mathbf{F}(x, y)$. Nach Gl. 3.1299 müssen wir über dx und dy integrieren, somit muss auch das Geschwindigkeits-Vektorfeld $\mathbf{v}$ in den Koordinaten ausgedrückt werden. Hier ist es trivial, da $\mathbf{v}$ nicht von den Koordinaten abhängt, $\mathbf{v}[\mathbf{r}(x, y)] = (v_x, 0, v_z)^T = \text{const}$. Somit bleibt das Integral

$$\phi = \iint_{x^2+y^2\leq 1} \mathrm{d}x\mathrm{d}y\, \mathbf{v} \cdot \left(\partial_x \mathbf{r}(x, y) \times \partial_y \mathbf{r}(x, y)\right) \tag{3.1305}$$

$$= \iint_{x^2+y^2\leq 1} \mathrm{d}x\mathrm{d}y\, \left(v_z - \frac{\pi v_x x}{4\sqrt{x^2+y^2}} \sin\left(\frac{\pi}{2}\sqrt{x^2+y^2}\right)\right). \tag{3.1306}$$

Die rotationssymmetrische Form der Fläche legt Polarkoordinaten, Def. 3.2, nahe[38]. Wir führen daher die Koordinatentransformation $x \to r\cos(\varphi)$, $y \to r\sin(\varphi)$ durch. Hierbei ist auch die *Jacobi-Determinante* nicht zu vergessen, die in dem Fall r ist, $\mathrm{d}x\mathrm{d}y = r\,\mathrm{d}r\mathrm{d}\varphi$. Die Randbedingung für die Fläche lautet nun $r \leq 1$ und wir müssen über alle Winkel integrieren,

$$\phi = \int_0^{2\pi} \mathrm{d}\varphi \int_0^1 \mathrm{d}r\, r \left(v_z - \frac{\pi v_x r \cos(\varphi)}{4r} \sin\left(\frac{\pi}{2}r\right)\right) \tag{3.1307}$$

$$= 2\pi \int_0^1 \mathrm{d}r\, r\, v_z - \underbrace{\int_0^{2\pi} \mathrm{d}\varphi \cos(\varphi)}_{0} \int_0^1 \mathrm{d}r\, \frac{\pi v_x}{4} \sin\left(\frac{\pi}{2}r\right) \tag{3.1308}$$

$$= \pi v_z. \tag{3.1309}$$

Der Beitrag zum Fluss proportional zu v_x verschwindet somit aus Symmetriegründen und es bleibt ein Fluss $\phi = \pi v_z$. ◄

Lösung zu Aufgabe 3.64

Aufgrund der Rotationssymmetrie um die z-Achse bieten sich Zylinderkoordinaten $\{\rho, \varphi, z\}$, Def. 3.2, an. Damit lassen sich die untere ($F1$) sowie obere Fläche ($F2$) wie folgt parametrisieren: Die Bedingung $z = x^2 + y^2$, $z \leq 1/2$, für die untere Fläche wird mit $x = \rho\cos(\varphi)$ und $y = \rho\sin(\varphi)$ zu $z = \rho^2\cos^2(\varphi) + \rho^2\sin^2(\varphi) = \rho^2$. Das obere Paraboloid ist nach unten geöffnet und um 1 nach oben verschoben, was uns $z = 1 - \rho^2$ liefert. Damit haben wir für die untere Fläche

$$\mathbf{r}_{F1}(\rho, \varphi) = \begin{pmatrix} \rho\cos(\varphi) \\ \rho\sin(\varphi) \\ \rho^2 \end{pmatrix}, \quad \text{mit} \quad \rho \in \left[0, \frac{1}{\sqrt{2}}\right], \quad \varphi \in [0, 2\pi) \tag{3.1310}$$

sowie für die obere

$$\mathbf{r}_{F2}(\rho, \varphi) = \begin{pmatrix} \rho\cos(\varphi) \\ \rho\sin(\varphi) \\ 1 - \rho^2 \end{pmatrix}, \quad \text{mit} \quad \rho \in \left[0, \frac{1}{\sqrt{2}}\right], \quad \varphi \in [0, 2\pi). \tag{3.1311}$$

---

[38]Wir integrieren in zwei Dimensionen, auch wenn die Fläche in den $\mathbb{R}^3$ eingebettet ist.

Das jeweilige orientierte infinitesimale Flächenelement $d\mathbf{A}_{Fi}$, $i = 1, 2$ erhalten wir aus dem Kreuzprodukt der Tangentialvektoren $\partial_\rho \mathbf{r}_i$ und $\partial_\varphi \mathbf{r}_i$:

$$d\mathbf{A}_{F1} = \partial_\varphi \mathbf{r}_{F1} \times \partial_\rho \mathbf{r}_{F1} \, d\rho \, d\varphi \tag{3.1312}$$

$$= \begin{pmatrix} -\rho \sin(\varphi) \\ \rho \cos(\varphi) \\ 0 \end{pmatrix} \times \begin{pmatrix} \cos(\varphi) \\ \sin(\varphi) \\ 2\rho \end{pmatrix} d\rho \, d\varphi \tag{3.1313}$$

$$= \begin{pmatrix} 2\rho^2 \cos(\varphi) \\ 2\rho^2 \sin(\varphi) \\ -\rho \end{pmatrix} d\rho \, d\varphi. \tag{3.1314}$$

Wir können uns davon überzeugen, dass die Orientierung korrekt ist, indem wir feststellen, dass der Vektor in der x-y-Ebene nach außen zeigt, da $2\rho^2 > 0$ und der z-Anteil immer negativ ist, $-\rho$. Entsprechend, jedoch mit einer anderen Reihenfolge im Kreuzprodukt, haben wir für die obere Fläche

$$d\mathbf{A}_{F2} = \partial_\rho \mathbf{r}_{F2} \times \partial_\varphi \mathbf{r}_{F2} \, d\rho \, d\varphi \tag{3.1315}$$

$$= \begin{pmatrix} \cos(\varphi) \\ \sin(\varphi) \\ -2\rho \end{pmatrix} \times \begin{pmatrix} -\rho \sin(\varphi) \\ \rho \cos(\varphi) \\ 0 \end{pmatrix} d\rho \, d\varphi \tag{3.1316}$$

$$= \begin{pmatrix} 2\rho^2 \cos(\varphi) \\ 2\rho^2 \sin(\varphi) \\ \rho \end{pmatrix} d\rho \, d\varphi. \tag{3.1317}$$

Den Unterschied in der Reihenfolge der partiellen Ableitungen im Kreuzprodukt kann man besser verstehen, wenn man sich die Flächenorientierung und den Randumlauf beim Satz von Stokes, Th. 3.12, ins Gedächtnis ruft. Betrachten wir das obere Paraboloid (ohne Deckel!): Laufen wir den Rand im mathematisch positiven Sinne in der x-y-Ebene ab, so haben wir die nach oben orientierte Fläche zu unserer Linken. Für die untere Fläche haben wir den gleichen Rand, aber bei gleichem Umlaufsinn würde die untere Flächennormale nach innen zeigen[39]. Mit den Flächenelementen ausgerüstet, können wir nun die Integration mit dem Vektorfeld

$$\mathbf{F}(\mathbf{r}) = \begin{pmatrix} -x \\ y^2 \\ -z \end{pmatrix} = \begin{cases} \begin{pmatrix} -\rho \cos(\varphi) \\ \rho^2 \sin^2(\varphi) \\ -\rho^2 \end{pmatrix} & \text{für } \mathbf{r} = \mathbf{r}_{F1}, \\[2em] \begin{pmatrix} -\rho \cos(\varphi) \\ \rho^2 \sin^2(\varphi) \\ \rho^2 - 1 \end{pmatrix} & \text{für } \mathbf{r} = \mathbf{r}_{F2}. \end{cases} \tag{3.1318}$$

---

[39]Was Sinn macht, denn im Satz von Stokes kommt es nur auf den Rand und die Umlaufrichtung an. Die „Membran", die vom Rand aufgespannt wird, können wir zum oberen oder unteren Paraboloid (glatt) verformen.

für die jeweilige Hälfte durchführen, um den Fluss $\mathcal{F}_1$ durch das untere Paraboloid und den Fluss $\mathcal{F}_2$ durch den oberen zu erhalten:

$$\mathcal{F}_1 = \int_{A_{F1}} \mathbf{F} \cdot d\mathbf{A}_{F1} = \int_0^{1/\sqrt{2}} d\rho \int_0^{2\pi} d\varphi \begin{pmatrix} -\rho\cos(\varphi) \\ \rho^2\sin^2(\varphi) \\ -\rho^2 \end{pmatrix} \cdot \begin{pmatrix} 2\rho^2\cos(\varphi) \\ 2\rho^2\sin(\varphi) \\ -\rho \end{pmatrix} \tag{3.1319}$$

$$= \int_0^{1/\sqrt{2}} d\rho \int_0^{2\pi} d\varphi \left(-2\rho^3\cos^2(\varphi) + 2\rho^4\sin^3(\varphi) + \rho^3 \right) \tag{3.1320}$$

$$= \int_0^{1/\sqrt{2}} d\rho \left(-2\pi\rho^3 + 2\pi\rho^3 \right) = 0. \tag{3.1321}$$

Hier haben wir Aufg. 3.13, Gl. 3.425 verwendet. Der Fluss durch die obere Fläche ergibt sich äquivalent:

$$\mathcal{F}_2 = \int_{A_{F2}} \mathbf{F} \cdot d\mathbf{A}_{F2} = \int_0^{1/\sqrt{2}} d\rho \int_0^{2\pi} d\varphi \begin{pmatrix} -\rho\cos(\varphi) \\ \rho^2\sin^2(\varphi) \\ \rho^2 - 1 \end{pmatrix} \begin{pmatrix} 2\rho^2\cos(\varphi) \\ 2\rho^2\sin(\varphi) \\ \rho \end{pmatrix} \tag{3.1322}$$

$$= \int_0^{1/\sqrt{2}} d\rho \int_0^{2\pi} d\varphi \left(-2\rho^3\cos^2(\varphi) + 2\rho^4\sin^3(\varphi) + \rho^3 - \rho \right) \tag{3.1323}$$

$$= \underbrace{\int_{A_{F1}} \mathbf{F} \cdot d\mathbf{A}_{F1}}_{0} - 2\pi \int_0^{1/\sqrt{2}} d\rho\, \rho \tag{3.1324}$$

$$= -\frac{\pi}{2}. \tag{3.1325}$$

Damit ist der Fluss durch die gesamte Oberfläche gegeben durch

$$\int_{A_{F1} \cup A_{F1}} \mathbf{F} \cdot d\mathbf{A} = -\frac{\pi}{2}. \tag{3.1326}$$

◄

Lösung zu Aufgabe 3.65

(a) Die erste Parametrisierung, Weg C_a, ist entlang einer Geraden, d. h., wir nehmen uns den Vektor $\alpha \cdot (1,1)^T$ und skalieren ihn mit unserem Parameter, nennen wir ihn t. Für $t = 0$ soll $\mathbf{0}$ vorliegen, für $t = 1$ der Punkt (α, α) erreicht sein:

$$\mathbf{r}(t) = t\alpha \begin{pmatrix} 1 \\ 1 \end{pmatrix} \quad \text{mit} \quad t \in [0,1]. \tag{3.1327}$$

Das Linienintegral lautet mit Def. 3.10, Gl. 3.145,

$$\int_{C_a} \mathbf{A} \cdot d\mathbf{r} = \int_0^1 dt\, \mathbf{A}(t\alpha, t\alpha) \cdot \dot{\mathbf{r}}(t) \tag{3.1328}$$

$$= k\alpha \int_0^1 dt \begin{pmatrix} (t\alpha)^3 \\ (t\alpha)^3 \end{pmatrix} \cdot \begin{pmatrix} 1 \\ 1 \end{pmatrix} \tag{3.1329}$$

$$= 2k\alpha^4 \int_0^1 dt\, t^3 = \frac{k}{2}\alpha^4. \tag{3.1330}$$

(b) Der Weg C_b läuft entlang einer Parabel $f(x)$ mit Scheitelpunkt im Ursprung, somit $f(x) = mx^2$. Da sie durch (α, α) gehen muss, haben wir $f(\alpha) = \alpha = m\alpha^2$ und damit $f(x) = x^2/\alpha$. Der Parameter x läuft dabei von 0 bis α:[40]

$$\mathbf{r}(x) = \begin{pmatrix} x \\ \frac{x^2}{\alpha} \end{pmatrix} \quad \text{mit} \quad x \in [0, \alpha]. \tag{3.1331}$$

Dies ergibt für das Wegintegral

$$\int_{C_b} \mathbf{A} \cdot d\mathbf{r} = \int_0^\alpha dx\, \mathbf{A}\left(x, \frac{x^2}{\alpha}\right) \cdot \frac{d\mathbf{r}(x)}{dx} \tag{3.1332}$$

$$= k \int_0^\alpha dx \begin{pmatrix} \frac{x^4}{\alpha} \\ \frac{x^5}{\alpha^2} \end{pmatrix} \cdot \begin{pmatrix} 1 \\ 2\frac{x}{\alpha} \end{pmatrix} \tag{3.1333}$$

$$= k \int_0^\alpha dx \left(\frac{x^4}{\alpha} + 2\frac{x^6}{\alpha^3}\right) = \frac{17}{35}k\alpha^4. \tag{3.1334}$$

(c) Für die Parametrisierung des Viertelkreises bieten sich Polarkoordinaten an. Einen Kreis um den Ursprung mit Radius α und $\varphi \in [0, 2\pi)$ liefert $(\alpha \cos(\varphi), \alpha \sin(\varphi))^T$. Jetzt hätten wir gerne nur den zweiten Quadranten mit $\varphi \in [0, \pi/2]$,[41] also $(\alpha \cos(\pi - \varphi), \alpha \sin(\pi - \varphi))^T$. Das Ganze um den Vektor $(\alpha, 0)$ verschoben, liefert schließlich

$$\mathbf{r}(\varphi) = \alpha \begin{pmatrix} \cos(\pi - \varphi) \\ \sin(\pi - \varphi) \end{pmatrix} + \begin{pmatrix} \alpha \\ 0 \end{pmatrix} = \alpha \begin{pmatrix} 1 - \cos(\varphi) \\ \sin(\varphi) \end{pmatrix} \quad \text{mit} \quad \varphi \in \left[0, \frac{\pi}{2}\right]. \tag{3.1335}$$

---

[40]Man beachte, dass bei $\alpha < 0$ die Reihenfolge in der Intervallangabe falsch ist. Diese muss jedoch bei den Integralgrenzen so eingehalten werden!

[41]Wir hätten wieder einen Parameter nehmen können, der von 0 bis 1 läuft. Hierfür muss dann nur $(\alpha \cos(\pi - (\pi/2)t), \alpha \sin(\pi - (\pi/2)t))^T$ angepasst werden.

Dies ergibt für das Wegintegral

$$\int_{C_c} \mathbf{A} \cdot d\mathbf{r} = \int_0^{\pi/2} d\varphi\, \mathbf{A}(\alpha(1 - \cos(\varphi)), \alpha \sin(\varphi)) \cdot \frac{d\mathbf{r}(\varphi)}{d\varphi} \tag{3.1336}$$

$$= k\alpha^4 \int_0^{\pi/2} d\varphi \begin{pmatrix} (1 - \cos(\varphi))^2 \sin(\varphi) \\ (1 - \cos(\varphi)) \sin^2(\varphi) \end{pmatrix} \cdot \begin{pmatrix} \sin(\varphi) \\ \cos(\varphi) \end{pmatrix} \tag{3.1337}$$

$$= k\alpha^4 \int_0^{\pi/2} d\varphi\, (1 - \cos(\varphi)) \sin^2(\varphi) \tag{3.1338}$$

$$= k\alpha^4 \left(\frac{\pi}{4} - \frac{1}{3} \right). \tag{3.1339}$$

Wir sehen, dass alle Integrale verschieden sind. Zwei unterschiedliche Wegintegrale genügen, um zu zeigen, dass es sich um kein konservatives Vektorfeld handeln kann.[42] ◄

Lösung zu Aufgabe 3.66

Wir haben folgenden Zusammenhang zwischen kartesischen und Zylinderkoordinaten $\{\rho, \varphi, z\}$ mit $\rho > 0$, $0 \leq \varphi < 2\pi$ und $z \in \mathbb{R}$:

$$x = \rho \cos(\varphi), \quad y = \rho \sin(\varphi), \quad z = z \tag{3.1340}$$

und kennen (siehe z. B. Aufg. 3.55, Gl. 3.1132 und 3.1133)

$$\mathbf{e}_\rho = \cos(\varphi)\mathbf{e}_x + \sin(\varphi)\mathbf{e}_y, \tag{3.1341}$$

$$\mathbf{e}_\varphi = -\sin(\varphi)\mathbf{e}_x + \cos(\varphi)\mathbf{e}_y. \tag{3.1342}$$

(a) Wir benötigen für die Basis des $\mathbb{R}^3$ drei linear unabhängige Vektoren. Es muss, falls es sich bei $\{\mathbf{e}_\rho, \mathbf{e}_\varphi, \mathbf{e}_z\}$ um solch eine Basis handeln soll, für die Koeffizienten λ_i in

$$\mathbf{0} = \lambda_1 \mathbf{e}_\rho + \lambda_2 \mathbf{e}_\varphi + \lambda_3 \mathbf{e}_z \tag{3.1343}$$

nur die triviale Lösung $\lambda_1 = \lambda_2 = \lambda_3 = 0$ geben. Wir setzen in Gl. 3.1343 die Vektoren $\mathbf{e}_\rho$ und $\mathbf{e}_\varphi$ in der Darstellungen der Kartesischen Basisvektoren ein,

$$\mathbf{0} = \lambda_1 \mathbf{e}_\rho + \lambda_2 \mathbf{e}_\varphi + \lambda_3 \mathbf{e}_z \tag{3.1344}$$

$$= (\lambda_1 \cos(\varphi) - \lambda_2 \sin(\varphi))\mathbf{e}_x + (\lambda_1 \sin(\varphi) + \lambda_2 \cos(\varphi))\mathbf{e}_y + \lambda_3 \mathbf{e}_z. \tag{3.1345}$$

---

[42]Man beachte, dass, selbst wenn alle drei Wegintegrale das gleiche Resultat hätten, dies kein Beweis dafür wäre, dass es sich um ein konservatives Kraftfeld handelt. Es muss für *jeden* Weg gezeigt werden!

Da die kartesischen Basisvektoren linear unabhängig sind, muss

$$\lambda_1 \cos(\varphi) - \lambda_2 \sin(\varphi) = 0, \qquad (3.1346)$$

$$\lambda_1 \sin(\varphi) + \lambda_2 \cos(\varphi) = 0, \qquad (3.1347)$$

$$\lambda_3 = 0, \qquad (3.1348)$$

gelten. Die ersten beiden Gleichungen bilden für $\sin(\varphi)$ und $\cos(\varphi)$ ein lineares Gleichungssystem der Form

$$\overset{\cos(\varphi)\ \ \sin(\varphi)}{\left(\begin{array}{cc|c} \lambda_1 & -\lambda_2 & 0 \\ \lambda_2 & \lambda_1 & 0 \end{array} \right)} \Longleftrightarrow \left(\begin{array}{cc|c} 1 & -\frac{\lambda_2}{\lambda_1} & 0 \\ 0 & \lambda_1^2 + \lambda_2^2 & 0 \end{array} \right) \text{ mit } \lambda_{1/2} \neq 0. \qquad (3.1349)$$

Damit existiert nur die triviale Lösung $\lambda_1 = \lambda_2 = \lambda_3 = 0$ und die lineare Unabhängigkeit ist gezeigt. Wir können dies auch mit einer Determinante, bestehend aus den Basisvektoren als Zeiten oder Spaltenvektoren[43] zeigen:

$$\det(R) = \begin{vmatrix} \cos(\varphi) & -\sin(\varphi) & 0 \\ \sin(\varphi) & \cos(\varphi) & 0 \\ 0 & 0 & 1 \end{vmatrix} = \cos^2(\varphi) + \sin^2(\varphi) = 1 \neq 0. \qquad (3.1350)$$

Da die Determinante nicht verschwindet, sind die Spalten (und Zeilen) linear unabhängig (Th. 2.14). Wir sehen auch, dass es sich bei der Matrix R um die Darstellung der Rotation mit dem Winkel φ um die z-Achse handelt. Dies verdeutlicht abermals die geometrische Bedeutung dieser Koordinaten.

(b) In Abb. 3.17 haben wir ein infinitesimales Volumenelement dV in Zylinderkoordinaten skizziert. Aus der Abbildung ergibt sich direkt das Volumen zu $dV = d\rho \, \rho d\varphi \, dz$. Dies stimmt mit der Lösung aus Aufg. 3.39 überein, bei der wir die Jacobi-Determinante errechnet haben.

(c) Aus Gl. 3.1341 und 3.1342 lesen wir, zusammen mit der z-Komponente, ab:

$$\begin{pmatrix} \mathbf{e}_\rho \\ \mathbf{e}_\varphi \\ \mathbf{e}_z \end{pmatrix} = \underbrace{\begin{pmatrix} \cos(\varphi) & \sin(\varphi) & 0 \\ -\sin(\varphi) & \cos(\varphi) & 0 \\ 0 & 0 & 1 \end{pmatrix}}_{=:R} \begin{pmatrix} \mathbf{e}_x \\ \mathbf{e}_y \\ \mathbf{e}_z \end{pmatrix}. \qquad (3.1351)$$

Wir benötigen die Inverse von R. Da dies nichts anderes als die Rotationsmatrix im $\mathbb{R}^3$ um die z-Achse darstellt, müssen wir nur in die entgegengesetzte Richtung rotieren, also $\varphi \to -\varphi$:

---

[43] Die Determinante ist invariant gegen Transposition, Th. 2.1, $\det(A) = \det(A^T)$.

Abb. 3.17 Zu Aufg. 3.66:
Infinitesimales
Volumenelement $\mathrm{d}V$ in
Zylinderkoordinaten,
Def. 3.2

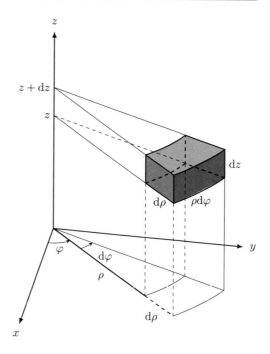

$$
\underbrace{\begin{pmatrix} \cos(\varphi) & -\sin(\varphi) & 0 \\ \sin(\varphi) & \cos(\varphi) & 0 \\ 0 & 0 & 1 \end{pmatrix}}_{R^{-1}} \begin{pmatrix} \mathbf{e}_\rho \\ \mathbf{e}_\varphi \\ \mathbf{e}_z \end{pmatrix} = \begin{pmatrix} \mathbf{e}_x \\ \mathbf{e}_y \\ \mathbf{e}_z \end{pmatrix}. \tag{3.1352}
$$

Damit haben wir

$$
\mathbf{e}_x = \cos(\varphi)\mathbf{e}_\rho - \sin(\varphi)\mathbf{e}_\varphi, \tag{3.1353}
$$
$$
\mathbf{e}_y = \sin(\varphi)\mathbf{e}_\rho + \cos(\varphi)\mathbf{e}_\varphi, \tag{3.1354}
$$
$$
\mathbf{e}_z = \mathbf{e}_z. \tag{3.1355}
$$

(d) Der Ortsvektor $\mathbf{r} = x\mathbf{e}_x + y\mathbf{e}_y + z\mathbf{e}_z$ kann nun mittels Gl. 3.1353–3.1355 und 3.1341, 3.1342 umgeschrieben werden:

$$
\mathbf{r} = \rho\cos(\varphi)(\cos(\varphi)\mathbf{e}_\rho - \sin(\varphi)\mathbf{e}_\varphi) + \rho\sin(\varphi)(\sin(\varphi)\mathbf{e}_\rho
$$
$$
+ \cos(\varphi)\mathbf{e}_\varphi) + z\mathbf{e}_z \tag{3.1356}
$$
$$
= \rho\mathbf{e}_\rho + z\mathbf{e}_z. \tag{3.1357}
$$

Bei der totalen Zeitableitung des Ortsvektors ist nun zu beachten, dass sowohl $\mathbf{e}_\rho$ als auch $\mathbf{e}_\varphi$ von φ abhängen, und diese Variable von der Zeit abhängen kann. Daher erhalten wir

$$\frac{d\mathbf{r}}{dt} = \dot{\rho}\mathbf{e}_\rho + \rho\dot{\mathbf{e}}_\rho + \dot{z}\mathbf{e}_z \tag{3.1358}$$

[mit Gl. 3.1341]

$$= \dot{\rho}\mathbf{e}_\rho + \rho\underbrace{(-\sin(\varphi)\dot{\varphi}\mathbf{e}_x + \cos(\varphi)\dot{\varphi}\mathbf{e}_y)}_{\dot{\varphi}\mathbf{e}_\varphi} + \dot{z}\mathbf{e}_z \tag{3.1359}$$

$$= \dot{\rho}\mathbf{e}_\rho + \rho\dot{\varphi}\mathbf{e}_\varphi + \dot{z}\mathbf{e}_z. \tag{3.1360}$$

(e) Auch hier nutzen wir Gl. 3.1353–3.1355 und 3.1341, 3.1342. Zunächst behalten wir die kartesische Basis bei und ändern nur die Koeffizienten

$$\mathbf{F} = \begin{pmatrix} -\rho\cos(\varphi) + \rho^3\cos^2(\varphi)\sin(\varphi) + \rho^3\sin^3(\varphi) \\ \rho^3\cos^3(\varphi) + \rho^3\cos^2(\varphi)\sin^2(\varphi) - \rho\sin(\varphi) \\ 7z \end{pmatrix} \tag{3.1361}$$

$$= -\rho\underbrace{\begin{pmatrix} \cos(\varphi) \\ \sin(\varphi) \\ 0 \end{pmatrix}}_{\mathbf{e}_\rho} + \rho^3\begin{pmatrix} \sin(\varphi) \\ \cos(\varphi) \\ 0 \end{pmatrix} + 7z\mathbf{e}_z. \tag{3.1362}$$

Für den zweiten Term erhalten wir mit Gl. 3.1353 und 3.1354

$$\sin(\varphi)\mathbf{e}_x + \cos(\varphi)\mathbf{e}_y = \sin(\varphi)(\cos(\varphi)\mathbf{e}_\rho - \sin(\varphi)\mathbf{e}_\varphi)$$
$$+ \cos(\varphi)(\sin(\varphi)\mathbf{e}_\rho + \cos(\varphi)\mathbf{e}_\varphi) \tag{3.1363}$$

$$= 2\sin(\varphi)\cos(\varphi)\mathbf{e}_\rho + \underbrace{(\cos^2(\varphi) - \sin^2(\varphi))}_{\cos(2\varphi)}\mathbf{e}_\varphi. \tag{3.1364}$$

Damit ist das Vektorfeld $\mathbf{F}$ in Zylinderkoordinaten gegeben durch

$$\mathbf{F} = (2\rho^3\sin(\varphi)\cos(\varphi) - \rho)\mathbf{e}_\rho + \rho^3\cos(2\varphi)\mathbf{e}_\varphi + 7z\mathbf{e}_z. \tag{3.1365}$$

◀

Lösung zu Aufgabe 3.67

(a) Um die Transformationsgleichungen $x = uv$, $y = (v^2 - u^2)/2$ zu interpretieren, setzen wir zunächst $v \neq 0$ fest. Mit $u = x/v$ haben wir eine Funktion

$$f_v(x) = \frac{v^2 - \left(\frac{x}{v}\right)^2}{2} = \frac{v^2}{2} - \frac{1}{2v^2}x^2. \tag{3.1366}$$

Somit liegen für $v \neq 0$ nach unten geöffnete Parabeln vor, die um $v^2/2$ nach oben verschoben sind. Für $v = 0$ ist x stets Null und y kann alle negativen

Werte annehmen.

Für festes $u \neq 0$ liegen entsprechend

$$f_u(x) = \frac{\left(\frac{x}{u}\right)^2 - u^2}{2} = -\frac{u^2}{2} + \frac{1}{2u^2}x^2 \tag{3.1367}$$

nach oben geöffnete und um $-u^2/2$ nach unten verschobene Parabeln vor (Abb. 3.18).

(b) Zunächst berechnen wir die partiellen Ableitungen nach den neuen Koordinaten:

$$\frac{\partial \mathbf{r}}{\partial u} = \begin{pmatrix} v \\ -u \end{pmatrix}, \quad \frac{\partial \mathbf{r}}{\partial v} = \begin{pmatrix} u \\ v \end{pmatrix}. \tag{3.1368}$$

Mit Def. 3.9 erhalten wir dann

$$\mathbf{e}_u = \left| \frac{\partial \mathbf{r}}{\partial u} \right|^{-1} \frac{\partial \mathbf{r}}{\partial u} = \frac{1}{\sqrt{u^2 + v^2}} \begin{pmatrix} v \\ -u \end{pmatrix}, \tag{3.1369}$$

$$\mathbf{e}_v = \left| \frac{\partial \mathbf{r}}{\partial v} \right|^{-1} \frac{\partial \mathbf{r}}{\partial v} = \frac{1}{\sqrt{u^2 + v^2}} \begin{pmatrix} u \\ v \end{pmatrix}. \tag{3.1370}$$

Beide Einheitsvektoren stehen senkrecht aufeinander:

$$\mathbf{e}_u \cdot \mathbf{e}_v = \frac{1}{u^2 + v^2}(vu - vu) = 0. \tag{3.1371}$$

(c) Das Linienelement, siehe Gl. 3.74, erhalten wir aus

$$d\mathbf{r} = \sum_{i=1}^{2} \frac{\partial \mathbf{r}}{\partial q_i} dq_i \tag{3.1372}$$

$$= \frac{\partial \mathbf{r}}{\partial u} du + \frac{\partial \mathbf{r}}{\partial v} dv \tag{3.1373}$$

$$= \underbrace{\sqrt{u^2 + v^2} du}_{ds_u} \mathbf{e}_u + \underbrace{\sqrt{u^2 + v^2} dv}_{ds_v} \mathbf{e}_v. \tag{3.1374}$$

Das durch ds_u und ds_v aufgespannte infinitesimale Flächenelement dA ist mit Gl. 3.80 dann gegeben durch[44]

$$dA = |ds_u \times ds_v| = \left| \begin{pmatrix} v \\ -u \\ 0 \end{pmatrix} \times \begin{pmatrix} u \\ v \\ 0 \end{pmatrix} \right| du dv = (u^2 + v^2) du dv. \tag{3.1375}$$

◄

---

[44]Hier werden die 2D-Vektoren $\mathbf{e}_u$ und $\mathbf{e}_v$ (sie spannen den $\mathbb{R}^2$ auf, der auch von $\mathbf{e}_x$ und $\mathbf{e}_y$ aufgespannt wird) als im $\mathbb{R}^3$ eingebettete Objekte betrachtet: Es wird um die dritte Dimension (hier in die z-Richtung) erweitert und diese mit Null besetzt.

Abb. 3.18 Zu Aufg. 3.67: Skizze der parabolischen Koordinaten: Blau eingezeichnet sind die Kurven beschrieben durch $(x = uv, y = (v^2 - u^2)/2)$ für feste Werte von $v \in \mathbb{Z}$ und rot eingezeichnet die entsprechenden Kurven für feste Werte von $u \in \mathbb{Z}$

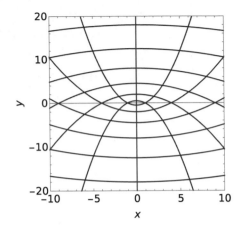

Lösung zu Aufgabe 3.68

(a) Der Nabla-Operator in krummlinigen Koordinaten, Gl. 3.128, lautet

$$\nabla = \sum_{l=1}^{n} \mathbf{e}_{u_l} \frac{1}{g_l} \frac{\partial}{\partial u_l}. \tag{3.1376}$$

Wir wenden ihn auf $\mathbf{a} = \sum_{i=1}^{3} a_{u_i} \mathbf{e}_{u_i}$ mit Skalarprodukt an,

$$\nabla \cdot \mathbf{a} = \sum_{l,j=1}^{3} \left(\mathbf{e}_{u_l} \frac{1}{g_l} \frac{\partial}{\partial u_l} \right) \cdot \left(a_{u_j} \mathbf{e}_{u_j} \right) \tag{3.1377}$$

$$= \sum_{l,j=1}^{3} \frac{1}{g_l} \frac{\partial a_{u_j}}{\partial u_l} \underbrace{\mathbf{e}_{u_l} \cdot \mathbf{e}_{u_j}}_{\delta_{lj}} + \sum_{l,j=1}^{3} \frac{a_{u_j}}{g_{u_l}} \left(\mathbf{e}_{u_l} \cdot \frac{\partial \mathbf{e}_{u_j}}{\partial u_l} \right) \tag{3.1378}$$

$$= \sum_{l=1}^{3} \frac{1}{g_l} \frac{\partial a_{u_l}}{\partial u_l} + \sum_{l,j=1}^{3} \frac{a_{u_j}}{g_{u_l}} \underbrace{\mathbf{e}_{u_l} \cdot \frac{\partial \mathbf{e}_{u_j}}{\partial u_l}}_{=:A}. \tag{3.1379}$$

In den nächsten Schritten werden wir einen Ausdruck für A finden.

(b) Die partiellen Ableitungen des Ortsvektors $\mathbf{r}$ nach den Koordinaten u_l können wir mit den Basisvektoren $\mathbf{e}_{u_l}$ ausdrücken mittels

$$\mathbf{e}_{u_l} = \frac{1}{g_l} \frac{\partial \mathbf{r}}{\partial u_l} \quad \Longleftrightarrow \quad \frac{\partial \mathbf{r}}{\partial u_l} = g_l \mathbf{e}_{u_l}. \tag{3.1380}$$

Nun nutzen wir die Kommutativität der partiellen Ableitungen aus,

$$\frac{\partial^2 \mathbf{r}}{\partial u_l \partial u_j} = \frac{\partial^2 \mathbf{r}}{\partial u_j \partial u_l} \tag{3.1381}$$

$$\frac{\partial}{\partial u_l}\left(g_{u_j}\mathbf{e}_{u_j}\right) = \frac{\partial}{\partial u_j}\left(g_{u_l}\mathbf{e}_{u_l}\right) \tag{3.1382}$$

$$\frac{\partial g_{u_j}}{\partial u_l}\mathbf{e}_{u_j} + g_{u_j}\frac{\partial \mathbf{e}_{u_j}}{\partial u_l} = \frac{\partial g_{u_l}}{\partial u_j}\mathbf{e}_{u_l} + g_{u_l}\frac{\partial \mathbf{e}_{u_l}}{\partial u_j}, \tag{3.1383}$$

womit wir den zu zeigenden Zwischenschritt hergeleitet haben.

(c) Wir multiplizieren im nächsten Schritt Gl. 3.1383 skalar mit $\mathbf{e}_l$. Dabei nutzen wir aus, dass die Änderung des Basisvektors $\mathbf{e}_{u_l}$ mit u_j senkrecht auf $\mathbf{e}_{u_l}$ steht, also $\mathbf{e}_{u_l} \cdot \partial_{u_j}\mathbf{e}_{u_l}$ (siehe Beweis in Aufg. 3.9):

$$\frac{\partial g_{u_j}}{\partial u_l}\underbrace{\mathbf{e}_{u_l}\cdot\mathbf{e}_{u_j}}_{\delta_{lj}} + g_{u_j}\underbrace{\mathbf{e}_{u_l}\cdot\frac{\partial \mathbf{e}_{u_j}}{\partial u_l}}_{A} = \frac{\partial g_{u_l}}{\partial u_j}\underbrace{\mathbf{e}_{u_l}\cdot\mathbf{e}_{u_l}}_{1} + g_{u_l}\underbrace{\mathbf{e}_{u_l}\cdot\frac{\partial \mathbf{e}_{u_l}}{\partial u_j}}_{0}. \tag{3.1384}$$

Damit haben wir einen Ausdruck für A gefunden,

$$g_{u_j}\mathbf{e}_{u_l}\cdot\frac{\partial \mathbf{e}_{u_j}}{\partial u_l} = \frac{\partial g_{u_l}}{\partial u_j} - \delta_{lj}\frac{\partial g_{u_j}}{\partial u_l}. \tag{3.1385}$$

Der Term verschwindet, wenn $l = j$. Ansonsten erhalten wir $\partial_{u_j}g_{u_l}$ für $l \neq j$,

$$\mathbf{e}_{u_l}\cdot\frac{\partial \mathbf{e}_{u_j}}{\partial u_l} = \begin{cases} 0 & : l = j \\ \frac{1}{g_{u_j}}\frac{\partial g_{u_l}}{\partial u_j} & : l \neq j \end{cases}. \tag{3.1386}$$

Dies setzen wir nun in Gl. 3.1379 ein,

$$\nabla \cdot \mathbf{a} = \sum_{l=1}^{3}\frac{1}{g_l}\frac{\partial a_{u_l}}{\partial u_l} + \sum_{l,j=1}^{3}\frac{a_{u_j}}{g_{u_l}}\frac{1}{g_{u_j}}\left(\frac{\partial g_{u_l}}{\partial u_j} - \delta_{lj}\frac{\partial g_{u_j}}{\partial u_l}\right) \tag{3.1387}$$

$$= \sum_{l=1}^{3}\frac{1}{g_l}\frac{\partial a_{u_l}}{\partial u_l} + \sum_{\substack{l,j=1 \\ l \neq j}}^{3}\frac{a_{u_j}}{g_{u_l}g_{u_j}}\frac{\partial g_{u_l}}{\partial u_j}. \tag{3.1388}$$

Dies explizit ausgeschrieben, liefert schließlich den gesuchten Ausdruck

$$
\nabla \cdot \mathbf{a} = \frac{1}{g_1} \frac{\partial a_{u_1}}{\partial u_1} + \frac{a_{u_1}}{g_{u_2} g_{u_1}} \frac{\partial g_{u_2}}{\partial u_1} + \frac{a_{u_1}}{g_{u_3} g_{u_1}} \frac{\partial g_{u_3}}{\partial u_1}
$$
$$
+ \frac{1}{g_2} \frac{\partial a_{u_2}}{\partial u_2} + \frac{a_{u_2}}{g_{u_3} g_{u_2}} \frac{\partial g_{u_3}}{\partial u_2} + \frac{a_{u_2}}{g_{u_1} g_{u_2}} \frac{\partial g_{u_1}}{\partial u_2}
$$
$$
+ \frac{1}{g_3} \frac{\partial a_{u_3}}{\partial u_3} + \frac{a_{u_3}}{g_{u_1} g_{u_3}} \frac{\partial g_{u_1}}{\partial u_3} + \frac{a_{u_3}}{g_{u_2} g_{u_3}} \frac{\partial g_{u_2}}{\partial u_3} \tag{3.1389}
$$
$$
= \frac{1}{g_{u_1} g_{u_2} g_{u_3}} \left[\frac{\partial}{\partial u_1} (g_{u_2} g_{u_3} a_{u_1}) + \frac{\partial}{\partial u_2} (g_{u_3} g_{u_1} a_{u_2}) + \frac{\partial}{\partial u_3} (g_{u_1} g_{u_2} a_{u_3}) \right].
$$
$$\tag{3.1390}$$

(d) Nun wenden wir den hergeleiteten Ausdruck Gl. 3.1390 für zwei wichtige Typen von Koordinatensystemen an: für die Zylinder- sowie die Kugelkoordinaten.
Für Zylinderkoordinaten $\{\rho, \varphi, z\}$:
Wir haben aus Aufg. 3.55

$$
g_\rho = 1, \quad g_\varphi = \rho, \quad g_z = 1. \tag{3.1391}
$$

Damit erhalten wir

$$
\nabla \cdot \mathbf{a} = \frac{1}{\rho} \left[\frac{\partial}{\partial \rho} (\rho a_\rho) + \frac{\partial}{\partial \varphi} (a_\varphi) + \frac{\partial}{\partial z} (\rho a_z) \right] \tag{3.1392}
$$
$$
= \frac{1}{\rho} \frac{\partial}{\partial \rho} (\rho a_\rho) + \frac{1}{\rho} \frac{\partial}{\partial \varphi} (a_\varphi) + \frac{\partial}{\partial z} a_z. \tag{3.1393}
$$

Für Kugelkoordinaten $\{r, \theta, \varphi\}$:
Wir haben aus Aufg. 3.55

$$
g_r = 1, \quad g_\theta = r, \quad g_\varphi = r \sin(\theta). \tag{3.1394}
$$

Damit erhalten wir

$$
\nabla \cdot \mathbf{a} = \frac{1}{r^2 \sin(\theta)} \left[\frac{\partial}{\partial r} (r^2 \sin(\theta) a_r) + \frac{\partial}{\partial \theta} (r \sin(\theta) a_\theta) + \frac{\partial}{\partial \varphi} (r a_\varphi) \right]
$$
$$\tag{3.1395}$$
$$
= \frac{1}{r^2} \frac{\partial}{\partial r} (r^2 a_r) + \frac{1}{r \sin(\theta)} \frac{\partial}{\partial \theta} (\sin(\theta) a_\theta) + \frac{1}{r \sin(\theta)} \frac{\partial}{\partial \varphi} a_\varphi. \tag{3.1396}
$$

◀

Lösung zu Aufgabe 3.70

(a) Das Vektorfeld hat in jeder Richtung x, y, z den gleichen funktionalen Zusammenhang. Daher genügt es, sich eine Richtung (hier x) vorzunehmen und den Nettofluss durch beide Flächen in dieser auszurechnen. Der Fluss ϕ_{x+} hat dabei den Flächennormalenvektor $\mathbf{n}_{x+} = \mathbf{e}_x$, entsprechend ϕ_{x-} den Flächennormalenvektor $\mathbf{n}_{x-} = -\mathbf{e}_x$. Damit haben wir

$$\phi_{x+} + \phi_{x+} = \int_0^a \mathrm{d}y \int_0^a \mathrm{d}z \, (\underbrace{\mathbf{n}_{x+} \cdot \mathbf{u}(\mathbf{r})|_{x=a}}_{=a^2} + \underbrace{\mathbf{n}_{x-} \cdot \mathbf{u}(\mathbf{r})|_{x=0}}_{=0}) = a^4.$$

$$(3.1397)$$

Für alle drei Richtungen ergibt das den Gesamtfluss

$$\phi = \sum_{n=1}^6 \phi_i = 3a^4. \tag{3.1398}$$

(b) Nach dem Satz von Gauß, Satz 3.11, haben wir

$$\phi = \int_{\partial W} \mathrm{d}\mathbf{S} \cdot \mathbf{u}(\mathbf{r}) = \int_W \mathrm{d}V \, \nabla \cdot \mathbf{u}(\mathbf{r}) \tag{3.1399}$$

$$= \int_0^a \mathrm{d}x \int_0^a \mathrm{d}y \int_0^a \mathrm{d}z \, (2x + 2y + 2z) \tag{3.1400}$$

$$= 3a^4. \tag{3.1401}$$

◀

Lösung zu Aufgabe 3.71

(a) In Abb. 3.19 ist der Volltorus eingezeichnet. Der rote Kreis hat den Radius R, der blaue a_0. Dies wird klar, wenn man $a = 0$ setzt: Die Variable q ist der Azimutwinkel in der x-y-Ebene. Wird dagegen $q = 0$ gesetzt, so beschreibt

$$\begin{pmatrix} R + a\cos(p) \\ 0 \\ a\sin(p) \end{pmatrix} \tag{3.1402}$$

einen Kreis in der x-z-Ebene um den Punkt $(R, 0, 0)$ mit Radius a. Dabei ist der maximale Radius dieses Kreises a_0. Bei $a_0 = R$ schrumpft das Loch des Torus auf einen Punkt, daher die Festlegung $a_0 < R$.

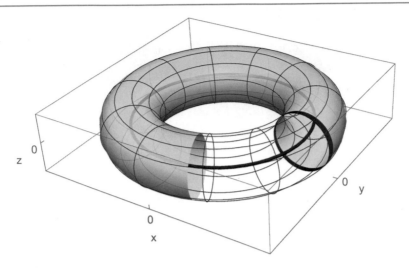

Abb. 3.19 Zu Aufg. 3.71: Parametrisierung eines Volltorus. Der rote Kreis hat den Radius R, der blaue a_0

(b) Wir berechnen zunächst die Jacobi-Matrix,

$$\frac{\partial(x, y, z)}{\partial(a, q, p)} = \begin{pmatrix} \partial_a x & \partial_q x & \partial_p x \\ \partial_a y & \partial_q y & \partial_p y \\ \partial_a z & \partial_q z & \partial_p z \end{pmatrix} \tag{3.1403}$$

$$= \begin{pmatrix} \cos(q)\cos(p) & -(R + a\cos(p))\sin(q) & -a\cos(q)\sin(p) \\ \sin(q)\cos(p) & (R + a\cos(p))\cos(q) & -a\sin(q)\sin(p) \\ \sin(p) & 0 & a\cos(p) \end{pmatrix}. \tag{3.1404}$$

Die Determinante dieser Matrix berechnen wir mittels Entwicklung nach der letzten Zeile (Th. 2.35), da sich dort eine 0 befindet (man kann natürlich genauso gut die Regel von Sarrus, Gl. 2.37, anwenden),

$$\left| \frac{\partial(x, y, z)}{\partial(a, q, p)} \right| = \sin(p) \begin{vmatrix} -(R + a\cos(p))\sin(q) & -a\cos(q)\sin(p) \\ (R + a\cos(p))\cos(q) & -a\sin(q)\sin(p) \end{vmatrix}$$

$$+ a\cos(p) \begin{vmatrix} \cos(q)\cos(p) & -(R + a\cos(p))\sin(q) \\ \sin(q)\cos(p) & (R + a\cos(p))\cos(q) \end{vmatrix} \tag{3.1405}$$

$$= a\sin^2(p)(R + a\cos(p)) + a\cos^2(p)(R + a\cos(p)) \tag{3.1406}$$

$$= a(R + a\cos(p)). \tag{3.1407}$$

(c:i) Zunächst berechnen wir das Volumenintegral über den Volltorus T,

$$\int_T dV = \int_0^{2\pi} dq \int_0^{2\pi} dp \int_0^{a_0} da \, [a(R + a\cos(p))] \tag{3.1408}$$

$$= 2\pi \int_0^{2\pi} dp \left(\frac{1}{2} a^2 R + \frac{1}{3} a^3 R \cos(p) \right) \Big|_0^{a_0} \tag{3.1409}$$

$$= 2\pi \left(\frac{1}{2} a_0^2 R p + \frac{1}{3} a_0^3 \sin(p) \right) \Big|_0^{2\pi} = 2\pi^2 a_0^2 R. \tag{3.1410}$$

Das Resultat ist das Produkt aus Querschnittsfläche πa_0^2 und dem Umfang $2\pi R$ des Innenringes (roter Kreis in Abb. 3.19) des Torus.

(c:ii) Nun nutzen wir den Integralsatz von Gauß Th. 3.11. Dazu stellen wir zunächst fest, dass

$$\nabla \cdot \mathbf{A} = \sum_{l=1}^{3} \partial_l A_l = \frac{1}{2} + \frac{1}{2} = 1. \tag{3.1411}$$

Somit muss

$$\int_T dV = 2\pi^2 a_0^2 R = \int_{\partial T} d\mathbf{S} \cdot \mathbf{A} \tag{3.1412}$$

gelten: Das Flächenintegral über die geschlossene Oberfläche des Torus ∂T über das Vektorfeld $\mathbf{A}$ ist identisch zum Volumenintegral über T, wenn die Divergenz des Vektorfeldes $\mathbf{A}$ gleich 1 ist. Um dies für diesen Fall zu bestätigen, benötigen wir noch das infinitesimale Flächenelement $d\mathbf{S}$. Dazu setzen wir $a = a_0$ und nutzen für die Parametrisierung der Oberfläche p und q. Wir erhalten mit dem Kreuzprodukt der Tangentialvektoren $\partial_p \mathbf{r}$ und $\partial_q \mathbf{r}$ den Normalenvektor. Die korrekte Reihenfolge der Tangentenvektoren, sodass der Normalenvektor nach außen zeigt, kann man sich anhand der Rechte-Hand-Regel klar machen: Daumen entlang q (roter Kreis) im mathematisch positivem Sinn, Zeigefinger entlang p (blauer Kreis):

$$d\mathbf{S} = \left(\frac{\partial \mathbf{r}}{\partial q} \times \frac{\partial \mathbf{r}}{\partial p} \right) dq \, dp \tag{3.1413}$$

$$= \left(\begin{pmatrix} -[R + a_0\cos(p)]\sin(q) \\ [R + a_0\cos(p)]\cos(q) \\ 0 \end{pmatrix} \times \begin{pmatrix} -a_0\sin(p)\cos(q) \\ -a_0\sin(p)\sin(q) \\ a_0\cos(p) \end{pmatrix} \right) dp \, dq \tag{3.1414}$$

$$= (R + a_0\cos(p)) \begin{pmatrix} a_0\cos(p)\cos(q) \\ a_0\cos(p)\sin(q) \\ a_0\sin(p) \end{pmatrix}. \tag{3.1415}$$

Kurze Überprüfung der Richtung: Bei $p = \pi/2$ sollte d$\mathbf{S}$ stets in positive z-Richtung zeigen, was auch der Fall ist. Mit

$$\mathbf{A}(p, q, a = a_0) = \frac{1}{2} \begin{pmatrix} [R + a_0 \cos(p)] \cos(q) \\ [R + a_0 \cos(p)] \sin(q) \\ 0 \end{pmatrix} \tag{3.1416}$$

erhalten wir für das Oberflächenintegral

$$\int_{\partial T} d\mathbf{S} \cdot \mathbf{A} = \frac{1}{2} \int_0^{2\pi} dq \int_0^{2\pi} dp (R + a_0 \cos(p))$$

$$\cdot \begin{pmatrix} a_0 \cos(p) \cos(q) \\ a_0 \cos(p) \sin(q) \\ a_0 \sin(p) \end{pmatrix} \cdot \begin{pmatrix} [R + a_0 \cos(p)] \cos(q) \\ [R + a_0 \cos(p)] \sin(q) \\ 0 \end{pmatrix} \tag{3.1417}$$

$$= \frac{a_0}{2} \int_0^{2\pi} dq \int_0^{2\pi} dp \cos(p)(R + a_0 \cos(p))^2 \tag{3.1418}$$

$$= 2\pi^2 a_0^2 R. \tag{3.1419}$$

Wie wir es erwartet haben, stimmt das Oberflächenintegral mit dem Volumenintegral überein.

◀

Lösung zu Aufgabe 3.72

(a) Die Bewegung entlang der Schraubenlinie parametrisieren wir mit t. Die Helix beschreibt eine Kreisbewegung in der x-y-Ebene und eine lineare Bewegung in der z-Richtung. Legen wir $\mathbf{r}(t) : [0, 4\pi] \to \mathbb{R}^3$ für die zwei Umläufe fest, so haben wir für die laterale Bewegung $R(\cos(t)\mathbf{e}_x + \sin(t)\mathbf{e}_y)$. Für die z-Richtung muss nach einer Umdrehung, also bei $t = 2\pi$, die Höhe h überwunden worden sein. Daher liegt eine Geschwindigkeit[45] von $h/(2\pi)$ vor. Damit haben wir die Parametrisierung

$$t \mapsto \mathbf{r}(t) = \begin{pmatrix} R \cos(t) \\ R \sin(t) \\ \frac{h}{2\pi} t \end{pmatrix}. \tag{3.1420}$$

Wir sehen, dass auch Anfangs- und Endpunkt passen, $\mathbf{r}(0) = (R, 0, 0)^{\mathrm{T}} = \mathbf{P}_s$, $\mathbf{r}(4\pi) = (R, 0, 2h)^{\mathrm{T}} = \mathbf{P}_f$. Die Geschwindigkeit erhalten wir mit

$$\frac{d\mathbf{r}(t)}{dt} = \begin{pmatrix} -R \sin(t) \\ R \cos(t) \\ \frac{h}{2\pi} \end{pmatrix}. \tag{3.1421}$$

---

[45] Hier ohne Einheiten.

Daraus ergibt sich mit Th. 3.10 die Arbeit W

$$W = \int_{\mathbf{P}_s}^{\mathbf{P}_f} \mathbf{F}(\mathbf{r}) \cdot d\mathbf{r} = \int_0^{4\pi} dt\, \mathbf{F}(t) \cdot \frac{d\mathbf{r}(t)}{dt} \tag{3.1422}$$

$$= \int_0^{4\pi} dt \begin{pmatrix} 3R\sin(t) \\ -3R\cos(t) + R\sin(t) \\ 2\frac{h}{2\pi}t \end{pmatrix} \cdot \begin{pmatrix} -R\sin(t) \\ R\cos(t) \\ \frac{h}{2\pi} \end{pmatrix} \tag{3.1423}$$

$$= \int_0^{4\pi} dt \left(\underbrace{-3R^2\sin^2(t) - 3R^2\cos^2(t)}_{-3R^2} \right.$$

$$\left. + R^2\sin(t)\cos(t) + \frac{h^2}{2\pi^2}t \right) \tag{3.1424}$$

$$= -3R^2 t - \frac{R^2}{2}\cos^2(t) + \frac{h^2}{4\pi^2}t^2 \Big|_0^{4\pi} \tag{3.1425}$$

$$= 4(h^2 - 3\pi R^2). \tag{3.1426}$$

(b) Wir müssen also direkt die an der Masse verrichte Arbeit berechnen.

   (i) Zunächst schauen wir nach, ob das Kraftfeld konservativ ist, also ob seine Rotation verschwindet:

$$\nabla \times \mathbf{F} = \begin{pmatrix} \partial_x \\ \partial_y \\ \partial_z \end{pmatrix} \times \begin{pmatrix} 3y \\ -3x + y \\ 2z \end{pmatrix} \tag{3.1427}$$

$$= -6\mathbf{e}_z. \tag{3.1428}$$

Somit ist das Vektorfeld $\mathbf{F}$ nicht konservativ. Trotzdem kann es sein, dass man entlang des hier vorliegenden geschlossenen Weges, bestehend aus der Schraubenlinie und der Geraden, keine Arbeit verrichtet, da ein nicht-konservatives Feld nicht notwendig bedeutet, dass auf jedem geschlossenen Weg Arbeit verrichtet wird.

   (ii) Da der Anfangs- und Endpunkt bzgl. der z-Koordinate übereinander liegen, halten wir die x- und die y-Koordinate fest und laufen die z-Achse von $2h$ bis 0 entlang,

$$\mathbf{r}_g(t) : [0, 1] \to \mathbb{R}^3 \tag{3.1429}$$

$$t \mapsto \mathbf{r}(t) = \begin{pmatrix} R \\ 0 \\ 2h(1-t) \end{pmatrix}, \tag{3.1430}$$

$$\Rightarrow \quad \frac{d\mathbf{r}(t)}{dt} = -2h\mathbf{e}_z. \tag{3.1431}$$

Äquivalent zur Rechnung in (a) erhalten wir die auf der Geraden an der Masse verrichtete Arbeit W_g,

$$W_g = \int_0^1 dt \begin{pmatrix} 0 \\ -3R \\ 4h(1-t) \end{pmatrix} \cdot \begin{pmatrix} 0 \\ 0 \\ -2h \end{pmatrix} \tag{3.1432}$$

$$= -8h^2 \frac{(1-t)^2}{2} \Big|_0^1 = -4h^2. \tag{3.1433}$$

Wir sehen, dass $W + W_g \neq 0$, solange $R \neq 0$. Die Energiebilanz ist somit am Ende nicht ausgeglichen.

◀

Lösung zu Aufgabe 3.73

Nach dem klassischen Satz von Stokes, Th. 3.12, gilt

$$0 = \oint_{\partial S} d\mathbf{r} \cdot \mathbf{F} = \int_S d\mathbf{S} \cdot (\nabla \times \mathbf{F}) \tag{3.1434}$$

Auf den letzten Ausdruck können wir den Satz von Gauß, Th. 3.11, anwenden

$$\int_S d\mathbf{S} \cdot (\nabla \times \mathbf{F}) = \int_{V_S} dV \, \nabla \cdot (\nabla \times \mathbf{F}) \tag{3.1435}$$

Aus Aufg. 3.59 wissen wir, dass $\nabla \cdot (\nabla \times \mathbf{F}) = 0$, womit beide Sätze konsistent sind. ◀

Lösung zu Aufgabe 3.74

(a) Wir überprüfen auf Rotationsfreiheit, da Gradientenfelder rotationsfrei sind (siehe Aufg. 3.59):

$$\nabla \times \mathbf{A} = \begin{pmatrix} \partial_x \\ \partial_y \\ \partial_z \end{pmatrix} \times \begin{pmatrix} y \\ -x \\ z \end{pmatrix} = \begin{pmatrix} 0 \\ 0 \\ -2 \end{pmatrix} \neq \mathbf{0}. \tag{3.1436}$$

Damit ist $\mathbf{A}$ nicht rotationsfrei und kann somit kein Gradientenfeld sein, wie in Aufg. 3.59 gezeigt.
Nun zu den Quellen/Senken, die wir aus der Divergenz erhalten,

$$\nabla \cdot \mathbf{A} = \begin{pmatrix} \partial_x \\ \partial_y \\ \partial_z \end{pmatrix} \cdot \begin{pmatrix} y \\ -x \\ z \end{pmatrix} = 0 + 0 + 1 = 1. \tag{3.1437}$$

Es liegen somit Quellen im Feld vor.

(b) Entsprechend des (klassischen) Satzes von Stokes, Th. 3.12, muss

$$\int_S d\mathbf{s} \cdot (\nabla \times \mathbf{A}) = \int_{C=\partial S} d\mathbf{r} \cdot \mathbf{A} \qquad (3.1438)$$

gelten, wobei S die Halbkreisfläche ist und C der Rand dieser. Wir berechnen zunächst die linke Seite der Gleichung, wobei wir aufgrund der Geometrie die Polarkoordinaten nutzen. Dabei zeigt der Normalenvektor der Fläche S in z-Richtung, da sich die Fläche in der x-y-Ebene befindet, also $d\mathbf{S} = dS\mathbf{e}_z = r\,dr\,d\varphi\,\mathbf{e}_z$. Wir erhalten, wobei $\varphi \in [0, \pi]$ aufgrund des Halbkreises,

$$\int_S d\mathbf{s} \cdot (\nabla \times \mathbf{A}) = \int_0^\pi d\varphi \int_0^R dr\, r\, \mathbf{e}_z \cdot (\nabla \times \mathbf{A}) \qquad (3.1439)$$

$$= \pi \int_0^R dr\, r\,(-2) = -\pi R^2, \qquad (3.1440)$$

oder äquivalent

$$= \int_S ds\, \mathbf{e}_z \cdot (\nabla \times \mathbf{A}) = (-2) \underbrace{\int_S ds}_{\text{Halbkreisfläche}}. \qquad (3.1441)$$

Für die Berechnung der rechten Seite der Gl. 3.1438 teilen wir den Rand C in zwei Abschnitte C_1 und C_2 auf: Entlang der x-Achse (C_1) sowie entlang des Halbkreises (C_2). Dabei laufen wir im mathematisch positiven Sinne die Kurve ab, da der Normalenvektor in positive z-Richtung zeigt (Rechte-Hand-Regel).
(i) Für C_1:

$$\int_{C_1} d\mathbf{r} \cdot \mathbf{A} = \int_{-R}^R dx\, \mathbf{e}_x \cdot \mathbf{A}\Big|_{y=z=0} = \int_{-R}^R dx\, 0 = 0. \qquad (3.1442)$$

(ii) Für C_2:
Auch hier ist es praktisch, Polarkoordinaten zu nutzen, wobei φ nun für die Parametrisierung genutzt wird, weshalb wir nach Th. 3.10 $d\mathbf{r}/d\varphi$ benötigen. Wir haben

$$\mathbf{r} = R \begin{pmatrix} \cos(\varphi) \\ \sin(\varphi) \\ 0 \end{pmatrix}, \quad \frac{d\mathbf{r}}{d\varphi} = R \begin{pmatrix} -\sin(\varphi) \\ \cos(\varphi) \\ 0 \end{pmatrix} \quad \text{mit} \quad \varphi \in [0, \pi]. \qquad (3.1443)$$

Damit liefert das Integral entlang C_2

$$\int_{C_2} d\mathbf{r} \cdot \mathbf{A} = \int_0^\pi d\varphi \, \frac{d\mathbf{r}(\varphi)}{d\varphi} \cdot \mathbf{A}(\mathbf{r}(\varphi)) \tag{3.1444}$$

$$= \int_0^\pi d\varphi \, R^2 \begin{pmatrix} -\sin(\varphi) \\ \cos(\varphi) \\ 0 \end{pmatrix} \cdot \begin{pmatrix} \sin(\varphi) \\ -\cos(\varphi) \\ 0 \end{pmatrix} \tag{3.1445}$$

$$= -R^2 \int_0^\pi d\varphi \, 1 = -\pi R^2. \tag{3.1446}$$

Zusammengesetzt erhalten wir

$$\int_C d\mathbf{r} \cdot \mathbf{A} = \int_{C_1} d\mathbf{r} \cdot \mathbf{A} + \int_{C_2} d\mathbf{r} \cdot \mathbf{A} = -\pi R^2 \tag{3.1447}$$

was mit Gl. 3.1440 übereinstimmt. Damit ist für diesen Fall die Gültigkeit des (klassischen) Satzes von Stokes bestätigt.

(c) Es muss nach dem Integralsatz von Gauß

$$\int_{V_Z} dV \, \mathbf{\nabla} \cdot \mathbf{A} = \int_{\partial V_Z} d\mathbf{s} \cdot \mathbf{A} \tag{3.1448}$$

gelten, wobei V_Z das Volumen des Zylinders und ∂V_Z seine Oberfläche sind. Die linke Seite der Gleichung liefert mit Gl. 3.1437

$$\int_{V_Z} dV \, \mathbf{\nabla} \cdot \mathbf{A} = \int_{V_Z} dV \, 1 = \pi R^2 h, \tag{3.1449}$$

wobei wir im letzten Schritt das Volumen des Zylinders mit Höhe h und Radius R eingesetzt haben. Das Oberflächenintegral, die rechte Seite der zu überprüfenden Gleichung, teilen wir auf in ein Flächenintegral über die Mantelfläche S_M sowie Deckel- S_D und Bodenfläche S_B. Dabei nutzen wir die Zylinderkoordinaten, Def. 3.2:

$$\int_{\partial V_Z} d\mathbf{s} \cdot \mathbf{A} = \sum_{j=\{M,B,D\}} \int_{S_j} d\mathbf{s} \cdot \mathbf{A}. \tag{3.1450}$$

Bei der Mantelfläche, lokal aufgespannt durch $\mathbf{e}_\varphi$ und $\mathbf{e}_z$, zeigt der Normalenvektor radial nach außen, $\mathbf{e}_\varphi \times \mathbf{e}_z = \mathbf{e}_\rho = \cos(\varphi)\mathbf{e}_x + \sin(\varphi)\mathbf{e}_y$. Da die Jacobi-Determinante ρ ist (siehe z. B. Aufg. 3.38), haben wir

$$d\mathbf{s} = \begin{pmatrix} \cos(\varphi) \\ \sin(\varphi) \\ 0 \end{pmatrix} (\rho|_{\rho=R}) dz d\varphi, \tag{3.1451}$$

was wir auch direkt ausrechnen können mit

$$= \frac{\partial \mathbf{r}(\rho = R, \varphi, z)}{\partial \varphi} \times \frac{\partial \mathbf{r}(\rho = R, \varphi, z)}{\partial z} \mathrm{d}z \mathrm{d}\varphi \tag{3.1452}$$

$$= \begin{pmatrix} -R\sin(\varphi) \\ R\cos(\varphi) \\ 0 \end{pmatrix} \times \begin{pmatrix} 0 \\ 0 \\ 1 \end{pmatrix} \mathrm{d}z \mathrm{d}\varphi = \begin{pmatrix} \cos(\varphi) \\ \sin(\varphi) \\ 0 \end{pmatrix} R \, \mathrm{d}z \mathrm{d}\varphi. \tag{3.1453}$$

Da nun

$$\mathrm{d}\mathbf{s} \cdot \mathbf{A} = \begin{pmatrix} \cos(\varphi) \\ \sin(\varphi) \\ 0 \end{pmatrix} \cdot \begin{pmatrix} R\sin(\varphi) \\ -R\cos(\varphi) \\ z \end{pmatrix} R \, \mathrm{d}z \mathrm{d}\varphi = 0, \tag{3.1454}$$

verschwindet der Beitrag durch die Mantelfläche,

$$\int_{S_M} \mathrm{d}\mathbf{s} \cdot \mathbf{A} = 0. \tag{3.1455}$$

Der Boden (bei $z = 0$) liefert, mit $\mathrm{d}\mathbf{s} = (-\mathbf{e}_z)\mathrm{d}s$ und

$$\mathrm{d}\mathbf{s} \cdot \mathbf{A} = -\mathbf{e}_z \cdot (y\mathbf{e}_x - x\mathbf{e}_y + 0\mathbf{e}_z)\mathrm{d}s = 0, \tag{3.1456}$$

ebenfalls keinen Beitrag,

$$\int_{S_B} \mathrm{d}\mathbf{s} \cdot \mathbf{A} = 0. \tag{3.1457}$$

Schließlich haben wir beim Deckel, $z = h$ mit $\mathrm{d}\mathbf{s} = \mathbf{e}_z \mathrm{d}s$ und

$$\mathrm{d}\mathbf{s} \cdot \mathbf{A} = \mathbf{e}_z \cdot (y\mathbf{e}_x - x\mathbf{e}_y + h\mathbf{e}_z)\mathrm{d}s = h \, \mathrm{d}s, \tag{3.1458}$$

den Beitrag

$$\int_{S_D} \mathrm{d}\mathbf{s} \cdot \mathbf{A} = h \underbrace{\int_{S_D} \mathrm{d}s}_{\text{Kreisfläche des Deckels}} = \pi h R^2. \tag{3.1459}$$

(d) Wir nutzen die Tatsache aus, dass die Divergenz des Vektorfeldes $\mathbf{A}$ gerade 1 ist und wir mittels Integralsatz von Gauß nur das Volumen einer Kugel angeben müssen. Der Fluss Φ durch die Kugelschale ∂V_K (Rand des Kugelvolumens V_K) errechnet sich damit zu

$$\Phi = \int_{\partial V_K} \mathrm{d}\mathbf{s} \cdot \mathbf{A} = \int_{V_K} \mathrm{d}V \underbrace{\nabla \cdot \mathbf{A}}_{1} = \int_{V_K} \mathrm{d}V = V_K = \frac{4}{3}\pi R^3 \tag{3.1460}$$

und ist gleich dem Kugelvolumen V_K.

◄

Lösung zu Aufgabe 3.75

(a)(i) Um die Quellen zu erhalten, berechnen wir die Divergenz des Vektorfeldes,

$$\nabla \cdot \mathbf{F} = \begin{pmatrix} \partial_x \\ \partial_y \\ \partial_z \end{pmatrix} \times \begin{pmatrix} xy + z \\ x^2 + y^2 + z^2 \\ yz \end{pmatrix} = y + 2y + y \qquad (3.1461)$$

$$= 4y. \qquad (3.1462)$$

Damit ist $\mathbf{F}$ nicht quellfrei.

(a)(ii) Das Vektorfeld ist konservativ, wenn es wirbelfrei ist. Um dies zu testen, berechnen wir die Rotation des Vektorfeldes,

$$\nabla \times \begin{pmatrix} xy + z \\ x^2 + y^2 + z^2 \\ yz \end{pmatrix} = \begin{pmatrix} \partial_x \\ \partial_y \\ \partial_z \end{pmatrix} \times \begin{pmatrix} xy + z \\ x^2 + y^2 + z^2 \\ yz \end{pmatrix} = \begin{pmatrix} -z \\ 1 \\ x \end{pmatrix}. \qquad (3.1463)$$

Damit besitzt $\mathbf{F}$ Wirbel und ist nicht konservativ. Damit *kann* die Zirkulation in (b) ungleich null sein (sie könnte es aber auch nicht sein).

(b) Wir parametrisieren die drei geraden Wege (die Seiten des Dreiecks) mit dem Parameter t, um dann mit

$$\int_{\mathcal{C}} \mathbf{F} \cdot d\mathbf{r} = \int_{t_A}^{t_B} \mathbf{F}(\mathbf{r}(t)) \cdot \dot{\mathbf{r}}(t) \, dt \qquad (3.1464)$$

über t zu integrieren (dabei ist $\mathbf{r}(t_A)$ der Anfangspunkt und $\mathbf{r}(t_B)$ der Endpunkt der Kurve $\mathcal{C}$), siehe dazu Th. 3.10. Wir haben

1. $\mathbf{P}_1 \to \mathbf{P}_2$:

$$\mathbf{r}_1(t) = \mathbf{P}_1 + (\mathbf{P}_2 - \mathbf{P}_1)t \quad \text{mit} \quad t \in [0, 1] \qquad (3.1465)$$

$$= \begin{pmatrix} 0 \\ -2 \\ 0 \end{pmatrix} + \begin{pmatrix} 0 \\ 4 \\ 0 \end{pmatrix} t, \qquad (3.1466)$$

$$\text{mit} \quad \dot{\mathbf{r}}_1(t) = \begin{pmatrix} 0 \\ 4 \\ 0 \end{pmatrix}. \qquad (3.1467)$$

2. $\mathbf{P}_2 \to \mathbf{P}_3$:

$$\mathbf{r}_2(t) = \mathbf{P}_2 + (\mathbf{P}_3 - \mathbf{P}_2)t \text{ mit } t \in [0, 1] \tag{3.1468}$$

$$= \begin{pmatrix} 0 \\ 2 \\ 0 \end{pmatrix} + \begin{pmatrix} 0 \\ -2 \\ 1 \end{pmatrix} t, \tag{3.1469}$$

$$\text{mit } \dot{\mathbf{r}}_2(t) = \begin{pmatrix} 0 \\ -2 \\ 1 \end{pmatrix}. \tag{3.1470}$$

3. $\mathbf{P}_3 \to \mathbf{P}_1$:

$$\mathbf{r}_3(t) = \mathbf{P}_3 + (\mathbf{P}_1 - \mathbf{P}_3)t \text{ mit } t \in [0, 1] \tag{3.1471}$$

$$= \begin{pmatrix} 0 \\ 0 \\ 1 \end{pmatrix} + \begin{pmatrix} 0 \\ -2 \\ -1 \end{pmatrix} t, \tag{3.1472}$$

$$\text{mit } \dot{\mathbf{r}}_3(t) = \begin{pmatrix} 0 \\ -2 \\ -1 \end{pmatrix}. \tag{3.1473}$$

Damit ergeben sich für die einzelnen Wege folgende Integrale:

$$W_1 = \int_0^1 \mathbf{F}(\mathbf{r}_1(t)) \cdot \dot{\mathbf{r}}_1(t) \, dt \tag{3.1474}$$

$$= \int_0^1 \begin{pmatrix} 0 \\ (-2 + 4t)^2 \\ 0 \end{pmatrix} \cdot \begin{pmatrix} 0 \\ 4 \\ 0 \end{pmatrix} dt \tag{3.1475}$$

$$= 4 \int_0^1 (-2 + 4t)^2 dt \tag{3.1476}$$

$$= 16t - 32t^2 + \frac{64}{3}t^3 \Big|_0^1 = \frac{16}{3}, \tag{3.1477}$$

$$W_2 = \int_0^1 \mathbf{F}(\mathbf{r}_2(t)) \cdot \dot{\mathbf{r}}_2(t) \, dt \tag{3.1478}$$

$$= \int_0^1 \begin{pmatrix} t \\ (2-2t)^2 + t^2 \\ t(2-2t) \end{pmatrix} \cdot \begin{pmatrix} 0 \\ -2 \\ 1 \end{pmatrix} dt \tag{3.1479}$$

$$= -2 \int_0^1 (4 - 9t + 6t^2) \, dt \tag{3.1480}$$

$$= -2 \left(4t - \frac{9}{2}t^2 + 2t^3 \right) \Bigg|_0^1 = -3, \tag{3.1481}$$

$$W_3 = \int_0^1 \mathbf{F}(\mathbf{r}_3(t)) \cdot \dot{\mathbf{r}}_3(t) \, dt \tag{3.1482}$$

$$= \int_0^1 \begin{pmatrix} 1-t \\ 4t^2 + (1-t)^2 \\ -2t(1-t) \end{pmatrix} \cdot \begin{pmatrix} 0 \\ -2 \\ -1 \end{pmatrix} dt \tag{3.1483}$$

$$= \int_0^1 (-2 + 6t - 12t^2) \, dt \tag{3.1484}$$

$$= -2t + 3t^2 - 4t^3 \Bigg|_0^1 = -3. \tag{3.1485}$$

Die Beiträge zusammengenommen, erhalten wir damit

$$\int_C \mathbf{F} \cdot d\mathbf{r} = W_1 + W_2 + W_3 \tag{3.1486}$$

$$= \frac{16}{3} - 3 - 3 = -\frac{2}{3}. \tag{3.1487}$$

(c) Das Dreieck liegt in der y-z-Ebene, da die x-Koordinate aller Punkte 0 ist. Daher ist der Normaleneinheitsvektor (unter Berücksichtigung der geforderten Orientierung) $\hat{\mathbf{n}} = \mathbf{e}_x$. Um $\hat{\mathbf{n}}$ explizit zu berechnen, nehmen wir das Kreuzprodukt aus $(\mathbf{P}_2 - \mathbf{P}_1)$ und $(\mathbf{P}_3 - \mathbf{P}_2)$ und normieren das Ergebnis. So ist die korrekte Richtung gewährleistet (Rechte-Hand-Regel):

$$\hat{\mathbf{n}} = \frac{(\mathbf{P}_2 - \mathbf{P}_1) \times (\mathbf{P}_3 - \mathbf{P}_2)}{|(\mathbf{P}_2 - \mathbf{P}_1) \times (\mathbf{P}_3 - \mathbf{P}_2)|} \tag{3.1488}$$

$$= \begin{pmatrix} 0 \\ 4 \\ 0 \end{pmatrix} \times \begin{pmatrix} 0 \\ -2 \\ 1 \end{pmatrix} \Bigg/ \left| \begin{pmatrix} 0 \\ 4 \\ 0 \end{pmatrix} \times \begin{pmatrix} 0 \\ -2 \\ 1 \end{pmatrix} \right| \tag{3.1489}$$

$$= \frac{1}{4} \begin{pmatrix} 4 \\ 0 \\ 0 \end{pmatrix} = \mathbf{e}_x. \tag{3.1490}$$

(d) Wenn hier der Satz von Stokes, Th. 3.12, erfüllt ist, gilt

$$\int_C \mathbf{F} \cdot d\mathbf{r} = \iint_S (\nabla \times \mathbf{F}) \cdot d\mathbf{S}, \tag{3.1491}$$

wobei der Rand der Fläche S die Kurve C ist, $\partial S = C$. Die Rotation des Vektorfeldes haben wir schon in (a)(ii) berechnet. Mit dem Normaleneinheitsvektor $\hat{\mathbf{n}}$ lässt sich das infinitesimale Flächenstück umschreiben als $d\mathbf{S} = \mathbf{e}_x \, dy dz$ (man beachte, dass hier die Jacobi-Determinante 1 ist). Nehmen wir nun die Integrationsgrenzen bei dem Flächenintegral auf der rechten Seite von Gl. 3.1491 für y als -2 und 2, müssen wir beachten, dass die Integrationsgrenzen für z von y abhängen. Für das z-Maximum auf W_2 haben wir $z = 1 - y/2$. Für das z-Maximum auf W_3 haben wir $z = 1 + y/2$. Das Minimum ist stets 0. Damit ist es sinnvoll, das Flächenintegral in zwei Dreiecksflächen S_1 und S_2, Dreieck $\{\mathbf{P}_1, \mathbf{0}, \mathbf{P}_3\}$ und Dreieck $\{\mathbf{0}, \mathbf{P}_2, \mathbf{P}_3\}$, zu unterteilen. Für erstere erhalten wir (beachte $x = 0$)

$$I_1 = \iint_{S_1} (\nabla \times \mathbf{F}) \cdot d\mathbf{S} \tag{3.1492}$$

$$= \int_{-2}^0 dy \int_0^{z=1+y/2} dz \begin{pmatrix} -z \\ 1 \\ 0 \end{pmatrix} \cdot \begin{pmatrix} 1 \\ 0 \\ 0 \end{pmatrix} \tag{3.1493}$$

$$= -\int_{-2}^0 dy \int_0^{z=1+y/2} dz\, z \tag{3.1494}$$

$$= -\int_{-2}^0 dy \, \frac{1}{2} z^2 \Big|_0^{1+y/2} \tag{3.1495}$$

$$= -\frac{1}{2} \int_{-2}^0 dy \left(1 + \frac{y}{2}\right)^2 \tag{3.1496}$$

$$= -\frac{1}{2} \left(y + \frac{y^2}{2} + \frac{y^3}{12}\right)\Big|_{-2}^0 = -\frac{1}{3}. \tag{3.1497}$$

Die Berechnung der zweiten Fläche, $\mathcal{S}_2$ läuft entsprechend,

$$I_2 = \iint_{\mathcal{S}_2} (\nabla \times \mathbf{F}) \cdot d\mathbf{S} \tag{3.1498}$$

$$= \int_0^2 dy \int_{z=1-y/2}^0 dz \begin{pmatrix} -z \\ 1 \\ 0 \end{pmatrix} \cdot \begin{pmatrix} 1 \\ 0 \\ 0 \end{pmatrix} \tag{3.1499}$$

$$= -\int_0^2 dy \; \frac{1}{2} z^2 \Big|_{1-y/2}^0 \tag{3.1500}$$

$$= \frac{1}{2} \int_0^2 dy \left(1 - \frac{y}{2} \right)^2 \tag{3.1501}$$

$$= \frac{1}{2} \left(-y + \frac{y^2}{2} - \frac{y^3}{12} \right) \Big|_0^2 = -\frac{1}{3}. \tag{3.1502}$$

Damit haben wir $I_1 + I_2 = -2/3$. Beide Seiten von Gl. 3.1491 geben somit das gleiche Ergebnis, was zu zeigen war.

◀

Lösung zu Aufgabe 3.76

(a) Bei $\mathcal{S}_1$ handelt es sich um eine Kugeloberfläche um den Ursprung. Auch die ebene Fläche $\mathcal{S}_2$ geht durch den Ursprung ($x = y = z = 0$ löst $ax + by + z = 0$). Somit handelt es sich bei C um einen Kreis mit dem Ursprung als Zentrum. Den *Normaleneinheitsvektor*, Def. 3.76, der zugehörigen Kreisscheibe bekommen wir durch das Umschreiben der Ebenengleichung $ax + by + z = 0$ zu

$$\underbrace{\begin{pmatrix} a \\ b \\ 1 \end{pmatrix}}_{=:\mathbf{n}} \cdot \mathbf{x} = 0. \tag{3.1503}$$

Alle Vektoren, die diese Gleichung erfüllen, gehören zu $\mathcal{S}_2$ und stehen senkrecht auf $\mathbf{n}$. Der Normaleneinheitsvektor ist somit

$$\hat{\mathbf{n}} = (a, b, 1)^T / \sqrt{a^2 + b^2 + 1}.$$

Mit dem *Satz von Stokes* erhalten wir

$$I = \oint_C \mathbf{F} \cdot d\mathbf{r} = \int_S d\mathbf{S} \cdot (\nabla \times \mathbf{F}) \quad \text{mit} \quad C = \partial S \tag{3.1504}$$

$$= \int_S dS \, \hat{\mathbf{n}} \cdot (\nabla \times \mathbf{F}). \tag{3.1505}$$

Mit

$$\nabla \times \mathbf{F} = \begin{pmatrix} C - B \\ A - 1 \\ 0 \end{pmatrix} \tag{3.1506}$$

erhalten wir

$$I = \frac{1}{\sqrt{a^2 + b^2 + 1}} \int_S dS \, (a(C - B) + b(A - 1)) \tag{3.1507}$$

$$= \frac{(a(C - B) + b(A - 1))}{\sqrt{a^2 + b^2 + 1}} \int_S dS. \tag{3.1508}$$

Das Integral, was noch zu berechnen ist, liefert nichts anderes als die Kreisfläche mit Radius 1. Somit haben wir

$$I = \frac{\pi (a(C - B) + b(A - 1))}{\sqrt{a^2 + b^2 + 1}}. \tag{3.1509}$$

(b) Das Vektorfeld muss wirbelfrei sein, also

$$\nabla \times \mathbf{F} = \begin{pmatrix} C - B \\ A - 1 \\ 0 \end{pmatrix} = \mathbf{0}. \tag{3.1510}$$

Daraus ergibt sich die Bedingung $(C = B) \wedge (A = 1)$.

(c) Im Fall von $a = b = 0$ liegt die Kurve C, die einen Kreis mit Radius 1 beschreibt, in der x-y-Ebene. Das zu berechnende Integral ist gegeben durch

$$I = \oint_C \begin{pmatrix} dx \\ dy \\ dz \end{pmatrix} \cdot \begin{pmatrix} y + Az \\ x + Bz \\ x + Cy \end{pmatrix} \tag{3.1511}$$

$$= \oint_C dx \, y + \oint_C dy \, x. \tag{3.1512}$$

Hier ist es günstig, in Polarkoordinaten, Def. 3.2, zu gehen,

$$I = \oint_C d(r \cos(\phi)) \, r \sin(\phi) + \oint_C d(r \sin(\phi)) \, r \cos(\phi) \tag{3.1513}$$

$$= -\int_0^{2\pi} d\phi \, \sin^2(\phi) + \int_0^{2\pi} d\phi \, \cos^2(\phi). \tag{3.1514}$$

Im letzten Schritt haben wir ausgenutzt, dass der Radius auf C $r = \text{const.} = 1$ ist. Da das Integral über $\sin^2(\phi)$ aufgrund der Symmetrie das Gleiche liefert

Abb. 3.20 Zu Aufg. 3.77:
Die Kurve (blau) ist gegeben
durch $y = 4 - x^2$. Die
Fläche **A** ist grau schraffiert.
Der Pfeil zeigt in die
Richtung des Flächen-
normalenvektors

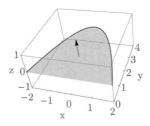

wie das Integral über $\cos^2(\phi)$, erhalten wir schließlich $I = 0$. Dieses Ergebnis
ist konsistent mit Gl. 3.1509 für $a = b = 0$.

(d) Für die Anwendung des Satzes von Gauß benötigen wir die Quellen des Vektorfeldes,

$$\nabla \cdot \mathbf{F} = 0. \tag{3.1515}$$

Da diese verschwinden, ist der Fluss $\mathcal{L} = 0$.

◀

Lösung zu Aufgabe 3.77

Um die Berandung ∂A der Fläche **A** besser zu kennen, benötigen wir die Schnittpunkte der Parabel mit der x-Achse, also die Stellen $x_{1/2}$ mit $y(x) = 0$. Wir
haben

$$y + x^2 = 4 \tag{3.1516}$$

$$\implies y = 0 = 4 - x^2 \tag{3.1517}$$

$$x_{1/2} = \pm 2. \tag{3.1518}$$

Wir wählen für die Parametrisierung des Kurvenintegrals entlang ∂A die Funktion
$x(t) = t$. Damit können wir ∂A in zwei Wege aufteilen:

Weg 1: Entlang $\boldsymbol{\gamma}_1 : [-2, 2] \to \mathbb{R}^3$, $\boldsymbol{\gamma}_1(t) = \begin{pmatrix} t \\ 0 \\ 0 \end{pmatrix}$ von $t = -2$ bis $t = 2$.

Weg 2: Entlang $\boldsymbol{\gamma}_2 : [2, -2] \to \mathbb{R}^3$, $\boldsymbol{\gamma}_2(t) = \begin{pmatrix} t \\ 4 - t^2 \\ 0 \end{pmatrix}$.[46]

Mit dieser Umlaufrichtung ist der Flächennormalenvektor von **A** in $\mathbf{e}_z$-Richtung
zu wählen, also $\mathbf{n}_A = \mathbf{e}_z$ (die obere Seite befindet sich zur Linken, wenn wir

---

[46]Wir hätten auch gleich $\boldsymbol{\gamma}_2 : [-2, 2] \to \mathbb{R}^3$, $\boldsymbol{\gamma}_2(t) = \begin{pmatrix} -t \\ 4 - t^2 \\ 0 \end{pmatrix}$ definieren können.

entlang des Pfades laufen, siehe Abb. 3.20). Damit haben wir, entsprechend der Integration von Kurvenintegralen,

$$\oint_{\partial A} d\mathbf{l} \cdot \mathbf{V} = \oint_{\boldsymbol{\gamma}_1|_{[-2,2]}} d\mathbf{l} \cdot \mathbf{V} + \oint_{\boldsymbol{\gamma}_2|_{[2,-2]}} d\mathbf{l} \cdot \mathbf{V} \tag{3.1519}$$

$$= \int_{-2}^{2} \mathbf{V}(\boldsymbol{\gamma}_1(t)) \frac{d\boldsymbol{\gamma}_1(t)}{dt} dt + \int_{2}^{-2} \mathbf{V}(\boldsymbol{\gamma}_2(t)) \frac{d\boldsymbol{\gamma}_2(t)}{dt} dt \tag{3.1520}$$

$$= \int_{-2}^{2} \begin{pmatrix} t^2 \\ t \\ 0 \end{pmatrix} \cdot \begin{pmatrix} 1 \\ 0 \\ 0 \end{pmatrix} dt - \int_{-2}^{2} \begin{pmatrix} t^2 \\ t - (4 - t^2) \\ 0 \end{pmatrix} \cdot \begin{pmatrix} 1 \\ -2t \\ 0 \end{pmatrix} dt \tag{3.1521}$$

$$= \int_{-2}^{2} t^2 \, dt + \int_{-2}^{2} (-t^2 + 2t^2 - 8t + 2t^3) \, dt \tag{3.1522}$$

$$= \frac{32}{3}. \tag{3.1523}$$

Auf der anderen Seite haben wir die Integration über die Rotation des Vektorfeldes,

$$\nabla \times \mathbf{V}(\mathbf{r}) = \begin{pmatrix} z \\ 1 \\ 1 \end{pmatrix}. \tag{3.1524}$$

Mit dem Flächennormalenvektor $\mathbf{n}_A = \mathbf{e}_z$ erhalten wir

$$\int_A (\nabla \times \mathbf{V}(\mathbf{r})) \cdot d\mathbf{A} = \int_A (\nabla \times \mathbf{V}(\mathbf{r})) \cdot \mathbf{e}_z \, dx \, dy \tag{3.1525}$$

$$= \int_{-2}^{2} dx \int_{0}^{y(x)=4-x^2} dy \begin{pmatrix} z \\ 1 \\ 1 \end{pmatrix} \cdot \begin{pmatrix} 0 \\ 0 \\ 1 \end{pmatrix} \tag{3.1526}$$

$$= \int_{-2}^{2} dx \, (4 - x^2) = \frac{32}{3}. \tag{3.1527}$$

Damit haben wir für diesen speziellen Fall die Gültigkeit des Satzes von Stokes gezeigt, dass nämlich

$$\int_A (\nabla \times \mathbf{V}(\mathbf{r})) \cdot d\mathbf{A} = \oint_{\partial A} d\mathbf{l} \cdot \mathbf{V} = \frac{32}{3}. \tag{3.1528}$$

◄

Wir wenden den Integralsatz von Gauß an,

$$\oint_{\partial V} (\Phi \nabla \Psi - \Psi \nabla \Phi) \cdot \mathrm{d}\mathbf{F} = \int_V \mathrm{d}V \, \nabla \cdot (\Phi \nabla \Psi - \Psi \nabla \Phi). \qquad (3.1529)$$

Mit

$$\nabla \cdot (\Phi \nabla \Psi - \Psi \nabla \Phi) = \sum_k \partial_k \mathbf{e}_k \cdot \left(\Phi \sum_l \partial_l \Psi \mathbf{e}_l - \Psi \sum_l \partial_l \Phi \mathbf{e}_l \right) \qquad (3.1530)$$

$$= \sum_{kl} (\partial_k \Phi)(\partial_l \Psi) \underbrace{\mathbf{e}_k \cdot \mathbf{e}_l}_{\delta_{kl}} + \Phi \sum_{kl} \partial_k \partial_l \Psi \underbrace{\mathbf{e}_k \cdot \mathbf{e}_l}_{\delta_{kl}}$$

$$- \sum_{kl} (\partial_k \Psi)(\partial_l \Phi) \underbrace{\mathbf{e}_k \cdot \mathbf{e}_l}_{\delta_{kl}} - \Psi \sum_{kl} \partial_k \partial_l \Phi \underbrace{\mathbf{e}_k \cdot \mathbf{e}_l}_{\delta_{kl}}$$
$$\qquad (3.1531)$$

$$= \Phi \Delta \Psi - \Psi \Delta \Phi \qquad (3.1532)$$

erhalten wir schließlich die gesuchte Identität,

$$\oint_{\partial V} (\Phi \nabla \Psi - \Psi \nabla \Phi) \cdot \mathrm{d}\mathbf{F} = \int_V (\Phi \Delta \Psi - \Psi \Delta \Phi) \, \mathrm{d}V. \qquad (3.1533)$$

◀

(a) Die Mantelfläche ist bestimmt durch die Gleichung $x^2 + y^2 = [f(z)]^2 = z^4$.
Damit ergibt sich für die

 - x-y-Ebene bei $z = b$: $x^2 + y^2 = b^4$
 - x-z-Ebene bei $y = 0$: $x^2 + 0 = z^4 \Rightarrow x = \pm z^2$.

Die Querschnitte sind in Abb. 3.21a und b skizziert.

(b) Für die Integration bieten sich Zylinderkoordinaten $\{\rho, \varphi, z\}$ an, wobei jedoch die obere Integrationsgrenze für die radiale Komponente ρ hier z-abhängig ist. Die Jacobi-Determinante ist ρ (siehe Gl. 3.893). Wir haben damit

$$V = \int_a^b \mathrm{d}z \int_0^{2\pi} \mathrm{d}\varphi \int_0^{f(z)=z^2} \mathrm{d}\rho \, \rho \qquad (3.1534)$$

$$= 2\pi \int_a^b \mathrm{d}z \left(\frac{\rho^2}{2} \bigg|_0^{f(z)} \right) \qquad (3.1535)$$

$$= \pi \int_a^b \mathrm{d}z \, [f(z)]^2, \qquad (3.1536)$$

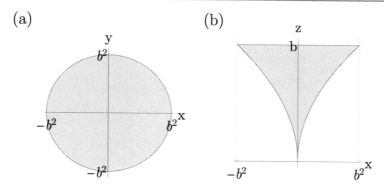

Abb. 3.21 Lösung zu Aufg. 3.79 (a)

was zu zeigen war.

(c) Wir können nun Gl. 3.1536 mit $a = 0$ und $f(z) = z^2$ berechnen:

$$V = \pi \int_0^b \mathrm{d}z \left(z^2\right)^2 = \frac{\pi}{5}b^5.$$ (3.1537)

(d) Es bietet sich an, zunächst die Divergenz des Vektorfeldes $\mathbf{F} = \mathbf{e}_\rho + z\mathbf{e}_z$ in Zylinderkoordinaten auszurechnen. Dazu verwenden wir das Ergebnis aus Aufg. 3.68,

$$\nabla \cdot \mathbf{F} = \frac{1}{\rho}F_\rho + \partial_\rho F_\rho + \frac{1}{\rho}\partial_\varphi F_\varphi + \partial_z F_z.$$ (3.1538)

Für das gegebene Vektorfeld haben wir

$$F_\rho = \mathbf{e}_\rho \cdot \mathbf{F} = 1 \,, \quad F_\varphi = \mathbf{e}_\varphi \cdot \mathbf{F} = 0 \,, \quad F_z = \mathbf{e}_z \cdot \mathbf{F} = z \,.$$ (3.1539)

Damit erhalten wir

$$\nabla \cdot \mathbf{F} = \frac{1}{\rho} + 0 + 0 + 1 = 1 + \frac{1}{\rho}.$$ (3.1540)

Für das Volumenintegral erhalten wir schließlich

$$\int_V \mathrm{d}V \, \nabla \cdot \mathbf{F} = \int_0^b \mathrm{d}z \int_0^{2\pi} \mathrm{d}\varphi \int_0^{f(z)=z^2} \mathrm{d}\rho \, \rho \left(1 + \frac{1}{\rho}\right)$$ (3.1541)

$$= 2\pi \int_0^b \mathrm{d}z \int_0^{z^2} \mathrm{d}\rho \, (\rho + 1)$$ (3.1542)

$$= 2\pi \int_0^b \mathrm{d}z \left(\frac{1}{2}z^4 + z^2\right) = \frac{\pi}{5}b^5 + \frac{2\pi}{3}b^3.$$ (3.1543)

(e) Das Flächenelement $d\sigma$ zeigt entlang der Rotationsachse, also $\mathbf{e}_z$. Der Betrag des Flächenelements ist von den Polarkoordinaten bekannt und ergibt sich aus

$$d\sigma = dxdy = \left| \frac{\partial(x, y)}{\partial(\rho, \varphi)} \right| d\rho\, d\varphi = \rho d\rho d\varphi. \tag{3.1544}$$

Damit haben wir für den Deckel

$$d\sigma \cdot \mathbf{F}|_{z=b} = (\underbrace{\mathbf{e}_z \cdot \mathbf{e}_\rho}_{0} + \underbrace{\mathbf{e}_z \cdot \mathbf{e}_z}_{1}\, b)\rho d\rho d\varphi = b\, \underbrace{\rho d\rho d\varphi}_{d\sigma}. \tag{3.1545}$$

Damit ist der Fluss Φ_D gegeben durch das Integral

$$\Phi_D = \int_D d\sigma \cdot \mathbf{F} = b \int_D d\sigma \tag{3.1546}$$

$$= b \int_0^{2\pi} d\varphi \int_0^{f(b)=b^2} \rho\, d\rho d\varphi \tag{3.1547}$$

$$= b 2\pi \frac{1}{2}\left(b^2\right)^2 = \pi b^5. \tag{3.1548}$$

(f) Der Satz von Gauß, Th. 3.11, besagt, dass

$$\int_V dV\, \nabla \cdot \mathbf{F} = \int_{\partial V} d\sigma \cdot \mathbf{F}, \tag{3.1549}$$

wobei ∂V die Oberfläche des Volumens V darstellt. Das Volumenintegral haben wir schon in Teilaufgabe (d) berechnet und können es somit für die Flussberechnung ausnutzen. In dieser Teilaufgabe ist jedoch nur der Fluss durch den Mantel gefragt. Da bei $z = 0$ keine endliche Fläche existiert (es gibt keine Bodenfläche), müssen wir nur den Fluss durch die Deckfläche, Φ_D, abziehen, den wir aus (e) kennen. Wir haben somit

$$\int_V dV\, \nabla \cdot \mathbf{F} = \Phi_M + \Phi_D \tag{3.1550}$$

$$\Phi_M = \underbrace{\int_V dV\, \nabla \cdot \mathbf{F}}_{\frac{\pi}{5}b^5 + \frac{2\pi}{3}b^3} - \underbrace{\Phi_D}_{\pi b^5} = \frac{2\pi}{3}b^3 - \frac{4\pi}{5}b^5. \tag{3.1551}$$

◄

Lösung zu Aufgabe 3.80

(a) Gegeben ist die Differentialform

$$\omega(x, y) = \underbrace{-(y^2 + xy)}_{:=\alpha(x,y)}\,dx + \underbrace{(x^2 + xy^3)}_{:=\beta(x,y)}\,dy. \qquad (3.1552)$$

Wir überprüfen die Integrabilitätsbedingung auf $\mathbb{R}^2$, Th. 3.9,

$$\partial_y \alpha(x, y) = -2y - x, \qquad (3.1553)$$

$$\partial_x \beta(x, y) = 2x + y^3. \qquad (3.1554)$$

Da $\partial_y \alpha(x, y) \neq \partial_x \beta(x, y)$, ist die Integrabilitätsbedingung nicht erfüllt und daher handelt es sich bei ω um kein Differential.

(b) Nun haben wir die Differentialform

$$g(x, y) = \frac{1}{xy^2}\omega(x, y) = \underbrace{-\left(\frac{1}{x} + \frac{1}{y}\right)}_{=:\tilde{\alpha}(x,y)}\,dx + \underbrace{\left(\frac{x}{y^2} + y\right)}_{=:\tilde{\beta}(x,y)}\,dy. \qquad (3.1555)$$

Wir überprüfen erneut die Integrabilitätsbedingung, Th. 3.9,

$$\partial_y \tilde{\alpha}(x, y) = \frac{1}{y^2}, \qquad (3.1556)$$

$$\partial_x \tilde{\beta}(x, y) = \frac{1}{y^2} = \partial_y \tilde{\alpha}(x, y). \qquad (3.1557)$$

Damit ist die Integrabilitätsbedingung erfüllt, jedoch nicht auf dem gesamten $\mathbb{R}^2$, da wir aufgrund der Divergenzen sowohl die x- als auch die y-Achse aus dem Definitionsbereich nehmen müssen. Als Konsequenz zerfällt der $\mathbb{R}^2$ in vier disjunkte Gebiete (die Quadranten ohne die Achsen).

(c) Für jeweils eines dieser vier Gebiete, die einfach zusammenhängend sind, wollen wir im Folgenden f finden mit $df = g$:

(i) Wir integrieren über a,

$$f_1(x, y) := \int dx\, a(x, y) = -\int dx \left(\frac{1}{x} + \frac{1}{y}\right) = -\ln|x| - \frac{x}{y} + C_1. \qquad (3.1558)$$

Nehmen wir zunächst an, C_1 wäre nicht von y abhängig, dann erhalten wir

$$\partial_y f_1(x, y) = \frac{x}{y^2} \neq \frac{x}{y^2} + y = b(x, y), \qquad (3.1559)$$

womit die Integrabilitätsbedingung nicht erfüllt wäre.

(ii) Das gleiche wiederholen wir für $b(x, y)$:

$$f_2(x, y) := \int \mathrm{d}y\, b(x, y) = \int \mathrm{d}y \left(\frac{x}{y^2} + y \right) = -\frac{x}{y} + \frac{1}{2}y^2 + C_2.$$
(3.1560)

Wir nehmen auch hier zunächst an, C_2 wäre nicht von der entsprechend anderen Variable, hier x, abhängig. Wir erhalten

$$\partial_x f_2(x, y) = -\frac{1}{y} \neq -\frac{1}{x} - \frac{1}{y} = a(x, y),$$
(3.1561)

womit auch hier die Integrabilitätsbedingung nicht erfüllt wäre.

(iii) Der Fehler, den man in (i) und (ii) machen kann, ist zu vergessen, dass die Integrationskonstante konstant bezüglich der jeweiligen Integrationsvariable sein muss, jedoch nicht bezüglich der anderen Variablen. Das bedeutet für unser Integrationsergebnis in (i):

$$f_1(x, y) = -\ln|x| - \frac{x}{y} + C_1(y)$$
(3.1562)

womit sich Gl. 3.1559 ändert zu

$$\partial_y f_1(x, y) = \frac{x}{y^2} + \partial_y C_1(y) \stackrel{!}{=} \frac{x}{y^2} + y = b(x, y)$$
(3.1563)

$$\partial_y C_1(y) = y.$$
(3.1564)

Integration liefert schließlich

$$C_1(y) = \int \mathrm{d}y\, y = \frac{1}{2}y^2 + C_3.$$
(3.1565)

Die Integrationskonstante C_3 ist nun weder von x noch von y abhängig. Wir hätten die Rechnung natürlich auch mit f_2 durchführen können:

$$f_2(x, y) := -\frac{x}{y} + \frac{1}{2}y^2 + C_2(x)$$
(3.1566)

womit sich Gl. 3.1561 ändert zu

$$\partial_x f_2(x, y) = -\frac{1}{y} + \partial_x C_2(x) \stackrel{!}{=} -\frac{1}{x} - \frac{1}{y} = a(x, y)$$
(3.1567)

$$\partial_x C_2(x) = -\frac{1}{x}.$$
(3.1568)

Integration liefert hier

$$C_2(x) = -\int dx \, \frac{1}{x} = -\ln|x| + C_3. \qquad (3.1569)$$

Damit können wir nun f angeben:

$$f(x,y) = -\ln|x| - \frac{x}{y} + \frac{1}{2}y^2 + C_3. \qquad (3.1570)$$

Man beachte, dass die Konstante C_3 von der Wahl eines der vier zusammenhängenden Gebiete abhängen kann!

◀

Lösung zu Aufgabe 3.81

(a) Zunächst überprüfen wir mittels Integrabilitätsbedingung, Th. 3.9, ob es sich bei

$$\omega = \underbrace{(3 + 2y^2)}_{\alpha(x,y)} \, dx + \underbrace{4xy}_{\beta(x,y)} \, dy \qquad (3.1571)$$

um ein Differential auf dem $\mathbb{R}^2$ handelt.[47] Wir erhalten

$$\partial_y \alpha(x,y) \overset{!}{=} \partial_x \beta(x,y) \qquad (3.1572)$$

$$\partial_y(3 + 2y^2) = 4y = \partial_x(4xy). \qquad (3.1573)$$

Damit existiert eine Stammfunktion f mit $df = \omega$, die wir nun durch Integration bzgl. der jeweiligen Variablen bestimmen wollen. Wir erhalten

$$\partial_x f(x,y) = 3 + 2y^2 \qquad (3.1574)$$

$$f(x,y) = \int dx \, (3 + 2y^2) = 3x + 2xy^2 + C_1(y), \qquad (3.1575)$$

$$\partial_y f(x,y) = 4xy \qquad (3.1576)$$

$$f(x,y) = \int dy \, 4xy = 2xy^2 + C_2(x). \qquad (3.1577)$$

Ein Vergleich von Gl. 3.1575 mit 3.1577 zeigt uns, dass $C_1(y) = C_1$ sein muss, also nicht von y abhängen kann, da der einzige y-abhängige Term $2xy^2$ ist und

---

[47] Der $\mathbb{R}^2$ ist einfach zusammenhängend und wir dürfen den Test anwenden.

dieser kommt in beiden Ausdrücken vor. Somit muss $C_2(x) = 3x + C_1$ sein. Wir haben somit

$$f(x, y) = 2xy^2 + 3x + C_1. \tag{3.1578}$$

Jedes geschlossene Wegintegral im $\mathbb{R}^2$ über ω muss somit verschwinden. Wir zeigen dies anhand eines Kreises um den Ursprung. Dazu wählen wir Polarkoordinaten, Def. 3.2, mit der Parametrisierung

$$\mathbf{r}(t) = R \begin{pmatrix} \cos(t) \\ \sin(t) \end{pmatrix} \quad \text{mit} \ \ 0 \le t \le 2\pi. \tag{3.1579}$$

Die Differentiale transformieren sich dann (Th. 3.10)

$$\mathrm{d}x = -R \sin(t) \, \mathrm{d}t, \tag{3.1580}$$
$$\mathrm{d}y = R \cos(t) \, \mathrm{d}t. \tag{3.1581}$$

Damit wird das Integral entlang des Kreisweges $\mathcal{S}_K$ über ω zu

$$\int_{\mathcal{S}_K} \omega = \int_0^{2\pi} \mathrm{d}t \, (-R \sin(t))(3 + 2R^2 \sin^2(t))$$
$$+ \int_0^{2\pi} \mathrm{d}t \, 4R^3 \cos^2(t) \sin(t) \tag{3.1582}$$
$$= 0, \tag{3.1583}$$

was man direkt aus der Symmetrie der Winkelfunktionen folgern kann. Wie erwartet, verschwindet das Wegintegral.

(b) Wir gehen wie in (a) vor und testen zunächst die Integrabilitätsbedingung für

$$\omega = \underbrace{\left(\frac{1}{2} y^2 \cos(x) \right)}_{\alpha(x,y)} \mathrm{d}x + \underbrace{(y \sin(x) + 2)}_{\beta(x,y)} \mathrm{d}y. \tag{3.1584}$$

Wir erhalten

$$\partial_y \alpha(x, y) \stackrel{!}{=} \partial_x \beta(x, y) \tag{3.1585}$$
$$y \cos(x) = y \cos(x). \tag{3.1586}$$

Somit existiert auch hier eine Stammfunktion f auf dem gesamten $\mathbb{R}^2$. Um diese zu finden, integreren wir,

$$\partial_x f(x, y) = \frac{1}{2} y^2 \cos(x) \tag{3.1587}$$

$$f(x, y) = \frac{1}{2} y^2 \int dx \, \cos(x) = \frac{1}{2} y^2 \sin(x) + C_1(y), \tag{3.1588}$$

$$\partial_y f(x, y) = y \sin(x) + 2 \tag{3.1589}$$

$$f(x, y) = \int dy \, (y \sin(x) + 2) = \frac{1}{2} y^2 \sin(x) + 2y + C_2(x). \tag{3.1590}$$

Ein Vergleich von Gl. 3.1588 mit 3.1590 zeigt uns, dass $C_2(x) = C_2$ (denn der Term $\frac{1}{2} y^2 \sin(x)$ kommt in beiden Gleichungen vor) und damit $C_1(y) = 2y + C_2$ sein muss. Damit ergibt sich $f(x, y)$ zu

$$f(x, y) = \frac{1}{2} y^2 \sin(x) + 2y + C_2. \tag{3.1591}$$

◀

Lösung zu Aufgabe 3.82

Das Magnetfeld $\mathbf{B}$ ist rotationssymmetrisch bzgl. der z-Achse, daher bieten sich Zylinderkoordinaten (ρ, φ, z), Def. 3.2, an. Entsprechend Th. 3.19, haben wir in Zylinderkoordinaten

$$\nabla \times \mathbf{B} = \left(\frac{1}{\rho} \partial_\varphi B_z - \partial_z B_\varphi \right) \mathbf{e}_\rho + \left(\partial_z B_\rho - \partial_\rho B_z \right) \mathbf{e}_\varphi + \frac{1}{\rho} \left(\partial_\rho (\rho B_\varphi) - \partial_\varphi B_\rho \right) \mathbf{e}_z. \tag{3.1592}$$

Mit den in Aufg. 3.66 errechneten Basisvektoren, Gl. 3.1341 und 3.1342, können wir $\mathbf{B}$ schreiben als

$$\mathbf{B} = C I \frac{1}{\rho^2} \begin{pmatrix} -\rho \sin(\varphi) \\ \rho \cos(\varphi) \\ 0 \end{pmatrix} = C I \frac{1}{\rho} \mathbf{e}_\varphi = \mathbf{B}_\varphi. \tag{3.1593}$$

Das vereinfacht die Rotation zu

$$\nabla \times \mathbf{B} = \underbrace{-(\partial_z B_\varphi)}_{0} \mathbf{e}_\rho + \frac{1}{\rho} \left(\partial_\rho (\rho B_\varphi) \right) \mathbf{e}_z \tag{3.1594}$$

$$= \frac{1}{\rho} \partial_\rho (C I) \mathbf{e}_z = \mathbf{0}. \tag{3.1595}$$

Damit sieht es so aus, als wäre **B** konservativ. Wir dürfen aber nicht vergessen, dass die z-Achse aus der Definitionsmenge entfernt werden musste. Dies führt dazu, dass der Raum nicht mehr einfach zusammenhängend ist, da wir geschlossene Wege um die z-Achse wählen können, die aufgrund der Divergenz auf dem Draht nicht mehr zu einem Punkt (dieser müsste auf dem Draht liegen) zusammengezogen werden können. Wäre **B** auf ganz $\mathbb{R}^3$ konservativ, müsste nach dem Satz von Stokes für einen Weg S um den Draht

$$\int_S \mathrm{ds} \cdot \mathbf{B} = 0 \tag{3.1596}$$

gelten, eine Situation, die wir nach dem Ampereschen Gesetz nur bei verschwindendem Strom haben. Dies gilt jedoch nur, wenn S in einem einfach zusammenhängenden Gebiet liegt. Umschließen wir *nicht* die z-Achse, so gilt in der Tat Gl. 3.1596, da wir $\nabla \times \mathbf{B} = \mathbf{0}$ für alle Bereiche bis auf die z-Achse nachgewiesen haben. Dies ist der Grund für die Bezeichnung *lokal konservativ.* ◄

Lösung zu Aufgabe 3.83

(a) Entsprechend der Rotation, die wir in Aufg. 2.15 betrachtet haben, können wir die Rotation um die z-Achse durch die Rotationsmatrix[48]

$$R_z(\omega t) = \begin{pmatrix} \cos(\omega t) & -\sin(\omega t) & 0 \\ \sin(\omega t) & \cos(\omega t) & 0 \\ 0 & 0 & 1 \end{pmatrix} \tag{3.1597}$$

darstellen. Wie man durch Multiplikation testen kann, bleibt der Vektor $\mathbf{e}_z$ von der Rotation unberührt[49]. Damit ist $H(\mathbf{B})$ gegeben durch

$$H(\mathbf{B}) = B_0 \left[\begin{pmatrix} \cos(\omega t) & -\sin(\omega t) & 0 \\ \sin(\omega t) & \cos(\omega t) & 0 \\ 0 & 0 & 1 \end{pmatrix} \begin{pmatrix} \sin(\theta) \\ 0 \\ \cos(\theta) \end{pmatrix} \right] \cdot \begin{pmatrix} \sigma_x \\ \sigma_y \\ \sigma_z \end{pmatrix} \tag{3.1598}$$

$$\frac{1}{B_0} H(\mathbf{B}) = \tilde{H}(\mathbf{B}) = \begin{pmatrix} \cos(\omega t)\sin(\theta) \\ \sin(\omega t)\sin(\theta) \\ \cos(\theta) \end{pmatrix} \cdot \begin{pmatrix} \sigma_x \\ \sigma_y \\ \sigma_z \end{pmatrix} =: \begin{pmatrix} X \\ Y \\ Z \end{pmatrix} \cdot \begin{pmatrix} \sigma_x \\ \sigma_y \\ \sigma_z \end{pmatrix}. \tag{3.1599}$$

---

[48]Wir identifizieren hier den Rotationsoperator R mit seiner Darstellung $M(R)$.
[49]Der Vektor $\mathbf{e}_z$ ist somit ein Eigenvektor dieser Rotationsmatrix mit dem Eigenwert 1.

Der Vektor $(X, Y, Z)^T$ liegt auf der Einheitskugel, wobei θ der Polarwinkel und ωt der Azimutwinkel ist.

$$\tilde{H}(\mathbf{B}) = \begin{pmatrix} 0 & \cos(\omega t)\sin(\theta) \\ \cos(\omega t)\sin(\theta) & 0 \end{pmatrix} + \begin{pmatrix} 0 & -\mathrm{i}\,\sin(\omega t)\sin(\theta) \\ \mathrm{i}\,\sin(\omega t)\sin(\theta) & 0 \end{pmatrix}$$

$$+ \begin{pmatrix} \cos(\theta) & 0 \\ 0 & -\cos(\theta) \end{pmatrix} \tag{3.1600}$$

$$= \begin{pmatrix} \cos(\theta) & \cos(\omega t)\sin(\theta) - \mathrm{i}\,\sin(\omega t)\sin(\theta) \\ \cos(\omega t)\sin(\theta) + \mathrm{i}\,\sin(\omega t)\sin(\theta) & -\cos(\theta) \end{pmatrix} \tag{3.1601}$$

$$= \begin{pmatrix} Z & X - \mathrm{i}\,Y \\ X + \mathrm{i}\,Y & -Z \end{pmatrix}. \tag{3.1602}$$

Die zwei Eigenwerte $\tilde{\lambda}_i$ von $\tilde{H}(\mathbf{B})$ erhalten wir aus den Nullstellen des zugehörigen charakteristischen Polynoms,

$$\det(\tilde{H}(\mathbf{B}) - \mathbb{1}\tilde{\lambda}_i) = 0 \tag{3.1603}$$

$$\begin{vmatrix} Z - \tilde{\lambda}_i & X - \mathrm{i}\,Y \\ X + \mathrm{i}\,Y & -Z - \tilde{\lambda}_i \end{vmatrix} = \tag{3.1604}$$

$$-(Z - \tilde{\lambda}_i)(Z + \tilde{\lambda}_i) - (X + \mathrm{i}\,Y)(X - \mathrm{i}\,Y) = \tag{3.1605}$$

$$\tilde{\lambda}_i^2 - \underbrace{(X^2 + Y^2 + Z^2)}_{\|\mathbf{B}(t)\|^2/B_0^2} = \tag{3.1606}$$

$$\tilde{\lambda}_{1/2} = \pm 1 \tag{3.1607}$$

$$\lambda_{1/2} = \pm B_0. \tag{3.1608}$$

Die zwei Eigenwerte von $H(\mathbf{B})$ sind somit $\pm B_0$. Damit können wir nun die zugehörigen Eigenvektoren $\mathbf{v}^{1/2}$ berechnen (diese sind gleich für $H(\mathbf{B})$ und $\tilde{H}(\mathbf{B})$). Das folgende Gleichungssystem ist nun für v_x und v_y zu lösen (im Folgenden lassen wir die Indizes und die Tilde der Übersicht halber weg und machen die Rechnung für beide Eigenvektoren gleichzeitig)

$$\begin{pmatrix} Z & X - \mathrm{i}\,Y \\ X + \mathrm{i}\,Y & -Z \end{pmatrix} \begin{pmatrix} v_x \\ v_y \end{pmatrix} = \lambda \begin{pmatrix} v_x \\ v_y \end{pmatrix} \tag{3.1609}$$

Es existiert keine eindeutige Lösung, da die Determinante der Koeffizientenmatrix verschwindet (das war schließlich der Ausgangspunkt bei der Suche nach den Eigenwerten, das charakteristische Polynom). Ausführlich lautet die erweiterte Koeffizientenmatrix

$$\begin{array}{cc} v_x & v_y \\ \begin{pmatrix} Z - \lambda & X - \mathrm{i}\,Y \\ X + \mathrm{i}\,Y & -Z - \lambda \end{pmatrix} & \left.\begin{matrix} 0 \\ 0 \end{matrix}\right) \end{array} \tag{3.1610}$$

$$
\Leftrightarrow \begin{pmatrix} \overset{v_x}{Z - \lambda} & \overset{v_y}{X - \mathrm{i}\,Y} \\ 0 & -(Z + \lambda) - (X - \mathrm{i}\,Y)\frac{X+\mathrm{i}\,Y}{Z-\lambda} \end{pmatrix} \begin{vmatrix} 0 \\ 0 \end{vmatrix} \tag{3.1611}
$$

wobei wir bei dem Addieren des Vielfachen der ersten zur zweiten Zeile $Z \neq \lambda$ annehmen. Nun ist

$$
-(Z + \lambda) - (X - \mathrm{i}\,Y)\frac{X + \mathrm{i}\,Y}{Z - \lambda} = \frac{\overbrace{\lambda^2}^{1} - \overbrace{(X^2 + Y^2 + Z^2)}^{1}}{Z - \lambda} \tag{3.1612}
$$

$$
= 0 \tag{3.1613}
$$

und damit gibt es in der Koeffizientenmatrix eine Nullzeile. Wir wählen beliebig $v_y = \gamma$. Die erste Zeile in Gl. 3.1611 liefert dann

$$
v_x = \frac{X - \mathrm{i}\,Y}{\lambda - Z}\gamma. \tag{3.1614}
$$

Der zu λ gehörende Eigenvektor ist somit

$$
\mathbf{v} = \gamma \begin{pmatrix} \frac{X - \mathrm{i}\,Y}{\lambda - Z} \\ 1 \end{pmatrix}, \tag{3.1615}
$$

wobei wir nun noch γ so bestimmen müssen, dass $\|\mathbf{v}\| = 1$. Mit

$$
1 \overset{!}{=} \langle \mathbf{v} | \mathbf{v} \rangle \tag{3.1616}
$$

$$
= \gamma^2 \begin{pmatrix} \frac{X + \mathrm{i}\,Y}{\lambda - Z} \\ 1 \end{pmatrix} \cdot \begin{pmatrix} \frac{X - \mathrm{i}\,Y}{\lambda - Z} \\ 1 \end{pmatrix} \tag{3.1617}
$$

$$
\frac{1}{\gamma^2} = 1 + \frac{X^2 + Y^2}{(\lambda - Z)^2} \tag{3.1618}
$$

$$
= \frac{\overbrace{X^2 + Y^2 + Z^2}^{1=\lambda^2} - 2\lambda Z + \lambda^2}{(\lambda - Z)^2} \tag{3.1619}
$$

$$
= \frac{2\lambda(\lambda - Z)}{(\lambda - Z)^2} \tag{3.1620}
$$

$$
= \frac{2\lambda}{\lambda - Z} \tag{3.1621}
$$

ist $\gamma = \sqrt{|\lambda - Z|}/\sqrt{2}$. Die zwei gesuchten normierten Eigenvektoren sind damit gegeben durch

$$\text{zu } \lambda_1 = B_0: \mathbf{v}^1 = \frac{\sqrt{1-Z}}{\sqrt{2}} \begin{pmatrix} \frac{X-\mathrm{i}Y}{1-Z} \\ 1 \end{pmatrix} \qquad (3.1622)$$

$$\text{zu } \lambda_2 = -B_0: \mathbf{v}^2 = \frac{\sqrt{1+Z}}{\sqrt{2}} \begin{pmatrix} -\frac{X-\mathrm{i}Y}{1+Z} \\ 1 \end{pmatrix}. \qquad (3.1623)$$

Wir haben bei der Ableitung $Z \neq \lambda$ vorausgesetzt. Den Fall $Z = \lambda$ müssen wir noch gesondert betrachten. Da $X^2 + Y^2 + Z^2 = 1$ gilt und $\lambda^2 = 1$, ist hier $X^2 + Y^2 = 0$. Oder einfacher: Wir erinnern uns, dass $Z = \cos(\theta)$, somit muss bei $\cos(\theta) = \pm 1$ der Faktor $\sin(\theta) = 0$ sein und damit $X = \cos(\omega t)\sin(\theta) = 0$ sowie $Y = \sin(\omega t)\sin(\theta) = 0$. Damit ist die Matrix $H(\mathbf{B})$, die wir diagonalisieren wollen, schon diagonal, da hier

$$H(\mathbf{B}) = Z\sigma_z = B_0 \begin{pmatrix} Z & 0 \\ 0 & -Z \end{pmatrix}. \qquad (3.1624)$$

Die Eigenwerte und Eigenvektoren sind damit gegeben durch

$$\text{für } \lambda_1 = B_0 Z: \mathbf{v}^1 = \begin{pmatrix} 1 \\ 0 \end{pmatrix} \qquad (3.1625)$$

$$\text{für } \lambda_1 = -B_0 Z: \mathbf{v}^2 = \begin{pmatrix} 0 \\ 1 \end{pmatrix} \qquad (3.1626)$$

wobei hier $Z \in \{-1, 1\}$.

Bemerkung

Ein zu $\mathbf{v}^1$ orthogonaler Vektor $\mathbf{w}^2$ lässt sich auch mit

$$\begin{pmatrix} \frac{-(1-Z)}{X-\mathrm{i}Y} \\ 1 \end{pmatrix} \cdot \underbrace{\begin{pmatrix} \frac{X-\mathrm{i}Y}{1-Z} \\ 1 \end{pmatrix}}_{\sim \mathbf{v}^1} = 0 \qquad (3.1627)$$

schnell finden. Entsprechend für $\mathbf{v}^2$. Damit können auch

$$\text{für } \lambda_1 = B_0 Z: \mathbf{w}^1 = \frac{\sqrt{1-Z}}{\sqrt{2}} \begin{pmatrix} \frac{Z+1}{X+\mathrm{i}Y} \\ 1 \end{pmatrix}, \qquad (3.1628)$$

$$\text{für } \lambda_1 = -B_0 Z: \mathbf{w}^2 = \frac{\sqrt{1+Z}}{\sqrt{2}} \begin{pmatrix} \frac{Z-1}{X+\mathrm{i}Y} \\ 1 \end{pmatrix} \qquad (3.1629)$$

als Eigenbasis dienen. Wir sehen aber auch, dass man um das Problem der Fallunterscheidung bei $Z = \pm 1$ nicht herumkommt.

(b) Um das Kurvenintegral

$$\gamma_{C,j} = \mathrm{i} \oint_C \langle \mathbf{v}^j(\mathbf{B}) | \nabla_{\mathbf{B}} \mathbf{v}^j(\mathbf{B}) \rangle \cdot d\mathbf{B} \equiv \mathrm{i} \sum_{m=1}^{3} \oint_C \langle \mathbf{v}^j(\mathbf{B}) | \partial_{B_m} \mathbf{v}^j(\mathbf{B}) \rangle dB_m$$

(3.1630)

entlang der geschlossenen Kurve $C := \mathbf{B}([0, 2\pi/\omega])$ auszuwerten, berechnen wir zunächst die Ableitungen der Eigenvektoren Gl. 3.1622 und 3.1622. Da $\mathbf{B} = B_0(X, Y, Z)^T =: B_0 \mathbf{r}$, können wir auch nach X, Y und Z ableiten, wobei wir $\partial_{B_j} = (1/B_0)\partial_{r_j}$ substituieren. Für $\mathbf{v}^1$ haben wir

$$\partial_{B_1} \mathbf{v}^1 = \frac{1}{B_0} \partial_X \frac{\sqrt{1-Z}}{\sqrt{2}} \begin{pmatrix} \frac{X-\mathrm{i}Y}{1-Z} \\ 1 \end{pmatrix}$$

(3.1631)

$$= \frac{1}{B_0} \frac{1}{\sqrt{2(1-Z)}} \begin{pmatrix} 1 \\ 0 \end{pmatrix},$$

(3.1632)

$$\partial_{B_2} \mathbf{v}^1 = \frac{1}{B_0} \partial_Y \frac{\sqrt{1-Z}}{\sqrt{2}} \begin{pmatrix} \frac{X-\mathrm{i}Y}{1-Z} \\ 1 \end{pmatrix}$$

(3.1633)

$$= -\frac{1}{B_0} \frac{\mathrm{i}}{\sqrt{2(1-Z)}} \begin{pmatrix} 1 \\ 0 \end{pmatrix},$$

(3.1634)

$$\partial_{B_3} \mathbf{v}^1 = \frac{1}{B_0} \partial_Z \frac{\sqrt{1-Z}}{\sqrt{2}} \begin{pmatrix} \frac{X-\mathrm{i}Y}{1-Z} \\ 1 \end{pmatrix}$$

(3.1635)

$$= \frac{1}{B_0} \frac{1}{2\sqrt{2(1-Z)}} \begin{pmatrix} \frac{X-\mathrm{i}Y}{1-Z} \\ -1 \end{pmatrix}.$$

(3.1636)

Damit erhalten wir die Skalarprodukte

$$\langle \mathbf{v}^1(\mathbf{B}) | \partial_{B_1} \mathbf{v}^1(\mathbf{B}) \rangle = \frac{1}{B_0} \frac{1}{\sqrt{2(1-Z)}} \frac{\sqrt{1-Z}}{\sqrt{2}} \begin{pmatrix} \frac{X+\mathrm{i}Y}{1-Z} \\ 1 \end{pmatrix} \cdot \begin{pmatrix} 1 \\ 0 \end{pmatrix}$$

(3.1637)

$$= \frac{1}{2B_0} \frac{X+\mathrm{i}Y}{1-Z},$$

(3.1638)

$$\langle \mathbf{v}^1(\mathbf{B}) | \partial_{B_2} \mathbf{v}^1(\mathbf{B}) \rangle = -\frac{1}{B_0} \frac{\mathrm{i}}{\sqrt{2(1-Z)}} \frac{\sqrt{1-Z}}{\sqrt{2}} \begin{pmatrix} \frac{X+\mathrm{i}Y}{1-Z} \\ 1 \end{pmatrix} \cdot \begin{pmatrix} 1 \\ 0 \end{pmatrix}$$

(3.1639)

$$= -\frac{\mathrm{i}}{2B_0} \frac{X+\mathrm{i}Y}{1-Z},$$

(3.1640)

$$\langle \mathbf{v}^1(\mathbf{B}) | \partial_{B_3} \mathbf{v}^1(\mathbf{B}) \rangle = \frac{1}{B_0} \frac{1}{2\sqrt{2(1-Z)}} \frac{\sqrt{1-Z}}{\sqrt{2}} \begin{pmatrix} \frac{X+\mathrm{i}Y}{1-Z} \\ 1 \end{pmatrix} \cdot \begin{pmatrix} \frac{X-\mathrm{i}Y}{1-Z} \\ -1 \end{pmatrix}$$

(3.1641)

$$= \frac{1}{4B_0} \left(\frac{X^2+Y^2}{(1-Z)^2} - 1 \right)$$

(3.1642)

$$= \frac{1}{4B_0} \frac{2Z-2Z^2}{(1-Z)^2} = \frac{1}{2B_0} \frac{Z}{1-Z}.$$

(3.1643)

Für die Berechnung des Integrals $\oint_C \langle \mathbf{v}^1(\mathbf{B}) | \partial_\mathbf{B} \mathbf{v}^1(\mathbf{B}) \rangle \cdot d\mathbf{B}$ bietet sich eine Parametrisierung mit t an (siehe Def. 3.10), da der Vektor $\mathbf{B}$ gerade einen Umlauf auf einem Kegel macht, wenn t von 0 bis $2\pi/\omega$ läuft. Wir können den Integrationsweg $\boldsymbol{\gamma} \equiv \mathbf{B} : [0, 2\pi/\omega] \to \mathbb{R}^3$ wie folgt wählen:

$$\boldsymbol{\gamma}(t) = B_0 \begin{pmatrix} \cos(\omega t)\sin(\theta) \\ \sin(\omega t)\sin(\theta) \\ \cos(\theta) \end{pmatrix}. \tag{3.1644}$$

Für die Parametrisierung der Zirkulation benötigen wir noch

$$\dot{\boldsymbol{\gamma}}(t) = B_0 \begin{pmatrix} -\omega\sin(\omega t)\sin(\theta) \\ \omega\cos(\omega t)\sin(\theta) \\ 0 \end{pmatrix} = \begin{pmatrix} -\omega Y(t) \\ \omega X(t) \\ 0 \end{pmatrix}. \tag{3.1645}$$

Damit können wir schreiben

$$\gamma_{C,1} = -i \oint_C \begin{pmatrix} \langle \mathbf{v}^1(\mathbf{B}) | \partial_{B_1} \mathbf{v}^1(\mathbf{B}) \rangle \\ \langle \mathbf{v}^1(\mathbf{B}) | \partial_{B_2} \mathbf{v}^1(\mathbf{B}) \rangle \\ \langle \mathbf{v}^1(\mathbf{B}) | \partial_{B_3} \mathbf{v}^1(\mathbf{B}) \rangle \end{pmatrix} \cdot d\mathbf{B} \tag{3.1646}$$

$$= i \int_0^{2\pi/\omega} \frac{1}{2B_0} \begin{pmatrix} \frac{X+iY}{1-Z} \\ -i\frac{X+iY}{1-Z} \\ \frac{Z}{1-Z} \end{pmatrix} \cdot \dot{\mathbf{B}}(t)\, dt \tag{3.1647}$$

$$= \frac{\omega}{2} \int_0^{2\pi/\omega} \frac{1}{(1-Z)} [-i(X(t) + iY(t))Y(t) \\ + (X(t) + iY(t))X(t)]\, dt \tag{3.1648}$$

$$= \frac{\omega}{2} \int_0^{2\pi/\omega} \left[\frac{X(t)^2 + Y(t)^2}{1-Z} \right] dt \tag{3.1649}$$

$$= \frac{\omega}{2}(1+Z) \int_0^{2\pi/\omega} dt = \pi(1 + \cos(\theta)). \tag{3.1650}$$

Das Ergebnis für den zweiten Eigenvektor erhalten wir auf die gleiche Weise. Es ergibt sich

$$\gamma_{C,2} = i \oint_C \begin{pmatrix} \langle \mathbf{v}^2(\mathbf{B}) | \partial_{B_1} \mathbf{v}^2(\mathbf{B}) \rangle \\ \langle \mathbf{v}^2(\mathbf{B}) | \partial_{B_2} \mathbf{v}^2(\mathbf{B}) \rangle \\ \langle \mathbf{v}^2(\mathbf{B}) | \partial_{B_3} \mathbf{v}^2(\mathbf{B}) \rangle \end{pmatrix} \cdot d\mathbf{B} \tag{3.1651}$$

$$= i \int_0^{2\pi/\omega} \frac{1}{2B_0} \begin{pmatrix} \frac{X+iY}{1+Z} \\ -i\frac{X+iY}{1+Z} \\ \frac{Z}{1+Z} \end{pmatrix} \cdot \dot{\mathbf{B}}(t)\, dt \tag{3.1652}$$

$$= \frac{\omega}{2} \int_0^{2\pi/\omega} \frac{1}{(1+Z)} [-i\,(X(t) + i\,Y(t))Y(t)$$
$$+ (X(t) + i\,Y(t))X(t)]\, dt \tag{3.1653}$$

$$= \frac{\omega}{2} \int_0^{2\pi/\omega} \left[\frac{X(t)^2 + Y(t)^2}{1+Z} \right] dt \tag{3.1654}$$

$$= \frac{\omega}{2}(1-Z) \int_0^{2\pi/\omega} dt = \pi(1 - \cos(\theta)). \tag{3.1655}$$

Damit haben wir für die Kurvenintegrale

$$\gamma_{C,1/2} = \pi(1 \pm \cos(\theta)). \tag{3.1656}$$

(c) Der Raumwinkel $\Omega(C)$ ergibt sich aus der Fläche auf der Einheitskugel, die von der Zirkulation eingeschlossen wird. Somit erhalten wir den Raumwinkel aus dem Integral in Kugelkoordinaten mit fixem Radius $r = 1$

$$\Omega(C) = \int_0^{2\pi} d\varphi \int_0^{\theta} d\tilde{\theta}\, 1^2 \sin(\tilde{\theta}) = 2\pi(1 - \cos(\theta)). \tag{3.1657}$$

Dieses Ergebnis scheint nur mit $\gamma_{C,2}$ übereinzustimmen. Was wir jedoch nicht vergessen dürfen, ist der Hinweis, dass es sich um eine Phase handelt. D. h., es darf stets ein Vielfaches von 2π hinzu addiert werden, $\exp(i\,\varphi) = \exp(i\,(\varphi + 2\pi n))$ mit $n \in \mathbb{Z}$, $\varphi \in \mathbb{R}$. Wir suchen also

$$\underbrace{\pi(1 + \cos(\theta))}_{\gamma_{C,1}} + 2\pi n = -\pi(1 - \cos(\theta)) \tag{3.1658}$$

$$n = -1. \tag{3.1659}$$

Das erlaubt uns schließlich zu schreiben:

$$\exp(\gamma_{C,1/2}) = \exp\left(\mp \frac{1}{2} \Omega(C) \right). \tag{3.1660}$$

Wir sehen, dass der Wert der Zirkulation dem Raumwinkel entspricht, den man beim Abfahren der Kurve, vom Ursprung aus betrachtet, erhält.

◀

Lösung zu Aufgabe 3.84

(a) Wir haben

$$f(x) = (1 + 2x)^\beta, \tag{3.1661}$$

$$f'(x) = 2\beta(1 + 2x)^{\beta-1}, \tag{3.1662}$$

$$f''(x) = 4\beta(\beta - 1)(1 + 2x)^{\beta-2}, \tag{3.1663}$$

$$f'''(x) = 8\beta(\beta - 1)(\beta - 2)(1 + 2x)^{\beta-3}. \tag{3.1664}$$

Die Taylor-Entwicklung, Th. 3.22, um $x_0 = 1$ lautet somit

$$Tf(x; x_0 = 1) = 3^\beta + 2\beta 3^{\beta-1}(x - 1) + \frac{4\beta(\beta - 1)3^{\beta-2}}{2}(x - 1)^2$$

$$+ \frac{8\beta(\beta - 1)(\beta - 2)3^{\beta-3}}{6}(x - 1)^3 + \mathcal{O}((x - 1)^4) \tag{3.1665}$$

$$= 3^\beta \left(1 + \frac{2}{3}\beta(x - 1) + \frac{2}{9}\beta(\beta - 1)(x - 1)^2 \right.$$

$$\left. + \frac{4\beta(\beta - 1)(\beta - 2)}{81}(x - 1)^3 \right) + \mathcal{O}((x - 1)^4). \tag{3.1666}$$

(b) Für die benötigten Ableitungen nutzen wir die Darstellung der Exponential-funktion als e-Funktion,

$$f(x) = a^x = \exp(\ln(a^x)) = \exp(x \ln(a)), \tag{3.1667}$$

$$f'(x) = \ln(a)\exp(x \ln(a)) = a^x \ln(a), \tag{3.1668}$$

$$f''(x) = (\ln(a))^2\exp(x \ln(a)) = a^x(\ln(a))^2, \tag{3.1669}$$

$$f'''(x) = (\ln(a))^3\exp(x \ln(a)) = a^x(\ln(a))^3. \tag{3.1670}$$

Die Taylor-Entwicklung, Th. 3.22, um $x_0 = 1$ lautet hier

$$Tf(x; x_0 = 1) = a + a \ln(a)(x - 1) + \frac{a(\ln(a))^2}{2}(x - 1)^2$$

$$+ \frac{a(\ln(a))^3}{6}(x - 1)^3 + \mathcal{O}((x - 1)^4). \tag{3.1671}$$

(c) Wir haben mit der Formel für die Ableitung von Umkehrfunktionen, Kor. 3.1,

$$f(x) = \ln(x), \tag{3.1672}$$

$$f'(x) = \frac{1}{x}, \tag{3.1673}$$

$$f''(x) = -\frac{1}{x^2}, \tag{3.1674}$$

$$f'''(x) = \frac{2}{x^3}. \tag{3.1675}$$

Die Taylor-Entwicklung, Th. 3.22, um $x_0 = 1$ lautet somit

$$Tf(x; x_0 = 1) = 0 + 1(x - 1) - \frac{1}{2}(x - 1)^2 + \frac{2}{6}(x - 1)^3 + \mathcal{O}((x - 1)^4) \tag{3.1676}$$

$$= -\frac{11}{6} + 3x - \frac{3}{2}x^2 + \frac{1}{3}x^3 + \mathcal{O}((x - 1)^4). \tag{3.1677}$$

(d) Die sin-Funktion ist eine ungerade Funktion, daher sind alle Terme mit geraden Potenzen null. Mit

$$f(x) = \sin(x), \tag{3.1678}$$

$$f'(x) = \cos(x), \tag{3.1679}$$

$$f'''(x) = -\cos(x), \tag{3.1680}$$

erhalten wir die folgende Entwicklung um $x_0 = 0$ bis zur fünften Ordnung,

$$Tf(x; x_0 = 0) = 1(x - 0) - \frac{1}{6}(x - 0) + \mathcal{O}((x - 1)^5) \tag{3.1681}$$

$$= x - \frac{x^3}{6} + \mathcal{O}((x - 1)^5). \tag{3.1682}$$

(e) Entsprechend zu (d) können wir hier ebenfalls Symmetrieargumente anbringen: Die cos-Funktion ist eine gerade Funktion, daher sind alle Terme mit ungeraden Potenzen null. Mit

$$f(x) = V_0(1 - \cos(x)), \tag{3.1683}$$

$$f''(x) = V_0 \cos(x), \tag{3.1684}$$

erhalten wir die folgende Entwicklung um $x_0 = 0$ bis zur dritten Ordnung,

$$Tf(x; x_0 = 0) = 0 + V_0 \frac{1}{2}(x - 0)^2 + \mathcal{O}((x - 1)^3) = V_0 \frac{x^2}{2} + \mathcal{O}((x - 1)^3). \tag{3.1685}$$

⟨L⟩ Diese Taylor-Entwicklung hat eine große Bedeutung, da sie periodische Potentiale um ein Minimum zu harmonischen, also nur quadratisch von der Auslenkung abhängigen, nähert. Dies ermöglicht oft erst eine analytische Lösung der Bewegungsgleichung eines Teilchens in solch einem Potential. Ein Paradebeispiel ist das physikalische Pendel, bei dem das Potential um kleine Winkel herum genähert wird. Die resultierende Bewegungsgleichung des harmonischen Oszillators hat in der Quantenmechanik eine essenzielle Bedeutung. Salopp gesagt kann z. B. ein großer Teil der Festkörperphysik als ein gekoppeltes System aus harmonischen Oszillatoren betrachtet werden.

(f:i) Mit den Ableitungen aus den Teilaufgaben (c) und (d) erhalten wir

$$f(x) = \sin(\ln(1+x)), \tag{3.1686}$$

$$f'(x) = \frac{\cos(\ln(1+x))}{1+x}, \tag{3.1687}$$

$$f''(x) = -\frac{\cos(\ln(1+x)) + \sin(\ln(1+x))}{(1+x)^2}, \tag{3.1688}$$

$$f'''(x) = \frac{\cos(\ln(1+x)) + 3\sin(\ln(1+x))}{(1+x)^3}. \tag{3.1689}$$

Die Taylor-Entwicklung um $x_0 = 0$ bis zur dritten Ordnung ist dann gegeben durch

$$Tf(x; x_0 = 0) = 0 + 1(x-0) - \frac{1}{2}(x-0)^2 + \frac{1}{6}(x-0)^3 + \mathcal{O}((x-0)^4) \tag{3.1690}$$

$$= x - \frac{x^2}{2} + \frac{x^3}{6} + \mathcal{O}(x^4). \tag{3.1691}$$

(f:ii) Wir erhalten

Exakte Werte: $f(-0.1) = -0.10516,$ $f(-0.8) = -0.99925,$
Approx. Werte: $Tf(-0.1; 0) = -0.10516,$ $Tf(-0.8; 0) = -1.20533.$

Man erkennt, dass die Approximation schlechter wird, je weiter man sich von der Stelle x_0, um die entwickelt wurde, entfernt.

(f:iii) Die notwendige Bedingung für ein lokales Minimum ist das Verschwinden der ersten Ableitung, also, mit Gl. 3.1687,

$$f'(x) = \frac{\cos(\ln(1+x))}{1+x} = 0 \tag{3.1692}$$

$$\cos(\ln(1+x)) = 0 \tag{3.1693}$$

$$\ln(1+x) = (2k+1)\frac{\pi}{2} \quad \text{mit} \quad k \in \mathbb{Z} \tag{3.1694}$$

$$1+x = \exp\left((2k+1)\frac{\pi}{2}\right) \tag{3.1695}$$

$$x_{0,k} = \exp\left((2k+1)\frac{\pi}{2}\right) - 1. \tag{3.1696}$$

Dem Betrag nach kleinster Wert[50] ist $|x_{0,-1}| \approx -0.792$ für $k = -1$. Die hinreichende Bedingung für ein lokales Minimum ist $f''(x_{0,k}) > 0$. Wir testen dies mit Gl. 3.1688,

$$f''(x_{0,k}) = -\frac{\cos(\ln(\exp((2k+1)\frac{\pi}{2}))) + \sin(\ln(\exp((2k+1)\frac{\pi}{2})))}{\exp((2k+1)\frac{\pi}{2})^2} \tag{3.1697}$$

$$= -\frac{\cos((2k+1)\frac{\pi}{2}) + \sin((2k+1)\frac{\pi}{2})}{\exp((2k+1)\frac{\pi}{2})^2} \tag{3.1698}$$

$$= -\frac{(-1)^k}{\exp((2k+1)\frac{\pi}{2})^2}. \tag{3.1699}$$

Für $k = -1$ haben wir $f''(x_{0,-1}) > 0$, es liegt somit ein lokales Minimum bei $x_{0,-1}$ vor. Werten wir nun die Taylor-Entwicklung an dieser Stelle aus, fällt der Term mit der ersten Ableitung weg, da es ein lokales Extremum ist. Wir erhalten

$$Tf(x; x_{0,-1}) = -1 + \frac{e^\pi}{2}\left(1 - e^{-\frac{\pi}{2}} + x\right)^2. \tag{3.1700}$$

Zum Vergleich sind $f(x)$ sowie die nullte wie auch die zweite Ordnung der Taylor-Entwicklung in Abb. 3.22 abgebildet.

ⓘ Das ist ein typisches Vorgehen, wenn ein einfaches, analytisch handhabbares Modell entwickelt werden soll: Es liegt ein kompliziertes Potential $f(x)$ vor und man ist eigentlich nur am Verhalten in der Nähe eines Energieminimums interessiert. Um den wesentlichen Charakter des physikalischen Systems zu erfassen, nähert man mit einem harmonischen Potential, das hier gerade Gl. 3.1700 wäre.

◀

---

[50]Hier ist es das Einfachste die Werte für $k = -2 \ldots 2$ einzusetzen.

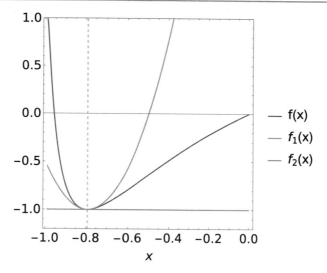

Abb. 3.22 Zu Aufg. 3.84: Dargestellt sind die Funktion $f(x)$, Gl. 3.1686, sowie die Taylor-Entwicklung nullter ($f_1(x)$) und zweiter ($f_2(x)$) Ordnung um $x_0 = \exp(-\pi/2) - 1$ (gestrichelte vertikale Linie). Die erster Ordnung verschwindet, da es sich um ein Extremum handelt

Lösung zu Aufgabe 3.85

(a) Wir haben

$$Tf(x; x_0) = \sum_{n=0}^{\infty} \frac{f^{(n)}(x_0)}{n!}(x - x_0)^n. \tag{3.1701}$$

Wir benötigen die ersten drei Ableitungen von cosh,

$$\cosh'(x) = \frac{e^x - e^{-x}}{2} = \sinh(x), \tag{3.1702}$$

$$\cosh''(x) = \frac{e^x + e^{-x}}{2} = \cosh(x), \tag{3.1703}$$

$$\cosh'''(x) = \frac{e^x - e^{-x}}{2} = \sinh(x). \tag{3.1704}$$

Damit ergibt sich

$$Tf(x; x_0) = \cosh(x_0) + \sinh(x_0)(x - x_0) + \frac{\cosh(x_0)}{2}(x - x_0)^2$$
$$+ \frac{\sinh(x_0)}{3!}(x - x_0)^3. \tag{3.1705}$$

(b) Es gilt

$$g(-x) = \frac{4}{(e^{-x} + e^x)^2} = \frac{1}{\cosh^2(x)} = g(x). \tag{3.1706}$$

Die Funktion ist somit symmetrisch und kann in der Taylor-Entwicklung nur Terme $\sim x^n$ mit gerader Potenz n besitzen. Damit bleibt in diesem Fall nur die nullte und zweite Ordnung. Wir benötigen

$$\frac{d^2}{dx^2}\cosh(x)^{-2} = \frac{d}{dx}\left(-2\cosh(x)^{-3}\sinh(x)\right) \tag{3.1707}$$

$$= 6\cosh(x)^{-4}\sinh^2(x) - 2\cosh(x)^{-3}\cosh(x) \tag{3.1708}$$

$$= 6[\cosh(x)]^{-4}\sinh^2(x) - 2\cosh(x)^{-2}. \tag{3.1709}$$

Damit haben wir

$$Tg(x;0) = 1 + \frac{1}{2}x^2(-2) + \mathcal{O}(x^4) \tag{3.1710}$$

$$= 1 - x^2 + \mathcal{O}(x^4). \tag{3.1711}$$

◀

Lösung zu Aufgabe 3.86

Betrachten wir die Punktmenge $\{x, y \in \mathbb{R} | x^2 - y^2 = 1\}$ im ersten und vierten Quadranten als Graph einer Funktion von y, so ist diese durch $x(y) = \sqrt{1 + y^2}$ mit $y \in \mathbb{R}$ gegeben. Diese Funktion hat ein Minimum (lokal und global) bei $y = 0$, da $x'(y) = y/\sqrt{1 + y^2}$ eine Nullstelle bei 0 hat und die zweite Ableitung an dieser Stelle $x''(y)|_{y=0} = (1 + y^2)^{-3/2}|_{y=0} = 1 > 0$ ist. Die entsprechende Funktion $y(x) = \sqrt{x^2 - 1}$ im ersten Quadranten hat somit eine divergierende Steigung bei $x = 1$, was wir auch an der Polstelle von $y'(x) = x/\sqrt{x^2 - 1}$ erkennen. Diese Divergenz macht eine Taylor-Entwicklung von $y(x)$ um $x_0 = 1$ unmöglich. Was wir jedoch anstelle dieser machen können, ist eine Entwicklung von $x(y)$ um $y_0 = 0$ bis zur gewünschten Ordnung mit anschließender Auflösung nach y, um eine Näherungsfunktion $\tilde{y}(x)$ für den ersten Quadranten um x_0 zu erhalten:

$$Tx(y;0) = \sqrt{1 + y^2}\Big|_{y=0} + \frac{1}{1!}\frac{y}{\sqrt{1 + y^2}}\Big|_{y=0}y + \frac{1}{2!}\frac{1}{(1 + y^2)^{\frac{3}{2}}}\Big|_{y=0}y^2 + \mathcal{O}(y^3) \tag{3.1712}$$

$$= 1 + \frac{y^2}{2} + \mathcal{O}(y^3). \tag{3.1713}$$

Die erste nicht-triviale Näherung von $y(x)$ im ersten Quadranten erhalten wir somit mittels der Taylor-Entwicklung bis zur zweiten Ordnung von $x(y)$,

$$x = 1 + \frac{\tilde{y}^2(x)}{2} \tag{3.1714}$$

$$\tilde{y}(x) = \sqrt{2}\sqrt{x - 1}. \tag{3.1715}$$

Wir sehen, dass auch $\tilde{y}(x)$ keine Taylor-Entwicklung an der Stelle $x_0 = 1$ besitzt, da dort $\tilde{y}'(x) \propto 1/\sqrt{x-1}$ divergiert. ◄

Lösung zu Aufgabe 3.87

(a) Um $E(p)$ zu erhalten, stellen wir v^2/c^2 als Funktion von p dar und setzen in die gegebene Gleichung für E ein,

$$p = \frac{mv}{\sqrt{1 - \frac{v^2}{c^2}}} \tag{3.1716}$$

$$p^2\left(1 - \left(\frac{v}{c}\right)^2\right) = \left(\frac{v}{c}\right)^2 (mc)^2 \tag{3.1717}$$

$$\left(\frac{v}{c}\right)^2 = \frac{p^2}{(mc)^2 + p^2} = \frac{\left(\frac{p}{mc}\right)^2}{1 + \left(\frac{p}{mc}\right)^2}. \tag{3.1718}$$

Dies in die Gleichung für die Energie eingesetzt, liefert schließlich

$$E(p) = \frac{mc^2}{\sqrt{1 - \frac{\left(\frac{p}{mc}\right)^2}{1 + \left(\frac{p}{mc}\right)^2}}} = mc^2\sqrt{1 + \left(\frac{p}{mc}\right)^2}. \tag{3.1719}$$

(b) Im Folgenden soll $E(p)$ bis zur dritten Ordnung in $x := p/(mc)$ um $x_0 = 0$ entwickelt werden. Wir definieren $E_0 = mc^2$. Für die dritte Ordnung benötigen wir die entsprechenden Ableitungen, siehe Th. 3.22,

$$\frac{E'(x)}{E_0} = \frac{\mathrm{d}}{\mathrm{d}x}\sqrt{1 + x^2} = \frac{x}{\sqrt{1 + x^2}}, \tag{3.1720}$$

$$\frac{E''(x)}{E_0} = -\frac{x^2}{(1 + x^2)^{\frac{3}{2}}} + \frac{1}{\sqrt{1 + x^2}} = \frac{1}{(1 + x^2)^{\frac{3}{2}}}, \tag{3.1721}$$

$$\frac{E'''(x)}{E_0} = -\frac{3x}{(1 + x^2)^{\frac{5}{2}}}. \tag{3.1722}$$

Damit erhalten wir

$$\frac{Tf(x; x_0 = 0)}{E_0} = 1 + 0 \cdot x + \frac{x^2}{2} + 0 \cdot x^3 + \mathcal{O}(x^4) = 1 + \frac{x^2}{2} + \mathcal{O}(x^4). \tag{3.1723}$$

Für kleine Geschwindigkeiten, $v/c \ll 1$ haben wir somit die Approximation

$$E(p) = mc^2 + \frac{p^2}{2\,m} + \mathcal{O}\left(\left(\frac{p}{mc}\right)^4\right). \tag{3.1724}$$

① Der erste Term in Gl. 3.1724 stellt die Ruheenergie, der zweite die kinetische Energie dar. Es können bei dieser Entwicklung keine ungeraden Potenzen von $p/(mc)$ auftreten, da $f(x)$ eine gerade Funktion ist.

◀

Lösung zu Aufgabe 3.88

(a) Da es sich bei Gl. 3.180 hier um eine quadratische Gleichung in x handelt, können wir die Lösungen direkt angeben,

$$x_\pm(\epsilon) = \frac{1}{2c_2}\left(-c_1\epsilon \pm \sqrt{-4c_0c_2 + (c_1\epsilon)^2}\right). \tag{3.1725}$$

Um das negative Vorzeichen unter der Wurzel nicht mitschleppen zu müssen, redefinieren wir uns $c_0 \to -c_0$. Für die Taylor-Entwicklung benötigen wir

$$x_\pm(0) = \pm\sqrt{\frac{c_0}{c_2}}, \tag{3.1726}$$

$$x'_\pm(0) = -\frac{c_1}{2c_2} \pm \left.\frac{c_1^2\epsilon}{2c_2\sqrt{4c_0c_2 + (c_1\epsilon)^2}}\right|_{\epsilon=0} = -\frac{c_1}{2c_2}, \tag{3.1727}$$

$$x''_\pm(0) = \pm\frac{1}{2c_2}\left(\frac{c_1^2}{\sqrt{4c_0c_2 + (c_1\epsilon)^2}} - \frac{c_1^4\epsilon^2}{\left(4c_0c_2 + (c_1\epsilon)^2\right)^{3/2}}\right)\Bigg|_{\epsilon=0} \tag{3.1728}$$

$$= \pm\frac{c_1^2}{4c_2\sqrt{c_0c_2}}. \tag{3.1729}$$

Damit ergibt sich (wir machen nun die Ersetzung $c_0 \to -c_0$ rückgängig)

$$x_\pm(\epsilon) = \pm\sqrt{\frac{-c_0}{c_2}} - \frac{c_1}{2c_2}\epsilon \pm \frac{1}{8}\frac{c_1^2}{c_2\sqrt{-c_0c_2}}\epsilon^2 + \mathcal{O}(\epsilon^3). \tag{3.1730}$$

(b) Nun gehen wir so vor, als würde uns die Lösung $x(\epsilon)$ von Gl. 3.180 fehlen (weil z. B. keine analytische Lösung aufgrund einer transzendenten Gleichung vorliegt). Wir benutzen den allgemeinen Ansatz

$$x(\epsilon) = x_0 + x_1\epsilon + \frac{1}{2!}x_2\epsilon^2 + \mathcal{O}(\epsilon^3) \tag{3.1731}$$

und setzen ihn in Gl. 3.180 ein. Dabei muss beachtet werden, dass alle Terme von der Ordnung ϵ^3 oder höher als null anzusehen sind, um der Ordnung der Taylor-Entwicklung zu genügen. Wir erhalten

$$0 = c_0 + c_1\epsilon\left(x_0 + x_1\epsilon + \frac{1}{2!}x_2\epsilon^2\right) + c_2\left(x_0 + x_1\epsilon + \frac{1}{2!}x_2\epsilon^2\right)^2. \tag{3.1732}$$

Wir multiplizieren die rechte Seite aus und sortieren nach Potenzen von ϵ,

$$0 = (c_0 + c_2 x_0^2)\epsilon^0 + (c_1 x_0 + 2c_2 x_0 x_1)\epsilon + (c_1 x_1 + c_2 x_1^2 + c_2 x_0 x_2)\epsilon^2$$
$$+ \underbrace{\left(\frac{c_1 x_2}{2} + c_2 x_1 x_2\right)\epsilon^3 + \left(\frac{1}{4}c_2 x_2^2\right)\epsilon^4}_{\approx 0}. \tag{3.1733}$$

Die letzten zwei Terme sind von einer Ordnung, die die gewählte übersteigt, sind also von der Größe $\mathcal{O}(\epsilon^3)$ und müssen weggelassen werden. Damit Gl. 3.1733 erfüllt wird, muss jeder Term für sich verschwinden, da ϵ zwar klein sein muss, jedoch nicht festgelegt ist. Das liefert folgendes Gleichungssystem,

$$0 = c_0 + c_2 x_0^2, \tag{3.1734}$$
$$0 = c_1 x_0 + 2c_2 x_0 x_1, \tag{3.1735}$$
$$0 = c_1 x_1 + c_2 x_1^2 + c_2 x_0 x_2. \tag{3.1736}$$

Wir sehen, dass es sich leider um ein nichtlineares Gleichungssystem handelt. Was uns aber das Lösen erleichtert, sind folgende Eigenschaften:

1. In der ersten Gleichung taucht nur eine Unbekannte auf.
2. Mit jeder neuen Gleichung kommt eine neue Unbekannte x_i nur linear dazu.

Damit können wir das Gleichungssystem *iterativ* lösen: Gl. 3.1734 liefert $x_{0,\pm} = \pm\sqrt{-c_0/c_2}$. Diese Lösung setzen wir in Gl. 3.1735 ein und erhalten $x_1 = -c_1/(2c_2)$. Beide Lösungen werden schließlich in Gl. 3.1736 eingesetzt, was $x_{2,\pm} = \pm c_1^2/(4c_2\sqrt{-c_0 c_2})$ ergibt. Ein Vergleich mit Gl. 3.1730 zeigt uns, dass dieser Weg zum gleichen Ergebnis führt.

◀

Lösung zu Aufgabe 3.89

(a) Für die Ableitung von $f(x)$ benötigen wir $(\arcsin(x))'$. Aus Aufg. 3.7 wissen wir, dass $(\arccos(x))' = -1/\sqrt{1 - x^2}$. Mit der Beziehung

$$\arccos(x) = \pi/2 - \arcsin(x) \tag{3.1737}$$
$$\frac{d\arccos(x)}{dx} = -\frac{d\arcsin(x)}{dx} \tag{3.1738}$$
$$\frac{1}{\sqrt{1 - x^2}} = \frac{d\arcsin(x)}{dx}. \tag{3.1739}$$

erhalten wir die Ableitungen von $f(x)$ zu

$$f'(x) = \cos(m \arcsin(x)) \frac{m}{\sqrt{1-x^2}}, \tag{3.1740}$$

$$f''(x) = -\sin(m \arcsin(x)) \frac{m^2}{1-x^2} + \cos(m \arcsin(x)) \frac{mx}{(1-x^2)^{\frac{3}{2}}}. \tag{3.1741}$$

Damit haben wir

$$(1-x^2) f^{(2)}(x) - x f^{(1)}(x) + m^2 f(x)$$
$$= -m^2 \sin(m \arcsin(x)) - \cos(m \arcsin(x)) \frac{mx}{\sqrt{1-x^2}}$$
$$+ \cos(m \arcsin(x)) \frac{mx}{\sqrt{1-x^2}} + m^2 \sin(m \arcsin(x)) \tag{3.1742}$$
$$= 0. \tag{3.1743}$$

∎

(b) Mittels der Leibnizschen Regel für höhere Ableitungen von Produkten, Th. 3.2, leiten wir Gl. 3.1743 n-mal nach x ab. Dazu betrachten wir zunächst

$$\frac{\mathrm{d}^n}{\mathrm{d}x^n} ((1-x^2) f^{(2)}(x)) = \sum_{k=0}^{n} \left(\frac{\mathrm{d}^k}{\mathrm{d}x^k} (1-x^2) \right) f^{(2+n-k)}(x) \tag{3.1744}$$

$$= \binom{n}{0} (1-x^2) f^{(2+n)}(x) + \binom{n}{1} (-2x) f^{(2+n-1)}(x)$$
$$+ \binom{n}{2} (-2) f^{(2+n-2)}(x) \tag{3.1745}$$

$$= (1-x^2) f^{(2+n)}(x) - 2nx f^{(1+n)}(x)$$
$$- n(n-1) f^{(n)}(x) \tag{3.1746}$$

sowie

$$\frac{\mathrm{d}^n}{\mathrm{d}x^n} \left(x f^{(1)}(x) \right) = \sum_{k=0}^{n} \left(\frac{\mathrm{d}^k}{\mathrm{d}x^k} x \right) f^{(1+n-k)}(x) \tag{3.1747}$$

$$= x f^{(1+n)}(x) + n f^{(n)}(x). \tag{3.1748}$$

Dies eingesetzt und für $x = 0$ ausgewertet, liefert

$$\frac{\mathrm{d}^n}{\mathrm{d}x^n} \left((1-x^2) f^{(2)}(x) - x f^{(1)}(x) + m^2 f(x) \right) \Big|_{x=0} = 0 \tag{3.1749}$$

$$f^{(2+n)}(0) - n(n-1) f^{(n)}(0) - n f^{(n)}(0) + m^2 f^{(n)}(0) = 0 \tag{3.1750}$$

$$f^{(n+2)}(0) = (n^2 - m^2) f^{(n)}(0) \tag{3.1751}$$

∎

(c) Betrachten wir zunächst f an der Stelle $x = 0$, was der nullte Term der Taylor-Entwicklung ist: $f(0) = 0$. Mit diesem Ergebnis und der rekursiven Formel Gl. 3.1751 können wir nun jedoch schlussfolgern, dass jede gerade Ordnung der Entwicklung verschwindet, da

$$(0^2 - m^2)f(0) = (0^2 - m^2)f^{(0)}(0) = f^{(2)}(0), \tag{3.1752}$$

und damit

$$(2^2 - m^2)f^{(2)}(0) = 0 = f^{(4)}(0), \tag{3.1753}$$

$$\cdots$$

Für die Terme ungerader Ordnung erhalten wir, beginnend mit Gl. 3.1740:

$$f^{(1)}(0) = m \tag{3.1754}$$

mit Gl. 3.1751:

$$f^{(3)}(0) = (1 - m^2)m, \tag{3.1755}$$

$$f^{(5)}(0) = (9 - m^2)(1 - m^2)m, \tag{3.1756}$$

$$f^{(7)}(0) = (25 - m^2)(9 - m^2)(1 - m^2)m. \tag{3.1757}$$

Zusammengefasst erhalten wir die Approximation

$$f(x) = \sum_{n=0}^{7} \frac{f^{(n)}(0)}{n!} x^n + \mathcal{O}(x^9) \tag{3.1758}$$

$$= mx + \frac{(1 - m^2)m}{6}x^3 + \frac{(9 - m^2)(1 - m^2)m}{120}x^5$$

$$+ \frac{(25 - m^2)(9 - m^2)(1 - m^2)m}{5040}x^7 + \mathcal{O}(x^9). \tag{3.1759}$$

◀

Lösung zu Aufgabe 3.90

(a) Wir berechnen zunächst die nötigen partiellen Ableitungen,

$$\frac{\partial f(x, y)}{\partial x} = e^{2y}(-\sin(x) + \cos(x)), \tag{3.1760}$$

$$\frac{\partial^2 f(x, y)}{\partial x^2} = -e^{2y}(\cos(x) + \sin(x)) = -f(x, y), \tag{3.1761}$$

$$\frac{\partial f(x, y)}{\partial y} = 2e^{2y}(\cos(x) + \sin(x)) = 2f(x, y), \tag{3.1762}$$

$$\frac{\partial^2 f(x, y)}{\partial y^2} = 4e^{2y}(\cos(x) + \sin(x)) = 4f(x, y), \tag{3.1763}$$

$$\frac{\partial^2 f(x, y)}{\partial x \partial y} = 2e^{2y}(-\sin(x) + \cos(x)) = \frac{\partial^2 f(x, y)}{\partial y \partial x}. \tag{3.1764}$$

[51]Damit erhalten wir

$$Tf(x, y; 0, 0) = f(0, 0) + x\frac{\partial f(0, 0)}{\partial x} + y\frac{\partial f(0, 0)}{\partial y} + \frac{1}{2}x^2\frac{\partial^2 f(0, 0)}{\partial x^2}$$

$$+ xy\frac{\partial^2 f(0, 0)}{\partial x \partial y} + \frac{1}{2}y^2\frac{\partial^2 f(0, 0)}{\partial y^2} + \mathcal{O}(|\mathbf{r} - \mathbf{0}|^3) \tag{3.1765}$$

$$= 1 + x + 2y - \frac{1}{2}x^2 + 2xy + 2y^2 + \mathcal{O}(|\mathbf{r} - \mathbf{0}|^3), \tag{3.1766}$$

mit $\mathbf{r} = (x, y)^T$.

(b) Nun sei $a(x) = \cos(x) + \sin(x)$ und $b(y) = \exp(2y)$. Die Taylor-Reihen dieser zwei Funktionen ergeben sich zu

$$Ta(x; 0) = a(0) + xa'(0) + \frac{1}{2}x^2a''(0) + \mathcal{O}(x^3) \tag{3.1767}$$

$$= 1 + x\,(-\sin(x) + \cos(x))\Big|_{x=0}$$

$$+ \frac{1}{2}x^2\,(-\cos(x) - \sin(x))\Big|_{x=0} + \mathcal{O}(x^3) \tag{3.1768}$$

$$= 1 + x - \frac{1}{2}x^2 + \mathcal{O}(x^3) \tag{3.1769}$$

sowie

$$Tb(y; 0) = b(0) + yb'(0) + \frac{1}{2}y^2b''(0) + \mathcal{O}(y^3) \tag{3.1770}$$

$$= 1 + y\,(2e^{2y})\Big|_{y=0} + \frac{1}{2}y^2\,(4e^{2y})\Big|_{y=0} + \mathcal{O}(y^3) \tag{3.1771}$$

$$= 1 + 2y + 2y^2 + \mathcal{O}(y^3). \tag{3.1772}$$

---

[51]Für die gemischte Ableitung benötigen wir nach dem *Satz von Schwarz*, Def. 3.8, nur eine der beiden Varianten, da es sich um eine stetig differenzierbare Funktion handelt: sowohl $\partial f(x, y)/\partial x$ als auch $\partial f(x, y)/\partial y$ sind stetig.

Das Produkt der beiden Entwicklungen bis zur zweiten Ordnung ergibt somit

$$Ta(x; 0)\,Tb(y; 0) = (1 + x - \frac{1}{2}x^2 + \mathcal{O}(x^3))(1 + 2y + 2y^2 + \mathcal{O}(y^3))$$

$$(3.1773)$$

$$= 1 + x + 2y - \frac{1}{2} + 2xy + 2y^2$$

$$\underbrace{-x^2 y + 2xy^2 - x^2 y^2}_{A} + \mathcal{O}(x^3) + \mathcal{O}(y^3). \quad (3.1774)$$

Wir sehen, dass A zu einer höheren Ordnung als der zweiten gehört und somit diese Approximation mit der von (a) identisch ist, wenn nur Terme bis zur Ordnung $\mathcal{O}(|\mathbf{r} - \mathbf{0}|^3)$ mitgenommen werden.

(c) Da sich die Funktionen, nennen wir sie $v(x)$ und $w(y)$, jeweils um 0 entwickeln lassen, können wir schreiben

$$Tv(x; 0) = v(0) + xv'(0) + \frac{1}{2}x^2 v''(0) + \mathcal{O}(x^3), \quad (3.1775)$$

$$Tw(y; 0) = w(0) + yw'(0) + \frac{1}{2}y^2 w''(0) + \mathcal{O}(y^3). \quad (3.1776)$$

Damit haben wir

$$Tv(x; 0)Tw(y; 0)$$

$$= v(0)w(0) + xv'(0)w(0) + yv(0)w'(0) + xyv'(0)w'(0) + \frac{1}{2}x^2 v''(0)w(0) \quad (3.1777)$$

$$+ \underbrace{\frac{1}{2}y^2 v(0)w''(0) + \frac{1}{2}x^2 yv''(0)w'(0) + \frac{1}{2}xy^2 v'(0)w''(0) + \frac{1}{4}x^2 y^2 v''(0)w''(0)}_{\approx 0}$$

$$+ \mathcal{O}(|\mathbf{r} - \mathbf{0}|^3). \quad (3.1778)$$

Auf der anderen Seite folgt direkt aus Gl. 3.1765 mit $f(x, y) = v(x)w(y)$

$$T(f(x, y); 0, 0) = v(0)w(0) + xv'(0)w(0) + yv(0)w'(0) + \frac{1}{2}x^2 v''(0)w(0)$$

$$+ xyv'(0)w'(0) + \frac{1}{2}y^2 v(0)w''(0) + \mathcal{O}(|\mathbf{r} - \mathbf{0}|^3). \quad (3.1779)$$

Ein Vergleich von Gl. 3.1778 mit 3.1779 zeigt, dass beide Rechnungen das gleiche Ergebnis liefern.

◄

Lösung zu Aufgabe 3.91

Zunächst bringen wir

$$y_s = \frac{2(R^2 - h^2)^{\frac{3}{2}}}{3\left(R^2\arccos\left(\frac{h}{R}\right) - h\sqrt{R^2 - h^2}\right)} \tag{3.1780}$$

in eine Form, in der die Abhängigkeit von der kleinen *(dimensionsfreien!)* Größe, $\tilde{h} := h/R$ klar wird. Dazu ersetzen wir $h = \tilde{h}R$ und definieren uns die dimensionsfreie Größe $\tilde{y}_s := y_s/R$. Damit wird die Gl. für y_s zu

$$\tilde{y}_s(\tilde{h}) = \frac{2}{3\left(\arccos\left(\tilde{h}\right) - \tilde{h}\sqrt{1 - \tilde{h}^2}\right)}\left(1 - \tilde{h}^2\right)^{\frac{3}{2}}. \tag{3.1781}$$

Für die nullte Näherung setzen wir $\tilde{h} = 0$. Mit $\arccos(0) = \pi/2$[52] haben wir

$$T\tilde{y}_s(\tilde{h}; 0) = \frac{4}{3\pi}\underset{\underset{1}{\uparrow}}{\frac{1}{0!}} + \mathcal{O}(\tilde{h}). \tag{3.1782}$$

Für den nächsten Term benötigen wir die erste Ableitung von $\tilde{y}_s$ nach $\tilde{h}$. Mit dem Ergebnis aus Aufg. 3.7 und der Produktregel erhalten wir

$$\frac{\partial \tilde{y}_s(\tilde{h})}{\partial \tilde{h}} = -\frac{2}{3}\frac{\left(\frac{\tilde{h}^2 - 1}{\sqrt{1 - \tilde{h}^2}} - \sqrt{1 - \tilde{h}^2}\right)\left(1 - \tilde{h}^2\right)^{\frac{3}{2}}}{\left(\arccos(\tilde{h}) - \tilde{h}\sqrt{1 - \tilde{h}^2}\right)^2} - 2\frac{\tilde{h}\sqrt{1 - \tilde{h}^2}}{\arccos(\tilde{h}) - \tilde{h}\sqrt{1 - \tilde{h}^2}} \tag{3.1783}$$

$$= \frac{4}{3}\frac{\left(1 - \tilde{h}^2\right)^2}{\left(\arccos(\tilde{h}) - \tilde{h}\sqrt{1 - \tilde{h}^2}\right)^2} - 2\frac{\tilde{h}\sqrt{1 - \tilde{h}^2}}{\arccos(\tilde{h}) - \tilde{h}\sqrt{1 - \tilde{h}^2}}. \tag{3.1784}$$

Damit erhalten wir die Steigung von y_s bei $\tilde{h} = h = 0$,

$$\left.\frac{\partial \tilde{y}_s(\tilde{h})}{\partial \tilde{h}}\right|_{\tilde{h}=0} = \frac{16}{3\pi^2}. \tag{3.1785}$$

---

[52]Ohne Einschränkung des Wertebereichs der arccos-Funktion hätten wir hier die Möglichkeiten $\arccos(0) = \pi/2 + \pi n, n \in \mathbb{Z}$.

Abb. 3.23 Zu Aufg. 3.91: Die Funktion $y_s(h)$ und ihre Näherung bis zur ersten Ordnung in h/R sind dargestellt

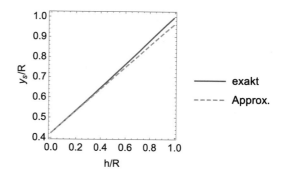

Die Taylor-Entwicklung bis zur ersten Ordnung ist daher gegeben durch

$$T\tilde{y}_s(\tilde{h}; 0) = \frac{4}{3\pi} + \frac{1}{1!}\frac{16}{3\pi^2}\tilde{h} + \mathcal{O}(\tilde{h}^2) \tag{3.1786}$$

$$Ty_s\left(\frac{h}{R}; 0\right) = \frac{4}{3\pi}R + \frac{16}{3\pi^2}h + \mathcal{O}\left(\left(\frac{h}{R}\right)^2\right). \tag{3.1787}$$

Ein Plot von $y_s(h)$ und der linearen Näherung, Abb. 3.23, zeigt, dass höhere Korrekturen nur noch geringe Beiträge liefern, selbst bei $h/R \lesssim 1$. Die Funktion $t(h) = 4R/(3\pi) + 16h/(3\pi^2)$ stellt gerade die Tangente der Funktion $y_s(h)$ am Punkt $(0, 4/(3\pi))$ dar.

◄

Lösung zu Aufgabe 3.92

Die Aufgabe lautet nun, die Länge h so zu bestimmen, dass

$$\frac{R}{2} = y_s(h) \tag{3.1788}$$

$$= \frac{2}{3}\frac{1}{R^2\arccos\left(\frac{h}{R}\right) - h\sqrt{R^2 - h^2}}(R^2 - h^2)^{\frac{3}{2}} \tag{3.1789}$$

erfüllt ist. Was eine direkte analytische Lösung durch Auflösen nach h behindert, ist die arccos-Funktion. Wir werden daher approximativ vorgehen. Aus Aufg. 3.91 wissen wir, dass wir schon in nullter Näherung, also für $y_s(0)$, nahe bei $R/2$ sind, nämlich bei

$$y_s(h = 0) = \frac{4}{3\pi}R \approx 0.42R. \tag{3.1790}$$

Wir wissen auch, dass die erste Ordnung nicht verschwindet, daher kann man annehmen, dass eine lineare Approximation schon ein gutes Ergebnis für h liefern wird.

Wir vereinfachen wir zunächst Gl. 3.1789, da sie nur von $\xi = h/R$ abhängt,

$$\frac{1}{2} = \frac{2}{3}\frac{1}{\arccos(\xi) - \xi\sqrt{1 - \xi^2}}(1 - \xi^2)^{\frac{3}{2}}. \tag{3.1791}$$

Nehmen wir nur die lineare Approximation der rechten Seite dieser Gleichung, die wir in Aufg. 3.91 aufgestellt haben (siehe Gl. 3.1786), ist nur

$$\frac{1}{2} = \frac{4}{3\pi} + \frac{16}{3\pi^2}\xi \tag{3.1792}$$

nach ξ aufzulösen. Das liefert uns $\xi = \pi(3\pi - 8)/32 \approx 0.14$, was konsistent mit der Voraussetzung $\xi \equiv h/R \ll 1$ ist. Der gesuchte Abstand ist somit $h = 0.14R$.

Zusatz
Eine numerische Lösung der Gl. 3.1791 liefert $\xi \approx 0.1382$. Dies zeigt nochmals, dass die gemachte Näherung sehr gut ist. ◄

Lösung zu Aufgabe 3.93

(a) Die Gleichgewichtslagen des Feldes Φ sind jene Orte $\mathbf{r}_0$, an denen die Kraft $\mathbf{F}$, die auf das Teilchen wirkt, verschwindet, $\mathbf{F}(\mathbf{r}_0) = \mathbf{0}$. Dabei kann $\mathbf{r}_0$ ein Minimum, Maximum oder Sattelpunkt des Feldes Φ sein. Nur ein Minimum stellt hierbei eine stabile Position dar, d. h. eine Position, aus der das Teilchen durch infinitesimale Verschiebungen $\delta\mathbf{r}$ nicht heraus gebracht werden kann. Betrachten wir nun eine Taylor-Entwicklung von Φ um $\mathbf{r}_0 = (x_0, y_0, z_0)^T$ in die drei Raumrichtungen:

$$\Phi(x_0 + \delta x, y_0, z_0) = \Phi(\mathbf{r}_0) + \underbrace{\left.\frac{\partial\Phi(\mathbf{r})}{\partial x}\right|_{\mathbf{r}=\mathbf{r}_0}\delta x}_{0} + \left.\frac{\partial^2\Phi(\mathbf{r})}{\partial x^2}\right|_{\mathbf{r}=\mathbf{r}_0}\delta x^2,$$

$$\tag{3.1793}$$

$$\Phi(x_0, y_0 + \delta y, z_0) = \Phi(\mathbf{r}_0) + \left.\frac{\partial^2\Phi(\mathbf{r})}{\partial y^2}\right|_{\mathbf{r}=\mathbf{r}_0}\delta y^2, \tag{3.1794}$$

$$\Phi(x_0, y_0, z_0 + \delta z) = \Phi(\mathbf{r}_0) + \left.\frac{\partial^2\Phi(\mathbf{r})}{\partial z^2}\right|_{\mathbf{r}=\mathbf{r}_0}\delta z^2. \tag{3.1795}$$

Dabei haben wir jeweils ausgenutzt, dass die notwendige Bedingung das Verschwinden der ersten Ableitung ist. Damit, und mit dem Zusammenhang zwischen der Kraft und dem Potential, können wir folgern

$$0 = \mathbf{F}(\mathbf{r}_0) = -\nabla\Phi(\mathbf{r}_0) \tag{3.1796}$$

$$\nabla \cdot \mathbf{0} = \nabla \cdot \mathbf{F}(\mathbf{r}_0) = -\nabla \cdot \nabla\Phi(\mathbf{r}_0) \tag{3.1797}$$

$$= -\Delta\Phi(\mathbf{r}_0) \tag{3.1798}$$

$$0 = \frac{\partial^2\Phi(\mathbf{r}_0)}{\partial x^2} + \frac{\partial^2\Phi(\mathbf{r}_0)}{\partial y^2} + \frac{\partial^2\Phi(\mathbf{r}_0)}{\partial z^2}. \tag{3.1799}$$

Damit diese Laplace-Gleichung aber erfüllt ist, können nicht alle Terme das gleiche Vorzeichen haben, da sie sich zu null summieren müssen. Somit kann $\mathbf{r}_0$ nur einen Sattelpunkt darstellen und nie eine stabile Lage!

(b) Betrachten wir eine Ladung bei $\mathbf{r}_0$. Um die Rechnung mit Indizes durchzuführen, vereinbaren wir $\mathbf{r} = (x_1, x_2, x_3)$, $\mathbf{r}_0 = (x_{0,1}, x_{0,2}, x_{0,3})$ und $\partial_{x_k} \equiv \partial_k$. Das zugehörige Potential zu

$$\mathbf{E}(\mathbf{r}) = C\frac{\mathbf{r} - \mathbf{r}_0}{|\mathbf{r} - \mathbf{r}_0|^3} \tag{3.1800}$$

ist $\Phi(\mathbf{r}) = C|\mathbf{r} - \mathbf{r}_0|^{-1}$, da

$$-\nabla\Phi(\mathbf{r}) = -C\sum_k \partial_k \frac{1}{|\mathbf{r} - \mathbf{r}_0|}\mathbf{e}_k \tag{3.1801}$$

$$= -C\sum_k \left(-\frac{1}{2}\right)(\mathbf{r} - \mathbf{r}_0)^{-\frac{3}{2}}\left(\partial_k \sum_l (x_l - x_{0,l})^2\right)\mathbf{e}_k. \tag{3.1802}$$

Auf die Konstante C kommt es hier nicht an und die Summen laufen stets über alle Raumdimensionen. Mit

$$\partial_k \sum_l (x_l - x_{0,l})^2 = 2\sum_l (x_l - x_{0,l})\underbrace{\partial_k x_l}_{\delta_{lk}} = 2(x_k - x_{0,k}) \tag{3.1803}$$

haben wir

$$-\nabla\Phi(\mathbf{r}) = C\sum_k \frac{1}{|\mathbf{r} - \mathbf{r}_0|^3}(x_k - x_{0,k})\mathbf{e}_k = C\frac{\mathbf{r} - \mathbf{r}_0}{|\mathbf{r} - \mathbf{r}_0|^3}. \tag{3.1804}$$

Die Divergenz an der Stelle $\mathbf{r} \neq \mathbf{r}_0$ des elektrischen Feldes eines Teilchens, das sich am Ort $\mathbf{r}_0$ befindet, errechnet sich zu (sei $C = 1$)

$$\nabla \cdot \frac{\mathbf{r} - \mathbf{r}_0}{|\mathbf{r} - \mathbf{r}_0|^3} = \sum_k \partial_k \frac{x_k - x_{0,k}}{|\mathbf{r} - \mathbf{r}_0|^3} \tag{3.1805}$$

$$= \sum_k \frac{1 \cdot |\mathbf{r} - \mathbf{r}_0|^3 - (x_k - x_{0,k})\frac{3}{2}|\mathbf{r} - \mathbf{r}_0|\left(\sum_l 2(x_l - x_{0,l})\delta_{kl}\right)}{|\mathbf{r} - \mathbf{r}_0|^6}$$

$$\tag{3.1806}$$

$$= \frac{3}{|\mathbf{r} - \mathbf{r}_0|^3} - 3\sum_k \frac{(x_k - x_{0,k})(x_k - x_{0,k})}{|\mathbf{r} - \mathbf{r}_0|^5} \tag{3.1807}$$

$$= \frac{3}{|\mathbf{r} - \mathbf{r}_0|^3} - 3\frac{|\mathbf{r} - \mathbf{r}_0|^2}{|\mathbf{r} - \mathbf{r}_0|^5} = 0. \tag{3.1808}$$

Damit haben wir

$$\nabla \cdot \mathbf{E}(\mathbf{r}) = \frac{1}{4\pi\epsilon_0} \sum_{i=1}^{N} q_i \nabla \cdot \frac{\mathbf{r} - \mathbf{r}_i}{|\mathbf{r} - \mathbf{r}_i|^3} = 0 \text{ für } \mathbf{r} \neq \mathbf{r}_i \tag{3.1809}$$

gezeigt.

(c) Mit Gl. 3.1809 haben wir gezeigt, dass alle potenziellen Gleichgewichtspunkte von Φ Sattelpunkte sein müssen. Anders ausgedrückt: Es gibt stets eine Raumrichtung, in der das Testteilchen durch eine infinitesimale Verschiebung in einen Zustand niedrigerer Energie geführt werden kann. Als Konsequenz kann ein Ion nicht in diesem Potential statisch gefangen gehalten werden und damit existiert keine statische Anordnung von Ladungen. Ein klassischer Kristall, der eine periodische Anordnung von Ladungen darstellt, kann somit nicht existieren!

(!) Warum es trotzdem Kristalle gibt erklärt die Quantenmechanik. Wesentlich ist hier das Pauli-Prinzip und die Existenz von diskreten Zuständen in Potentialen. Im Grunde ist die Problematik, die sich hier in dem Versuch, die Existenz von Kristallen mittels klassischer Physik zu erklären, auftut, äquivalent zum Problem des Wasserstoffatoms. Auch da ist es mittels der klassischen Physik nicht möglich zu erklären, warum es stabil ist, also warum das Elektron nicht Energie ausstrahlend in den Kern fällt.

◀

Literatur

1. O. Forster. *Analysis 1: Differential- und Integralrechnung einer Veränderlichen (Grundkurs Mathematik) (German Edition)*. Vieweg + Teubner Verlag, 2011.

2. O. Forster. *Analysis 2*. Vieweg + Teubner Verlag, 2011.

3. O. Forster. *Analysis 3*. Vieweg + Teubner Verlag, 2008.

4. Theodore Frankel *The Geometry of Physics: An Introduction*. Cambridge University Press, 2012.

5. George Gabriel Stokes. *On the Effect of the Internal Friction of Fluids on the Motion of Pendulums*. Verlag Cambridge University Press, 1901.

6. A. Einstein. *Zur Elektrodynamik bewegter Körper*. Annalen der Physik, **17** 891, 1905.

7. Wolfgang Nolting. *Grundkurs Theoretische Physik 3: Elektrodynamik*. Springer-Verlag Berlin Heidelberg, 2013.

8. Editiert durch: F. Wilczek (UC Santa Barbara) und A. Shapere (IAS, Princeton) *Advanced Series in Mathematical Physics: Volume 5 Geometric Phases in Physics*. World Scientific, 1989.

9. Torsten Fließbach. *Allgemeine Relativitätstheorie*. Elsevier – Spektrum Akademischer Verlag, 2003.

Definitionen

Definition A.1. Summenzeichen

Summen können wie folgt in einer kompakten Weise geschrieben werden:

$$a_1 + a_2 + \ldots + a_n = \sum_{k=1}^{n} a_k. \tag{A.1}$$

Dabei ist

- k der Laufindex, auch Laufvariable genannt,
- hier 1 der Startwert und
- n der Endwert.

Wichtig sind die besonderen Fälle

$$\sum_{k=n}^{n} a_k = a_n \quad \text{und} \quad \sum_{k=n}^{m} a_k = 0 \quad \text{für} \quad m < n. \tag{A.2}$$

Für **Doppelsummen** hat man die Konvention

$$\sum_{k,m=1}^{n} a_{km} := \sum_{k=1}^{n} \left(\sum_{m=1}^{n} a_{km} \right). \tag{A.3}$$

Definition A.2. Fakultät

Für alle positiven ganzen Zahlen ist

$$n! := n \cdot (n-1) \cdot (n-2) \cdot \ldots \cdot 2 \cdot 1 = \prod_{p=1}^{n} p. \tag{A.4}$$

© Springer-Verlag GmbH Deutschland, ein Teil von Springer Nature 2023
P. Wenk, *Mathematische Methoden anhand von Problemlösungen*,
https://doi.org/10.1007/978-3-662-66426-1

Dabei wird 0! = 1 definiert, damit viele andere Formeln der Mathematik funktionieren (man konsistente Definitionen hat), z. B.:

- Damit die rekursiven Definition $n! = n(n-1)!$ auch für $n = 1$ sinnvoll ist.
- Weil es genau eine Möglichkeit gibt, k Elemente aus n zu ziehen, wenn $k = n$, also damit

$$\binom{n}{k} = \frac{n!}{(n-k)!k!} \tag{A.5}$$

  für $k = n$ gerade 1 ergibt.
- Damit der Zusammenhang mit der Eulerschen Gammafunktion konsistent ist, siehe dazu Aufg. 3.22.
- ...

Definition A.3. Vorzeichenfunktion
Die Vorzeichenfunktion sgn ist definiert als

$$\operatorname{sgn}(x) := \begin{cases} +1, & : \quad x > 0, \\ 0, & : \quad x = 0, \\ -1, & : \quad x < 0. \end{cases} \tag{A.6}$$

Definition A.4. Einheitsmatrix
Die Einheitsmatrix $\mathbb{1}_n$ ist eine quadratische Matrix, genauer, eine Diagonalmatrix mit

$$\mathbb{1}_n := \begin{pmatrix} 1 & 0 & \cdots & 0 \\ 0 & 1 & \ddots & \vdots \\ \vdots & \ddots & \ddots & 0 \\ 0 & \cdots & 0 & 1 \end{pmatrix}. \tag{A.7}$$

Das heißt, für $n = 2$ und $n = 3$ haben wir

$$\mathbb{1}_2 = \begin{pmatrix} 1 & 0 \\ 0 & 1 \end{pmatrix}, \mathbb{1}_3 = \begin{pmatrix} 1 & 0 & 0 \\ 0 & 1 & 0 \\ 0 & 0 & 1 \end{pmatrix}. \tag{A.8}$$

Integration

B

B.1 Infinitesimales Flächenelement

Betrachtet man die Transformationen von dx und dy in Polarkoordinaten,

$$dx = \cos(\theta)dr - r\sin(\theta)d\theta, \tag{B.1}$$

$$dy = \sin(\theta)dr + r\cos(\theta)d\theta, \tag{B.2}$$

so könnte man annehmen, dass die Transformation des Flächenelements $dxdy$ nach $drd\varphi$ durch direktes Einsetzen und Ausmultiplizieren gelingt. Dabei muss jedoch beachtet werden, dass es sich bei den dx, dy nicht um einfache Infinitesimale, sondern um *Differentialformen* handelt (hier sind es 1-Formen). Verknüpft werden diese über das *äußere Produkt* (d.h. das Produkt $\wedge$ in der äußeren Algebra), was in unserem Fall Folgendes liefert

$$dx \wedge dy = (\cos\theta\, dr - r\sin\theta\, d\theta) \wedge (\sin\theta\, dr + r\cos\theta\, d\theta) \tag{B.3}$$

Mit der Distributivität des äußeren Produkts,

$$dx \wedge dy = (\cos(\theta)dr) \wedge (\sin(\theta)dr) + (\cos(\theta)dr) \wedge (r\cos(\theta)d\theta)$$
$$+ (-r\sin(\theta)d\theta) \wedge (\sin(\theta)dr) + (-r\sin(\theta)d\theta) \wedge (r\cos(\theta)d\theta), \tag{B.4}$$

und dem Herausziehen von Skalaren erhalten wir

$$dx \wedge dy = (\cos(\theta)\sin(\theta))dr \wedge dr + (r\cos^2(\theta))(dr \wedge d\theta)$$
$$- (r\sin^2(\theta))d\theta \wedge dr - (r^2\sin(\theta)\cos(\theta))d\theta \wedge d\theta. \tag{B.5}$$

© Springer-Verlag GmbH Deutschland, ein Teil von Springer Nature 2023
P. Wenk, *Mathematische Methoden anhand von Problemlösungen*,
https://doi.org/10.1007/978-3-662-66426-1

Nun sind 1-Formen ω, η alternierend, $\omega \wedge \eta = -\eta \wedge \omega$, woraus die Eigenschaft $\omega \wedge \omega = -\omega \wedge \omega = 0$ folgt. Somit haben wir schließlich

$$\mathrm{d}x \wedge \mathrm{d}y = r\cos^2(\theta)\mathrm{d}r \wedge \mathrm{d}\theta - r\sin^2(\theta)\mathrm{d}\theta \wedge \mathrm{d}r \tag{B.6}$$

$$= r\cos^2(\theta)\mathrm{d}r \wedge \mathrm{d}\theta + r\sin^2(\theta)\mathrm{d}r \wedge \mathrm{d}\theta = r\mathrm{d}r \wedge \mathrm{d}\theta. \tag{B.7}$$

Tabellen

Tab. C.1 Standardnormalverteilungstabelle

z	0	0,01	0,02	0,03	0,04	0,05	0,06	0,07	0,08	0,09
0,0	0,50000	0,50399	0,50798	0,51197	0,51595	0,51994	0,52392	0,52790	0,53188	0,53586
0,1	0,53983	0,54380	0,54776	0,55172	0,55567	0,55962	0,56356	0,56749	0,57142	0,57535
0,2	0,57926	0,58317	0,58706	0,59095	0,59483	0,59871	0,60257	0,60642	0,61026	0,61409
0,3	0,61791	0,62172	0,62552	0,62930	0,63307	0,63683	0,64058	0,64431	0,64803	0,65173
0,4	0,65542	0,65910	0,66276	0,66640	0,67003	0,67364	0,67724	0,68082	0,68439	0,68793
0,5	0,69146	0,69497	0,69847	0,70194	0,70540	0,70884	0,71226	0,71566	0,71904	0,72240
0,6	0,72575	0,72907	0,73237	0,73565	0,73891	0,74215	0,74537	0,74857	0,75175	0,75490
0,7	0,75804	0,76115	0,76424	0,76730	0,77035	0,77337	0,77637	0,77935	0,78230	0,78524
0,8	0,78814	0,79103	0,79389	0,79673	0,79955	0,80234	0,80511	0,80785	0,81057	0,81327
0,9	0,81594	0,81859	0,82121	0,82381	0,82639	0,82894	0,83147	0,83398	0,83646	0,83891
1,0	0,84134	0,84375	0,84614	0,84849	0,85083	0,85314	0,85543	0,85769	0,85993	0,86214
1,1	0,86433	0,86650	0,86864	0,87076	0,87286	0,87493	0,87698	0,87900	0,88100	0,88298
1,2	0,88493	0,88686	0,88877	0,89065	0,89251	0,89435	0,89617	0,89796	0,89973	0,90147
1,3	0,90320	0,90490	0,90658	0,90824	0,90988	0,91149	0,91309	0,91466	0,91621	0,91774
1,4	0,91924	0,92073	0,92220	0,92364	0,92507	0,92647	0,92785	0,92922	0,93056	0,93189
1,5	0,93319	0,93448	0,93574	0,93699	0,93822	0,93943	0,94062	0,94179	0,94295	0,94408
1,6	0,94520	0,94630	0,94738	0,94845	0,94950	0,95053	0,95154	0,95254	0,95352	0,95449
1,7	0,95543	0,95637	0,95728	0,95818	0,95907	0,95994	0,96080	0,96164	0,96246	0,96327
1,8	0,96407	0,96485	0,96562	0,96638	0,96712	0,96784	0,96856	0,96926	0,96995	0,97062
1,9	0,97128	0,97193	0,97257	0,97320	0,97381	0,97441	0,97500	0,97558	0,97615	0,97670
2,0	0,97725	0,97778	0,97831	0,97882	0,97932	0,97982	0,98030	0,98077	0,98124	0,98169
2,1	0,98214	0,98257	0,98300	0,98341	0,98382	0,98422	0,98461	0,98500	0,98537	0,98574
2,2	0,98610	0,98645	0,98679	0,98713	0,98745	0,98778	0,98809	0,98840	0,98870	0,98899
2,3	0,98928	0,98956	0,98983	0,99010	0,99036	0,99061	0,99086	0,99111	0,99134	0,99158
2,4	0,99180	0,99202	0,99224	0,99245	0,99266	0,99286	0,99305	0,99324	0,99343	0,99361
2,5	0,99379	0,99396	0,99413	0,99430	0,99446	0,99461	0,99477	0,99492	0,99506	0,99520

© Springer-Verlag GmbH Deutschland, ein Teil von Springer Nature 2023
P. Wenk, *Mathematische Methoden anhand von Problemlösungen*,
https://doi.org/10.1007/978-3-662-66426-1

Tab. C.1 (Fortsetzung)

z	0	0,01	0,02	0,03	0,04	0,05	0,06	0,07	0,08	0,09
2,6	0,99534	0,99547	0,99560	0,99573	0,99585	0,99598	0,99609	0,99621	0,99632	0,99643
2,7	0,99653	0,99664	0,99674	0,99683	0,99693	0,99702	0,99711	0,99720	0,99728	0,99736
2,8	0,99744	0,99752	0,99760	0,99767	0,99774	0,99781	0,99788	0,99795	0,99801	0,99807
2,9	0,99813	0,99819	0,99825	0,99831	0,99836	0,99841	0,99846	0,99851	0,99856	0,99861
3,0	0,99865	0,99869	0,99874	0,99878	0,99882	0,99886	0,99889	0,99893	0,99896	0,99900
3,1	0,99903	0,99906	0,99910	0,99913	0,99916	0,99918	0,99921	0,99924	0,99926	0,99929
3,2	0,99931	0,99934	0,99936	0,99938	0,99940	0,99942	0,99944	0,99946	0,99948	0,99950
3,3	0,99952	0,99953	0,99955	0,99957	0,99958	0,99960	0,99961	0,99962	0,99964	0,99965
3,4	0,99966	0,99968	0,99969	0,99970	0,99971	0,99972	0,99973	0,99974	0,99975	0,99976
3,5	0,99977	0,99978	0,99978	0,99979	0,99980	0,99981	0,99981	0,99982	0,99983	0,99983
3,6	0,99984	0,99985	0,99985	0,99986	0,99986	0,99987	0,99987	0,99988	0,99988	0,99989
3,7	0,99989	0,99990	0,99990	0,99990	0,99991	0,99991	0,99992	0,99992	0,99992	0,99992
3,8	0,99993	0,99993	0,99993	0,99994	0,99994	0,99994	0,99994	0,99995	0,99995	0,99995
3,9	0,99995	0,99995	0,99996	0,99996	0,99996	0,99996	0,99996	0,99996	0,99997	0,99997
4,0	0,99997	0,99997	0,99997	0,99997	0,99997	0,99997	0,99998	0,99998	0,99998	0,99998

Stichwortverzeichnis

© Springer-Verlag GmbH Deutschland, ein Teil von Springer Nature 2023
P. Wenk, *Mathematische Methoden anhand von Problemlösungen*,
https://doi.org/10.1007/978-3-662-66426-1